自来水厂运行管理

深圳市水务(集团)有限公司　组织编写

中国建筑工业出版社

图书在版编目（CIP）数据

自来水厂运行管理/深圳市水务（集团）有限公司组织编写．—北京：中国建筑工业出版社，2022.4（2024.9 重印）

ISBN 978-7-112-27318-8

Ⅰ.①自… Ⅱ.①深… Ⅲ.①水厂–运营管理 Ⅳ.①TU991.6

中国版本图书馆 CIP 数据核字（2022）第 063721 号

责任编辑：田立平　石枫华
责任校对：刘梦然

自来水厂运行管理

深圳市水务（集团）有限公司　组织编写

*

中国建筑工业出版社出版、发行（北京海淀三里河路 9 号）
各地新华书店、建筑书店经销
北京龙达新润科技有限公司制版
建工社（河北）印刷有限公司印刷

*

开本：787 毫米×1092 毫米　1/16　印张：18½　字数：459 千字
2022 年 5 月第一版　　2024 年 9 月第四次印刷
定价：**55.00** 元

ISBN 978-7-112-27318-8
（38943）

本书编写委员会

主　　编：戴少艾

编写成员：戴少艾　朱卫方　王秋生　钟　雯
　　　　　全继萍　刘小东　李三中　邢　艳
　　　　　黄胜前　高旭辉　赵　旺　肖　帆
　　　　　王文会　吴　浩

审 稿 人：张金松　汪义强　王长平

前　言

为进一步提高自来水厂从业人员职业技能水平，深圳市水务（集团）有限公司组织编写了《自来水厂运行管理》一书。本书根据深圳市水务集团自来水生产工职业技能认定规范，从培养技能型人才的需求出发，按照现行行业标准《城镇供水行业职业技能标准》CJJ/T 225 要求，组织长期在水厂工作并有多年职工技能培训经验的技术、管理人员编写而成，目的是培训水生产处理工的技能和为水务行业相关技术人员和管理人员提供学习参考。

本书以自来水生产工应掌握的基本知识为指导，在编排顺序上充分考虑了读者的认识学习规律，首先通过概述帮助初学者了解自来水厂的基本轮廓，建立给水处理方法的基本概念，然后逐章阐述水处理各个工艺环节的具体内容。本教材定义明确、逻辑清晰、图文并茂，强调水厂生产运行的实际操作，通俗易懂。本书面向 21 世纪水处理技术的发展和水质要求的提高，在重点介绍当前的主流工艺、主流构筑物类型和主流设备的基础上，还介绍了高密度澄清池、翻板滤池等新型构筑物，臭氧—活性炭吸附、膜处理等先进工艺，并将目前处于起步阶段的智慧水厂建设与运营管理的相关内容也纳入教材，以期对传统水厂的建设与运营提供新思路，指导水厂智慧化转型，为水务数字化创新提供支撑。本书的内容在深圳市水务集团职业技能培训使用中，深受技术管理人员和学员的欢迎。

本书由戴少艾主编。编写人员及分工为：第 1 章，全继萍；第 2 章，李三中、全继萍；第 3 章，王秋生、朱卫方、钟雯；第 4 章，王秋生；第 5 章，朱卫方、钟雯；第 6 章，李三中；第 7 章，王秋生、邢艳；第 8 章，钟雯；第 9 章，戴少艾；第 10 章，邢艳；第 11 章，黄胜前；第 12 章，刘小东、赵旺、邢艳；第 13 章，全继萍；第 14 章，高旭辉、肖帆、王文会、吴浩；第 15 章，钟雯、全继萍、邢艳。全书由钟雯统稿。

本书在写作过程中得到了梁文超、常嘉雨、郭琴、陈铁成、贾志超、李辉文、龙昊宇、范琳琳、张丘亮、王凯等同志的大力帮助，在此表示衷心的感谢。

因时间仓促、水平有限，纰漏之处难免，恳请读者指正。

编　者

2021 年 6 月于深圳

目　录

第1章 概述

1.1 自来水厂的任务

自来水厂（简称水厂）是给水工程的重要组成部分。给水工程主要是向城镇居民和工业企业不间断地供应符合国家规定指标的饮用水，它由下列部分组成：

（1）水源：水厂原水的来源。

（2）取水构筑物：从水源取水的构筑物，包括一级泵站。

（3）水处理构筑物：对原水进行处理，使其符合水质要求的构筑物，包括二级泵站，通常集中布置在水厂内。

（4）水塔、水池：保证水压，贮存和调节水量的构筑物。

（5）输水管（渠）和配水管网：输水管（渠）将原水送至水厂，配水管网将处理好的水送至用户的管道及附属设施。

水厂作为给水工程的重要组成部分，其根本任务是以比较先进的技术和合理的成本，保证供水水量、水质、水压能够最大限度地满足城镇生活、生产用水。

1.1.1 保证水质、水压

1. 提高供水水质

水质关系到人民的身体健康和工业产品的质量，而且还会直接影响对外开放政策的顺利实施。水质好是指管网水水质必须符合现行国家标准《生活饮用水卫生标准》GB 5749—2006 的规定，这个标准是饮用的自来水必须达到的最低要求。为了不断满足人民群众对饮用水质提升的需要与期盼，提高供水水质将作为供水企业的重点要求。

2. 保证供水压力

保证供水压力就是指供水范围内的所有水龙头在需要时，都能正常出水。衡量水压是否足够的办法是对管网不同的地点规定经济合理的服务压力标准，并定时、定点地进行监测。

3. 提高供水安全可靠性

保障连续不间断地供应质量良好的水是供水企业的根本任务。供水安全可靠性包括供水水量和供水水质两方面，是提高服务质量的基础。提高供水安全可靠性要有与原水水质相适应的净水工艺、安全可靠的供水设备、正常的生产秩序、严格的规章制度、科学的管控方法。

1.1.2 节能降耗，控制成本，努力提高经济效益

自来水厂都应该在保证服务质量的前提下，加强经济核算，努力降低成本，减少非生产性开支，力求提高经济效益。其主要途径是：

1. 降低能耗

在大多数自来水厂的制水成本中电费是占比较大的项目，一般占30%～40%，因此，降低能耗是贯彻节能方针、提高企业经济效益的重要环节。水厂用电量的70%～90%用于电动机拖动水泵以提升水位，因此，以综合单位电耗作为自来水厂的能耗考核指标。综合单位电耗（$kW \cdot h/km^3 \cdot MPa$）的含义即1h的时间内，在供水扬程1MPa时供出$1km^3$的水所耗用的电量。理论上，在1h的时间内，在供水扬程1MPa时供出$1km^3$的水所耗用的电量是277kW·h。

$$综合单位电耗=\frac{配水用电量}{配水量\times配水扬程} \tag{1-1}$$

2. 降低自用水率

可通过对滤池反冲废水和反应沉淀池排泥水回收、严控各工艺环节管网漏耗和水厂自用水量来降低水厂自用水率。

3. 降低药耗

水厂需用消毒剂、混凝剂，有的还要用助凝剂等药剂。降低药耗是在保证水质的前提下，通过技术和管理措施，合理降低药耗。一般地表水水厂药剂费用占总成本的10%或略低，是成本的可变因素中仅次于能耗的较大一项，应作为成本控制的重点之一。

1.1.3 水厂关键业绩指标（KPI）

自来水厂运行的好坏，通常采用一系列的技术经济指标来衡量，对自来水企业来说，一般从四项技术经济指标进行考核：

（1）产量：售水量或水处理量。

（2）质量：水质合格率（%）、主要杂质去除率（%）、水压合格率（%）。

（3）设备：设备使用率和设备完好率（%）。

（4）消耗：自用水率（%）、电耗、药耗等。

运行管理水平的高低通过一系列的运行记录、报表以及现场管理来体现。因此，水厂的科学管理、现代管理首先要有正确地反映生产全过程的计量系统原始记录和统计分析；其次要有完整而明确并能严格实施的工作标准、操作规程、维修规程、安全规程和经济责任制、岗位责任制等制度；最后要有一整套确保水质的有效措施。总之要做到以下几点：

（1）建立健全以各种工作标准为中心的各项规章制度。

（2）保证水质管理工作的标准化、规范化、制度化，管好、用好、维护好净水处理设备。

（3）确保在任何情况下运行正常、安全可靠、经济合理，且出厂水质始终能达到规定的标准。

1.2 水质及水质标准

1.2.1 天然水中的杂质

水在大自然循环过程中，会不同程度地含有各种各样的杂质，这些杂质的来源有两种：一是自然因素，水在产生与流动过程中自然携带着各种杂质，例如尘埃、微生物、植物、垃圾等；二是人为污染，主要指生活污水、工业废水、农药及各种废弃物排入水体，使水的成分更为纷繁复杂，特别是近代石化等工业的发展，合成有机物污染水体现象非常普遍。

水中杂质的种类和数量反映了水质的好坏，研究水中杂质的来源、种类、特性，其目的是为了有效去除水中的各种杂质。

水中各种杂质按其在水中存在的状态和颗粒的大小，分为悬浮物、胶体和溶解物三类（表1-1）。

水中杂质分类 表1-1

<table>
<tr><th>杂质</th><th>溶解物</th><th>胶体</th><th colspan="2">悬浮物</th></tr>
<tr><td>颗粒尺寸</td><td>0.1nm 1nm</td><td>10nm 100nm 1μm</td><td colspan="2">10μm 100μm 1mm</td></tr>
<tr><td>分辨仪器</td><td>电子显微镜</td><td>超显微镜</td><td>显微镜</td><td>肉眼</td></tr>
<tr><td>外观</td><td>透明</td><td>浑浊</td><td>浑浊</td><td></td></tr>
</table>

注：1毫米(mm)＝10^3微米(μm)；1微米(μm)＝10^3纳米(nm)

1. 悬浮物

悬浮物颗粒尺寸较大，它在水中的状态受颗粒本身的质量影响较大。在动水中，常呈悬浮状态。在静水中，比重较大的颗粒易于在重力作用下自然沉淀；比重较小的颗粒，可上浮水面。易于下沉的一般是颗粒泥砂及矿物质等无机悬浮物；能够上浮的一般是体积较大比重小于水的藻类、原生动物、大多数细菌和淀粉纤维素等有机悬浮物。

2. 胶体

胶体颗粒尺寸微小，在水中相当稳定，长期静置也不会自然沉降。天然水中的胶体颗粒一般均带有负电荷，黏土类胶粒有时也含有少量带正电荷的金属氢氧化钠胶体。水中所存在的胶体通常有黏土、某些细菌及病毒、腐殖质及蛋白质等。

悬浮物和胶体杂质对光线具有反射和散射作用，它们是使水产生浑浊现象的主要原因。其中有机物，如腐殖质及藻类等，是使水产生色、臭、味的主要原因之一，也是用氯消毒时，产生消毒副产物的前体物。生活污水、工业废水排入水体的病菌、病毒及原生动物等病原体会通过水传播疾病。

3. 溶解杂质

溶解杂质是溶于水的一些低分子和离子。它们与水构成的均相体系，外观透明，称为真溶液。有的溶解杂质可使水产生色、臭、味。溶解性有机高分子物质，即使投加大量混凝剂，也往往难以去除。

杂质的颗粒大小相当悬殊，因而，其沉降性能相差很大。悬浮物中颗粒粒径大于

$1\mu m$的可以通过重力沉降去除。但构成水中浊度、色度的胶体物质却相当稳定，必须经过物理和化学方法才能去除。溶解物，如水中有害和有毒物质（如亚硝酸盐、铅、汞、镉和酸类化合物等）则必须通过特殊方法才能去除。

以常规工艺生产的水厂主要的处理对象是悬浮物质及胶体。在常规处理工艺的基础上增加深度处理工艺的水厂主要的处理对象是常规处理工艺不能有效去除的污染物（包括消毒副产物前体物、内分泌干扰物、农药及杀虫剂等微量有机物、臭和味等感官指标、氨氮等无机物）。

1.2.2 水质标准

水质标准是用水对象所要求的各项水质参数应达到的指标和限值。水质参数指能反映水的使用性质的量，但不涉及具体的数值，如水中各种溶解离子等；另一种水质参数，如水的色度、浊度、pH 值等称“替代参数”，他们并不代表某一具体成分，但能直接或间接反映水的某一方面的使用性质。不同用水对象要求的水质标准不同，判断水质的好坏是以水质标准为依据。随着科学技术的进步和水源污染日益严重，水质标准总是在不断修改、补充之中。

1. 地表水水质标准

我国现行的地表水水质标准为国家环保总局发布的《地表水环境质量标准》GB 3838—2002。

该标准规定项目共计 109 项，其中基本项目 24 项、补充项目 5 项、特定项目 80 项。

水域功能分类：依据地表水水域环境功能和保护目标，按功能高低依次划分为五类。

Ⅰ类：主要适用于源头水、国家自然保护区。

Ⅱ类：主要适用于集中式生活饮用水地表水源地一级保护区、珍稀水生生物栖息地、鱼虾类产卵场、仔稚幼鱼的索饵场等。

Ⅲ类：主要适用于集中式生活饮用水地表水源地二级保护区、鱼虾类越冬场、洄游通道、水库养殖区等渔业水域及游泳区。

Ⅳ类：主要适用于一般工业用水区及人体非直接接触的娱乐用水区。

Ⅴ类：主要适用于农业用水区及一般景观要求水域。

对应地表水上述五类水域功能，将地表水环境质量标准基本项目标准值分为五类，不同功能类别分别执行相应类别的标准值。水域功能类别高的标准值严于水域功能类别低的标准值。同一水域兼有多类使用功能的，执行最高功能类别对应的标准值。实现水域功能与功能类别标准为同一含义。

2. 地下水水质标准

我国现行的地下水水质标准为《地下水质量标准》GB/T 14848—2017。

该标准规定项目共计 93 项，划分为常规指标和非常规指标。依据我国地下水质量状况和人体健康风险，参照生活饮用水、工业、农业等用水质量要求，依据各组分含量高低（pH 值除外），分为五类。

Ⅰ类：地下水化学组分含量低，适用于各种用途。

Ⅱ类：地下水化学组分含量较低，适用于各种用途。

Ⅲ类：地下水化学组分含量中等，以《生活饮用水卫生标准》GB 5749—2006 为依据，主要适用于集中式生活饮用水水源及工农业用水。

Ⅳ类：地下水化学组分含量较高，以农业和工业用水质量要求以及一定水平的人体健康风险为依据，除适用于农业和部分工业用水外，适当处理后可作生活饮用水。

Ⅴ类：地下水化学组分含量高，不宜作为饮用水水源，其他用水可根据使用目的选用。

3. 生活饮用水水质标准

水厂给水处理的目的是去除原水中悬浮物质、胶体物质、细菌、病毒以及有害成分，使处理后水质满足生活饮用水的要求。生活饮用水水质应符合下列基本要求：

水中不得含有病原微生物；

水中所含化合物质及放射性物质不得危害人体健康；

水的感官性状良好。

我国《生活饮用水卫生标准》GB 5749—2006（以下简称国标）与国际水质标准基本实现接轨。国标中规定的指标共106项，其中常规指标42项，非常规指标64项。此外，还规定了小型集中式和分散式供水部分水质标准14项。常规指标是常见的或经常被检出的项目；非常规指标则是不常见的，检出率比较低的项目。常规检验项目反映水质的基本状况，非常规检验项目是根据地区、时间或特殊情况需要确定的检验指标。生活饮用水水质不应超过水质指标所规定的限值。

国标中106项指标包括微生物指标6项，毒理学指标74项（其中，无机化合物指标21项，有机化合物指标53项），感官性状和一般化学指标20项，消毒剂指标4项，放射性指标2项。

（1）微生物指标（共有6项）

病原菌对人体健康的威胁是不言而喻的，如伤寒、霍乱、疟疾等肠道传染病，一般均通过饮用水传播，可是要直接测定水中的病原菌，并作为水质指标，还不能做到。但测定水中细菌总数、总大肠菌群、耐热大肠菌群和大肠埃希氏菌比较方便，并可反映水体受到污染的程度及水处理的效率（消毒效果）。国标还将国际上备受关注的蓝氏贾第鞭毛虫、隐孢子虫列入非常规检测项目。

细菌总数是指1mL水样在普通琼脂培养基中经过37℃、24h的培养所生长的各种细菌菌落总数。被污染的水，每毫升水中细菌总数可高达几十万CFU，但经过净化处理后大部分被消杀。一般认为经培养后1mL水样中小于100CFU细菌菌落数，水质就是良好的，因此，国标规定为每毫升不超过100CFU。CFU表示菌落形成单位。

总大肠菌群和耐热大肠菌群是水体受到粪便污染程度的直接指标，一般当总大肠菌群符合水质标准时，其他致病菌也可随之消失。

（2）毒理学指标（共有74项）

有些化学物质，在饮用水中达到一定浓度时，就会对人体健康造成危害，这些属于有毒化学物质。有毒物质并非全部通过饮用水进入人体，也可通过食物或呼吸等进入人体。

（3）感官性状和一般化学指标（共有20项）

感官性状又称物理性状，是指水中某些杂质对人的视觉、味觉和嗅觉的刺激。水中存在的一般化学物质，一般情况下虽然对人体并不直接构成危害，但往往对生活使用产生不良影响，其中包括感官性状方面的不良影响，这类物质含量限制统归于化学指标。

色度：饮用水的颜色是由水中溶解或悬浮的带色有机物（主要是腐殖质）、金属或高色度的工业废水造成的。水色的存在使饮用者不快，甚至感到厌恶。衡量水中的色度，用铂钴标准比色法，规定相当于1mg铂在1L水中所具有的颜色称为1度。水的色度大于15度时，多数人即可察觉，为此，国标规定色度不超过15度，并不得呈现其他异色。

浑浊度：浑浊度极为重要，是水厂的主要水质指标。测定时采用散射原理，以散射浊度单位NTU表示。较高的浑浊度说明水中含有较多无机胶体（黏土）颗粒、有机污染物（如腐殖质等）和高分子有机污染物。浑浊度较高的水中，隐藏在胶体颗粒之间的病原微生物由于胶体颗粒的保护，消毒的效果难以保证。水的浑浊度越小，表示水中的无机物、有机物和微生物含量越少，所以水质标准中对浑浊度的要求不断提高，现行国标中将饮用水浑浊度限值定为不超过1NTU（水源与净水技术限制时为3NTU）。

pH：pH值是水中氢离子浓度倒数的对数值，是衡量水中酸碱度的一项重要指标。若原水pH值过低则会影响混凝效果；pH值高的水会影响氯消毒效果，及时测量水中pH值并调整投加药剂，可改善水的净化处理效果。国标规定饮用水pH值在6.5～8.5才能饮用。

臭和味：国标规定饮用水中应无异臭、异味。洁净的水是无臭无味的，受到有机物污染的水才有臭和味。水中含藻、浮游动物、有机物、溶解气体、矿物质、化学物质、加氯消毒后也会使水产生臭和味，必须采取措施，将臭味降低到人们察觉不出的程度。

肉眼可见物：国标规定水中肉眼可见物限值为无。该指标既是外观感觉需要，又是卫生方面的要求，水中含有沉淀物、肉眼可见的水生物等会令人厌恶，有些生物还能在管道中繁殖，因此，国标对此做了严格的规定。

耗氧量（又称高锰酸盐指数）：是反映水中有机物含量的综合性指标，虽然测定简便，但因高锰酸钾的氧化能力较差，所测的数值偏小，不如总有机碳（TOC）那样能反映有机物的总量，但因测定TOC的仪器较贵，使用还受到限制。

（4）放射性指标（共有2项）

随着工业的发达，有时水源会受到放射性物质的污染，会对人体产生很大的危害。检出时，应及时报卫生部门追究根源，以便及时采取措施，防止继续产生污染。放射性物质，一般经常规给水处理后可以降低，但不能完全消除。

（5）饮用水消毒剂指标（共有4项）

饮用水消毒是确保微生物安全的重要技术手段。目前，我国主要的消毒剂有次氯酸钠、液氯，氯氨、臭氧、二氧化氯也有应用。

游离性余氯：自来水必须经过消毒。加氯消毒后经过30min的接触时间，应有适量的余氯留在水中，以保持持续的杀菌能力防止外来的再污染。国标规定，用氯消毒时，出厂水余氯不低于0.3mg/L，管网末梢水中余氯不低于0.05mg/L。

随着社会的发展，为了进一步提升饮用水质量、保护人民健康，国家卫生健康委员会联合多部门正在实施《生活饮用水卫生标准》GB 5749—2006的修订工作。

4. 国外水质标准

国际上饮用水水质标准众多，其中比较有代表性的有世界卫生组织（WHO）《饮用水水质准则》、欧盟《饮用水水质指令》和美国饮用水水质标准等。由于水源的污染、分析测试技术的进展以及水质对健康影响的深入研究，饮用水水质指标在不断修改和补充。饮用水水质标准参数比较情况见表 1-2。

饮用水水质标准比较　　表 1-2

类别	中国《生活饮用水卫生标准》GB 5749—2006	WHO《饮用水水质准则》(第四版)	欧盟《饮用水水质指令》(98/83/EC)	美国饮用水水质标准(2009)	日本《生活饮用水卫生标准》(2015 版)
物理指标	5	0	5	5	4
微生物	6	2	5	7	3
一般化学	15	11	10	8	13
无机物	21	5	15	19	13
有机物	45	64	10	49	36
放射性	2	2	2	4	0
消毒剂及水处理剂	12	11	1	10	8
总计	106	95	48	102	77

1.3　给水处理工艺流程

1.3.1　给水工艺及适用条件

目前，用作给水处理的工艺和构筑物类型众多，主要形式及使用条件可参见表 1-3。

净水工艺及构筑物主要形式及适用条件　　表 1-3

<table>
<tr><th colspan="2" rowspan="2">净水工艺</th><th rowspan="2">构筑物名称</th><th colspan="2">适用条件</th></tr>
<tr><th>适用进水浊度(NTU)或含砂量</th><th>出水浊度(NTU)</th></tr>
<tr><td rowspan="7">高浊度水预沉淀</td><td rowspan="2">自然沉淀</td><td>天然预沉池</td><td colspan="2" rowspan="4">原水中悬浮物多为砂性大颗粒时，多采用自然沉淀；多为黏性颗粒时，多采用混凝沉淀</td></tr>
<tr><td>平流式或辐流式预沉池</td></tr>
<tr><td rowspan="2">混凝沉淀</td><td>斜管预沉池</td></tr>
<tr><td>沉砂池</td></tr>
<tr><td rowspan="3">澄清</td><td>水旋澄清池</td><td>含砂量<60～80kg/m^3</td><td rowspan="3">一般为 20 以下</td></tr>
<tr><td>机械搅拌澄清池</td><td>含砂量<20～40kg/m^3</td></tr>
<tr><td>悬浮澄清池</td><td>含砂量<25kg/m^3</td></tr>
<tr><td rowspan="4">化学预氧化</td><td>预臭氧氧化</td><td></td><td colspan="2" rowspan="4">用于去除水中的色度、嗅味，氧化铁、锰，控制藻类和其他微生物的生长，并有一定的改善絮凝的作用</td></tr>
<tr><td>高锰酸钾预氧化</td><td></td></tr>
<tr><td>预氯化</td><td></td></tr>
<tr><td>二氧化氯预氧化</td><td></td></tr>
</table>

续表

净水工艺		构筑物名称	适用条件	
			适用进水浊度(NTU)或含砂量	出水浊度(NTU)
粉末活性炭吸附			原水在短时间内含较高浓度溶解性有机物，具有异臭异味时	
生物预处理		弹性填料生物接触氧化池	原水中氨氮、嗅阈值、有机物、藻含量较高，可生化性较好，水温一般在5℃以上	
		陶粒填料生物滤池		
		轻质填料生物滤池		
		悬浮填料生物接触氧化池		
一般原水沉淀	混凝沉淀	平流沉淀池	一般小于5000，短时间内允许10000	一般为5以下
		斜管(板)沉淀池	500～1000，短时间内允许3000	
	澄清	机械搅拌澄清池	一般小于3000，短时间内允许3000～5000	
		水力循环澄清池	一般小于500，短时间内允许2000	
		脉冲澄清池	一般小于3000	
		悬浮澄清池(单层)	一般小于3000	
		悬浮澄清池(双层)	3000～10000	
		高效沉淀池	一般小于10000	
气浮		平流式气浮池	原水中藻类和轻质悬浮物较多，浊度一般小于100NTU	
		竖流式气浮池		
普通过滤		普通快滤池或双阀滤池	一般不大于5	一般为1以下
		V型滤池		
		双层或多层滤料滤池		
		虹吸滤池		
		重力式无阀滤池		
		压力滤池		
		翻板滤池		
接触过滤(微絮凝过滤)		接触双层滤池	一般不超过25	
		接触压力滤池		
		接触式无阀滤池		
		接触式普通滤池		
微滤机			原水中藻类、纤维类、浮游物较多时	
深度处理	氧化	臭氧接触池	原水受有机污染较严重	
		臭氧接触塔		
	吸附	活性炭吸附池		
消毒	液氯		有条件供应液氯地区	
	氨胺		原水中有机物较多或管网较长	
	次氯酸钠		有条件供应和管网中途加氯	
	二氧化氯		原水中有机物较多	

续表

净水工艺		构筑物名称	适用条件	
			适用进水浊度(NTU)或含砂量	出水浊度(NTU)
膜处理	微滤/超滤		主要截留悬浮物、胶体、细菌、病原微生物(包括两虫)及部分大分子有机物	
	纳滤		可以截留水中大部分有机物和部分无机离子、病毒	
	反渗透		可以截留水中绝大部分无机离子和有机物,适用于纯水制备,海水或苦咸水淡化	
	电渗析		用于海水淡化和除盐	

1.3.2 常规给水处理工艺流程

给水工艺流程应根据原水水质、处理后水质要求、设计生产能力，通过调查研究，以及不同工艺组合的试验或相似条件下已有水厂的运行经验，结合当地操作管理条件，通过技术经济比较综合研究确定。

给水处理流程常表示为流程方框图或工艺流程图。

常规给水处理工艺指对一般水源的原水采用混凝、沉淀、过滤、消毒的净水过程，以去除浊度、色度、致病微生物为主的处理工艺，它是给水处理中最常用和最基本的处理方法。一般水源是指原水水质基本符合《地表水环境质量标准》GB 3838—2002 Ⅲ类以上水源水质的要求。

根据原水水质的不同，常规给水处理可以采用以下工艺流程（图 1-1）。

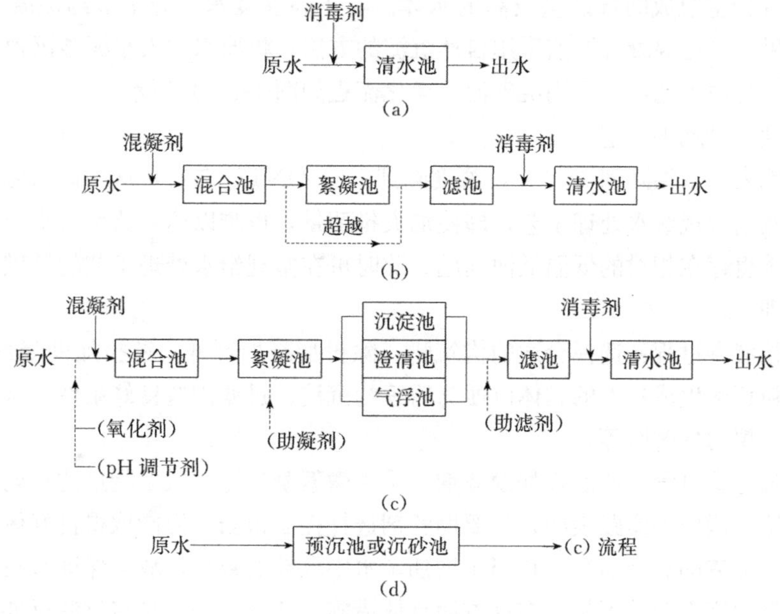

图 1-1 常规给水处理工艺流程

1. 只用消毒处理的简单工艺

如图 1-1(a) 中，对于水质优良的地下水，如果各项指标（除细菌外）均符合出水水质要求时，可只采用消毒的净水工艺。

2. 直接过滤处理工艺

如图 1-1(b) 中，当原水浊度经常在 15NTU 以下，最高不超过 25NTU，且无藻类繁殖时，可在过滤前省去沉淀工艺而采用直接过滤的方法。由于直接过滤不需要形成重力分离所需的足够大的絮体，因此其药耗较低。

3. 混凝、沉淀、过滤、消毒处理工艺

如图 1-1(c) 中，混凝、沉淀、过滤、消毒工艺是最常用的常规给水处理工艺，当原水浊度超过直接过滤所允许的范围时，在过滤前设置沉淀池以去除大部分悬浮物质是经济合理的选择。

根据原水水质特点，在进入混合前可投加氧化剂和 pH 调节剂。投加氧化剂的目的是氧化部分有机物、改善混凝性能和保持净水构筑物的清洁（避免滋生藻类等）。当原水的碱度不能满足混凝所需的最佳 pH 值时，则可投加 pH 调节剂。

原水在投加混凝剂并经快速混合后进入絮凝池，在絮凝池中形成沉降分离所需的絮体。为了提高絮体的沉降性能，可在快速混合后投加絮凝剂（一般为高分子聚合物），通过絮凝剂的架桥、吸附作用，以形成更易沉降的絮体。

沉淀工艺可选用沉淀、澄清或气浮，可根据原水的性能并通过技术经济比较确定。

为了改善滤池过滤性能，在进入滤池前还可投加助滤剂。投加助滤剂可明显改善过滤性能，显著提高去除率，降低出水浊度，但运行周期则相应缩短。

4. 高浊度水处理工艺

高浊度水指浊度较高、并有清晰的界面分选沉降的含砂水体。一般情况下，是以粒径 $d \leqslant 0.025$mm 为主组成的含砂量较高的水体。对于高浊度水，为了节约混凝剂和达到预期的处理效果，可在混凝沉淀前采用自然沉淀的方法，将原水中大量泥砂沉掉一部分，所用构筑物可以是预沉池，也可用沉砂池。净化流程如图 1-1(d) 所示。

5. 低温低浊水处理工艺

冬季当地表水水温降到 0～3℃，浊度降到 10～20NTU 左右，这种低温低浊度水很难处理，如仍然用常规给水处理工艺，即使加大投药量，也难以达到饮用水水质标准。我国南方地区冬季也存在相对的低温低浊问题。此时可在常规给水处理工艺的基础上采取如下方法进行处理。

(1) 加强混凝过程：选择合适的构筑物，除投加凝聚剂外，还投加助凝剂、絮凝剂，促使水中微粒逐渐生成粗大的絮体以便为后续的沉淀、过滤创造良好条件，常见的助凝剂有活化硅酸、聚丙烯酰胺等。

(2) 加强过滤过程：滤前投加助滤剂，采用微絮凝过滤，微絮凝过滤是处理低温低浊水的适宜方法。国内外实践表明，只要助滤剂选择控制得当，便能取得良好效果。

(3) 利用泥渣的剩余活性，相当于增加了水中颗粒的数目，故可保证有较充分的碰撞机会，消除低浊度引起的不足。在这方面具体措施有两个，一个是将过滤反冲洗废水回流到混合槽内与原水混合，另一个是采用机械搅拌澄清池或水力循环澄清池，将泥渣回流到絮凝池内。

以上方法有一个共同点，即都是设法将水中微粒变成大粒或吸附于大粒上以便截留分离。

6. 强化常规给水处理工艺

常规给水处理工艺的主要目的是去除水中的浊度、色度和致病微生物。强化常规水处理工艺就是在基本维持原有常规处理构筑物不变的情况下，通过强化混凝和强化过滤等措施，在除浊的同时增加对有机物等的去除。与臭氧—活性炭深度处理以及生物预处理工艺相比，强化常规给水处理具有投资少、不需建造新的构造物、不占土地以及运行费用低等优点，更适合对原有系统的改造，但其去除有机物等的效果有限。

(1) 强化混凝

强化混凝能有效去除消毒副产物的前体物质。

强化混凝技术的方法：

1) 加大混凝剂的投加量，加速胶体脱稳。

2) 调节 pH 值，提高混凝沉淀去除有机物的效果。

3) 投加絮凝剂，增加吸附、架桥作用，使有机物易被絮体黏附而下沉。

4) 从水力条件上改进和完善混合、絮凝设施。

(2) 强化过滤

过滤的主要功能是去除浊度和微生物。随着浊度的降低，水中有机物等也可得到相应降低，因此，保障滤后水浊度达到较低指标是滤池运行的关键。强化过滤就是要求滤料在去浊的同时，又能降解有机物，降解氨氮和亚硝酸盐氮。为此要使滤池具有生物作用，滤料能形成生物膜，使氨氮、亚硝酸盐氮得到一定的转化和去除。

强化过滤技术的方法：

1) 选择合适的滤料，或改造为炭砂滤池。

2) 滤池进水要有足够的溶解氧。

3) 加强滤池的反冲洗，既能有效地冲去积泥，又能保存滤料表面一定的生物膜。

1.3.3 微污染水的给水处理工艺流程

微污染水源是指水的物理、化学和微生物指标已不能达到《地表水环境质量标准》GB 3838—2002 中作为生活饮用水源水的水质要求。污染物的种类很多，有引起浑浊度、色度和嗅味的物质，有硫、氮氧化物等无机物，还有各种各样有害有毒的有机物，有重金属，如汞、锰、铬、铅、砷等，有放射性、病原微生物等。当常规处理（混凝、沉淀或澄清、过滤、消毒）难以使微污染原水达到饮用水水质标准时，可在常规处理的基础上增加预处理、深度处理、膜处理工艺，使其出厂水达到生活饮用水水质标准。

1. 增加预处理工艺

增加预处理，如生物预处理、化学预氧化。在常规给水处理基础上增加预处理的工艺流程（图 1-2）。

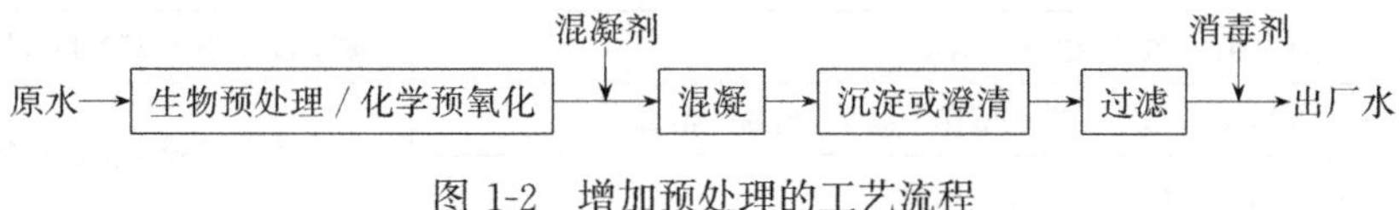

图 1-2 增加预处理的工艺流程

常规给水处理工艺虽在保证饮用水水质方面起着重要作用，但并不能去除水源水中的天然有机物和微量有机污染物。而生物预处理可去除常规工艺处理时不易去除的污染物，如氨氮、合成有机物和溶解性可生物降解有机物等，化学预氧化有去除微量有机污染物、除藻、除臭味、控制消毒副产物、氧化助凝、去除铁锰作用。在常规处理之前增加预处理，对水质有一定的改善，且运行费用比深度处理工艺低得多。如果水质要求高且投资允许时，可再增加臭氧—活性炭深度处理工艺等。

2. 增加深度处理工艺

增加深度处理工艺，如活性炭吸附、臭氧—活性炭吸附工艺等。

深度处理工艺可去除常规处理工艺不能有效去除的污染物（包括消毒副产物前体物、内分泌干扰物、农药及杀虫剂等微量有机物、嗅和味等感官指标、氨氮等无机物），减少消毒副产物的生成，提高饮用水水质。

（1）常规给水处理工艺加活性炭吸附工艺（图 1-3）

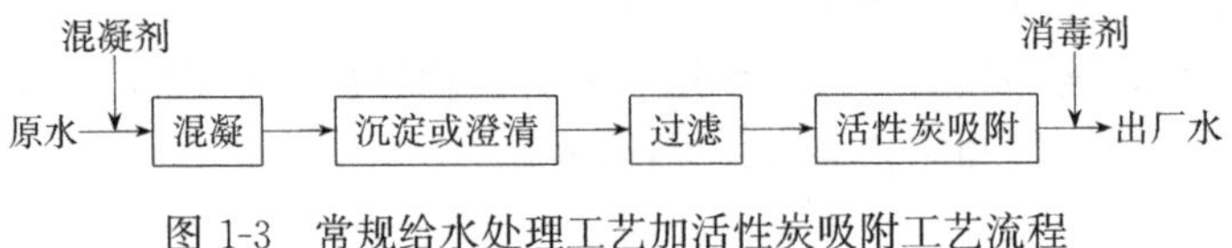

图 1-3　常规给水处理工艺加活性炭吸附工艺流程

（2）常规给水处理工艺加臭氧—活性炭吸附工艺（图 1-4）

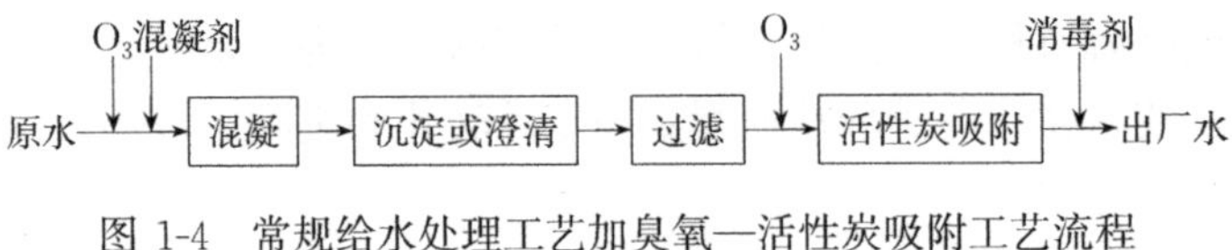

图 1-4　常规给水处理工艺加臭氧—活性炭吸附工艺流程

臭氧—活性炭吸附工艺是我国饮用水深度处理使用最为广泛的工艺，是在活性炭吸附池之前投加臭氧，将臭氧氧化、活性炭吸附和生物降解等进行组合，既发挥了臭氧的强氧化作用，又强化了活性炭的吸附功能和生物降解作用，同时延长了活性炭的使用周期。

3. 增加膜处理工艺

膜处理技术是 21 世纪水处理技术新的热点，膜的种类较多，可以根据不同原水水质，选择不同的膜组合工艺流程，处理后达到出水水质要求。通过膜处理的水可以较完全地去除微污染物，包括有机污染物和消毒副产物，从而改善色度、浊度、臭味和微生物等多项指标。目前常用的膜处理工艺流程见表 1-4。

膜处理工艺常用流程　　**表 1-4**

	膜处理工艺程	适用条件
1	原水—混凝沉淀—微滤/超滤—消毒	用于一般原水的常规处理
	原水—混凝沉淀—过滤—微滤/超滤—消毒	
2	原水—接触絮凝—微滤/超滤—消毒	原水浊度小于 25NTU，且水质稳定
3	原水—混凝沉淀—粉末活性炭吸附—微滤/超滤—消毒	原水受到一定有机物污染
	原水—混凝沉淀—过滤—纳滤—消毒	
4	原水—混凝沉淀—过滤—反渗透—消毒	纯水制备，海水或苦咸水淡化
	原水—混凝沉淀—微滤/超滤—反渗透—消毒	

4. 预处理、常规处理工艺与深度处理联用（图1-5）

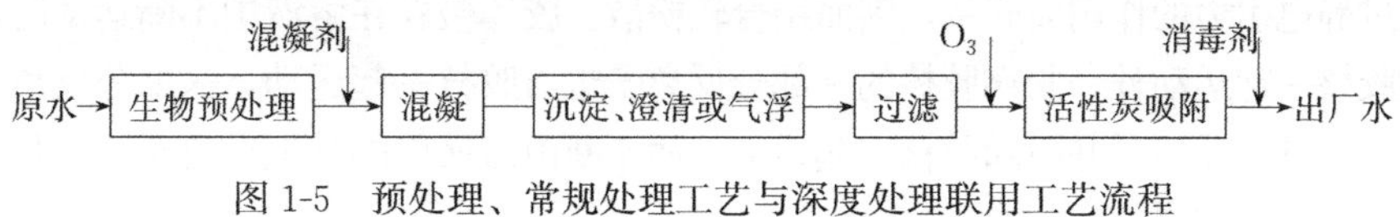

图1-5 预处理、常规处理工艺与深度处理联用工艺流程

1.4 给水处理工艺原理

1.4.1 混凝原理

混凝包括凝聚（混合）和絮凝（反应）两个阶段。它们分别在混合池和絮凝池（反应池）中完成。在常规处理中，向原水中投加混凝剂，以破坏水中胶体颗粒的稳定状态，使颗粒易于相互接触而吸附称为凝聚；在一定水力条件下，通过胶体间以及和其他微粒间的相互碰撞和聚集，从而形成易于从水中分离的絮状物质，称为絮凝。

混凝可以去除原水浊度、水中色度、部分无机物和有机物，还能去除藻类、浮游生物、合成表面活性剂和放射性物质。

1. 胶体稳定性

胶体稳定性是指胶体颗粒在水中长期保持分散悬浮状态的特性。大颗粒悬浮物易于在重力作用下自然下沉，而粒径微小的悬浮物以及胶体杂质，却能在水中长期保持分散悬浮状态，致使水表现出浑浊现象。杂质在水中长期保持分散悬浮状态的这种特性，称为“分散颗粒稳定性”。粒径微小的悬浮物与胶体杂质均具有上述稳定性，只是程度不同而已。

胶体微粒具有上述稳定性的主要原因有三：微粒的布朗运动、胶体颗粒间的静电斥力和胶体颗粒表面的水化作用。

（1）布朗运动：由于胶体颗粒小，撞击次数不多，永远处在不规则的高速运动状态，使水中胶体粒子趋于均匀分布，阻止粒子因重力而下沉。

（2）电荷作用：胶体粒子所带电荷常属同性，因此胶粒间便产生静电斥力，使其处于高度分散状态。

（3）水化作用：由于胶体粒子与极性水分子发生作用，把许多水分子吸引到自己周围而形成水化膜，好像一堵“围墙”，隔离胶体粒子间相互接近而凝聚。水化作用的影响相对较小。

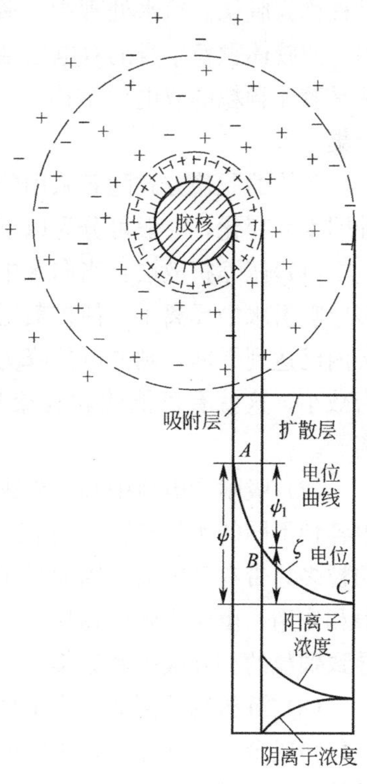

图1-6 胶体结构示意

胶体物质的核心是一个由许多个原子或分子构成的微粒，称为胶核。胶核表面拥有一层离子，称为电位离子。胶核由于电位离子的存在而带有电荷。电位离子的静电作用把溶液中带相反电荷的离子（称为反离子）吸引到胶核的周围，直到吸引离子的电荷总量与电位离子的电荷量相等。这样，在胶核与溶液的界面区域就形成了双电层（图1-6）。内

层为胶核固相的电位离子层，外层为液相中的反离子层。电位离子同胶核结合紧密；而反离子则由于通过静电引力的作用而联系，因而结合较松散。胶体微粒在溶液中不断运动时，除了电位离子随胶核一起运动外，紧靠胶核的一部分反离子也与胶核一起运动，这部分反离子层称为吸附层。另一部分反离子并不随胶核一起运动，而不断由溶液中的其他反离子所取代，这一部分反离子层称为扩散层。

在胶体系统中，胶核表面的电位离子与溶液之间形成了电场。胶核表面上的电位称为热力电位 ψ。由于溶液中反离子的中和，从胶核向外，电位逐渐下降，至胶团边缘处降为零。在吸附层与扩散层界面处的电位称为电动电位或 ζ 电位。

胶体颗粒的 ζ 电位取决于组成胶体颗粒的物质性质及其形成条件和介质条件。一般天然水中胶体颗粒的 ζ 电位多为负值。例如，地表水中的石英和黏土颗粒，其 ζ 电位根据组成成分的酸、碱比例大致在－5～－40mV 之间。由于天然水体中含有性质和电荷各不相同的分散物质和真溶液物质，因而天然水体颗粒的 ζ 电位只能用平均值来表示。一般在河流和湖泊水中，颗粒的 ζ 电位值在－15～－25mV 左右，当被含有机杂质污染时，ζ 电位可达－50～－60mV。

胶体颗粒的这一电荷特性，使两个带有同号电荷的颗粒彼此接近到扩散层交联时，将产生静电斥力。斥力的大小随着颗粒间距的减小而增加。这一斥力的存在是同号胶体颗粒不能彼此聚集的主要原因。这一现象称为水中颗粒聚集的稳定性。

2. 胶体的脱稳

为使胶体颗粒能通过碰撞而彼此聚集，就需要消除或降低胶体颗粒的稳定因素，这一过程称为脱稳。给水处理中，胶体颗粒的脱稳可分为两种情况：一种是通过混凝剂的作用，使胶体颗粒本身的双电层结构发生变化，ζ 电位降低或消失，胶体稳定性破坏；另一种是胶体颗粒的双电层结构未起多大变化，主要是通过混凝剂的媒介作用，使颗粒彼此聚集。

胶体的脱稳方式随着采用的混凝剂品种和投加量、胶体颗粒的性质以及介质环境等多种因素而变化，一般可分为以下几种：

（1）压缩扩散层：当向水中投加电解质盐类时，水中的离子浓度增加，胶体颗粒能较多地吸引水中反离子，使扩散层的厚度减小，ζ 电位降低。如果胶体吸附的反离子在吸附层内已达到平衡，则 ζ 电位降为零。扩散层减小或 ζ 电位降低将使颗粒之间作用的斥力大为减小，这就有可能使颗粒聚集。按照这一机理，高价电解质离子将优于低价电解质离子。

（2）吸附和电荷中和：当采用铝盐或铁盐作为混凝剂时，随溶液 pH 值的不同可以产生各种不同的水解产物。当 pH 值较低时，水解产物带有正电荷。给水处理中原水的胶体颗粒多为带有负电荷，因而带正电荷的铝或铁盐的水解产物可以对原水胶体颗粒的电荷起中和作用。由于水解产物形成的胶体与原水胶体带有不同的电荷，因而当它们接近时，将导致颗粒的相互吸引和聚集。

（3）沉析物的网捕：当金属盐或金属氧化物和氢氧化物的投加量足以达到沉析金属氢氧化物或金属碳酸盐时，水中的胶体颗粒可被这些沉析物在形成时所网捕，尽管此时胶体颗粒的结构没有大的改变。

（4）黏结架桥：当向溶液投加高分子物质时，胶体微粒对高分子物质产生强烈的吸附作用，通过高分子链状物吸附胶体，微粒可以构成一定形式的聚集物，从而破坏胶体系统的稳定性。高分子物质的过量投加或强烈搅拌都可能破坏黏结架桥作用，反而使溶液产生再稳。除了长链状有机高分子物质外，无机高分子物质及其胶体微粒，如铝盐、铁盐的水解产物等，也都可产生黏结架桥作用。

1.4.2 沉淀、澄清与气浮原理

沉淀工艺是指在重力作用下悬浮固体从水中分离的过程。沉淀工艺能去除80%～90%以上的悬浮固体，是主要的净水构筑物之一。

作为完成沉淀过程的构筑物有三类：

以悬浮颗粒下沉而去除的为沉淀池；

通过沉淀的泥渣与原水悬浮颗粒接触吸附而加速沉降去除的为澄清池；

通过微气泡与悬浮颗粒吸附，使其相对密度小于水而上浮去除的为气浮池。

1. 沉淀基本原理

沉淀过程就是让原水或经过投药、混合、絮凝后的水，通过沉淀设备，依靠重力作用，使悬浮固体从水中分离的过程。悬浮颗粒在水中沉降分离，根据分离过程的特性可分为下列几种：

（1）分散颗粒的自由沉降

水中的悬浮固体浓度不高，而且不具有凝聚的性能，在沉淀过程中固体颗粒不改变形状、尺寸，也不互相聚合，彼此没有干扰，只受到颗粒本身在水中的重力和水流阻力的作用，各自独立地完成沉淀过程。对于自由沉淀，当水流为层流状态时，颗粒的沉速随颗粒密度增加而增大，与颗粒的直径成正比；夏季水温高时水的黏度低，颗粒的沉速相应增加，相反冬季水的温度低，水的黏度增高，沉速减小。

（2）絮凝颗粒的自由沉降

在混凝沉淀池中，被沉降的颗粒相互碰撞后可相互黏结，具有絮凝特性。在沉淀池中颗粒相互碰撞，主要由于颗粒间沉速差异，下沉较快的颗粒可以追上下沉速度慢的颗粒，其次沉淀池中流速分布的差异也可使颗粒碰撞，在沉淀池中也存在着速度梯度，但其较絮凝池中的小，因此，絮体破碎的影响很小，有利于絮体长大。在混凝沉淀池中絮体继续长大改善沉降条件的作用是很明显的，一般用烧杯进行静置沉淀，效果较生产池子差，就是因为沉淀池中有使絮体继续长大的作用。由于絮体继续成长，悬浮颗粒的密度发生变化，颗粒沉降速度也随之发生变化，计算公式比较复杂，并需与实际试验相结合。

（3）拥挤沉降（干扰沉降）

当水中悬浮固体的浓度提高到一定程度后，每个颗粒的沉降都将受其周围颗粒的干扰，沉速有所降低，在清水与浑水之间形成明显的交界面。沉淀过程实质上就是这个界面的下降过程。拥挤沉降时，单体颗粒的沉速小于同一颗粒在自由沉降时的沉速。

（4）理想沉淀池

前述介绍的是颗粒在水中沉降的3种状况，生产设备中的沉淀池，颗粒运动不仅是下沉运动，因池中水流本身是在运动的，因此还必须研究水体流动对颗粒沉降的影响。理想沉淀池（图1-7）是沉淀池设计中最早的基本理论，对沉淀过程中某些因素作了假定。其假定如下：

1）悬浮物颗粒在池内进行沉淀与相同深度的静止沉淀一样，悬浮物颗粒的沉速是一个常量。

2）池内的水流完全是水平的，流速在横断面上的分布是均匀相等的。

3）在沉淀区的进口处每一种颗粒的悬浮物在垂直断面上各点浓度都相同。

4）当悬浮物颗粒一接触到沉淀区池底，即认为已经去除。

根据理想沉淀池原理，进入沉淀池的所有颗粒，一方面随着流速为 v 的水流在水平方向运动，另一方面以截留速度 u_0 的沉速沿垂直方向下降，最后颗粒沿着图 1-7 所示的斜线下沉。凡是沉速大于或等于 u_0 的颗粒，可全部去除。相反，沉速小于 u_0 的颗粒，就有一部分不能沉到池底，而被水流带出。所谓截留速度 u_0，是指在理想沉淀池中能全部去除的最小颗粒的沉降速度。

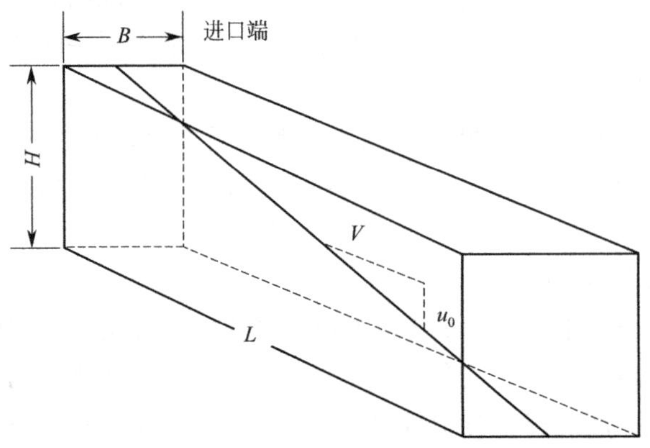

图 1-7　理想沉淀池中颗粒沉淀的迹线

按理论推导截留速度 u_0 也可表示为 Q/A。式中 Q/A 一般称为“表面负荷率”或“溢流率”，即单位沉淀池平面面积的处理水量。表面负荷率在数值上等于截留速度，但含义不同。

我国一般采用平流沉淀池截留速度为 1.5～2.5m/h。

$$U_0=\frac{H}{T}=\frac{H}{L/v}=\frac{HQ}{LBH}=\frac{Q}{BL}=\frac{Q}{A} \tag{1-2}$$

式中　L——沉淀区的长度（m）；

B——沉淀区的宽度（m）；

H——沉淀区的水深（m）；

A——沉淀区的表面积（m^2）；

Q——沉淀池的流量（m^3/h）；

v——水流的水平流速（m/h）；

T——水在沉淀区中的停留时间（h）。

2. 澄清原理

利用原水中的颗粒和澄清池中积聚的沉淀泥渣相互碰撞接触吸附、聚合，使小的絮体吸附在大的絮体上，提高沉降速度，然后絮粒与水分离，使原水得到澄清的过程。澄清池综合了混凝和固液分离作用，在一个池内完成混合、絮凝、悬浮物分离等过程的净水构筑物。澄清池按水与泥渣的接触情况，分为泥渣循环型和泥渣悬浮型两大类。

(1) 泥渣循环型

泥渣循环型澄清池是利用机械或水力的作用，使部分沉淀泥渣循环回流以增加和水中杂质的接触碰撞和吸附的机会，从而提高混凝效果。一部分泥渣沉积到泥渣浓缩室，大部分泥渣又被送入絮凝室重新与原水中的杂质碰撞和吸附，如此不断循环。在泥渣循环型澄清池中，加注混凝剂后形成的新生微絮粒和反应室出口呈悬浮状态的高浓度原有大絮粒之间进行接触吸附，也就是新生微絮粒被吸附结合在原有粗大絮粒（即在池内循环的泥渣）之上而形成结实易沉的粗大絮粒。机械搅拌澄清池和水力循环澄清池就属于此种形式。

(2) 泥渣悬浮型

泥渣悬浮型澄清池是使上升水流的流速等于絮粒在静水中靠重力沉降的速度，絮粒处于既不沉淀又不随水流上升的悬浮状态，当絮粒集结到一定厚度时，就构成泥渣悬浮层。原水通过时，水中杂质有充分机会与絮粒碰撞接触，并被悬浮泥渣层的絮粒吸附、过滤而截留下来。脉冲澄清池和悬浮澄清池属于此种类型。

与沉淀池不同的是，沉淀池池底的沉泥均被排除而未被利用，而澄清池则充分利用了沉淀泥渣的絮凝作用，排除的是只经过反复絮凝的多余泥渣。其排泥量与新形成的泥渣量取得平衡，泥渣层始终处于新陈代谢状态中，因而泥渣层能始终保持着接触絮凝的性能。澄清池由于重复利用了有吸附能力的絮粒来澄清原水，因此可以充分发挥混凝剂的净水效能。

3. 气浮原理

沉淀和澄清均属重力自然沉降范畴，若遇到水中比重十分接近水的悬浮杂质，这些方法往往难以达到理想的杂质分离效果。气浮工艺采用人为地向水体中导入气泡，使其黏附于絮粒上，从而大幅度降低絮粒的整体密度，并借助气体上升的速度，强行使其上浮，以此实现固、液快速分离的目的，使原先单纯的固、液二相分离体系，变为较复杂的气、固、液三相分离体系。

气浮净水的原理：一般沿用浮选中的界面能及接触角理论，认为固体颗粒的憎水性强，就易于固、气泡相黏附。所以对于水中的固体颗粒即杂质必须进行憎水化处理，即必须向水中投加适量的混凝剂，从而形成憎水性的矾花。这种憎水性矾花极易与表面带负电荷的微气泡黏附，形成可以上浮的矾花与水分离。

另外一种较直接的表示法则是根据固体颗粒在静水中的自由沉淀的斯笃克斯（Stokes）公式，认为沉速在很大程度上取决于颗粒与水的密度差，当水的密度大于颗粒密度时，则出现负值的沉速，此即为颗粒上浮的升速。事实上气浮过程既不同于矿物本身所固有的接触角也不同于静水中的单个自由圆球颗粒。要精确地阐明其机理甚为困难，但大体可作如下归纳：

(1) 上浮分离的必须条件：

1) 气泡与颗粒的黏附力必须大于气泡自身的上浮力；

2) 气泡与颗粒黏附后形成的总浮力必须大于其总重力。

(2) 构成微气泡的水膜，其水分子与自由水分子不同，水膜分两层，内层为附着层，水分子作定向有序的排列；外层为流动层，水分子排列疏松，受边界条件的影响而变动。

(3) 水体的表面张力对构成气泡的强度影响很大，表面张力过大的水，气泡易破碎，不利于气浮。

（4）在水中投加表面活性物质，会产生双重影响。当剂量适中时，有利于气泡与絮体的黏附，反之，过量会形成气泡相互间的合并变大而难以与絮体黏附。

（5）氢氧化铝（铁）所形成的絮体网络，具有憎水与亲水的双重性，气泡附着于憎水部分，如憎水部分少，则气泡黏附不牢。

（6）带气絮粒的形成可以通过以下途径：

1）微气泡黏附于絮粒的外表面；

2）絮粒在成长过程中，将游离的自由气泡网捕进去；

3）已黏附有气泡的絮粒之间互撞时，通过吸附架桥，而成长为更稳定的夹气絮体。

1.4.3 过滤原理

过滤一般是指通过过滤介质的表面或滤料层截留水体中的悬浮固体和其他杂质，从而使水获得澄清的工艺过程。过滤的功效，不仅在于能够进一步降低水的浊度，而且水中有机物、细菌乃至病毒等将随水的浊度降低而被部分去除。至于残留于滤后水中的细菌、病毒等在失去浑浊物的保护或依附时，在滤后消毒过程中也将容易被杀灭，这就为滤后消毒创造了良好条件。在饮用水的净化工艺中，有时沉淀池或澄清池可省略，但过滤是不可缺少的，它是保证饮用水卫生安全的重要措施。

过滤机理：主要是接触絮凝作用。过滤理论认为过滤过程包括迁移、黏附和脱离 3 个阶段。

杂质颗粒向滤料表面的迁移可在下述作用下发生：直接截留、布朗运动引起的扩散、范德华力引起的吸引、颗粒的惯性、重力沉降和流体效应。

黏附阶段：当杂质迁移到滤料表面上时，如果能满足附着条件，悬浮颗粒就被滤料捕捉，或者黏附与滤料表面先前附着的杂质颗粒上而被去除。

随着输送和附着过程进行到一定时间后，滤料被沉淀或吸附的颗粒覆盖，由于滤料之间的空隙减小，通过滤层的流速增大，截留的沉积物可能部分分离，被带入滤料深部，甚至可能随滤后水排出。当滤层堵塞到一定程度后就需进行冲洗，以恢复滤层的清洁。上述作用称为接触絮凝作用理论，它比较符合滤池运行实际情况。

其他还有筛滤作用、沉淀作用等理论，但都不能充分说明滤池的净水作用。

1.4.4 消毒原理

饮用水不得含有致病微生物。消毒是保证饮用水水质的最后一关。

消毒方法包括氯消毒、次氯酸钠消毒、氯胺消毒、二氧化氯消毒、臭氧消毒、紫外线消毒，也可采用上述方法的组合。此外还有电场消毒、固相接触消毒、超声波消毒、光催化氧化消毒等新型消毒方法，但较少用于水厂。

1. 氯消毒原理

氯消毒主要是通过氯在水中生成次氯酸（HClO），HClO 为很小的中性分子，它能扩散到细菌表面，并通过细菌的细胞壁穿透到细菌内部氧化破坏细菌的酶系统使细菌死亡，从而进行消毒，是国内外应用最广泛的消毒方式。具体形式包括投加液氯、次氯酸钠、漂白粉等。采用氯消毒时，当水中有机物含量高时，将增加出水的消毒副产物，如三卤甲烷、卤乙酸。

$$Cl_2 + H_2O \rightleftharpoons HClO + H^+ + Cl^-$$

$$HClO \rightleftharpoons H^+ + ClO^-$$

2. 次氯酸钠消毒原理

次氯酸钠（NaClO）是一种强氧化剂，在溶液中生成次氯酸离子，通过水解反应生成次氯酸起消毒作用，其消毒原理与氯消毒相同。

$$NaClO \longrightarrow Na^+ + ClO^-$$

$$ClO^- + H_2O \rightleftharpoons HClO + OH^-$$

3. 漂白粉消毒原理

漂白粉由氯气和石灰加工而成，有效氯约30%，为白色粉末，有氯的气味，易受光、热和潮气作用而分解使有效氯降低，故必须放在阴凉干燥和通风良好的地方。漂白粉加入水中反应如下：

$$2Ca(ClO)_2 + 2H_2O \rightleftharpoons 2HClO + Ca(OH)_2 + CaCl_2$$

反应后生成 HClO，因此消毒原理与氯气相同。

4. 氯胺消毒原理

氯胺消毒是利用水中投氯后生成的次氯酸，与水中的氮类作用生成一氯氨或二氯胺，此反应为可逆，氯胺仍能水解生成次氯酸，但水解作用缓慢，受氯氨比、水温及 pH 值的影响。由于氯与氨的反应优先生成氯胺，然后逐步对其他物质发生氯化，溶液中的游离氯很少，降低了消毒副产物的形成。氯胺的作用时间较长，可以在水中保持较长时间的氯化杀菌作用，可以防止细菌再次污染繁殖。

5. 二氧化氯消毒原理

二氧化氯对细胞壁有较强的吸附和穿透能力，氧化细胞内的酶或通过抑制蛋白质的合成来破坏微生物的正常代谢能力，从而达到消毒的目的。二氧化氯消毒具有较高的消毒效率及持久性，且不会与水中有机物反应生成三卤甲烷、卤乙酸等对人体有害的物质。

6. 臭氧消毒原理

臭氧可杀菌消毒的作用主要与它的高氧化电位和容易通过微生物细胞膜扩散有关。臭氧能氧化微生物细胞的有机物或破坏有机体链状结构而导致细胞死亡。因此，臭氧对顽强的微生物如病毒、芽孢等有强大的杀伤力。此外，臭氧在杀死微生物的同时，还能氧化水中各种有机物，去除水中的色、臭、味和酚等。由于臭氧在水中很不稳定，容易分解，不能在管网中持续保持杀菌能力，故在臭氧消毒后，往往还需投加少量氯以维持水中一定的余氯量，维持水中一定的消毒剂剩余水平。

7. 紫外线消毒原理

紫外线消毒主要是通过一定波长的紫外线照射，破坏生物体的遗传物质，从而造成对微生物的灭活作用。紫外线消毒是一种物理消毒，无需化学药剂，不会产生 THM_S 类消毒副产物，杀菌作用快，但没有持续消毒作用，一般在紫外线消毒后还需加氯，以保持管网中消毒剂的存在。

8. 新型消毒方法消毒原理

电场消毒主要是通过电场改变水中细菌、病毒的生存环境，从而导致其生存条件丧失，以达到消毒的目的。

固相接触消毒是将具有杀菌作用的卤素、重金属等附载于某种载体上，水流过这些载体时，消毒剂与水中细菌接触并杀灭细菌，从而达到消毒的目的。

超声波消毒是通过高频超声波的空化作用、热作用和机械作用使细菌体被破坏灭活从而达到消毒的目的。但由于超声波对水的穿透力差，消毒作用实际有限，并无实际应用。

接触时间是影响消毒效果的重要因素。完善的消毒工艺和运行实际，要求达到一定的CT值。其中C是消毒剂的浓度（mg/L）、T是接触时间。

常用消毒剂在5℃时灭活率99%的CT值（mg/L、min）见表1-5。

常用消毒剂在5℃时灭活率99%的CT值 **表1-5**

微生物	消毒剂			
	自由氯	氯胺	二氧化氯	臭氧
	pH值为6～7	pH值为8～9	pH值为6～7	pH值为6～7
粪型大肠菌	0.034～0.05	95～180	0.4～0.75	0.02
脊髓灰质炎病毒Ⅰ型	1.1～1.5	768～3740	0.2～6.7	0.02
甲类肝炎病毒	1.8	590	1.7	—
轮型(Roto)病毒	0.01～0.05	3810～6480	0.2～2.1	0.006～0.06
兰伯(lamblia)贾弟氏虫孢囊	47～150	—	—	0.5～0.6
茂利斯(muris)贾弟氏虫孢囊	30～630	—	7.2～18.5	1.8～2.0
伯温(PAVUM)隐性孢子虫孵囊	—	—	6.5～8.9	<3.3～6.4
人类粪便中隐性孢子虫孢囊	7.7×10^6～8.7×10^6	—	—	—

9. 消毒副产物

目前应用的消毒剂，如氯、二氯化氯、臭氧等，都有其消毒副产物。

（1）氯消毒副产物

加氯消毒的主要副产物有：三卤甲烷（如：三氯甲烷（氯仿）、三溴甲烷（溴仿）、二溴一氯甲烷、一溴二氯甲烷）和卤乙酸（如：一氯乙酸、二氯乙酸、三氯乙酸、一溴乙酸、二溴乙酸）。三卤甲烷（THMs）为挥发性有机物，在沸水中能部分去除；卤乙酸为非挥发性有机物，在沸水中反而有可能被浓缩。

对消毒副产物的去除，应重视两方面，即对预氯化（前加氯）产生消毒副产物的去除和对消毒副产物前体物的去除。前体物主要指水中有机物能与氯反应生成消毒副产物的部分，对于未受污染的天然水体，一般由腐殖酸和富里酸组成。在后氯化过程中产生的消毒副产物直接进入管网。

（2）二氧化氯消毒副产物

二氧化氯消毒副产物主要为亚氯酸盐和氯酸盐、亚氯酸离子（ClO_2^-）和氯酸离子（ClO_3^-）。氯酸和亚氯酸离子特别是亚氯酸离子能够破坏血细胞，引起溶血性贫血，与形成变性血红素有关，因而国标对使用二氧化氯消毒时，饮用水中的亚氯酸盐和氯酸盐有限值规定，限值为0.7mg/L。

（3）臭氧消毒副产物

当原水中含有溴离子时（如原水受咸潮影响或受到其他溴离子污染），臭氧化过程可能产生潜在致癌物质——溴酸盐（BrO_3^-）；另一方面臭氧的氧化分解作用可改变水中有机物的结构，增加可生化有机物（AOC）的含量，造成出水的生物稳定性降低，加大饮用水被二次污染的风险。溴酸盐属于饮用水中的低剂量有毒有害物质，已被国际癌症研究机构列为2B级（较高致癌可能性）潜在致癌物。我国《生活饮用水卫生标准》GB 5749—2006和《食品安全国家标准 饮用天然矿泉水》GB 8537—2018都对溴酸盐提出严格限值10μg/L。

1.4.5　深度处理原理

深度处理工艺是在常规处理工艺的基础上为提高水质，通过物理、化学、生物等作用去除常规处理工艺不能有效去除的污染物（包括消毒副产物前体物、内分泌干扰物、农药及杀虫剂等微量有机物、嗅和味等感官指标、氨氮等无机物），减少消毒副产物的生成，提高饮用水水质，提高管网水的生物稳定性的处理工艺。

深度处理工艺主要有：活性炭吸附、臭氧—氧化、臭氧—活性炭、活性炭—膜过滤、高级氧化等，其中臭氧—活性炭是我国使用最为广泛的饮用水深度处理工艺。

1. 活性炭吸附原理

活性炭吸附（GAC）是利用活性炭的吸附特性。活性炭是用含有炭为主的物质制成，如煤、木炭（屑）、褐煤、焦炭、果壳等，经高温炭化和活化两工序制成的多孔性疏水吸附剂。活性炭外观为暗黑色固体，它孔隙发达，表面积巨大，化学稳定性好，耐酸碱干比重小于水，在水中浸泡后大于水。活性炭通过物理吸附、化学吸附和交换吸附的综合作用，利用孔隙特性，大、中、微孔的匹配，扩大其吸附量，达到除臭、去色、去除TOC、重金属、病毒的作用，使Ames试验呈阳性的水转化为阴性。

（1）物理吸附

吸附剂和吸附质（溶质）通过范德华力作用产生的吸附称为物理吸附。这是最常见的一种吸附现象，它的特点是被吸附物的分子不是附着在吸附剂表面固定点上，而稍能在界面上作自由移动。由于吸附是分子力引起的，吸附热较小，物理吸附不需要活化能，在低温条件下即可进行。这种吸附是可逆的，在吸附的同时被吸附的分子由于热运动还会离开固体表面，这种现象称为解吸。物理吸附可形成单分子吸附层或多分子吸附层。由于分子间力是普遍存在的，所以一种吸附剂可吸附多种物质，但由于吸附质不同，吸附的量也有所差别。这种吸附现象与吸附剂的表面积、孔隙匹配有密切的关系。

对液相吸附，活性炭的3种孔隙有其各自的作用。一般情况下：

大孔（孔径60nm～10μm）：为吸附质的扩散提供通道，通过大孔再扩散到过渡孔和微孔中去，吸附质的扩散速度往往受大孔构造、数量的影响。

中孔（过渡孔）（孔径2～60nm）：由于水中有机物分子大小不同，大分子的吸附主要靠中孔，同时中孔也是小分子有机物扩散到微孔的通道。

微孔（孔径＜2nm）：微孔的表面积占活性炭总表面积的95%以上，即20A以下微孔的表面积的吸附作用。微孔的容积及比表面积可作为活性炭吸附性能优劣的标志。

由于水处理中被吸附物质的分子直径比气相吸附过程中相同的被吸附物的分子直径大，所以用于水处理的活性炭，要求有适当比率的中孔。没有一定数量的中孔，有机物质也很难进入微孔，影响活性炭的吸附能力。为此，在水处理中要根据吸附质的直径与活性炭孔隙种类匹配情况选择恰当的活性炭。

（2）化学吸附

活性炭的吸附能力以物理吸附为主，但也进行一些选择性吸附，这是由于在活性炭制造过程中炭表面能生成一些官能团，如羧基、羰基、羟基等，所以活性炭也能进行化学吸附。由于吸附剂与吸附质（溶液）之间靠化学键的作用发生化学反应，使吸附剂与吸附质之间牢固的联系在一起。由于化学反应需要大量的活化能，一般需要在较高的温度下进行，吸附热量较大。化学吸附是一种选择性吸附，即一种吸附剂只对某种或特定几种物质有吸附作用。由于化学吸附是吸附剂和吸附质之间靠化学键力进行的，所以化学吸附仅能形成单分子层。吸附是比较稳定的，不易解吸。这种吸附与吸附剂的表面化学性质相关，与吸附质的化学性质有关。

活性炭的物理吸附和化学吸附的比例，取决于活性炭的制造原理和制造工艺。

（3）交换吸附

一种物质的离子由于静电引力积聚在吸附剂表面的带电点上，在吸附过程中，伴随着等量离子的交换，离子的电荷是交换吸附的决定因素，被吸附的物质往往发生了化学变化，改变了原来被吸附物质的化学性质，这种吸附也是不可逆的，因此仍属于化学吸附，即使活性炭经再生也很难恢复到原来的性质。

在水处理过程中，活性炭吸附过程多为几种吸附现象的综合作用。

2. 臭氧—生物活性炭吸附原理

臭氧—生物活性炭（O_3-BAC）是在活性炭过滤之前投加臭氧，并在臭氧接触池中进行臭氧接触氧化反应，使水中有机物氧化降解，减轻活性炭滤床的有机负荷，利用臭氧化水中的剩余臭氧和充分的氧，使滤床处于富氧状态，导致好氧微生物在炭表面繁殖生长形成不连续的生物膜，通过生物吸附和氧化降解等作用，提高活性炭去除有机物的能力，延长炭的使用寿命。

臭氧—活性炭处理工艺综合了臭氧氧化、活性炭吸附以及臭氧与活性炭联用的生物作用。

（1）臭氧氧化的化学反应原理

臭氧与无机物反应，一般是放出一个活泼的氧原子使无机物氧化，同时放出一个氧分子，有些物质如硫化物可以继续被氧气氧化。

1）直接氧化

臭氧分子呈三角形结构，中心原子与其他两个氧原子间距离相等，在分子上有一个离域 π 键（图 1-8）：

臭氧分子的特殊结构，使得它可以作为偶极剂、亲电试剂、亲核试剂与含不饱和键的芳香族和脂肪族化合物反应，使水中的有机物氧化降解。直接氧化是缓慢的且有明显选择性的反应。

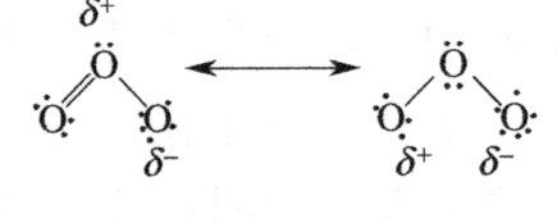

图 1-8　臭氧分子结构

2）自由基反应

臭氧被水中羟基、过氧化氢、有机物、腐殖质和高浓度的氢氧根诱发自行分解成羟基自由基，间接地氧化有机物、微生物和氨等。自由基反应相当快，且没有选择性，另外还能将重碳酸根和碳酸根氧化成重碳酸和碳酸。在直接氧化和自由基反应这两种反应中，后一种反应更强烈，氧化能力更强。

（2）臭氧化改善活性炭吸附性能原理

活性炭具有发达的孔隙，其内部孔隙排列顺序为：大孔直接向着炭粒的外表面开口，过渡孔是大孔的分支，微孔又是过渡孔的分支。在活性炭内部，发挥吸附作用的主要是微孔，它的表面积占总表面积的95%以上，微孔能把通过过渡孔进来的小分子污染物和部分溶剂吸附到自己表面上。水中含有的污染物分子要比气体分子大得多，通常只能进入到过渡孔和较大的微孔区，活性炭的孔隙不会容纳和通过超过孔隙直径的污染物分子。因而，微孔区较小孔隙的吸附表面积在液相吸附时很难得到充分利用。当利用臭氧氧化水中的有机污染物后，较大的有机物分子被臭氧破坏，断裂成碎片，产生中间物质。这些中间物质的分子量降低了，几何尺寸相应缩小，有可能进入到与之相应的较小的微孔中，从而使活性炭的吸附能力增加，但当破碎后的残片不能满足上述条件时，就不会提高吸附效果。

活性炭的表面也常常有静电负荷，当阳离子通过其孔隙时，将会遇到干扰和阻止，但在酸性水溶液中能与水中的 H^+ 结合成氢键，电负性被中和。而臭氧化使水中 H^+ 相应增多，能在活性炭表面形成更多的氢键中和电负性，阴离子通过活性炭孔隙的阻力大大降低，从而降低了污染物质被吸附时的扩散阻力，提高活性炭的吸附能力。

(3) O_3-BAC 中生物活性炭的生物膜形成原理

由于臭氧氧化，水中有足够的溶解氧，水中可生化性溶解性有机物截留在活性炭表面，给微生物的生长创造了良好的条件，从而使活性炭池附着的好氧微生物大量生长繁衍，活性炭池变成了生物活性炭池，担负着水中有机物生物氧化降解作用和氨氮硝化作用。

O_3-BAC 中的活性炭床的炭颗粒表面附着的生物膜主要由单层细菌组成。当带微生物膜的炭粒与处理水接触时，简单的低分子量的溶解性有机物分子直接被生物膜的好氧菌吸收入菌体后迅速地氧化分解，生成 CO_2 和 H_2O，一部分较复杂的有机物分子被好氧菌吸附在细胞周围，在外酶→内酶的一系列酶消化和合成过程中被降解。由于大多数细菌的大小为 104μA，因此，微生物主要集中于炭颗粒的外表及邻近大孔中，而不能进入微孔中，微生物能直接将活性炭表面和大孔中吸附的有机物降解掉，从而使活性炭表面的有机物浓度相对降低。由于炭表面有机物浓度的相对降低，炭粒内部就存在一个由内向外减小的浓度梯度，有机物就会向活性炭表面扩散，可逆吸附的有机物会因此解吸下来而被微生物利用。另外，细胞分泌的细胞外酶和因细胞解体而释放出的酶类或活性碎片能直接进入生物活性炭中孔和微孔中去，与孔隙内吸附的污染物质作用，使其吸附性能下降，从而从原吸附位上解脱下来，并被生物活炭表面上的微生物分解，构成吸附和降解的交替作用。在实际运行中，通过冲洗炭粒，衰老的生物膜就能及时脱落，生物活性炭的吸附表面不断更新，炭的吸附得到一定程度的恢复，炭的使用周期相应延长。

1.4.6 膜处理原理

膜处理的原理就是使用具有选择透过性的膜来达到分离物质的目的。常用的膜技术包括电渗析、超滤、微滤、纳滤、反渗透。其中电渗析属于电势梯度作为驱动力，而后四种膜法属于压力梯度作为驱动力。

1. 电渗析原理

电渗析（ED）是以直流电为推动力，利用阴、阳离子交换膜对水溶液中的阴、阳离子的选择透过性，使一个水体中的离子通过膜转移到另一水体中的物质分离过程。

2. 超滤原理

超滤（UF）是以压力为推动力，并利用超滤膜的不同孔径将液体进行分离的物理筛选方法。超滤膜具有精密的微细孔（孔径 5～100nm），当原水流过膜表面时，在压力的作用下，水中的无机盐和溶解性有机物等小分子物质透过膜，而水中的悬浮物、胶体、微粒、细菌和病毒等大分子物质被截留，从而完成了水的净化过程。

3. 微滤原理

微滤（MF）是一种压力驱动膜过滤技术。微滤膜孔径范围在 0.05～5μm，因而，微滤过程满足筛分机理，可去除 0.1～10μm 的物质及尺寸大小相近的其他杂质，如细菌、藻类等。

4. 纳滤原理

纳滤（NF）是介于超滤与反渗透之间的一种膜分离技术，是超低压反渗透技术的延续和发展分支，能去除 1nm 左右的溶质粒子，截留分子量在 200～1000 的范围内。

5. 反渗透原理

反渗透（RO）是以压力为推动力，并利用反渗透膜只能透过水而不能透过溶质的选择透过性而从水体中提取纯水的物质分离过程。实现反渗透过程的必要条件：一是须有高选择性和高透水性的半透膜，二是操作压力必须高于溶液渗透压。

1.5 其他水质处理方法

1.5.1 铁、锰的去除

含铁和含锰地下水在我国分布很广。地下水的含铁量一般小于 5～10mg/L，含锰量约在 0.5～2.0mg/L 之间。地表水源中含铁量也常超过 0.3mg/L，由于含量一般不高，在混凝沉淀过程中就可以附带去除一部分。中国和 WHO 的标准，饮用水中铁和锰的允许含量分别为 0.3mg/L 和 0.1mg/L，美国则对锰的含量限制为 0.05mg/L。

水中铁和锰引起的危害性大致有下列几点：

（1）在生活方面，引起铁味，在白色织物及用具上留下黄斑、染黄卫生用具，严重的情形会使自来水变成“红水”。

（2）在工业上，当作为洗涤用水或生产原料时会降低产品的光泽及颜色等质量，如纺织、印染、针织、造纸等行业。

（3）在管道方面，会引起壁上积累铁、锰沉淀物从而降低输水能力，沉淀物剥落下来时，会造成自来水在短期内变成“黑水”或“红水”的问题，甚至堵塞水表和一些用水设备。当水中出现铁细菌大量生长时，情况更为严重。

（4）危害水处理过程。例如在滤料或离子交换树脂上面包一层铁锰沉淀物时就会影响正常的运行，在电渗析交换膜上发生沉淀危害性尤其大。树脂的铁中毒降低了工作交换容量。

我国饮用水水质标准中规定，铁、锰浓度分别不得超过 0.3mg/L 和 0.1mg/L，超过标准的原水须经除铁除锰处理。

铁、锰在自然界中既能发生生物学氧化反应、还原反应，又能发生非生物学氧化反应、还原反应。Fe^{2+}、Mn^{2+}的空气学氧化反应与环境或微环境的 pH 值有关（图 1-9）。在中性条件下，Fe^{2+}可被空气中的氧所氧化，而Mn^{2+}几乎不能被氧化，铁的氧化还原电位比锰低，氧化速率较锰快，所以两者难以同时进行讨论，以下分开讨论其去除方法。

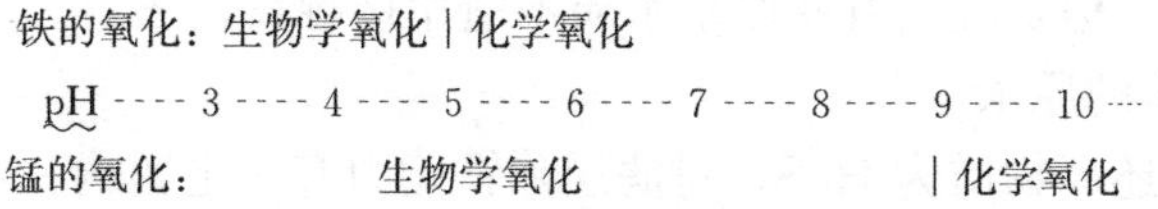

铁的氧化：生物学氧化 | 化学氧化

pH ---- 3 ---- 4 ---- 5 ---- 6 ---- 7 ---- 8 ---- 9 ---- 10 ····

锰的氧化： 生物学氧化 | 化学氧化

图 1-9 铁、锰氧化与 pH 值的关系

1. 除铁方法

地下水除铁技术发展至今已有多种方法。诸如：空气自然氧化法、氯氧化法、$KMnO_4$氧化法以及接触过滤氧化法等。工程上实用的有空气自然氧化法、接触过滤氧化法和氯氧化法。

（1）空气自然氧化法

空气氧化除铁的原理是，含Fe^{2+}的水在中性范围内，被水中溶解氧氧化，生成$Fe(OH)_3$沉淀而析出。其除铁工艺过程有溶氧（曝气）、氧化和固液分离三个环节，其基本流程如图 1-10 所示。

含Fe^{2+}地下水→曝气装置→氧化沉淀池→过滤池→除铁水

图 1-10 空气自然氧化法除铁基本流程

空气自然氧化法不投药，并设有氧化沉淀与过滤分离，滤池负荷低，运行稳定。与接触氧化法比较，如原水含铁量大于 20mg/L 时，仍有其应用价值。但此法不适用如下两种情况：

1）溶解性硅酸含量较高，特别是大于 40～50mg/L，同时水的碱度又较低。

2）高色度地下水。因致色物质与氧化生成的$Fe(OH)_3$粒子结合成趋于稳定的胶体粒子，不易凝聚并穿透滤层。

（2）接触过滤氧化法

接触过滤氧化法是以溶解氧为氧化剂，以固体催化剂为滤料，以加速Fe^{2+}氧化速度的除铁方法。该法在接触滤池中进行Fe^{2+}氧化时，铁便能被同时除去。滤料表面被覆的氧化生成物就是更新了的接触催化剂，故称为自催化氧化反应。

以羟基氢氧化铁（FeOOH）的活性表面为接触催化剂的自催化氧化除铁方法的工艺流程如图 1-11 所示。

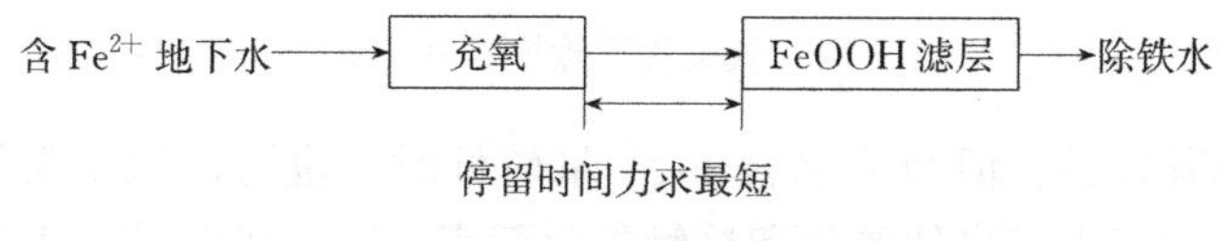

图 1-11 接触过滤氧化法除铁基本流程

地下水中Fe^{2+}氧化的氧化剂为溶解氧，曝气只是为了充氧，不考虑CO_2散失和提高 pH 值，因为 pH 值对接触氧化的影响很小，所以曝气装置可以比较简单。水充氧后应立

即进入滤层，避免滤前生成 Fe^{3+} 胶体粒子穿透滤层。就大部分地下水而言，曝气后数分钟之内进入滤层是允许的。

本法流程简捷，以滤池为主体，附带简易的曝气装置。

接触氧化法不投药、简单曝气、流程短，出水水质良好稳定。与空气自然氧化法相比具有许多卓越的性能。但是确实有些原水水质不适用接触氧化法。

1）含还原物质多的原水

地下水中常见的还原物质为 H_2S，对滤层除铁能力有一定影响。当 H_2S 浓度较高时，滤层除铁能力明显降低。

2）氧化速度快的原水

如果含 Fe^{2+} 地下水曝气后进入滤层的水停留时间大于 Fe^{2+} 完全氧化时间，就变成了空气自然氧化法。滤前形成的 $Fe(OH)_3$ 粒子有机会穿透滤层，降低除铁效果。因此，在数分钟内就能完全氧化的原水不适宜采用接触氧化法。

3）高色度水

接触氧化法能去除有色水中的铁，但除色效果有限度。

（3）强氧化剂除铁

强氧化剂包括 $Cl_2(HOCl)$、O_3、$KMnO_4$ 和 ClO_2 四种。

氯氧化法为常用方法，现介绍如下：

1）氯氧化法除铁

原理：氯是极易溶于水的绿色气体，溶于水后生成 HClO、ClO^- 和 Cl^-。

氯气与 Fe^{2+} 的反应式如下：

$$2Fe(HCO_3)_2+Cl_2+H_2O=\!=\!=2Fe(OH)_3\downarrow+4CO_2+2HCl$$

$Fe^{2+}\rightarrow Fe^{3+}$ 的氧化还原电位在 pH 值中性域内为 0.2V，而 ClO^-、HClO 在广泛的 pH 值范围内的氧化还原电位为 1V。氯对 Fe^{2+} 氧化能力很强，反应瞬间即可完成，几乎不受 pH 值的影响。

按反应式，Cl_2 与 Fe^{2+} 的克数之比为 0.64∶1，但为使 Fe^{2+} 瞬间完全氧化，氯的投量应有所增加，其量应由烧杯试验决定。经验表明，当氯与 Fe^{2+} 的克数之比为 1∶1 时，Fe^{2+} 瞬间便能被完全氧化。

2）氯氧化法除铁的工艺流程和特点

氯是自来水厂常用的消毒剂，价格便宜，货源充足。氯氧化法除铁又几乎适用所有地下水水质，同时还能去除色度和锰，在世界各地被广泛应用，其工艺流程如图 1-12 所示。

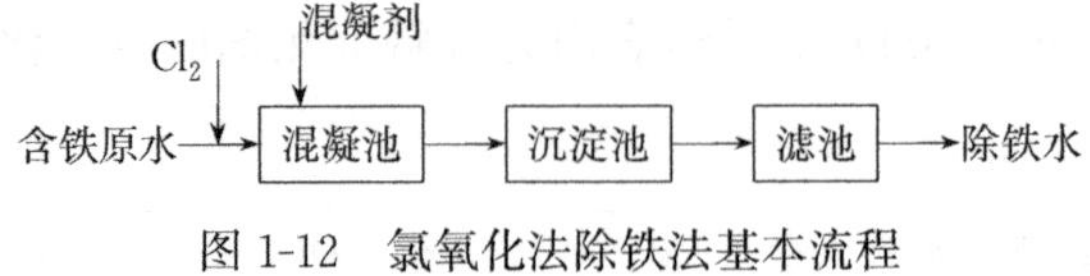

图 1-12　氯氧化法除铁法基本流程

该法投药，流程较长。但当原水含 Fe^{2+} 量较低时，也可以取消沉淀池甚至凝聚池，进行直接过滤。相对于空气自然氧化和接触氧化而言，适应能力强，几乎适用于一切地下水水质。但其缺点是含有 $Fe(OH)_3$，泥渣难以浓缩、脱水。

2. 除锰方法

铁和锰的化学性质相近，所以常共存于地下水中，但铁的氧化还原电位低于锰，容易被氧化，相同pH值时二价铁比二价锰的氧化速率快，以致影响二价锰的氧化去除。除锰方法有强氧化剂氧化法、光化学氧化法、生物固锰除锰法等。

(1) 强氧化剂除锰

工程上实用的除锰方法有 $KMnO_4$ 氧化法、氯接触氧化过滤法。

1) 高锰酸钾氧化法

高锰酸钾是比氧和氯更强的氧化剂，它可以在中性和微酸性条件下迅速将水中二价锰氧化为四价锰沉淀，然后经凝聚、沉淀和过滤去除。反应如下：

$$3Mn^{2+}+2KMnO_4+2H_2O = 5MnO_2+2K^++4H^+$$

按上式计算，每氧化1mg/L二价锰理论上需要1.92mg/L高锰酸钾。如有 Fe^{2+} 存在则1mg/L Fe^{2+} 另消耗0.943mg/L $KMnO_4$。高锰酸钾法药剂昂贵，流程长。

2) 氯接触氧化过滤法

氯接触氧化原理：往含 Mn^{2+} 水中投加氯后，流过滤砂表面包覆着羟基氧化锰 $MnO(OH)_2$ 的砂滤层。Mn^{2+} 首先被 $MnO(OH)_2$ 吸附，在接触催化剂 $MnO(OH)_2$ 的催化作用下，Mn^{2+} 被强氧化剂迅速氧化为 Mn^{4+}，并和滤砂表面原有的 $MnO(OH)_2$ 形成某种化学结合，新生的 $MnO(OH)_2$ 仍具有催化作用，继续催化氯对 Mn^{2+} 的氧化反应，使水中 Mn^{2+} 连续不断地被吸附和氧化。滤砂表面的吸附反应与再生反应交替循环进行，完成了从水中除锰的任务。

吸附反应：$Mn(HCO_3)_2+MnO(OH)_2 \longrightarrow MnO_2MnO+2H_2O+CO_2$

再生反应：$MnO_2MnO+3H_2O+Cl_2 \longrightarrow 2MnO(OH)_2+2HCl$

总反应式：$MnO(OH)_2+Mn(HCO_3)_2+H_2O+Cl_2 \longrightarrow 2MnO(OH)_2+2HCl+2CO_2$

(2) 光化学氧化法

有阳光照射和游离氯的条件下，中性含锰水中能很快析出 Mn^{4+} 沉淀，水由无色变成红色。这是紫外线活化了氯的氧化能力，将 Mn^{2+} 氧化了的结果。

$$Cl_2+Mn^{2+} \xrightarrow{\text{日光}\downarrow} Mn(\text{IV})+2Cl^-$$

激活反应的有效光为紫外光和近紫外光。次氯酸水溶液在日光照射下，HClO或者 ClO^- 生成具有强烈氧化能力的初生态氧，Mn^{2+} 可为其氧化。氯氧化除锰时，只要向凝聚池照射紫外光，Mn^{2+} 就被氧化生成含水氧化锰，并被几乎同时生成的 $Fe(OH)_3$ 包裹起来共同沉淀。Fe/Mn比例越大，共沉效果越好，而一般地下水 Fe^{2+} 大约是 Mn^{2+} 的10倍，恰好满足了共沉条件。光化学氧化法除锰成本高，维护管理复杂，从而限制了它的推广应用。

3. 生物固锰除锰

在pH值中性范围内，Mn^{2+} 的空气氧化不是锰的氧化物自催化作用，而是以 Mn^{2+} 氧化菌为主的生物氧化作用。Mn^{2+} 首先吸附于细菌表面，然后在细菌胞外酶的催化下被氧化为 Mn^{4+}，从而从水中去除。

除锰滤池在投入运行之初，随着微生物的接种、培养、驯化，微生物从 $n\times10$ 个/g湿砂增长到 $n\times10^5$ 个/g湿砂。微生物的对数增长期，正与锰去除效率的对数增长相对应。所谓除锰滤层的成熟，就是滤层中微生物群落繁殖代谢达到平衡的过程。凡是除锰效果好的滤池，都具有微生物繁殖代谢的条件，滤层中的生物量都在 $n\times10^4 \sim n\times10^5$ 个/g 湿砂之上。

1.5.2 藻类的去除

地表水体，特别是湖泊水库，富营养化现象普遍而且日趋严重。富营养化水源水产生的生物臭，使用常规工艺难以去除，藻类及其分泌物是氯消毒副产物的前体物；藻类产生藻毒素；藻类及其代谢产物对絮凝过程有干扰作用，且堵塞滤池。

目前水处理中除藻技术多种多样，单元工艺主要有化学药剂法、微滤机、气浮、强化混凝和生物处理五种。

1. 化学药剂法除藻

化学药剂法控制藻类既可在水源地进行，也可在水处理厂进行，美国、澳大利亚等国常采用此法控制藻类在湖泊、水库中的生长。常用的除藻剂有硫酸铜、氯、二氧化氯、$KMnO_4$、O_3 等。二氧化氯除藻效果较好，但成本较高；控制藻类生长的硫酸铜浓度一般须大于 1.0mg/L，这使得水中铜盐浓度上升，因而须谨慎使用；预氯化常用于水处理工艺中，以杀死藻类，使其易于在后续水处理工艺中去除，但预氯化使水中消毒副产物增加，也是一种不得已而为之的方法；高锰酸钾除藻有较好的效果，对碱性水的除藻优于中性或酸性水，一般高锰酸钾投加量为 1～3mg/L，接触时间不小于 1～2h。高锰酸钾投量过多，可能会穿透滤池而进入配水管网，出现“黑水”现象，而且出水的含锰量增加，有可能不符合生活饮用水水质标准；采用高铁酸盐复合药剂代替氯作预氧化剂，可提高对水中藻类的去除效果，且对饮用水水质无副作用。化学药剂法应用较为灵活，但使水中增加了新的对健康不利的化学物质。

2. 微滤机除藻

微滤机主要用以去除水中浮游生物和藻类，微滤机是一种特制的简单隔离设备。采用网眼孔径为 10～45μm（多数为 35μm）的微滤机，除藻率约为 50%～70%，但浊度只能减少 5%～20%，微滤机对藻类的去除率随藻的种类不同而有很大区别，越细小的藻类越难去除，有时仅去除 10%，可是这种藻类所消耗的混凝剂量最大。又因微滤机所能去除的浊度不多，所以应用微滤机几乎不可能降低混凝剂投量。微滤机除藻效果优于混凝沉淀，但对浊度、色度、COD_{Mn} 的去除率都很低，远不及混凝沉淀。

3. 气浮除藻

藻类密度一般较小，因而其絮体不易沉淀，采用气浮则可以取得较好的除藻效果。此法在固液分离速度（5～8m/h）、污泥浓度及节约药耗等方面都有比较满意的效果。我国昆明、苏州、无锡等城市有采用气浮除藻。气浮法的主要问题是藻渣难以处理，气浮池附近臭味重，操作环境差。当高藻期间原水浊度较高时，气浮池的除浊效果将受到影响。最近在设计中也有采用沉淀与气浮相结合的形式，使原水先经沉淀去除一部分较大颗粒，然后通过气浮去除藻类和剩余浊度。

4. 强化混凝沉淀除藻

混凝沉淀通常对藻类的去除效率较低，但如果对常规的混凝沉淀加以强化，则可以大大提高除藻效率。常用的强化混凝方法有：在使用常规混凝剂（如硫酸铝）的同时，调节 pH 值或再加入一定量的活性硅酸、藻朊酸钠及有机高分子助凝剂（如聚丙烯酰胺等）。

有研究表明，采用强化混凝的方法可以将混凝沉淀的除藻效率提高到90%以上。

5. 生物处理除藻

生物处理除藻主要是利用生物膜上的微生物对藻类的絮凝、吸附作用，使其被沉降、氧化或被原生动物吞噬。生物处理对藻类有明显的去除效果，同时还可以降低原水中的氨氮、可生物降解有机物、浊度等。对太湖富营养化原水所做的试验表明，生物处理对藻类的去除可达50%～70%，最高达80%以上。

各种除藻方法在技术上、经济上、运行管理上均有其局限性。除藻技术已成为饮用水净水技术的一个难点而受到越来越多的关注。

1.5.3 氟的去除

我国地下水含氟地区的分布范围很广，长期饮用含氟量高的水会引起慢性中毒，特别是对牙齿和骨骼产生严重危害，轻者患氟斑牙，表现为牙釉质损坏，牙齿过早脱落等，重者则骨骼变形，出现弯腰驼背等。我国饮用水标准中规定氟的含量不得超过1mg/L。

我国饮用水除氟方法有吸附过滤法、混凝沉淀法、电渗析法、反渗透法等。

1. 吸附过滤法

吸附过滤法是除氟应用最多的方法。作为滤料的吸附剂主要是活性氧化铝，其次是骨炭，是由兽骨燃烧去掉有机质的产品，主要成分是磷酸三钙和炭，故骨炭过滤属于磷酸三钙吸附过滤法。两种方法都是利用吸附剂的吸附和离子交换作用，是除氟比较经济有效的方法。

（1）活性氧化铝法

活性氧化铝是白色颗粒状多孔吸附剂，有较大的比表面积。活性氧化铝是两性物质，等电点约在9.5，当水的pH值小于9.5时可吸附阴离子，大于9.5时可去除阳离子，因此，在酸性溶液中活性氧化铝为阴离子交换剂，对氟有极大的选择性。活性氧化铝吸附容量主要与水的氟含量、pH值和氧化铝的粒度有关。氟离子浓度高的水，由于对氧化铝颗粒能形成较高的浓度梯度，有利于氟离子进入颗粒内，从而获得高的容量。pH值约为5.5时，氧化铝的吸附速率最大，故获得最佳的吸附容量。粒度小的吸附容量高于粒度大的。美国常用活性氧化铝粒度为0.3～0.6mm，吸附容量为1.6～4.5$gF^-/m^3 Al_2O_3$。

（2）骨炭吸附法

骨炭的主要成分是磷酸钙，我国生产骨炭的厂家称此为BC除氟剂。骨炭吸附也是一种有效的、经济的、简便的饮水除氟方法。由于骨炭机械强度差，使用寿命仅2～3年，优质骨炭的价格高于活性氧化铝数倍，活性氧化铝使用寿命长达8年以上，所以骨炭除氟在20世纪50年代以后便被活性氧化铝代替。

2. 铝盐混凝沉淀法

除氟用的铝盐有：硫酸铝、铝酸钠、明矾、磷酸铝、三氯化铝、羟基氯化铝等。铝盐的加入量以Al^{+3}计算，Al∶F^-=10∶1。

铝盐的除氟原理，普遍认为是铝盐在水中水解生成氢氧化铝，氢氧化铝对水中的氟离子有很高的吸附能力，经沉淀、过滤可达到除氟的目的，使用铝盐除氟，在水处理设备不完善时，会引起饮用水中剩余铝离子含量超过卫生标准。世界卫生组织推荐的标准为剩余铝离子不超过 0.2mg/L。

3. 电凝聚除氟

电凝聚除氟原理实质与铝盐沉淀法类同，它们之间的区别是电凝聚法投加铝离子来源于电极的电解，而不向水中投加除氟药剂。后续的沉淀、过滤工序基本相同。电凝聚法由于不向水中投加化学药品，处理后的水质化学成分基本不变，优于化学沉淀法的水质。如果将进水 pH 值调至 5.5～7.0，电凝聚器的除氟效率会更高，成本也会下降，目前应用不多。

4. 电渗析除氟

电渗析除氟原理与电渗析脱盐原理相同，除氟的同时也脱盐。电渗析除氟是利用水中的离子在外加直流电场的作用下做定向运动的性能，以及阴阳离子交换膜对水中离子的选择透过性，使阴离子（如 F^-）只能穿过阴膜向阳极方向迁移，阳离子（如 Na^+）只能穿过阳膜向阴极方向迁移。水中离子如此迁移的结果，使电渗析淡水室中的离子都迁移到浓水室中，将所有淡水室中的水汇集到一起，便得到了除氟淡化水。

电渗析除氟具有水质好、操作管理方便、运行费用低等优点，现已广泛应用于一般高氟水、苦咸高氟水、高矿化度高氟水地区的饮用水除氟。电渗析还用于深层地下矿泉水除氟，饮料行业、啤酒行业及食品行业的产品用水除氟工程。随着国民经济的发展，人民生活水平的提高，人们对健康问题愈加重视，电渗析除氟技术越来越受欢迎。

1.5.4 水质稳定性

水质稳定性处理即是控制水的腐蚀倾向。我国地表水源的城市水厂中，出厂水有腐蚀倾向的水厂比例较大。沿海城市及南方城市的地表水源，水的总溶解性固体、总碱度、钙的含量常常偏低，以致水不稳定，呈腐蚀倾向。

重腐蚀性的水，使输配水管、水泵、阀门、配件逐渐遭受腐蚀破坏，使用寿命缩短；或者使管网水含铁量增加，大面积发生“红水”妨碍用户使用。

对于水的化学稳定性，可以通过水的理化检验结果的计算，作出判断。判断指标主要是饱和指数（I_L），并以稳定指数（I_R）配合使用。如果有条件，同时做铁细菌、硫酸盐还原菌检验，与 I_L、I_R 做综合判断，其判断结果将更接近实际。

水的腐蚀性和结垢性一般都是水—碳酸盐系统的一种行为表现。当水中的碳酸钙含量超过其饱和值时，则会出现碳酸钙沉淀，引起结垢现象。反之，当水中的 $CaCO_3$ 含量低于饱和值时，则水对 $CaCO_3$ 具有溶解的能力，能够将已经沉淀的 $CaCO_3$ 溶解于水中。前者称为结垢性的水，后者称为腐蚀性的水，总称为不稳定的水。I_L 和 I_R 是对水质的腐蚀性和结垢性进行控制的指标。

1. 水质稳定性判断指标

(1) 饱和指数 I_L

饱和指数是最早也是应用得最广的鉴别水质稳定性的指数，用 I_L 表示，定义为：

$$I_L = pH - pHs \tag{1-3}$$

式中 pH——实测 pH 值；

pHs——水—碳酸盐系统处于平衡状态时的 pH 值。

$$pHs = \rho Ka2 - \rho Ks + \rho[HCO_3^-] + \rho[Ca^{2+}] + 5\rho f_m \quad (1\text{-}4)$$

式中 p——表示该变量的$-\lg$（即$-\log_{10}$）；

$Ka2$——碳酸的第二级离解常数；

Ks——$CaCO_3$ 的溶度积常数，一般用方解石的 Ks（除非确知是 $CaCO_3$ 的另外晶型）；

f_m——一价离子的活度系数；

$[Ca^{2+}]$——游离钙离子浓度（mol/L）；

$[HCO_3^-]$——重碳酸盐离子浓度（mol/L）。

$I_L>0$，表示水对 $CaCO_3$ 过饱和，倾向于产生 $CaCO_3$ 沉淀，是结垢性的水；$I_L<0$，表示水对 $CaCO_3$ 未饱和，倾向于溶解固相 $CaCO_3$，是腐蚀性的水；$I_L=0$，表示水与 $CaCO_3$ 相平衡，是稳定的水。

（2）稳定指数 I_R

稳定指数是一个半经验性指数，用 I_R 表示，定义为：

$$I_R = 2pHs - pH \quad (1\text{-}5)$$

得出的 I_R 值用表1-6对水的稳定性进行判断。

I_R 的水质稳定性判断 **表1-6**

I_R	水的倾向性	I_R	水的倾向性	I_R	水的倾向性
4.0～5.0	严重结垢	6.0～7.0	水质基本稳定	7.5～9.0	严重腐蚀
5.0～6.0	轻度结垢	7.0～7.5	轻微腐蚀	>9.0	严重腐蚀

总之，饱和指数和稳定指数配合使用，将有助于判断水的稳定性倾向，但运用这些指数判断水质问题有很大的局限性，因为它是以单一碳酸钙的溶解平衡作为判断依据，没有考虑其他产生腐蚀（如生物腐蚀）和结垢的因素，同时 I_L 和 I_R 也不能反映速率问题，因此，不能将饱和指数 I_L 和稳定指数 I_R 作为水质稳定性的绝对标准。何况表1-6的 I_R 解释只是根据大量生产实践数据概括得出的，虽然在某种程度上较接近实际情况，而且是分成若干档次来鉴别水的稳定程度，但由于 I_R 是一个半经验性指数，只能概括实验事实，故也有其局限性。实践中若同时用 I_L 和 I_R 两个指数来判断水质稳定性，并尽量采用试验资料予以补充，可使判断结果更趋于可靠。

2. 饮用水腐蚀控制方法

饮用水的水质稳定处理往往是控制腐蚀的问题。进行稳定处理的主要原因并不是防止铁管或钢管的锈穿，往往是为了防止水中出现黄色 $Fe(OH)_3$ 沉淀物，使水更适宜饮用。饮用水的腐蚀控制主要有下列3种方法：

（1）投加碱剂在管壁上形成一层碳酸钙保护膜

投加碱剂能够有效地提高 I_L 值，降低和消除水的腐蚀性。碱剂的种类有石灰、氢氧化钠、苏打。在国内，一般都是投加石灰，石灰可以增加水中钙的硬度，有利于生成碳酸钙保护膜，防腐效果较好，并且，石灰价格低廉，货源充足。但石灰投加系统复杂，投加环境条件差。在日本，以氢氧化钠最为常用，该碱剂易于投加，但增加水中钠浓度，价格也高。苏打常作为石灰的后续和补充碱剂，投加苏打更有利于生成碳酸钙保护膜。一般认为，在pH值为7～7.4范围内，高碳酸盐硬度的水所产生的 $CaCO_3$ 保护膜，对控制腐蚀的作用较好。

(2) 在管壁上形成二氧化硅的保护膜

在水里投加硅酸盐可以在管壁上形成一种无定形的二氧化硅膜，保护管壁不被腐蚀。投加的剂量在开始的三、四周最低为 8mg/L（按 SiO_2 计），在膜形成后的最低投加量为 4mg/L。

一般用 $Na_2O \cdot nSiO_2$ 的水玻璃为药剂。在酸性水中，可用碱性较高的 $Na_2O \cdot 2SiO_2$ 的水玻璃。采用硅酸盐处理的 pH 值一般建议为 8～9.5。有时为了同时得到碳酸钙保护膜的作用，也有用较低的 pH 值的情况。

二氧化硅吸附在管壁上产生保护膜的先决条件，是需要管壁上存在固体的腐蚀生成物，当腐蚀生成物不断产生时，吸附即能保持下去，反之则二氧化硅的吸附即停止。

硅酸盐处理对于铁管、钢管、铜管以及铝管等都是有效的，但目前有关的理论及经验还很不足。

(3) 聚磷酸钠处理

控制腐蚀所用的聚磷酸钠一般为 $Na_2O/P_2O_5 = 1.1$ 的玻璃质，为多种不同链长的磷酸钠混合物，平均链长为 14～16。聚磷酸钠属于一种阴极缓蚀剂，它在阴极部位具有产生一种含有铁、镁以及正磷酸盐的聚磷酸钙离子胶体保护膜的作用。

黑色金属管用聚磷酸钠的最佳 pH 值为 5～7 时，在这个范围以外，控制腐蚀的作用显著降低。pH 值超过 7 过多时，保护膜会变成一种轻薄的吸附膜，而在 pH 值为 5～7 时，则形成一种相当厚的电极沉淀保护膜。

聚磷酸钠对于水中的溶解铁离子还具有螯合剂的作用，这些铁离子可能是水中带来的，而不是在腐蚀过程中产生的。投加聚磷酸钠可以起稳定铁离子不产生“锈水”的作用，但这种处理必须在铁离子和空气接触以前投加才能起作用。聚磷酸钠的用量应该为铁含量的 2 倍以上。当水质的稳定问题为结垢时，一般可采用加聚磷酸钠的处理方法，聚磷酸钠在水里主要是起到分散剂的作用。

复习题

1. 给水工程的组成有什么?
2. 水中杂质的分类有什么?
3. 掌握《生活饮用水卫生标准》GB 5749—2006 主要水质指标及限值。
4. 画出常用的常规给水处理工艺流程。
5. 画出比较成熟的深度处理工艺流程。
6. 什么条件下可采用微絮凝直接过滤工艺?
7. 混凝的作用是什么?
8. 简述过滤原理。
9. 简述消毒的目的。
10. 简述藻类的去除方法。
11. 简述深度处理的作用。

第 2 章 取水与预处理

2.1 地表水取水

2.1.1 地表水水源特点及卫生防护

我国地表水资源分布在河流、湖泊、水库和冰川之中。年平均水资源总量为 28124 亿 m^3，其中河川径流量 27115 亿 m^3，约占世界第 6 位，人均占有水资源量约 2200m^3/人，名列世界 88 位。由于水资源在时空分布上极不均衡，洪涝及干旱频发，造成我国部分地区缺水极为严重。

各种地表水水质主要特点为：

(1) 江河水：受自然条件影响大；水中悬浮物和胶体杂质含量较高，浓度变化范围大；含盐量较低；硬度较低；易受污染，色、嗅、味变化大。

(2) 湖泊及水库水：大部分特点与江河水类似；浊度较低而一般含藻类较多；含盐量高于江河水。

(3) 海水：含盐量高；氯化物含量高。

在城市给水厂中大多数以地表水为水源，南方地区尤其如此。

目前，我国地表水体正在遭受不同程度的污染，水中污染源主要来自天然污染和人为污染。对地表水来说，在取水口四周至少 100m 范围内，应设明显标志，在该范围内不准停靠船舶、游泳和捕捞等，在取水口上游 1000m 到下游 100m 范围内，不得排入工业废水和生活污水，在沿岸防护范围内，不得建有害化学品仓库和垃圾、粪便和有毒物品码头，不准用工业废水和生活污水灌溉和施用剧毒农药，不得从事放牧等有可能污染该段水域水质的活动。

2.1.2 地表水取水构筑物分类

地表水取水构筑物应根据取水量、水质要求、取水河段的水文特征、河床岸边地形和地质条件进行选择，同时，还必须考虑到对取水构筑物的技术要求和施工条件，经过技术经济综合比较后确定。

由于地表水源的种类、性质和取水条件等不同，地表水取水构筑物有多种类型和分法。

按地表水种类划分，有江河取水构筑物、湖泊取水构筑物、水库取水构筑物、山溪取水构筑物和海水取水构筑物等。

按取水构筑物的构造划分，则有固定式取水构筑物和移动式取水构筑物。

固定式取水构筑物适合用于各种取水量和各种地表水源。移动式取水构筑物适用于中小取水量，多用于江河、水库、湖泊取水。

1. 固定式取水构筑物

一般可分成以下几种情况：

（1）按位置分：岸边式、河床式（包括桥墩式）和斗槽式。

（2）按结构类型分：合建式、分建式和直接吸水式。

（3）按水位分：淹没式和非淹没式。

（4）按采用泵型分：干式和湿式泵房。

（5）按结构外形分：圆形、矩形、椭圆形、瓶形和连拱形泵房等。

由于固定式取水构筑物适应条件一般不受限制，故在全国各地使用最多，其形式也多种多样，其中采用岸边式、河床式比较普遍，而桥墩式、淹没式和斗槽式目前使用较少。

2. 移动式取水构筑物

移动式取水构筑物通常可分为：浮船式和缆车式。

2.1.3 取水头部形式

取水头部的形式有固定式和活动式两种。而固定式和活动式又分若干种形式，在选择取水头部形式时，宜主要考虑下列因素：（1）取水量及取水河段的河床条件；（2）取水头部对河道水流的扰动而引起河床的变化及对航道、行洪的影响；（3）漂浮物、泥砂、推移质、水生物、漂木、冰凌等对取水头部的影响和危害；（4）取水头部的形式宜构造简单、施工方便、管理简便。

2.1.4 取水泵房的运行

1. 试运转检测

取水泵房在正式投入生产运行之前，应由设计、施工部门和生产管理单位共同进行一次试运转检测工作，以便发现和处理施工安装或机器设备本身可能存在的问题。

在试运转的过程中，操作人员应注意以下一些事项：

（1）温度：机器设备的全部轴承部位。密封部位、冷却润滑系统、输电配电线路的触点接头等，均不得超过额定温升值或经验值。

（2）振动：机器设备运转时，均不得有明显的振动或抖动。对于有振动值规定的设备，其振幅不得超过规范的最大允许值。

（3）声音：要求所有机器设备各部位在运转时音响正常。

（4）渗漏：所有管路、油路、汽路系统，均不得有渗漏现象。动密封部位的渗漏量，不得超过规定值。

（5）参数：诸如周波、电压、电流、真空度、流量、压力等各项数据，应该符合设计指标或机器铭牌数值。

2. 运行操作的基本要求

取水泵房是整个生产体系中的重要环节，必须严格遵照规定的生产指令，正确地掌握和调整各台机组的运行。一般泵房的生产指令可由调度室或中控室发出，或依据设计规定的某一参数值的变化来调整机组的运行。对于自动化泵房，其生产指令完全按设计编制的生产程序自动地调整机组运行。

固定式地表取水泵房中，通常安装各式各样的格栅、格网和反冲、清洗、扒梳等设备。因此，要求值班操作人员做到：

(1) 严格遵照规定的操作规程进行操作。操作者必须熟悉和了解这些设备的结构和性能。非当班人员不得任意启动。

(2) 经常（尤其在洪水期）检测吸水井内外水位的落差数值。该值可直接判断进水部位，格栅、格网等处的堵塞程度。

(3) 引水管发生堵塞进水不畅时，可关闭进水闸阀进行反冲洗，反冲洗时间一般不超过10min。否则应查明堵塞原因，一般洪水期间引水管偶尔发生堵塞，进行反冲洗是允许的。若经常被堵，应分析、查寻被堵原因，以便对进水部位进行必要的改造。

(4) 在泵房暂停取水，或取水量锐减时，值班人员应每隔一定时间对格栅、格网等除渣设备启动一次，以免被卡住或堵塞。

(5) 对设备每年至少进行一次安全大检查和检修保养工作，包括清除锈蚀、刷涂防锈漆、更换润滑油等。检修时间应该安排在冬季或洪水季节来临之前。

移动式取水构筑物主要是随江河、湖泊的水位涨落及时拆接出水联络管，移动浮船或缆车的位置和高程以保证浮船或缆车能在不同水位下正常取水。移动和拆接的时间应尽可能缩短，一旦失误不但影响正常运行，甚至可能发生搁浅、被淹乃至翻车、翻船或沉船的危险。因此，必须严格要求泵房值班人员，随时注意水位变化的动向，及时移动浮船或缆车的位置和高程。在洪水季节更应加强观察，密切注意当地及上游部位的水文气象站台的预报。同时细心观察一般情况，凡是江河中心水面略高于近岸处的水面，即是涨水的征兆，反之则为退水的征兆。在洪水季节由于水位变化较为频繁，水流速度较大，可根据具体情况，采取各种临时性的组织和技术措施。例如配置预备值班人员，增加锚固定起重设备等。待洪水季节过去后，即可恢复原来的值班制度。

2.2　地下水取水

2.2.1　地下水水源特点

地下水源的共同特点是矿物质含量较高，水的硬度较地表水高，直接受污染的机会少，水的浑浊度低，细菌含量也较少，易于对取水点进行卫生保护。

(1) 浅层地下水：它的补给来源较近，有的是地表渗透水，有的是江河水的渗透。由于浅层地下水的补给距离较近，所以水质稍差，特别是水的卫生安全方面可靠性差，其水质和水量的变化明显，与周围环境的关系甚为密切。

(2) 深层地下水：它的补给来源一般较远。水经过长距离天然地层的渗透过滤，其浊度一般很低，绝大多数达到了生活饮用水的水质标准，细菌含量亦甚低。但它往往会在径流过程中溶解各种盐类，因此水的硬度一般较高，铁、锰、氟的含量超过饮用水水质标准的现象较为普遍。大多数情况下，水质和水量较为稳定。

（3）泉水：它的卫生特征基本与深层地下水相仿，含矿物质较多，水质一般较好。水量的变化除与季节有关外，还与补给来源有关，补给来源远的，水量变化小一些，补给来源近的，则水量变化大一些。水源地的卫生防护对泉水而言十分重要，在泉水出流处应采取措施，以防止泉水受到污染。

2.2.2 地下取水构筑物的种类和适用范围

地下水取水构筑物的种类和适用范围见表 2-1。

地下水取水构筑物的种类和适用范围 **表 2-1**

形式	尺寸	深度	水文地质条件			出水量
			地下水埋深	含水层厚度	水文地质特征	
管井	井径为 50～1000mm，常用为 150～600mm	井深为 10～1000m，常用为 300m	在抽水设备能解决的情况下不受限制	厚度一般在 5m 以上	适用于任何砂、卵石层，构造裂隙，岩溶裂隙	单井出水量一般为 500～6000m³/d，最大为 20000～30000m³/d
大口井	井径为 2～12m，常用为 4～8m	井深为 20m 以内，常用为 6～15m	埋藏较浅，一般在 10m 以内	厚度一般在 5～15m	适用于任何砂、卵、砾石层。渗透系数最好在 20m/d 以上	单井出水量一般 5000～10000m³/d，最大为 20000～30000m³/d
辐射井	同大口井	同大口井	同大口井	同大口井，能有效地开采水量丰富、含水层较薄的地下水和河床下渗透水	含水层最好为中粗砂或砾石。不得含有漂石	单井出水量一般为 5000～50000m³/d
渗渠	管径为 0.45～1.5m，常用为 0.6～1.0m	埋深为 7m 以内，常用为 4～6m	埋藏较浅，一般在 2m 以内	厚度较薄，一般约为 4～6m	适用于中砂、粗砂、砾石或卵石层	一般为 10～30m³/d，最大为 50～100m³/d

2.2.3 地下水源防护

地下水源防护包括地下水源的卫生防护及地下水源保护区的划分与防护。

1. 地下水源的卫生防护

卫生防护范围主要取决于水文地质条件、取水构筑物的形式和附近地区的卫生状况。一般情况下，其防护措施与地表水的水厂生产区要求相同。如覆盖层较厚、附近地区卫生状况较好时，防护范围可适当减少。为防止取水构筑物周围含水层的污染，在单井或井群的影响半径范围内不得使用工业废水或生活污水灌溉和施用持久性或剧毒农药，不得修建渗水厕所、渗水坑，堆放废渣或铺设污水渠道，并不得从事破坏深层土层的活动。如含水层在水井影响半径范围内不露出地面或含水层与地表水没有互补关系时，含水层不易受到污染，其防护范围可适当减少。在水厂生产区范围内，应按地表水水厂生产区要求执行。对于分散式给水水源，水井周围 30cm 范围内，不得设置渗水厕所、渗水坑、粪坑、垃圾堆和废渣等污染源，并应建立卫生检查制度。地下水人工回灌时，回灌水水质应严格控制。其水质应以不使当地地下水水质变坏或低于饮用水水质标准为限。

2. 地下水源保护区的划分

饮用水地下水源保护区应根据水源地所处的地理位置、水文地质条件、供水的数量、开采方式和污染源的分布划分。饮用水地下水源保护区一般划分为一级保护区、二级保护区和准保护区。各级保护区应有明确的地理界限。一级保护区位于开采井或井群区周围，其作用是保证集水有一定的滞后时间，以防止一般病原菌的污染。二级保护区位于饮用水水源一级保护区外，其作用是保证集水有足够的滞后时间，以防止病原菌以外的其他污染。准保护区位于二级保护区外的主要补给区，其作用是保护水源地补给水源的水量和水质。

在地下水区域持续下降和过大下降、已形成地下水降落漏斗地区，应控制地下水开采规模，根据地下水水位、水力坡等变化，适当扩大一级保护区的范围。

3. 地下水源保护区的防护

按照国家有关规定，各级保护区禁止利用渗坑、渗井、裂缝、溶洞等排放废水和其他有害废弃物；禁止利用透水层空隙、裂隙、溶洞及废弃矿坑储存石油、天然气、放射性物质、有毒有害化工原料、农药等；实行人工回灌地下水时不得污染当地地下水源。

饮用水地下水源保护区按《饮用水水源保护区划分技术规范》HJ 338—2018 执行。

2.3　格栅及沉砂池

2.3.1　格栅

1. 格栅的作用

格栅由一组平行的金属栅条制成，用以阻挡截留原水中的呈悬浮或漂浮状态的大块固体，如草木、塑料制品、纤维及其他生活垃圾，以防止阀门、管道、水泵及其他后续处理设备堵塞或损坏。格栅一般安装在取水头部或集水井的进水孔处，其外形和进水孔尺寸相同，它可以固定在进水孔上，或放在进水孔外侧的格栅槽中，便于上下移动清洗和检修。

对于岸边式取水构筑物来说，当水中有冰絮时，进水孔或过栅流速宜为 0.2～0.6m/s；当无冰絮时，流速宜在 0.4～1.0m/s。

对于河床式取水构筑物来说，当水中有冰絮时，进水孔或过栅流速宜为 0.1～0.3m/s；当无冰絮时，流速宜在 0.2～0.6m/s。

以上两种类型的构筑物，当取水量小、江河流速小、泥砂和冰絮严重时，进水孔或过栅流速宜采用较小的流速。

2. 格栅的种类

格栅分人工格栅和机械格栅两种，为避免污染物对人体产生毒害和减轻工人劳动强度，提高工作效率及实现自动控制，应尽可能采用机械格栅（表 2-2）。

常用格栅栅条间距　　**表 2-2**

格栅种类	格栅间距(mm)
细格栅	15～20
中格栅	25～40
粗格栅	50～90

格栅一般安装在处理流程之首或泵站的进水口处，位属咽喉，为保证安全，要有备用单元或其他手段以保证在不停水的情况下对格栅进行检修。格栅的清污和检修宜在用水量少时进行，通常选在凌晨时段，这样不会影响供水生产。

对于长距离取水（输水）或从江河湖泊水库中取水，尤其是对于气温较高的南方地区，在取水口应常年加氯，控制管内流速稳定，以抑制贝类的生长，防止贝类集中脱落，避免堵塞原水管道和格栅。

3. 格栅除渣机

如前所述，格栅实质是由一组平行的金属栅条制成的可以拦截水中杂物的框架，根据水质特点即可选择格栅的形式。机械格栅即指在格栅上配备了清除栅渣的机械，机械格栅的不同关键在于除渣机的区别。格栅除渣机的运行控制根据格栅机前后水位差或定时开启。常用的几种除渣机适用范围及优缺点见表 2-3。

不同类型除渣机的比较 **表 2-3**

类型	适用范围	优点	缺点
链条式	主要用于安装深度不大的中小型粗、中格栅	(1)构造简单，制造方便； (2)占地面积小	(1)杂物进入链条与链轮时容易卡住； (2)套筒滚子链造价高，易腐蚀
圆周回转式	主要用于中小、细格栅； 耙钩式用于较深中小格栅； 背耙式用于深格栅	(1)用不锈钢或塑料制成耐腐蚀； (2)封闭式传动链，不易被杂物卡住	(1)耙钩易磨损，造价高； (2)塑料件易破损
移动伸缩臂式	主要用于深度中等的宽大型粗、中格栅； 耙斗式适于较深格栅	(1)设备全部在水面以上，可不停水检修； (2)钢丝绳在水面上动行，寿命长	(1)移动部件构造复杂； (2)移动时耙齿与栅条不好对位
钢丝绳牵引式	主要用于中、细格栅； 固定式适用于中小格栅； 移动式适用于宽大格栅	(1)水下无固定部件，维修方便； (2)适用范围广	(1)钢丝绳易腐蚀磨损； (2)水下有固定部件，维修检查时需要停水

2.3.2 沉砂池

1. 沉砂池的作用

当水源水中泥砂含量较高时，可采用沉砂池对原水进行预处理。沉砂池的作用是从原水中分离出相对密度大于 1.5 且粒径为 0.2mm 以上的无机颗粒。一般设在提升设备和处理设施之前，以保护水泵和管道免受磨损，防止后续构筑物的堵塞，缩小水处理构筑物的容积。

2. 沉砂池的类型

常见的沉砂池有平流、竖流和曝气沉砂等形式，各自优缺点、适用条件及排砂方式见表 2-4。目前，应用较多的是曝气沉砂形式。

3. 沉砂池的基本要求

(1) 以初期雨水、冲洗地表水、生活污水及含砂量较大为主的原水应设置沉砂池。

常用沉砂池的特点　　表 2-4

池型	优点	缺点	排砂方式	适用条件
平流式	(1)构造简单,水流平流; (2)沉砂效果好; (3)施工方便	(1)占地面积较大; (2)采用多斗排泥时,每个泥斗需单独设排泥管,排泥操作复杂	(1)重力斗式排砂; (2)空气提升器排砂; (3)螺旋提升器排砂	适用于大、中、小各种类型的水处理场
竖流式	(1)排砂方式简单; (2)占地面积较少	(1)池深较大,施工困难; (2)对冲击负荷适应能力差; (3)池径不宜太大,否则布水不均	(1)重力斗式排砂; (2)中心传动刮砂机排砂; (3)水射器排砂	适用于处理水量不大的小型水处理场
曝气式	(1)泥砂中有机物含量少; (2)对小粒径砂粒去除效率高; (3)可去除部分 COD_{Cr}	需要曝气,消耗一定动力	(1)重力斗式排砂; (2)链条带式刮砂机排砂	适用于处理有机物含量多、水量较大且多变的水处理场

(2) 沉砂池的格数应为 2 个以上，且是并联运行。当水量较少时，部分工作，其余备用。

(3) 排砂斗斗壁与水平面的角度应不小于 55°；排砂管的管径应不小于 DN200，排砂管的长度应尽可能短，排砂管的控制阀门应尽可能设在靠近砂斗的位置，这样可使排砂管排砂畅通且易于维护管理。

(4) 尽量避免有机物与砂粒一同沉淀，以防沉淀池或储砂池因有机物腐败发臭而影响周围环境。

2.4　化学预氧化

化学预氧化是通过在给水处理工艺前端投加氧化剂强化其处理效果的一类预处理措施，只有当原水受到污染时才使用。化学预氧化目的主要可分为以下几个方面：(1) 去除微量有机污染物；(2) 除藻；(3) 除臭味；(4) 控制氧化消毒副产物；(5) 氧化助凝；(6) 去除铁锰。

2.4.1　氯气预氧化

氯是一种经济有效的消毒剂，它除了作为消毒剂外，也被用做预氧化剂控制臭味，防止藻类繁殖，维护与清洗滤料，去除水中铁锰、硫化氢、色度，促进混凝、改善过滤。

氯投加位置根据水质及处理需要可设计不同的投加点，如原水取水口、混合前、过滤前等。由于氯与水中高浓度有机物作用生成多种卤代副产物，如三氯甲烷（THM）、卤乙酸（HAA）等，其中一些副产物已被证实对人体有害，因此，应尽量避免使用预氯化或尽可能降低其投加量，并尽量把投加点后移。

2.4.2　臭氧预氧化

臭氧预氧化可除藻，去除嗅味，控制氯化消毒副产物，助凝与除色，除铁除锰。通常预臭氧的投量为 0.5～1.0mg/L。臭氧预氧化要有臭氧接触反应池，通常设计在混凝池前。臭氧只能现场制取，不能储存，运行成本较高，投资规模较大。臭氧预氧化会生成醛类、溴酸盐等对人体有害的副产物。

2.4.3 高锰酸钾预氧化

高锰酸钾为红紫色斜方晶系，粒状或针状结晶，有金属光泽，相对密度 2.703，溶于水成深紫红色溶液，微溶于甲醇、丙酮和硫酸。遇乙醇、过氧化氢则分解。加热至 240℃以上放出氧气。高锰酸钾属于过渡金属氧化物，在水溶液中能以数种氧化还原状态存在，各种形态的锰可通过氧化还原电化学作用相互转化。

高锰酸钾预氧化能去除有机物（如烯烃、酚、醛、杂环化合物、硝基化合物和多环芳烃等），在酸性条件下氧化生成一些移码型致突变物质；在碱性条件下氧化，原水中的致突变活性有一定程度下降。高锰酸钾预氧化还具有助凝和除藻效能，可控制水中臭味，控制氯化消毒副产物，除铁除锰。

高锰酸钾（或高锰酸盐复合药剂）应在混凝剂之前投加，最好能有充分的反应时间。反应时间越长，高锰酸钾消耗得越完全。根据水厂条件可以介于 30s～20min。高锰酸钾的消耗量可通过烧杯搅拌实验确定。高锰酸钾的投加量控制是一个关键问题，高锰酸钾的投加量不能过高，否则会使滤后水中锰的浓度增高。高锰酸钾（及高锰酸盐复合药剂）的投加分为干投和湿投两种形式。高锰酸钾投量的控制可通过投加设备实现，也可通过控制沉淀池中（滤前）的高锰酸钾颜色实现（由粉色变为褐色或无色，或通过控制絮凝池 1/3 处看不到高锰酸钾的颜色）。

高锰酸钾预氧化投资相对较小，使用方便，与传统的给水处理工艺相比，高锰酸钾预处理降低了混凝剂药耗及沉淀池中积泥的体积，由于高锰酸钾在预处理阶段破坏了有机物和微生物，因而降低了后续氯化消毒过程中的投药量。

2.4.4 二氧化氯预氧化

二氧化氯是一种不稳定气体，生产中用亚氯酸钠酸化或用氯氧化现场制备。二氧化氯一般与水中有机物选择性地作用，能氧化不饱和键及芳香化合物的侧链，如二氧化氯能彻底破坏氯酚。二氧化氯能够与含硫的氨基酸作用，使其中的含硫基团氧化。二氧化氯能与水中的碳水化合物作用，将糖分子中的 CHO 和 CH_2OH 基团氧化成羧酸基团。二氧化氯具有良好的除藻效果，水中一些藻类的代谢产物也能被二氧化氯氧化，叶绿素能够被二氧化氯脱色。对于无机物，水中少量的 S^{2-}、NO^{2-}、CN^- 等还原性酸根，均可被二氧化氯氧化去除；二氧化氯可以将水中的铁、锰氧化，对络合态的铁、锰也有良好的去除效果。

二氧化氯预氧化的优点是氯化消毒副产物浓度显著降低，这是优于预氯化的重要方面。二氧化氯预氧化的缺点是其与水中还原性成分作用会产生一系列副产物（亚氯酸盐和氯酸盐，ClO_2^-、ClO_3^-），亚氯酸根能够破坏血细胞，引起溶血性贫血，因此，需要限制水中二氧化氯投量，一般认为若 ClO_2、ClO_2^-、ClO_3^- 的总量控制在 1mg/L 以下比较安全，所以二氧化氯投量不能过高，主要用于水的消毒处理。

其他预氧化剂还有高锰酸盐复合药剂、高铁酸盐复合药剂等。表 2-5 为几种氧化剂预处理对水质综合影响情况的对比。

几种主要氧化剂预处理对水质的综合影响　　表 2-5

氧化剂种类	除微污染	除藻	除臭味	控制氯化副产物	氧化助凝	除铁锰①	主要氧化副产物	备　注
氯	略有效果	较好	略有效果	—	较好	略有效果	THM_s、HAA_S 等多种氯化副产物	氯化消毒副产物对人体有害，有时产生新臭味
高锰酸钾	良好	较好	一般	较好	良好	一般	水合 MnO_2	对水质副作用小、副产物（MnO_2）可被常规给水处理工艺去除。投资小、使用灵活，但要严格控制投量（防止过量）
臭氧	良好	良好	良好	良好	略有效果	良好	醛、醇、有机酸、BrO_3^-、Br-THM_s	有机物可生化性提高，AOC、BDOC 升高。设备投资较大，运行管理较复杂。除色效果很好
二氧化氯	较好	较好	较好	良好	较好	良好	ClO_2^-、ClO_3^-	亚氯酸根对人体有害、破坏红细胞，因此投量不能过高
高锰酸盐复合药剂	良好	良好	良好	良好	良好	较好	水合 MnO_2	对水质副作用小，但要通过一定的设备控制投量（防止过量）
高铁酸盐复合药剂	良好	显著	较好	良好	显著	良好	$Fe(OH)_3$	在水中作用迅速，需要特殊投加设备，对水质副作用小。副产物易于被去除

注：THM_s-三卤甲烷；HAA_s-卤乙酸；AOC-生物可同化有机碳；BDOC-可生物降解溶解性有机碳。

注①：几种氧化剂对地下水中的溶解性游离铁锰均有良好的去除效果，但对地表水中的铁锰去除效率相对较低。

2.5　生物预处理

生物预处理是指在常规净水工艺之前增设生物处理工艺，借助微生物群体的新陈代谢活动，对水中的有机污染物、氨氮、亚硝酸盐及铁、锰等无机污染物进行初步去除，这样既改善了水的混凝沉淀性能，使后续的常规处理更好地发挥作用，也减轻了常规处理和后续深度处理过程的负荷，延长过滤或活性炭吸附等物化处理工艺的使用周期和使用容量，最大可能地发挥水处理工艺的整体作用，降低水处理费用，更好地控制水污染。另外，通过可生物降解有机物的去除，不仅减少了水中“三致”物体的含量，改善出水水质，也减少了细菌在配水管网中重新滋生的可能性。用生物预处理代替常规的预氯化工艺，不仅起到了与预氯化作用相同的效果，而且避免了由预氯化引起的卤代有机物的生成，这对降低水的致突变活性，控制三卤甲烷物质的生成十分有利，使整个水处理工艺出水更加安全可靠。生物预处理与物化处理工艺相比，具有经济、有效且简单易行的特点。

在给水处理中生物处理法主要采用生物膜法，生物膜法包括生物过滤法、生物塔滤法、生物转盘法、生物接触氧化法和生物流化床法。以下主要讲述生物接触氧化法。

生物接触氧化法也称为浸没式生物膜法，即在池内设置人工合成填料，经过充氧的水以一定的速度流经填料，使填料上长满生物膜，水体与生物膜接触过程中，通过生物净化作用使水中污染物质得到降解与去除，这种工艺是介于活性污泥法与生物过滤之间的处理方法，具有这两种处理方法的优点。接触氧化法的生物膜上生物相很丰富，除细菌外，球衣细菌等丝状菌也得以大量生长，并且还繁殖着多种属的原生动物与后生动物。

生物接触氧化法的主要优点是处理能力大，对冲击负荷有较强的适应性，污泥生成量少，能保证出水水质，易于维护管理，但缺点是在填料间水流缓慢，水力冲刷少，生物膜只能自行脱落，更新速度慢易引起堵塞，而且布水布气不易达到均匀，另外填料较贵，投资费用高。

目前，国内外在饮用水生物处理方面的研究与应用主要有以下三种类型：淹没式曝气生物滤池（简称为Ⅰ型）、中心导流筒曝气循环式生物接触氧化池（Ⅱ型）、直接微孔曝气器生物接触氧化池（Ⅲ型）（图 2-1）。Ⅰ型为颗粒填料（此处为陶粒），Ⅱ、Ⅲ型为 YDT 弹性立体填料。

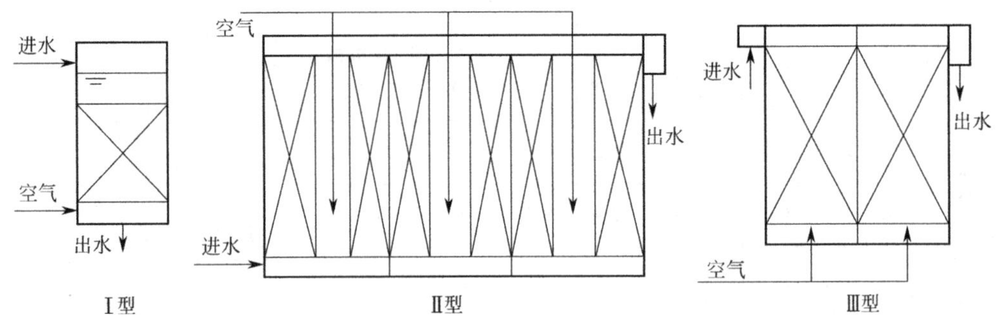

图 2-1　接触氧化反应器装置示意图

2.5.1　颗粒填料生物接触氧化预处理

颗粒填料生物接触氧化预处理，是用陶粒、沸石等颗粒作为填料的生物接触氧化净水技术，即在生物反应器内装填惰性颗粒填料，反应器底部装有布水管和布气管，其构造型式类似于气水反冲洗的砂滤池，因此也称为淹没式生物滤池，是目前研究较多、应用较广的生物预处理方式。颗粒填料均选择比表面积较大的多孔材料，以利于细菌等微生物的附着生长，形成生物膜，从而使微生物种类及食物链较优组合，达到对水中微污染物质有较好的祛除效果。

颗粒填料的特点：比表面积大，有过滤作用，需要反冲洗。

1. 颗粒填料生物接触氧化滤池的结构形式

颗粒填料生物接触氧化滤池结构形式与普通快滤池基本类似（图 2-2）。生物滤池主体由上至下可分为冲洗排水槽、生物填料层、承托层、布气层系统、布水系统五个部分。

2. 影响生物陶粒滤池运行效果的因素

生物陶粒滤池是依靠在载体上固定生长的大量微生物体对有机物的分解和对氨氮的硝化从而去除水中污染物，因此，凡影响微生物生长代谢活性的因素都会影响生物陶粒滤池的运行效果，尽管这些因素很多，例如：温度、pH 值、溶解氧、营养物质、毒性化学物质和辐射等因素，但对于微污染的饮用水水源来说，实际影响因素主要有温度、溶解氧、污染物冲击负荷、水力停留时间、pH 值和营养物配比，它们将影响生物陶粒滤池的运行效果。

3. 适用范围

适合处理微污染水源水。

4. 运行与维护

（1）启动与挂膜。颗粒填料生物接触氧化反应器按要求建设好构筑物后首先检查配水

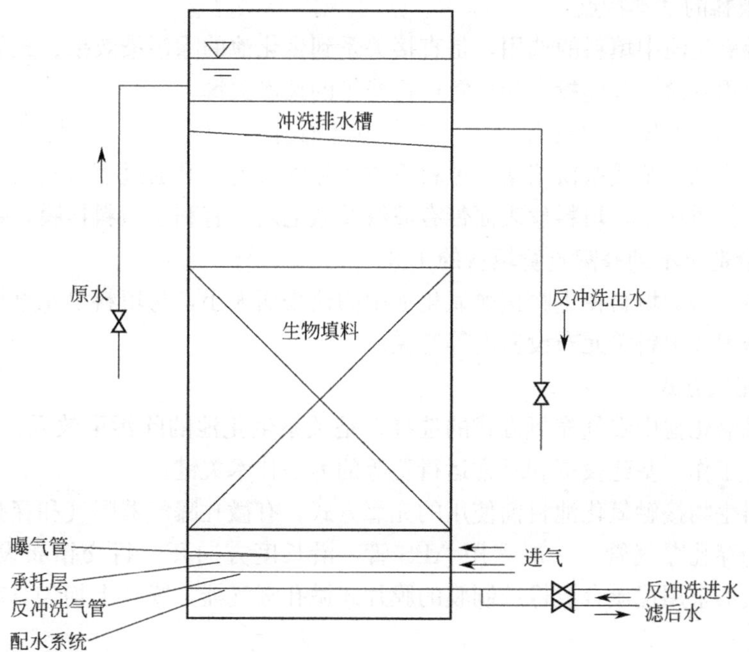

图 2-2　生物滤池结构示意图

和配气是否合乎要求、水路及气路是否畅通、布水及布气是否均匀正常，尤其是气路，需检查是否能满足正常运行曝气及反冲洗的需要，一切合格后再装填好填料。然后再进行微生物的挂膜。

挂膜方法可为两种：自然挂膜和接种挂膜。水温对生物陶粒的启动影响较大，低温条件下微生物活性受到抑制，生物膜形成较为缓慢，所以，挂膜最好在水温较高的夏季或秋季进行。

（2）正常运行及维护

挂膜完成后，即进入正常运行阶段。微生物对环境因素的变化较为敏感，如果操作不当或管理不善，将影响生物滤池的运行效果。为保证生物滤池稳定运行，需注意下列几个方面：

1）稳定进行。

2）保持稳定的供气。

3）严格按要求进行反冲洗。

2.5.2　弹性填料生物接触氧化预处理

弹性填料生物接触氧化预处理技术，是将我国开发生产的用聚烯烃类无毒弹性塑料丝及中心绳拴连的弹性立体填料作为生物接触氧化法的微生物载体，用作微污染水源水预处理的净水技术，填料区下方布置微孔曝气系统或穿孔管曝气系统。在填料挂膜良好和生化反应器中曝气供氧充分的情况下，弹性填料既能有效去除水中污染物，又因其丝条在水中松散辐射状分布的特点，保证了不被原水中挟带的各类悬浮杂质截留堵塞而影响填料长期正常稳定运行的可能。

1. 弹性填料的基本特点

生物接触氧化池中填料的选用，是直接关系到生化池的除污染效果、充氧利用率、运行稳定性、使用寿命、基建投资和日常运行费等的技术关键。

弹性立体填料的填料丝具有弹性，在水中呈辐射形立体张展，长期使用不易下垂变形，不易被水中悬浮杂质截留堵塞，填料下方的曝气气泡上升通过填料丝层时，易被切割分散，有利于传质作用，填料丝表面带有波纹及微毛刺，有利于填料挂膜，弹性立体填料每 $1m^3$ 的综合造价不到蜂窝直管填料的 1/2。

弹性立体填料的填料在生物接触氧化池中的比表面大小，与填料单元直径、填料丝直径、填料丝密度和填料单元布设密度等有关。

2. 曝气充氧方式

生物接触氧化池中曝气充氧方式的选择，是关系生化池的除污染效果、充氧利用率、日常维护管理工作、基建投资和日常运行费等的另一技术关键。

弹性填料生物接触氧化池目前使用的充氧方式，有微孔曝气器曝气和穿孔管曝气两种方式。水下的穿孔曝气管，一般采用 ABS 管，沿长度方向开二行交错布设的 ϕ3mm 小孔。微孔曝气器采用优质合成橡胶制膜的膜片式微孔曝气器，膜片上均匀分布无数 ϕ30～50μm 的微孔。

3. 运行与维护

微污染原水生化预处理，以培养繁殖中温性微生物为主。低温条件下，微生物的新陈代谢受到抑制，生物活性降低，填料挂膜较为困难，此时应适当降低生化池运行负荷；为了保证生物接触氧化池较稳定的生物氧化除污染效果，生化池底部应设有能及时排除池底积泥的排泥系统；运行过程中，若填料表面生物膜过分增厚并影响生化除污染效果时，应注意降低池水位，及时适度用水冲除填料表面的老生物膜，以保持生物膜的及时更新和良好的生物活性。

复习题

1. 地表水的特点是什么？地下水的特点是什么？
2. 取水泵房运行的主要注意事项有哪些？
3. 格栅的作用是什么？
4. 沉砂池的作用是什么？
5. 化学预氧化的目的是什么？生物预氧化的目的是什么？
6. 常用的生物预氧化有哪些？其运行应注意的主要问题有哪些？

第3章 药物的投加与混合

3.1 常用混凝剂

为了达到混凝作用，必须在原水中投加混凝剂。

应用于饮用水处理的混凝剂应符合以下基本要求：混凝效果好，对人体健康无害，使用方便，货源充足，价格低廉。

混凝剂种类很多，据目前所知，不少于200～300种。按化学成分可分为无机和有机两大类。无机混凝剂品种较少，目前主要是铁盐和铝盐及其水解聚合物，在水处理中用的最多。有机混凝剂品种很多，主要是高分子物质，但在水处理中用量比无机的少。

在混凝阶段投加的各种药剂统称为混凝剂。按混凝剂在混凝过程中所起的作用可分为凝聚剂、絮凝剂，分别起到脱稳和结成絮凝体的作用。

凝聚剂：指在混凝过程中使胶体颗粒起脱稳作用而投加的药剂。

常用凝聚剂
- 铝盐
  - 固体硫酸铝 $Al_2(SO_4)_3 \cdot 18H_2O$
  - 液体硫酸铝
  - 明矾 $Al_2(SO_4)_3 \cdot K_2SO_4 \cdot 24H_2O$
  - 碱式氯化铝 $[Al_n(OH)_mCl_{3n-m}]$简写PAC
- 铁盐
  - 硫酸亚铁（绿矾）$FeSO_4 \cdot 7H_2O$
  - 三氯化铁 $FeCl_3 \cdot 6H_2O$

絮凝剂：通过架桥作用将胶体颗粒连接起来以结成絮体而投加的药剂。

常用絮凝剂
- 合成高分子絮凝剂　聚丙烯酰胺PAM [-CH_2-CH-$CONH_2$]
- 天然植物改性高分子絮凝剂　FNA絮凝剂
- 天然絮凝剂　F691　F703

3.1.1 常用混凝剂

常用的凝聚剂见表3-1。

常用凝聚剂　　表3-1

名称	分子式	一般介绍
固体硫酸铝	$Al_2(SO_4)_3 \cdot 18H_2O$	(1)制造工艺复杂，水解作用缓慢； (2)含无水硫酸铝50%～52%，含Al_2O_3约15%； (3)适用于水温为20～40℃； (4)当pH=4～7时，主要去除水中有机物； pH=5.7～7.8时，主要去除水中悬浮物； pH=6.4～7.8时，处理浊度高，色度低(小于30℃)的水

续表

名称	分子式	一般介绍
液体硫酸铝	—	(1)制造工艺简单； (2)含 Al_2O_3 约 6%； (3)坛装或灌装车、船运输； (4)配制使用比固体方便； (5)使用范围同固体硫酸铝； (6)易受温度及晶核存在影响形成结晶析出； (7)近年来在南方地区较广泛采用
明矾	$Al_2(SO_4)_3 \cdot K_2SO_4 \cdot 24H_2O$	(1)基本性能同固体硫酸铝； (2)现已大多被硫酸铝代替
硫酸亚铁(绿矾)	$FeSO_4 \cdot 7\ H_2O$	(1)腐蚀性较高； (2)絮体形成较快，较稳定，沉淀时间短； (3)适用于碱度高，浊度高，pH＝8.1～9.6 的水不论在冬季或夏季使用都很稳定，混凝作用良好，但原水的色度较高时不宜采用，当 pH 值较低时，常使用氯来氧化，使二价铁氧化成三价铁
三氯化铁	$FeCl_3 \cdot 6H_2O$	(1)对金属(尤其对铁器)腐蚀性大，对混凝土亦腐蚀，对塑料管也会因发热而引起变形； (2)不受温度影响，絮体结得大，沉淀速度快，效果较好； (3)易溶解，易混合，渣滓少； (4)原水 pH＝6.0～8.4 之间为宜，当原水碱度不足时，应加一定量的石灰； (5)在处理高浊度水时，三氯化铁用量一般要比硫酸铝少； (6)处理低浊度水时，效果不显著
碱式氯化铝	$[Al_n(OH)_mCl_{3n-m}]$ (通式) 简写 PAC	(1)净化效率高，耗药量少，出水浊度低，色度小，过滤性能好，原水高浊度时尤为显著； (2)温度适应性高；pH 值适用范围宽(可在 pH＝5～9 的范围内)，因而可不投加碱剂； (3)使用时操作方便，腐蚀性小，劳动条件好； (4)设备简单，操作方便，成本较三氯化铁低； (5)是无机高分子化合物

3.1.2 碱式氯化铝

碱式氯化铝是聚合氯化铝的通称，简称 PAC，为三氯化铝和氢氧化铝的复合盐。PAC 是一种无机高分子化合物。

碱化度是碱式氯化铝产品的一个重要指标，用下式表示：

$$B=\frac{[OH]}{3[Al]}\times 100\% \tag{3-1}$$

碱化度越高，其黏结架桥性能越好，但是因接近于 $Al(OH)_3$ 而易生成沉淀，影响稳定性。目前该产品的碱化度为 50%～80%。

碱式氯化铝的主要特点为：

(1) 对原水的适应性强，能适用于高浊度水、低温低浊水、有色水和微污染水；对原水 pH 值、温度、浊度、碱度、有机物含量也有较强的适应性。

(2) 絮体形成快，颗粒大，密度高，易于沉降。

(3) 腐蚀性小。

（4）无毒和无致畸致突变性。

（5）含三氧化铝成分高，投药量少，可降低制水成本。

3.1.3 聚丙烯酰胺

1. 理化特性

聚丙烯酰胺絮凝剂（PAM）又称三号絮凝剂，是由丙烯酰胺聚合而成的有机高分子聚合物，无色、无味、无臭、易溶于水、没有腐蚀性。聚丙烯酰胺在常温下比较稳定，高温、冰冻时易降解，并降低絮凝效果，故其贮存与配制投加时，温度应控制在2～55℃。聚丙烯酰胺的分子结构式为：

$$\left[\begin{array}{c}-CH_2-\underset{\displaystyle CONH_2}{\underset{|}{CH}}-\end{array}\right]_n$$

结构式中丙烯酰胺分子量为71.08，n值为$2\times10^4\sim9\times10^4$，故聚丙烯酰胺分子量一般为$1.5\times10^5\sim6\times10^6$。

2. 产品分类

聚丙烯酰胺产品按其纯度来分，有粉剂和胶体两种。粉剂产品为白色或微黄色颗粒或粉末，聚丙烯酰胺含量一般在90%以上；胶体产品为无色或微黄透明胶体，聚丙烯酰胺含量为8%～9%。

按分子量来分，有高分子量、中分子量、低分子量3种。高分子量的产品分子量一般大于800万；中分子量的产品分子量一般为150万～600万；低分子量的产品分子量一般小于20万。

按离子型来分，有阳离子型、阴离子型和非离子型3种。阳离子型一般毒性较强，主要用于工业用水和有机质胶体多的工业废水；阴离子型是水产品，由非离子型改性而来，它带有部分阴离子电荷，可使这种线型聚合物得到充分伸展，从而加强了吸附能力，适用于处理含无机质多的悬浮液或高浊度水。给水处理中采用的聚丙烯酰胺多为非离子型和阴离子型。

3. 聚丙烯酰胺具有絮凝作用，一般与普通混凝剂同时使用

聚丙烯酰胺具有极性基团，酰胺基团易于借氢键作用在泥沙颗粒表面吸附。另外，聚丙烯酰胺有很长的分子链，其长度一般有100Å，但宽度只有1Å，很大数量级的长链在水中有巨大的吸附表面积，其絮凝作用好，可利用长链在颗粒之间架桥，形成大颗粒絮凝体，加速沉降。

聚丙烯酰胺在NaOH等碱类作用下，可起水解反应，聚丙烯酰胺部分水解后，从非离子型转化为阴离子型，在$RCOO^-$的静电斥力作用下，使聚丙烯酰胺在主链上呈卷曲状的分子链展开拉长，增加吸附面积，提高吸附、架桥的絮凝效果。所以，水解体的絮凝效果优于非离子型的聚丙烯酰胺。因此，在实际生产中，一般使用水解产品或自行水解。但如果水解过度，虽然主链展开更大，但由于分子链负电荷过强，使其与具有阴离子性质的泥土颗粒斥力增大，反而影响与水中阴离子型黏土类胶体的吸附架桥作用，使絮凝效果低于非离子型的产品。根据试验和生产实际证明，由于河流泥砂成分不同，泥土颗粒的负电荷强度也不同，因此，最佳水解度是变化的，一般以25%～35%水解度为宜。

3.2 混凝剂的配制与投加

3.2.1 配制和投加系统

自来水厂混凝剂一般采用湿式投加，其系统包括药剂溶解、配制、计量、投加和混合等（图 3-1）。当采用液体混凝剂时可不设溶解池，药剂储存于储液池后直接进入溶液池。

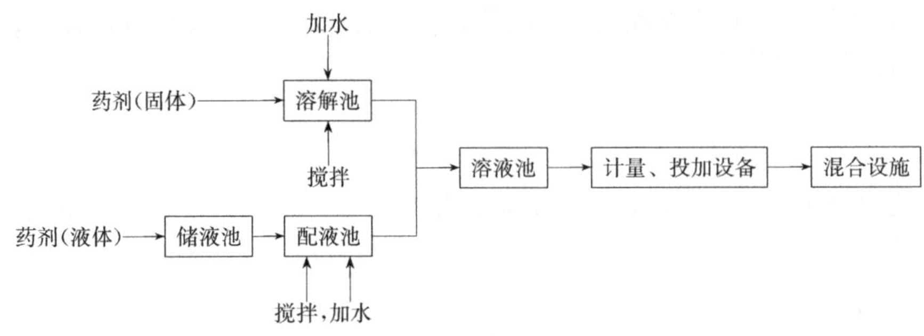

图 3-1 混凝剂投加系统

药剂的投加可以采用重力投加，也可以采用压力投加，一般采用压力投加较多。

重力投加系统需设置高位溶液池，利用重力将药液投入水中。溶液池与投药点水体水位高差应满足克服输液管的水头损失并留有一定的余量。重力投加适用于中小型水厂，投加点较集中且背压一致的场合。重力投加输液管不宜过长，并力求平直，以避免堵塞和气阻。

压力投加可以采用水射器和加药泵两种方法。利用水射器投加具有设备简单、使用方便、不受溶液池高程限制等优点，但其效率较低，并需另外设置水射器压力水系统，投加点背压一般不能大于 0.1MPa。

加药泵投加通常采用计量泵。计量泵同时具有压力输送药液和计量两种功能，与加药自控设备和水质监测仪表配合，可以组成全自动投药系统，达到自动调节药剂投加量的目的。目前，常用的计量泵有隔膜泵和柱塞泵。采用计量泵投加具有计量精度高、加注量可调节、不受投加点背压限制等优点，适应于各种规模的水厂和各种场合，但计量泵价格较高。目前，新建、扩建及改造的水厂已大多采用计量泵投加方式。

根据水厂工艺流程，药剂投加点位置可以设在提升水泵前原水管，也可投加于混合池。

泵前投加一般投加在水泵吸水管中，利用水泵叶轮转动使药剂充分混合，从而可以省掉混合设备。

原水管中投加药剂可以根据水厂净水工艺和生产管理的需要，投加在原水总管上或投加在各絮凝池的进水管或混合池、絮凝池中。

药剂的配制和投加可以采用手动也可以采用自动。自动配制和投加方式是指从药剂配制、中间提升、计量投加整个过程均实现自动操作。随着投加设备、检测仪表和自动控制等水平的提高，自动投加方式已在生产中得以实现。

图 3-2 所示为采用计量泵投加的自动配制和投加的加药系统图。

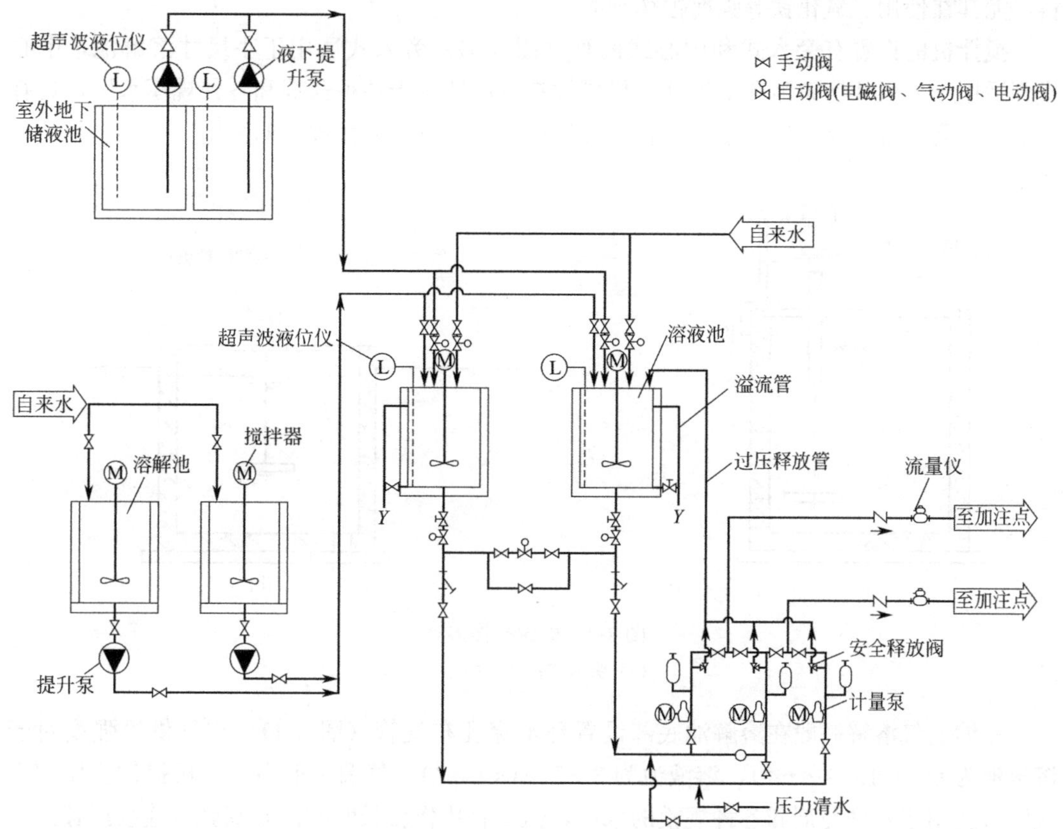

图 3-2　自动配制和投加的加药系统图

3.2.2　混凝剂的配制及设施

混凝剂配制一般包括药剂溶解（对于固体混凝剂）和加水稀释至要求投加浓度两个过程。药剂溶解、稀释需设置溶解池。在尺寸较大的溶解池中，为使药剂稀释均匀，大多配置搅拌设备，如机械搅拌机。对于液体混凝剂，为了达到投加所需浓度，一般也需要先稀释，再放入溶液池。

1. 药剂溶解

混凝剂溶解可以采用多种方法，设计和选用的主要原则为：溶解速度快、效率高、溶药彻底、残渣少、操作方便、控制容易、消耗动力少、所采用的设备材料耐药剂的腐蚀。一般采用的溶解方法有水力、机械、压缩空气等。

水力溶解采用压力水对药剂进行冲溶和淋溶，适用于小型水厂和易溶解的药剂。其优点是可以节省机电等设备，缺点是效率低，溶药不够充分。

机械溶解方法大多采用电动搅拌机。搅拌机由电动机、传动或减速器、轴杆、叶片等组成，可以自行设计，也可以选用定型产品。

选用搅拌机时应注意：(1) 转速，搅拌机转速有减速和全速两种，减速搅拌机输出一般为 100～200r/min，全速一般为 1000～1500r/min；(2) 结合转速选用合适的叶片形式和叶片直径，常用的叶片形式有螺旋桨式、平板式等；(3) 采用防腐蚀措施和耐腐蚀材料，尤其在使用三氧化铁等强腐蚀药剂时。

搅拌机的设置有旁入式和中心式两种（图 3-3）。旁入式适用于小尺寸溶解池，中心式则适用于大尺寸溶解池和溶液池。机械搅拌方法适用于各种药剂和各种规模水厂，具有溶解效率高、溶药充分、便于实现自动控制操作等优点，因而被普遍采用。

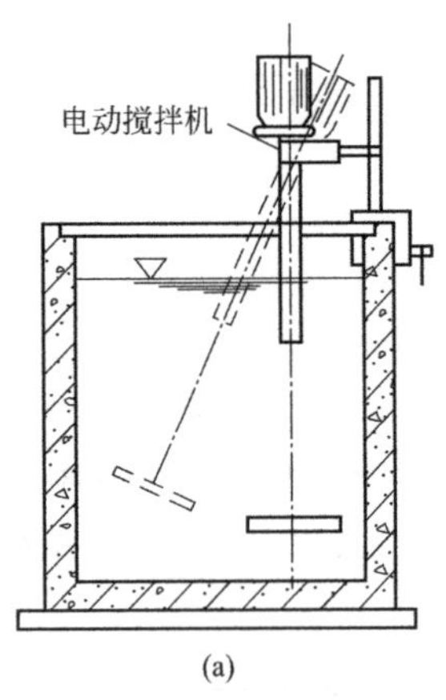

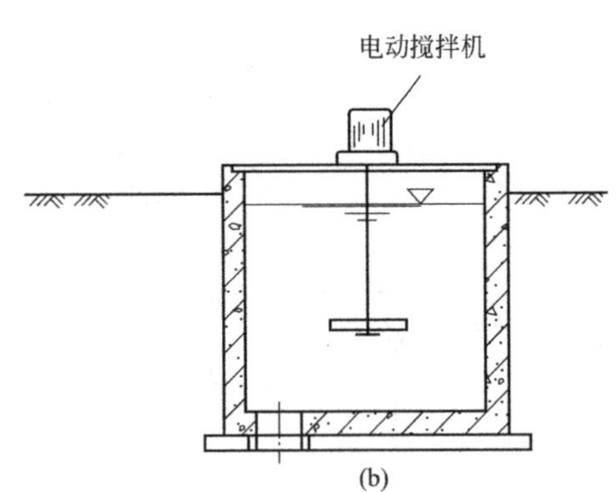

图 3-3　机械搅拌溶解
（a）旁入式；（b）中心式

压缩空气溶解一般在溶解池底部设置环形穿孔布气管（图 3-4）。空气供给强度对于溶解池为 8～10L/(s・m^2)，溶液池为 3～5L/(s・m^2)。气源一般由空压机提供。压缩空气溶解适用于各种药剂和各种规模的水厂，但不宜用作较长时间的石灰乳液连续搅拌。

2. 溶解池、溶液池和储液池

（1）池子的体积：溶解池、溶液池体积取决于溶液浓度和每日搅拌次数，通过计算确定。

对于三氯化铁，因其溶解时会产生热量，且浓度越大相应的温度越高，容易对池子及其搅拌机等设备产生不良影响，所以，溶解浓度一般控制在 10%～15%。

混凝剂的投加溶液浓度一般在 5%～20%，应视具体药剂品种而定。浓度高，池子体积及投加计量设备能力可减小，但投加精度随之降低。根据观察，混凝剂投加浓度与絮凝效果有一定关系。

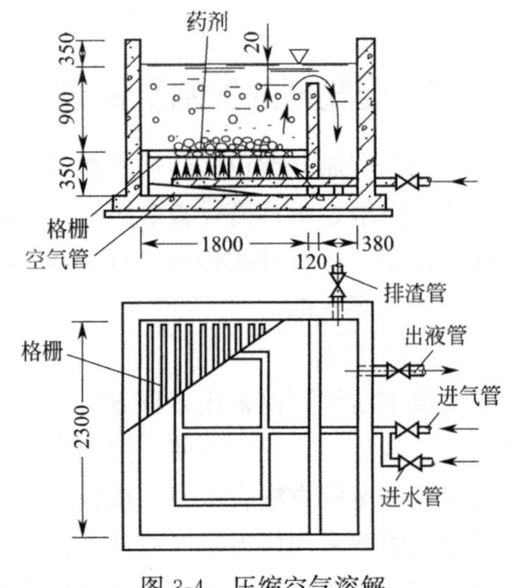

图 3-4　压缩空气溶解

混凝剂的每日调制次数应根据水厂规模、生产管理要求、自动化水平以及药剂使用性质等因素考虑确定，一般以每日不超过 3 次为宜。随着水厂自控和生产管理要求的提高，每日药剂调制次数减少，有些水厂每日仅调制一次。

当使用液体混凝剂时需设置储液池，其体积应根据设计投加量和货源保障程度确定，一般以 15～30d 的储存量为宜。

（2）池子个数：溶解池、溶液池一般均设置 2 个或 2 个以上。溶液池的个数还宜与每日调制次数相配合，一般以每日调制一次储满 1 个溶液池为宜。储液池宜设数个或在一池内分隔为独立的数格。

（3）平面与高程布置：为搬运卸料方便，溶解池一般布置在药库内，可采用地下式或高架式。为降低劳动强度、方便卸料，大多采用地下式。地下式溶解池池顶一般高出地平 0.20～0.50m。为人员安全，池边宜设栏杆。高架式布置可省掉提升设备，但设计时需考虑适当的药剂搬运措施和设备。溶液池设置比较灵活，可设在药库，与投加计量设备合并布置，也可单独布置。溶液池的高程布置与投加方式有关，当采用计量泵加注时还与计量泵的吸高有关。虽然计量泵有一定的吸高，但为了保证投加的稳定性，大多采用自灌方式。储液池一般有地下和地上等形式。储液池的设计高程与溶液池高程、液体混凝剂运输工具有无提升输送设备等有关。地下式可重力自流卸料，但需设置溶液池的提升设备，因池子放空清洗等不太方便。采用地上式储液池，运输工具无提升设备时，一般采用 1 只地下式卸料池，再用提升设备将药液提升至储液池。

（4）池子的防腐：池子一般采用钢筋混凝土结构，其内壁及接触到药剂的部位需作防腐处理。设计大多采用涂衬防腐蚀材料，如环氧玻璃钢、辉绿岩、耐腐蚀塑料板（硬聚氯乙烯板等）、耐酸胶泥贴瓷砖等，也可涂刷耐腐蚀涂料（如环氧树脂）。当采用三氯化铁等溶解时会产生热量的药剂时，不应采用聚氯乙烯等遇热会软化变形的材料。

（5）生产上要考虑适当的残渣排除、放空措施，并在池底设置不小于 2%的坡度。池壁须设置超高，防止搅拌时溢出，一般为 0.30～0.50m。溶液池需设置溢流管，其口径由计算确定，或大于进液管和稀释水管管径。

（6）当采用搅拌池和溶液池合二为一的设计时，要注意药剂不溶性杂质含量不能太大，溶解要充分，池底要考虑充分的沉渣高度。出液管应设在设计沉渣高度以上，并设出液滤罩。

（7）安全措施：池子的平面、高程布置要考虑操作和其他进出人员的安全，地面式池子以及池壁距操作平台高度小于 0.80m 的池子，应设保护栏杆或其他安全设施。

3. 提升设备

由搅拌池或储液池到溶液池，以及当溶液池高度不足以重力投加时，均需设置药液提升设备，最常用的是耐腐蚀泵。常用的耐腐蚀泵有以下几种形式：

（1）耐腐蚀金属离心泵。

（2）塑料离心泵。

（3）耐腐蚀液下立式泵（图 3-5）。

此外，还有耐腐蚀陶瓷泵、玻璃钢泵等，但采用较少。

4. 计量设备

常用的投加计量设备有计量泵、转子流量计、孔口、浮杯。此外还有虹吸计量、三角堰计量等，但采用较少。计量泵由于计量精确、可实现自动调节投加，尽管价格高、系统较复杂，但仍被广泛采用。

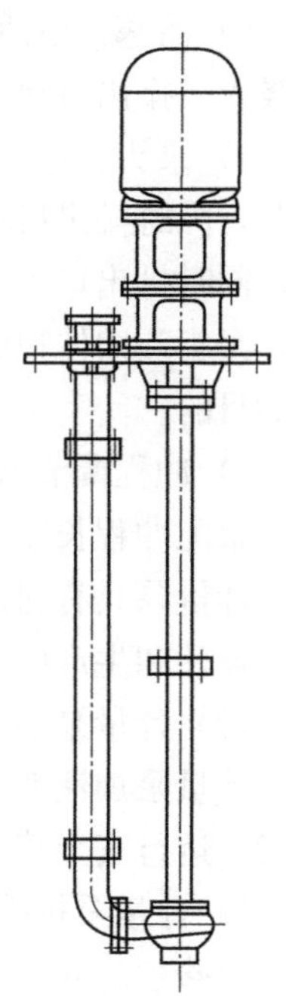

图 3-5　耐腐蚀液下立式泵

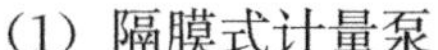

（1）隔膜式计量泵

最常用的加药计量泵为隔膜式计量泵，其结构示意如图 3-6 所示。

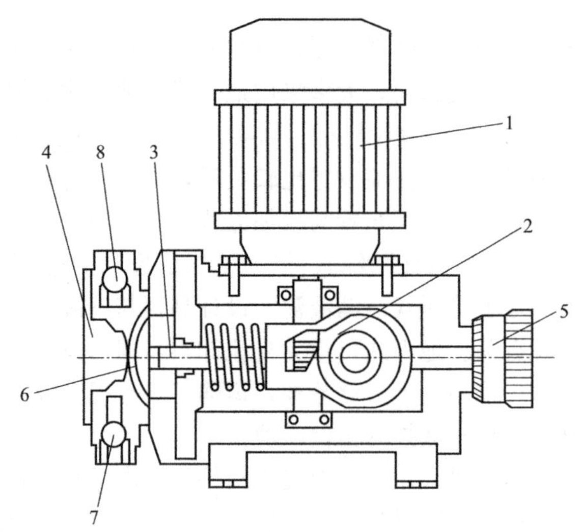

图 3-6　隔膜式计量泵结构示意图

1—电动机；2—齿轮机构；3—活塞；4—泵头；5—冲程长度调节旋钮；
6—隔膜；7—吸入口及单向阀；8—排出口及单向阀

隔膜泵的基本部件和作用如下：

1）驱动器：常用为电动机，为了能改变转速从而达到调节加药量，可采用变频调速电机。

2）齿轮机构：将电机动的转速转变成可往复运动的冲程。

3）活塞：由活塞通过腔内的液体或者由活塞直接推动泵头中的隔膜作往复运动，从而吸入、排出溶液。

4）泵头：包括隔膜、吸入口和排出口的球型单向阀。当隔膜后退时，吸入口单向阀打开，同时排出口单向阀关闭，吸入溶液至泵头内；当隔膜前进时，吸入口单向阀门关闭，同时排出口单向阀打开，将泵头内的溶液压出泵头。由于在一定的活塞冲程长度条件下，泵头腔内体积固定，因而每一次吸入、排出的溶液体积也不变，从而达到定量加注药剂的目的。

5）冲程调节器：用来调节冲程的长度，一般在泵体上设有调节旋钮，可手动调节，也可附配冲程长度调节伺服电机等实现自动调节。

计量泵具有通过改变电机转速（即改变冲程频率）或改变冲程长度来调节加注量的功能。设计和生产中可按照水厂净水和加药的工艺要求，合理确定调节方式。

（2）计量泵加注系统

计量泵加注系统按照所投药剂、计量泵类型等的不同可有不同的配置，但从保证计量准确、运行安全等方面考虑，其基本配置大致相同（图 3-7）。

1）计量泵校验柱：一般为一透明的柱体，表面标有刻度，以此校验计量泵的加注量。如在校验柱的底部设置一液位检测仪，还可在液位降低至低限时，发出信号强制关闭计量泵，以保证计量泵的安全运行。

2）过滤器：过滤溶液中的杂质，保证计量泵安全和正常运行。

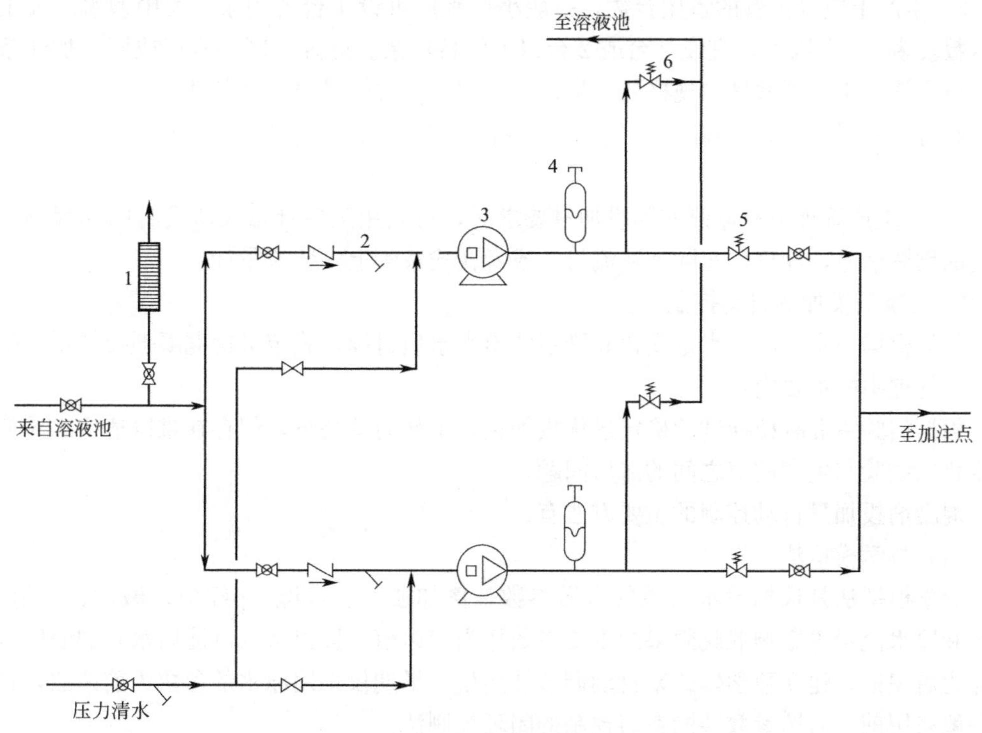

图 3-7　计量泵加注系统基本配置示例

1—计量泵校验柱；2—过滤器；3—计量泵；4—脉冲阻尼器；5—背压阀；6—安全释放阀

3）脉冲阻尼器：将计量泵输出的脉冲流转化成稳定的连续流。

4）背压阀：在投加点的背压小于 0.1MPa 的情况下，需设置背压阀，使计量泵保持一定的输出压力，保证正常运行。

5）安全释放阀：当由于投加管路发生阻塞等原因引起投加压力过高时，可通过释放阀自动将药液释放回流至溶液池，保证计量泵的安全。有些计量泵的泵头上已设有安全释放阀，则可不再另外设置。

6）用于管路、计量泵发生阻塞的压力清水清洗系统，需注意其水压力不能大于计量泵的最大工作压力。

（3）计量泵的使用需注意以下问题

1）选用合适的计量泵。各生产厂的产品各具特点，生产上需根据水厂的加药工艺和使用要求选择合适的计量泵。一般水厂混凝剂加注的计量泵主要为液压驱动隔膜泵和机械驱动隔膜泵。前者的流量范围更宽广些，后者单泵流量一般在 1500L/h 以下。柱塞泵则适用于投加压力特别高的场合。计量泵的材质是影响其性能、使用寿命和价格的重要因素。泵头材料一般采用聚氯乙烯、聚丙烯和不锈钢等；隔膜材质各产品各有特点，常用聚四氟乙烯（PTFE 膜）等特殊材料表面处理的合成橡胶、强化尼龙复合膜等。其他如计量泵吸口、出口球型单向阀、密封材料等也需加以注意。

2）为计量准确和实现自动控制调节加注量，一般每一个加注点设一台加注泵，不宜采用 2 个或 2 个以上的加注点共用 1 台加注泵。在大型水厂或加注量大的场合，为减少加注泵台数，可采用有多个泵头的加注泵。

3）生产上应设足够的备用台数，一般小型水厂可设 1 台备用泵，大中型水厂或工作泵台数较多（4 台以上）宜设 2 台或 2 台以上的备用泵。此外，同一水厂或同一加注系统中，应尽量采用相同型号和规格的计量泵，并配备足够的易损件和备件。

4）投加特殊药剂（加碱、酸的加注系统）应注意计量泵及系统配件材质的耐腐蚀要求。

5）当生产管理上有监测实际投加量要求时，可利用某些计量泵所具有的冲程频率和长度的反馈信号，计算出实际加注流量，或者在输液管上安装流量计。

5. 混凝剂投加的自动控制

如何根据原水水质、水量变化和既定的出水水质目标，确定最优混凝剂投加量，是水厂生产管理中的重要内容。

根据实验室混凝搅拌试验确定最优投加量，虽然简单易行，但存在难以适应水质的突然变化、试验与生产调节之间的滞后问题。

混凝剂投加量自动控制的主要方法有：

（1）数学模拟法

数学模拟法是根据原水有关的水质参数，例如浊度、水温、pH 值、碱度、溶解氧、氨氮和原水流量等影响混凝效果的主要参数作为前馈值，以出水（沉淀后水）的浊度等参数作为后馈值，建立数学模式来自动调节加药量。早期仅采用原水的参数为前馈法，目前则一般采用前、后馈参数共同参与控制的闭环控制法。

采用数学模拟法的关键是必须有大量可靠的生产数据，才能运用数理统计方法建立符合实际生产的数学模型。同时，由于各地各水源的条件不同以及所采用的混凝剂品种不同，因此，建立的数学模型也各不相同。

应用数学模拟实现加药自动控制，可采用以下几种方式：

1）用原水水质参数和原水流量共同建立数学模型，给出一个控制信号控制加注泵的转速或者冲程（一般为转速），实现加注泵自动调节加注量。

2）用原水水质参数建立数学模式给出一个信号，用原水流量给出另一个信号，分别控制加注泵的冲程和转速，实现自动调节。

3）用原水流量作为前馈给出一个信号，用处理水水质（一般为沉淀水浊度）作为后馈给出另一个信号，分别控制加注泵的转速和冲程，实现自动调节。

4）用原水水质参数和流量建立数学模型给出一个参数，用处理水水质（一般为沉淀水浊度）给出另一个信号，分别控制加注泵的转速和冲程，实行自动调节。

上述 4 种方式，尤其是闭环控制的方法在目前的水厂设计中得到一定采用。

（2）现场小型装置模拟法：现场小型装置模拟法是在生产现场建造一套小型装置模拟水厂净水构筑物的生产条件，找出模拟装置出水与生产构筑物出水之间的水质和药量关系，从而得出最优混凝剂投加量的方法。此种方法有模拟沉淀法和模拟滤池法两种。

模拟沉淀法是在水厂絮凝池后设一个模拟小型沉淀池（常采用小型斜板模拟池）。模拟沉淀法的主要优点是解决了后馈信号滞后时间过长的问题，一般滞后时间可缩短至二十几分钟，实用性较强。存在的主要问题是模拟沉淀池与生产沉淀的处理条件尚有差别，还有一定的滞后时间。模拟滤池法是模拟水厂混凝沉淀过滤全部净水工艺的一种方法。该方法的关键仍是模拟装置与实际构筑物生产条件的相关程度。

(3) 流动电流检测法（SCD法）：流动电流指胶体扩散层中反离子在外力作用下随液体流动（胶体固定不动）而产生的电流。SCD法由在线SCD检测仪连续检测加药后水的流动电流，通过控制器将测得值与基准值比较，给出调节信号，从而控制加注设备自动调节混凝剂投加量。

SCD主要由检测水样的传感和检测信号放大处理器两部分组成，其核心是传感器。传感器由圆筒和活塞组成（图3-8），两部件之间为一环形空间，其间隙很小。投药后的水样流入环形空间，活塞以每秒数次的频率作往复运动，不断吸入和排出水样，水中的胶体颗粒则短暂地附着于圆筒和活塞的表面，活塞作往复运动时，环形空间内的水也随之作相应的运动，胶体颗粒双电层受到扰动，水流便携带胶体扩散层中的反离子一起运动，从而形成流动电流，该流动电流由两端电极收集，经信号放大器放大，整流成直流信号输出。当加药量、水中胶体颗粒浓度和水流量等变化时，最终反映出的是胶体颗粒残余电荷的变化即流动电流的变化，因此，就可以用流动电流一个参数来控制调节混凝剂投加量。所以，SCD法也称为单因子控制法。

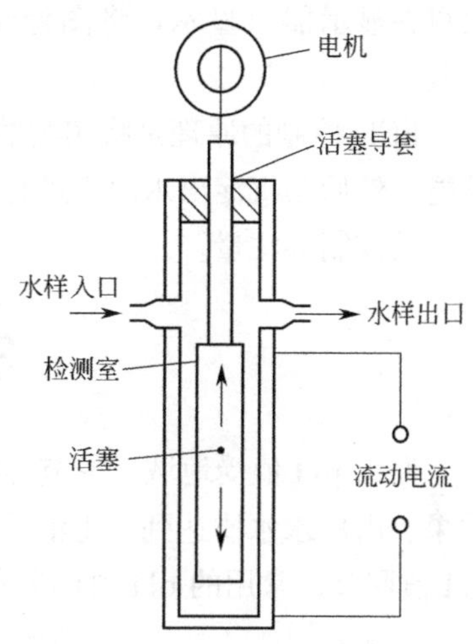

图3-8 SCD的传感器构造

SCD法在生产运用中需要进行基准值的设定，一般的方法为：在相对稳定的原水水质和水量条件下，先投加足够的混凝剂，随后逐渐减少投加量，同时测出沉淀池出水浊度，当出水达到既定的浊度目标时，将此时的SCD值设定为“0.00”点，即为基准值。在运行中，如原水水质、流量等发生变化时，SCD测量值就偏离基准值，输出信号给加药控制器，从而达到自动调节投加量的目的。为了避免过于频繁的调节，也可以给加药控制器设立一个SCD值的幅度范围，在此范围内则不调节加注泵的加药量。

采用SCD法需要注意以下几点：

1）原水水质和使用的混凝剂是否适合采用SCD法。根据近年来实际使用和试验结果，SCD对原水浊度有一定适应范围，不同水源适应范围也不相同。表面活性剂对流动电流有干扰，即使浓度很低SCD也无法应用；油类、农药对SCD测量精度有影响；原水盐类、pH值瞬时变化大时，SCD值也有偏差。对混凝剂品种，SCD主要用于无机类混凝剂，若采用非离子型或阴离子型高分子絮凝剂时，投药量与流动电流相关性差，不适合采用SCD。另外，同一水源在不同季节使用SCD法检测的效果差别也很大。

2）取样点距投药点距离要适合。既要使混凝剂已与水体充分混合并初步凝聚又不能间隔时间太长，一般在投药后2～5min内取样为好；取样管长度越短越好；取样管流速应尽量稳定，不带有气泡。

3）在原水流量瞬时变化幅度较大（例如开或停一台原水泵）的情况下，SCD值回复到“基准值”的时间较长，此段时间内的水体出水浊度会超过目标值。所以，部分水厂采用了以原水流量为前馈值，SCD值为后馈值的复合环方式。

4）SCD检测器对环境的散热要求，一般需设在室内，室内温度不可太高，也不可阳光直射。

（4）显示式絮凝控制法（FCD法）：FCD是国内自行研制、开发的自动加药控制系统，该系统主要由絮体图像采集传感器和微机两部分组成。图像采集传感器安装在絮凝池后部水流较稳定处且与水流方向尽量垂直，水样经取样窗（可定时自动清洗）由高分辨CCD摄像头摄像，由LED发光管照明以提高絮体图像清晰度，经视频电缆传输进计算机，对数据进行图像预处理，以排除噪声的干扰，改善图像的成像质量。絮体图像放大6倍可在显示器上显示，将图像经过计算机处理后得出图像中每一个絮体的大小和其他参数。

FCD控制的原理是将实测的非球状絮体换算成“等效直径”的絮体，以代表其沉淀性能，然后与沉淀出水浊度进行比较，来确定“等效直径”的目标值，通过设定的目标值来自动控制加注量。

3.3 pH值调节

原水pH值受地域、季节等因素影响差异较大，从弱酸性到碱性均有，为了保证混凝效果、出厂水水质达到《生活饮用水卫生标准》GB 5749—2006的要求，须投加药剂进行pH值调节。常用的pH值调节药剂有石灰、氢氧化钠、二氧化碳等。

3.3.1 石灰投加

1. 投加石灰的目的

投加石灰的目的是增大碱度、调整pH值、改善絮凝条件等，是现今水厂特别是中国南方地区水厂投加的常用药物。

2. 石灰投加系统

（1）块状生石灰熟化及乳液投加系统

块状生石灰（主要成分CaO）的纯度比较低，且纯度不稳定。

图3-9是某水厂块状生石灰熟化及乳液投加系统。该水厂水处理规模为30万m^3/d。

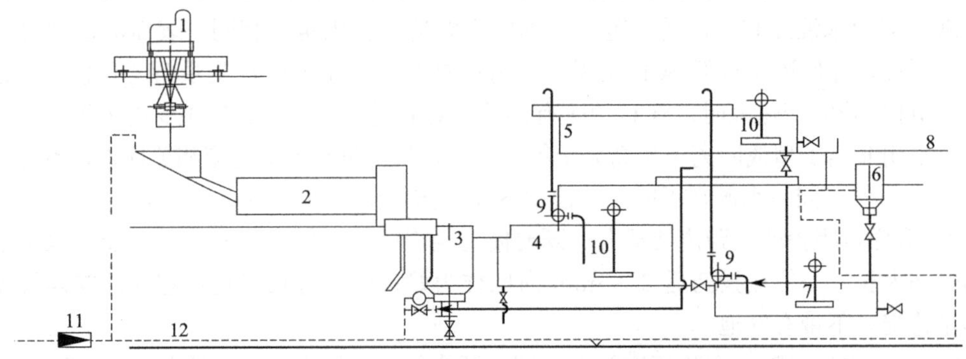

图3-9 某水厂块状生石灰的熟化及乳液投加系统

1—0.3m^3抓斗桥式起重机（带电子秤计量系统）；2—石灰熟化器；3—旋流排渣池；4—低位溶解储液池；5—高位储液池；6—石灰乳液投加筒；7—二次溶解集渣池；8—石灰乳液投加槽；9—浆泵；10—折浆式搅拌机；11—100mm水表；12—压力水管

生石灰的平均投加量为 20mg/L，生石灰平均用量为 6000kg/d，最大用量为 8000kg/d。抓斗桥式起重机将生石灰起吊并卸入石灰熟化器，熟化器为 2 台。熟化器转动工作时缓缓流出的带渣乳液进入旋流排渣池。

生石灰中的大块石渣由排渣管排出。低位溶解储液池用以贮存石灰饱和液，两个池均设有主、次两个排渣口。高位储液池的乳液经投加筒由石灰乳投加槽自流至投加点。投加筒出口的石灰乳液浓度为 1%～2%。最远投加点与乳液口的距离为 70m。

(2) 熟石灰的自动投加系统

熟石灰主要成分 $Ca(OH)_2$，可自动投加。熟石灰自动投加系统包括石灰储存、计量、输送、溶解装置以及投加相关设备，如图 3-10 所示。

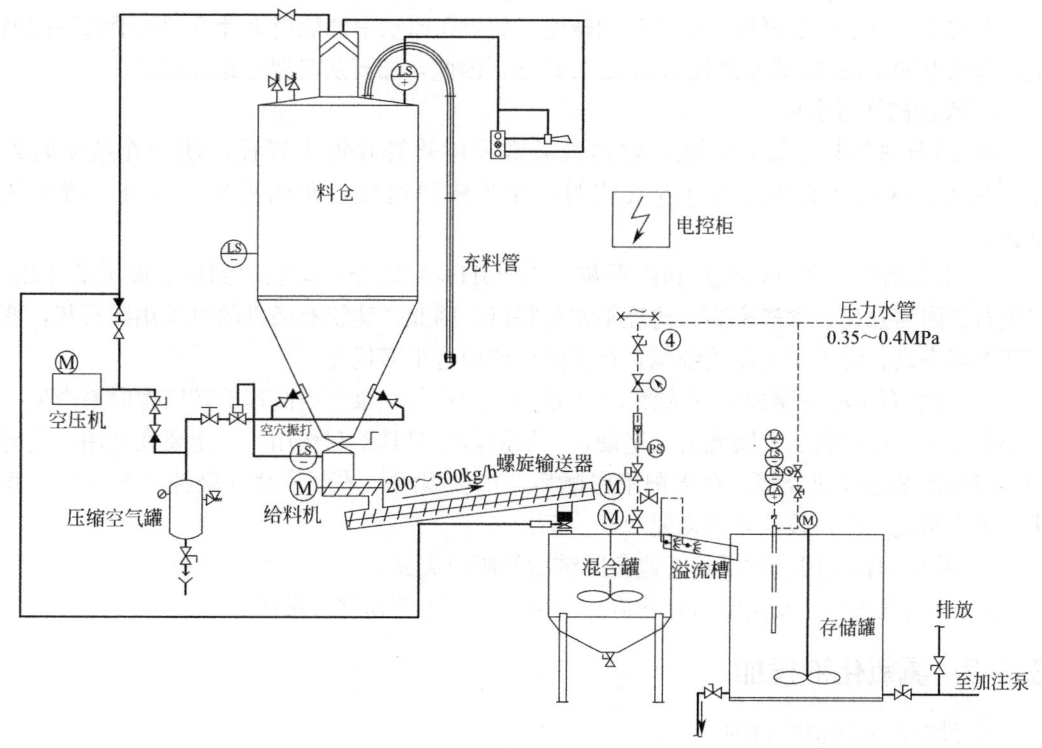

图 3-10　熟石灰自动投加系统

熟石灰粉体从注料管进入料仓，使用时通过料仓底部的给料机计量后，由螺旋输送器送入石灰溶解罐，经混合溶解后再溢流至制备存储罐，配置成设定浓度的石灰乳液。熟石灰的投加可通过进出水 pH 值进行控制，调节熟石灰的加注量。上述整个制备和投加系统均为全密封系统，不会出现灰粉外泄污染环境的情况。

熟石灰粉由加料口投入，在储料仓储存，通过螺旋推进器均匀推入熟石灰的溶解池，浓度定值器通过信号调节加料速度和控制自来水管电磁阀的开启度。由于溶解池的容积为一定值，因此，控制加料量即可控制石灰液的浓度。石灰液经过溶解池和吸液池两级搅拌以后，由计量泵均匀地投加。此套自动装置投加石灰液的控制，是由水的流量、pH 值反馈控制计量泵的行程和往复频率（通过伺服电机），直至调整至最佳状况。

此种自动干投装置系统的劳动强度较小，环境条件也较好。

3. 加注量的确定

当采用 $Al_2(SO_4)_3$ 及 $FeCl_3$ 凝聚剂时，根据计算每投加 1mg/L 的 $Al_2(SO_4)_3$ 或 1mg/L 的 $FeCl_3$ 需要 0.5mg/L 的 CaO（碱度以氧化钙计），碱度不足时可加石灰，石灰的加注量：

$$[CaO]=[0.5\alpha-\chi+20]mg/L \tag{3-2}$$

式中 〔CaO〕——石灰的需要量（mg/L）；

α——硫酸铝或三氯化铁投加量（mg/L），以无水纯 $Al_2(SO_4)_3$ 或 $FeCl_3$ 计；

χ——原水中的碱度以 CaO 计（mg/L）；

20——为使反应顺利进行而增加的剂量（mg/L）。

上式是计算了投加凝聚剂后所需的碱度，如果在原水中加氯尚需计算加氯消毒后的碱度，理论上加 1mg/L 氯要消耗 1.4mg/L 碱度，因此，加石灰时要考虑此因素。

4. 投加的注意事项

1）因石灰极易结垢，因此，输料管通常采用软管并加大管径，便于在结垢时敲碎、疏通，现场有条件的也可以安装明槽作为输料途径，明槽更易于检查、清疏和维护。

2）石灰有生石灰（CaO）和熟石灰（$Ca(OH)_2$）之分，均能起到增大碱度的作用。但生石灰因需熟化、含渣率高、清理不便等特点，因此，建议有条件的可采用熟石灰，熟石灰溶解率高、含渣少、品质细腻，在实际生产中有很多优势。

3）投加石灰的耐腐蚀泵宜选择 1∶1 备用，因石灰在泵腔内高速旋转摩擦时易产生一种类似贝壳一样的物质，既光滑又坚硬，一般的敲打对其不起作用，一定要在使用一定时间后将泵体全部拆开分解，在太阳下曝晒后，产生裂纹，才可一片片敲掉。在这个过程中，为不影响生产，投加泵通常要 100％备用。

4）系统的各阀门应常活动，避免因结垢使阀门失灵。

5）干投机入口处及泵吸口处均应加一网格，以防杂物进入系统。

3.3.2 氢氧化钠投加

1. 投加氢氧化钠的目的

投加氢氧化钠的目的是用于调整水的 pH 值，保证出厂水 pH 值符合《生活饮用水卫生标准》GB 5749—2006 的要求，提高出水水质稳定性。氢氧化钠是现今水厂尤其是采用臭氧—活性炭深度处理工艺的水厂投加的常用药剂。氢氧化钠的投加点选在砂滤池或炭吸附池出水后。

2. 氢氧化钠的投加系统（图 3-11）

3. 氢氧化钠的投配

氢氧化钠一般采用浓度不高于 30％的食品级商品液体，在投加点采用原液稀释后投加或直接投加。

投加应采用计量泵或流量调节阀自动控制加注，且应设置计量和反馈控制的设备并采取稳定加注量的措施。

4. 生产中投加的注意事项

1）有强腐蚀性，在使用上注意安全。

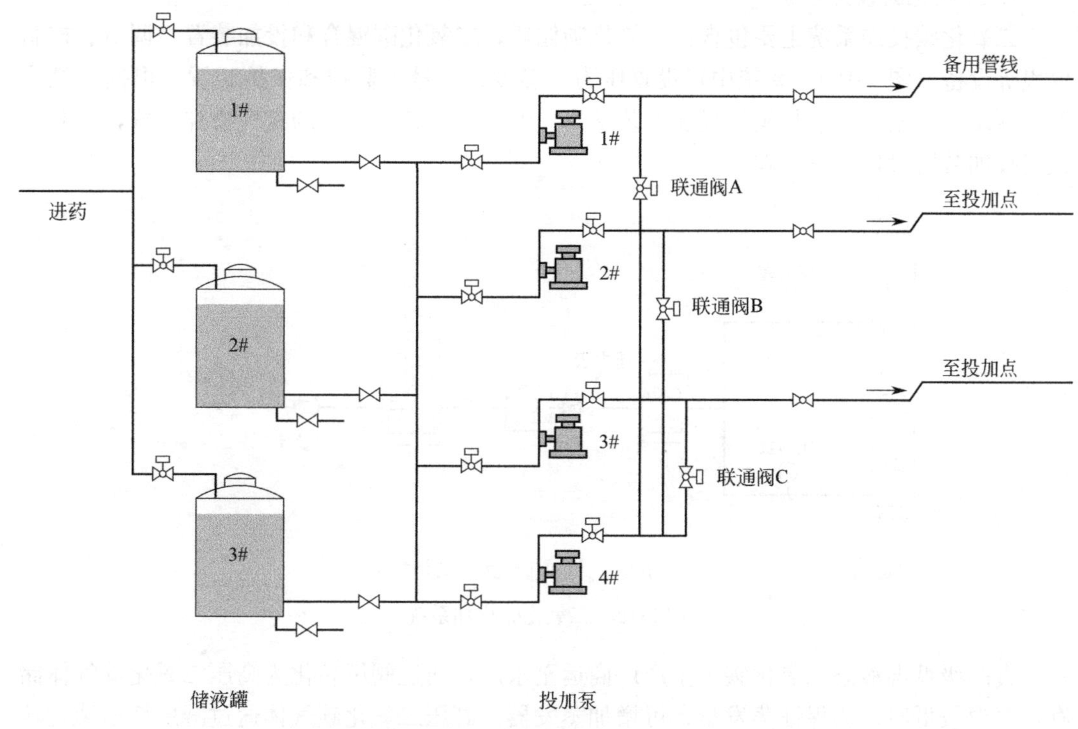

图 3-11　氢氧化钠投加系统

2）气温低时，氢氧化钠会结晶，浓度越高越易结晶。

3）氢氧化钠一般投加在滤池出水后，应与消毒剂的投加间隔一定时间。

4）氢氧化钠投加点后应配置相应的在线 pH 仪表，作为投加的反馈控制。

5）当原水 pH 值偏低、原水铝含量偏高，或深度处理活性炭吸附池 pH 值衰减严重时，生产中宜采用前投加石灰，后投加氢氧化钠或石灰上清液工艺，保证混凝效果，保证出厂水 pH 值和铝含量符合《生活饮用水卫生标准》GB 5749—2006 的要求，提高出水水质稳定性，并节约药剂投加成本。

pH 值调节采用何种药剂应视原水水质、净水工艺、投资、运行管理等综合考虑。

3.3.3　二氧化碳投加

在反应阶段，高 pH 值条件下，水中胶体无法有效脱稳，导致混凝效果差、浊度不达标等问题；此外，pH 值是影响水中残余铝浓度的重要因素，一旦 pH 值过高，沉后水的铝浓度快速升高，从而造成铝超标的风险。因此，在原水高 pH 值的情况下，应合理调节水体的 pH 值，以达到最佳的效果。

通过投加稀释的强酸的方式能够有效降低进水的 pH 值，例如稀硫酸和稀盐酸。但强酸是危险化学品，不易于购买和运输，需要向有关部门报备，而且强酸对投加设备和管道有腐蚀性，增加了后期运行维护的难度。

通过向原水进水总管上投加二氧化碳气体，降低原水 pH 值是较为简便安全的一个方法。

1. 二氧化碳投加系统

二氧化碳投加系统主要包含：二氧化碳储罐，二氧化碳混合和投加装置，调节、控制仪表等设备（图 3-12）。系统中可设置压力、温度、流量等监控和保护装置。根据二氧化碳的性质，其投加工艺与氯气投加工艺基本一致，水厂若有多余的氯气投加装置，可利用氯气投加装置投加二氧化碳。

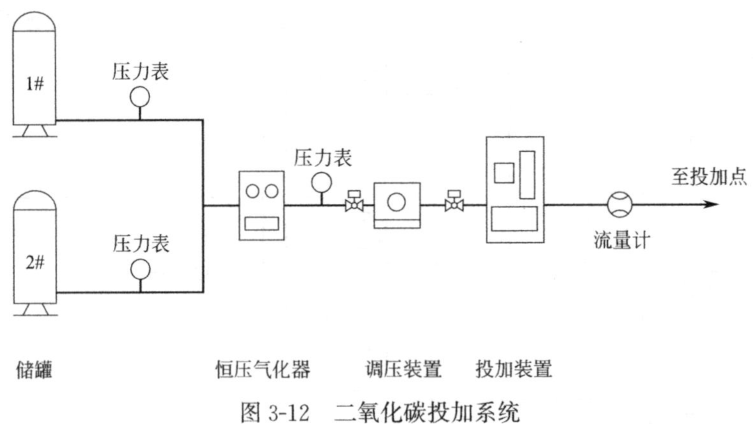

图 3-12　二氧化碳投加系统

食品级低温液态二氧化碳由生产厂商运至水厂，通过阀组转化为高压二氧化碳气体储存，气温较低时，为保证蒸发量，可增加蒸发器。高压二氧化碳气体通过减压稳压装置转化为低压二氧化碳气体，经投加设备投入原水管道，从而降低原水 pH 值。

2. 注意事项

二氧化碳密度较空气大，少量二氧化碳对人体无害，但其超过一定量时会使人窒息。进入高浓度的二氧化碳环境，可能导致短时间内昏迷，严重者出现呼吸停止及休克，危及生命。因此，二氧化碳投加间应提供良好的自然通风条件，防止人员窒息。

二氧化碳储罐遇明火或高温，罐内压力升高，有开裂和爆炸的危险。

二氧化碳应储存于阴凉通风的库房，远离火种、热源。库房温度不宜超过 30℃。应与易（可）燃物分开存放，切忌混储。

3.3.4　饱和石灰澄清液投加

1. 投加饱和石灰澄清液的目的

水质的化学稳定性主要表现为腐蚀性和结垢性两个方面，供水系统中化学稳定性问题普遍存在，又以腐蚀性问题更为严重。出厂水的化学稳定性差，必然导致给水管道内壁的腐蚀和结垢，当腐蚀产物释放到水中就会影响水质，而 pH 值和总碱度是影响水的化学稳定性的两个重要因素。

投加饱和石灰澄清液的目的是增加水质的硬度和 pH 值，改善水质化学稳定性，减少管网中腐蚀产物和细菌的产生，降低管网水中因水质不稳定原因引起的“二次污染”，提高供水安全性。同时，有效防止管道的腐蚀，改善管网的输水能力。

2. 饱和石灰澄清液投加系统

由于饱和石灰澄清液投加设施国内应用较少，目前主要采用以“石灰乳制备系统＋竖流式沉淀池＋过滤装置”为核心工艺的制取形式。

（1）系统组成

一般由干投系统、竖流式沉淀池、过滤装置、调节池、投加泵等系统组成，制备系统如图 3-13。

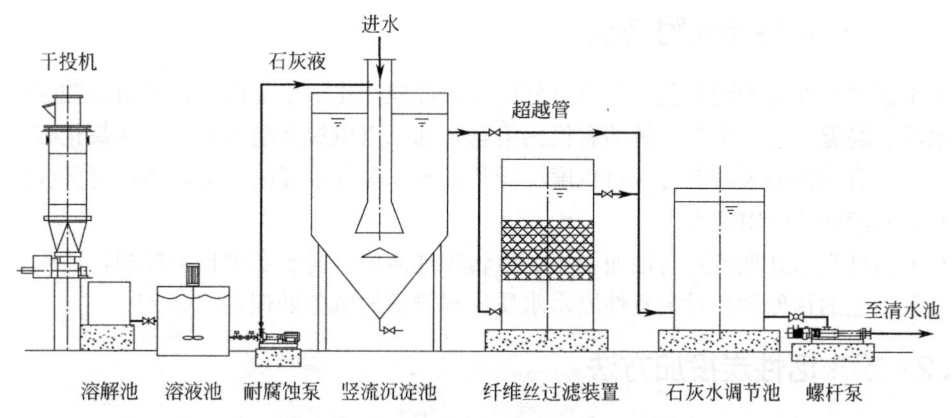

图 3-13　澄清石灰水制备系统示意图

石灰通过现状石灰干粉投加机、一次溶解池、二次溶解池工艺溶解商品石灰至设计浓度，然后泵送进入石灰水澄清罐，与厂区自来水混合后澄清沉淀，澄清后上清液（暂超越纤维过滤器）进入石灰水投加罐，按照比例浓度泵送至厂区清水池。

石灰水澄清罐排渣及系统内产生的反冲洗等其他废水进入排水调节池，通过排渣泵送至均衡池，最终以沉泥方式去除，按照污泥处理方式处理。

（2）制备流程

石灰乳制备流程与上述石灰投加基本相同，由于需进入后续澄清装置，此石灰乳浓度不宜过大，一般在 2%～10%。石灰乳制备完成后通过提升泵加压至竖流式沉淀池。由中心管进水，中心管内设搅拌机，搅拌转速 100～300r/min。顶部出水采用堰板形式，底部设置放空设施。沉淀池出水通过阀门控制至过滤装置，并设置旁通超越管，以免滤池堵塞时影响出水。过滤后水至调节池，调节时间一般为 1h 左右，最后至投加系统。

（3）澄清石灰水的投加

饱和石灰水的浓度一般在 0.15%以内，投加点一般设在清水池前段，大致在氯投加 20min 后的位置。

制备后的溶液一般由螺杆泵输送到使用点，螺杆泵变频调节，设置流量计，泵的出口配有安全阀和排污阀。

3. 投加注意事项

（1）根据石灰水特性分析，较易腐蚀蝶阀内胶圈，造成关闭不严等问题，宜采用闸阀减少此类问题。

（2）需控制好澄清石灰乳的浓度，以及与水的投加比例，减小对出厂水浊度的影响。

（3）由于澄清石灰水投加量较一般石灰乳投加量大，且压力偏高，运行时易出现软管接口处爆裂的现象，另外管道内压力偏大，使得管道易出现 S 形，建议采用管沟形式，以避免太阳暴晒降低管材使用年限，或使用 UPVC 管。

3.4 粉末活性炭吸附

3.4.1 粉末活性炭吸附特点

粉末活性炭外观为暗黑色，具有良好的吸附性能，化学稳定性好，可耐强酸强碱，能经受水浸、高温。它对水中溶解的有机污染物，如三卤甲烷及前体物质、四氯化碳、苯类化合物等具有较强的吸附能力；对色度、异臭、异味等有较好的祛除效果；对某些重金属化合物也有较强的吸附能力。

粉末活性炭水处理装置占地面积小，运转管理简单，易于实现自动控制，适用于常规给水处理工艺的预处理和对突发性原水水质出现异常的应急处理。

3.4.2 粉末活性炭投加方法

粉末活性炭的投加方法分为干式投加和湿式投加两种。目前，应用于给水处理工艺的常用方法是湿式投加法。配制悬浮液的浓度不宜过大，一般在5%左右，浓度过大容易造成投加管道堵塞和其他机械故障。

粉末活性炭投加系统在国内部分水厂使用，可分为自动化投加系统和人工投加系统两类。

1. 自动化投加系统

粉末活性炭投加系统与石灰投加系统较为相似，具体工作原理为：用压缩空气泵通过管道系统将运送来的粉末活性炭输送到筒形贮料仓。料仓上部配有排风系统和粉尘净化器及贮料量探测装置，锥形底部装有压缩空气输送器。接于贮料仓底部的输送料斗及转弯部位也采用压缩空气送料。在每套粉末活性炭调配装置上部均设置投加罐用于平衡送料与投加量之间的差值。投配粉末活性炭是通过一个带有振动器的重力料斗和螺旋进料推杆定量完成，调配水量也是通过自动计量和可调节阀门自动控制。一定量的粉末活性炭与水按比例配制成浓度为5%的炭浆，在投加箱中搅拌均匀后用计量泵送到投加点（图3-14）。

2. 人工投加系统

系统的工作原理：首先将袋装的粉末活性炭产品人工配制成5%左右的炭浆，在配制池中应设机械搅拌设备，便于连续投加炭浆，在实际运行中要求配制池的个数在两个以上；接着将配制好的炭浆自流入投加池中，由于炭浆易于沉降，必须在投加池中设置搅拌设备，在投加过程中连续搅拌保证炭浆的均匀性；最后通过计量泵或重力流投加（图3-15）。

3.4.3 粉末活性炭投加点

粉末活性炭的投加点对其除臭性能有着重要影响，一般取在混凝剂投加后5～6min的位置。致臭有机物以溶解或非溶解状态存在于水中，部分可在混凝过程中去除。粉末活性炭先于混凝剂投加或与混凝剂同时投加，在混凝过程中，炭颗粒会与混凝剂之间形成混凝与吸附的竞争，即在混凝过程中，矾花比炭颗粒小时，炭颗粒吸附矾花；当矾花比炭颗

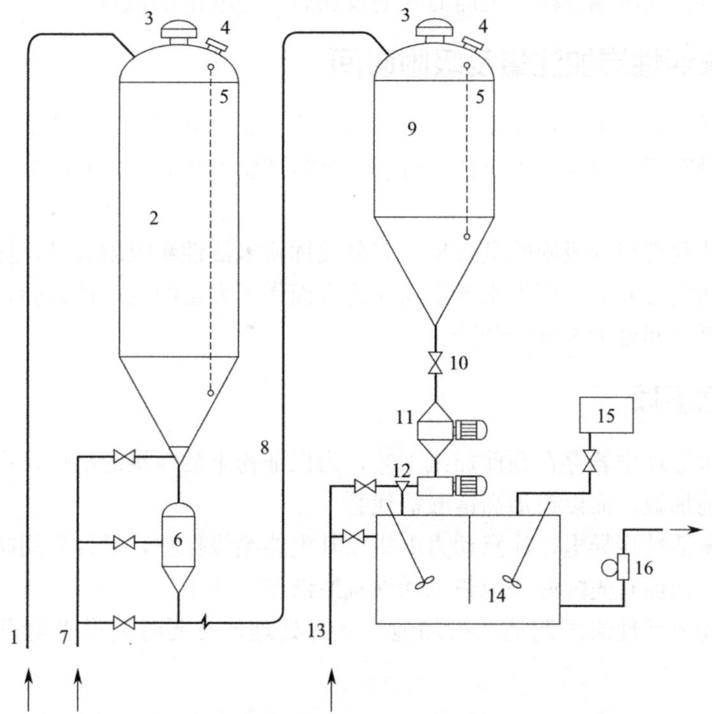

图 3-14 粉末活性炭自动投加系统

1—粉末活性炭压缩空气进料系统；2—粉末活性炭贮料仓；3—除尘过滤；4—人孔；5—粉末活性炭料位变送器；6—粉末活性炭输送料斗；7—压缩空气送管；8—粉末活性炭输送管；9—粉末活性炭投加罐；10—出料门；11—振动进料器；12—旋定量投加器；13—配置炭浆给水进口；14—炭浆混合池；15—调节 pH 用酸化池；16—投加炭浆计量

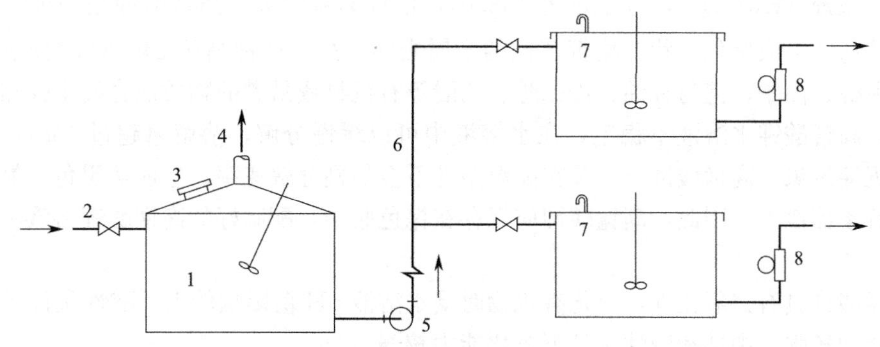

图 3-15 人工操作粉末活性炭投加系统

1—人工粉末活性炭浆调配池；2—调配炭浆给水进口；3—粉末活性炭入口；4—通风管（接除尘装置）；5—炭浆送水泵；6—炭浆送管道；7—炭浆投加池；8—炭浆投加计量泵

粒大时，矾花包裹炭颗粒。矾花与炭颗粒的混凝与吸附竞争阻碍水中胶体物形成矾花并充分长大，而炭颗粒也因被吸附包裹造成吸附容量未被充分、有效地利用。

按照上述分析，粉末活性炭投加点宜取在矾花与炭颗粒的尺度相当时，此时矾花不再影响致臭物向粉末活性炭的扩散，粉末活性炭的吸附除臭作用也可得到充分发挥。在生产试验中将在投加混凝剂前和在混凝剂后投加粉末活性炭进行吸附除臭效果比较，试验结果认为合理投加点为反应池中段，也即混凝剂投加后 5～6min 的位置。

3.4.4 粉末活性炭加注量及吸附时间

（1）粉末活性炭的加注量与原水水体的臭阈值有关。可以通过模拟给水处理中粉末活性炭与原水接触时间、混合水力条件进行静态吸附试验，从而确定实际加注量，一般控制在 10～20mg/L。

（2）为了达到理想的吸附除臭效果、充分发挥粉末活性炭吸附容量，保证一定的粉末活性炭吸附时间是必要的。深圳水务集团在这方面作了大量的生产性试验，建议将粉末活性炭预吸附除臭时间设为 30min 以上。

3.4.5 注意事项

（1）常规水处理中若存在预前加氯工艺，为保证粉末活性炭的活性，在投加粉末活性炭前应停止预前加氯，而以投加高锰酸盐代替。

（2）因粉末活性炭导电，注意动力电机及其电路绝缘保护，最好采用防爆型电机。

（3）原水切换前宜先配好一池粉末活性炭浆液作为备用。

（4）应将粉末活性炭配制池及投加池作密封处理，必要时装设吸尘设备，改善操作环境。

3.5 高锰酸钾预氧化

3.5.1 高锰酸钾性质

高锰酸钾（$KMnO_4$），分子量为 158.04，俗称为灰锰氧。高锰酸钾是一种深紫色细长斜方柱状结晶或紫色粒状，略带蓝色的金属光泽。高锰酸钾高于 240 ℃时分解，易溶于水、甲醇、丙酮，但与甘油、乙二醇、乙醚等有机物或易燃的物质混合发生强烈的燃烧或爆炸。高锰酸钾水溶液不稳定，在水溶液中可以缓慢分解，溶解量超过 15g/L 后，可能产生沉淀现象。高锰酸钾见光及在高温条件下会加剧分解速率，生成灰黑色二氧化锰沉淀并附着于器皿上。因此，高锰酸钾应保存在棕色瓶中，配制好的高锰酸钾溶液不宜长期保存。

高锰酸钾具有强氧化性，氧化有机物时受水溶液 pH 值影响较大，酸性条件下高锰酸钾氧化能力较强，中性和碱性条件下氧化能力较弱。

3.5.2 高锰酸钾在水处理中的应用

1. 高锰酸钾除锰和铁

水体中的锰主要是二价锰，由于二氧化锰在水体 pH 值 6.0～8.5 条件下氧化速率很慢，因此，在水中存在时间很长。对于水中溶解性的二价锰，可以用高锰酸钾将其氧化为溶解度很低的四价锰析出，达到除锰的目的。高锰酸钾也可与水中二价铁反应生成三价铁除去。反应式如下：

二价锰：$3Mn^{2+} + 2KMnO_4 + 2H_2O \longrightarrow 5MnO_2 + 2K^+ + 4H^+$

二价铁：$MnO_4^- + 3Fe^{2+} + 4H^+ \longrightarrow 3Fe^{3+} + MnO_2 + 2H_2O$

2. 高锰酸钾除臭

水中臭味来源有蓝绿藻、硅藻、放线菌等产生的臭味。高锰酸钾主要通过氧化作用降解产生异臭异味的有机物，加入高锰酸钾，有机物膜被氧化，悬浮颗粒物或胶体的表面性质发生有利于脱稳凝聚的变化，从而使除浊效率增加，有机物含量降低，减轻水体的异臭异味。

3. 高锰酸钾去除水中的有机物

高锰酸钾与水中的还原性物质反应生成不溶性的二氧化锰，二氧化锰自身不仅可以吸附有机物，还可以通过絮凝作用去除有机物，因此，能够有效降低水中的有机物含量。

4. 消毒和除藻作用

高锰酸钾具有消毒能力，能够有效降低水中的细菌数量。一方面，高锰酸钾发挥部分消毒作用；另一方面，高锰酸钾预氧化除去腐殖酸和富里酸，有效抑制氯化消毒副产物的生成。此外，高锰酸钾除藻类的效果明显，因铁为藻类合成叶绿素的必需元素，高锰酸钾使之发生氧化作用并沉淀，从而延滞藻类的生长。

3.5.3 高锰酸钾投加

1. 高锰酸钾投加系统

高锰酸钾经真空吸料机吸入料仓内，经干投机向制备罐给料，根据设定浓度，将高锰酸钾配制成浓度为1%～5%的溶液，由投加泵投加到管道中。若投加量不大，则尽量低浓度配制（图 3-16）。

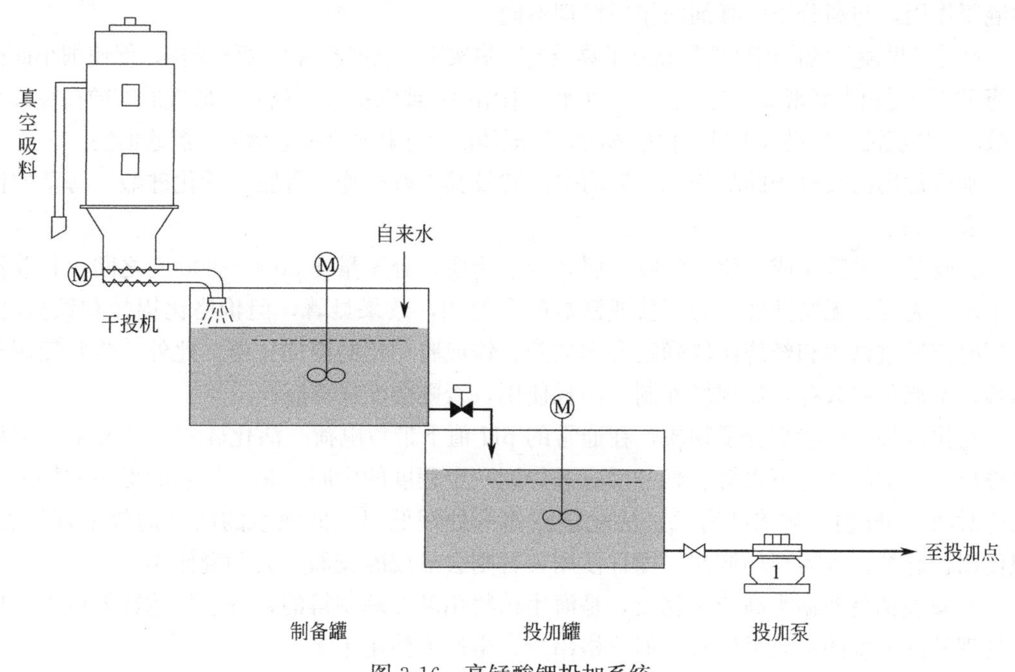

图 3-16　高锰酸钾投加系统

2. 投加的注意事项

（1）高锰酸钾的投加点应尽可能靠前以保证充足的反应时间，有条件的水厂宜设置于取水口，不具备条件的水厂宜设置在原水管上游。

（2）高锰酸钾应先于其他水处理药剂投加，时间间隔不宜少于 3min。

（3）高锰酸钾预氧化的药剂用量宜通过试验确定；投加量应依据水量及水质情况及时调节。

（4）高锰酸钾宜采用湿式投加，投加溶液浓度不宜高于 5%；超过 5%的高锰酸钾溶液易在管路中结晶沉积。

（5）由于高锰酸钾溶液中存在杂质，在进投加泵和管道前应将不溶物滤除，可在投加泵进口设置过滤装置，定期对过滤装置、管路、转子流量计等投加系统附件进行清洗。

（6）高锰酸钾氧化过程产生的二氧化锰不溶物易附着在在线仪表探头等处，干扰在线仪表电极灵敏度，引起仪表误差，应注意定期清洗和维护。

（7）高锰酸钾的储存、输送和投加车间应按防爆建筑设计，并应有防尘和集尘设施。

3.6 助凝剂

当单独使用混凝剂不能取得预期效果时，需投加某种辅助药剂以提高混凝效果，这种药剂称为助凝剂。

从广义上而言，凡能提高或改善混凝剂作用效果的化学药剂都可称为助凝剂。例如，当原水碱度不足而使铝盐混凝剂水解困难时，可投加碱性物质（通常用石灰）以促进混凝剂水解反应；当原水受有机物污染时，可用氧化剂（通常用氯气）破坏有机物干扰；当采用硫酸亚铁时，可用氯气将 Fe^{2+} 氧化成 Fe^{3+} 等。这类药剂本身不起混凝作用，只能起辅助混凝作用，与高分子助凝剂的作用机理不同。

高分子助凝剂的作用机理是高分子物质的吸附架桥，它能改善絮凝体结构，促使细小而松散的絮粒变得粗大而密实。对于低温低浊水，采用铝盐或铁盐混凝剂时，形成的絮粒往往细小松散，不易沉淀。当投入少量活化硅酸时，絮凝体的尺寸和密度就会增大，沉速加快。

水厂常用的高分子助凝剂有：聚丙烯酰胺及其水解产物、骨胶、活化硅酸、海藻酸钠等（表 3-2）。

骨胶是一种粒状或片状动物胶，属高分子物质，分子量在 3000～80000 之间。骨胶易溶于水，无毒、无腐蚀性，与铝盐或铁盐配合使用，效果显著，但价格比铝盐和铁盐高，使用时应通过试验和经济比较确定合理的胶、铁或胶、铝的投加比例。此外，骨胶使用较麻烦，不能预制久存，需现场配制，即日使用，否则会变成冻胶。

活化硅酸为粒状高分子物质，在通常的 pH 值下带负电荷。活化硅酸是硅酸钠（俗称水玻璃）在加酸条件下水解、聚合反应进行到一定程度的中间产物，故它的形态和特征与反应时间、pH 值及硅浓度有关。活化硅酸作为处理低温、低浊水的助凝剂效果较显著，但使用较麻烦，也需现场调制，即日使用，否则会形成冻胶而失去助凝作用。

海藻酸钠是多糖类高分子物质，是海生植物用碱处理制得的，分子量达数万以上。用以处理较高浊度的水效果较好，但价格昂贵，生产上使用不多。

聚丙烯酰胺及其水解产物是高浊度水处理中使用最多的助凝剂，它可大大减少铝盐或铁盐混凝剂用量，我国在这方面已有成熟经验。聚丙烯酰胺的理化特性在本章第一节已经讲述，这里重点介绍聚丙烯酰胺投加系统及其使用。

常见助凝剂　表 3-2

名称	分子式或简写	一般介绍
氯	Cl_2	1. 当原水受到有机物污染时，可用氯气破坏有机物干扰； 2. 当采用硫酸亚铁作混凝剂时，为使二价铁氧化成三价铁可在水中加氯
生石灰	CaO	1. 用于原水碱度不足； 2. 用于去除水中的 CO_2，调整 pH 值
骨胶	—	1. 一般与三氯化铁混合后使用； 2. 投加量与澄清效果成正比，且不会因投加量过大，使混凝效果下降； 3. 投加骨胶及三氯化铁后的净水效果比投纯三氯化铁效果好，降低净水成本； 4. 投加量少，投加方便
活化硅酸	$Na_2O \cdot XSiO_2 \cdot Y H_2O$	1. 适用硫酸亚铁与铝盐混凝剂，可缩短混凝沉淀时间，节省混凝剂用量； 2. 原水浑浊度低，悬浮物含量少及水温较低（约在 14℃以下）时使用，效果更为显著； 3. 可提高滤池滤速； 4. 必须注意投加点； 5. 要有适宜的酸化度和活化时间
海藻酸钠	$(NaC_6H_7O_6)_x$，简写 SA	1. 原料取自海草海带根或海带等； 2. 生产性试验证实 SA 浆液在处理浊度稍大的原水（200NTU 左右）时助凝效果好，用量仅为水玻璃的 1/15 左右，当原水浊度较低（50NTU 左右）时助凝效果有所下降，SA 投量约为水玻璃的 1/5； 3. SA 价格较贵，产地只限沿海
聚丙烯酰胺	$\left[\begin{matrix}-CH_2-CH- \\ CONH_2\end{matrix}\right]_n$ 又称三号絮凝剂，简写 PAM	1. 聚丙烯酰胺水解体的效果比未水解的好，生产中应尽量采用水解体，水解比和水解时间应通过试验求得； 2. 聚丙烯酰胺固体产品不易溶解，宜在有机械搅拌的溶解槽内配制溶液； 3. 与混凝剂配合使用时，应视原水浊度的高低，按一定的顺序投加，以发挥两种药剂的最大效果； 4. 聚丙烯酰胺有极微弱的毒性，用于生活饮用水净化时，应注意控制投加量

3.6.1 聚丙烯酰胺投加系统

聚丙烯酰胺经真空吸料机吸入料仓内，经干投机向制备罐给料，根据设定浓度，将聚丙烯酰胺配制成浓度 0.1%～0.5%的溶液，配制好的药液储存于储液罐，由投加泵投加到管道中。料仓上可配除尘器，整个过程全封闭，除吸料机需人工进料外，其他步骤均可自动控制（图 3-17）。

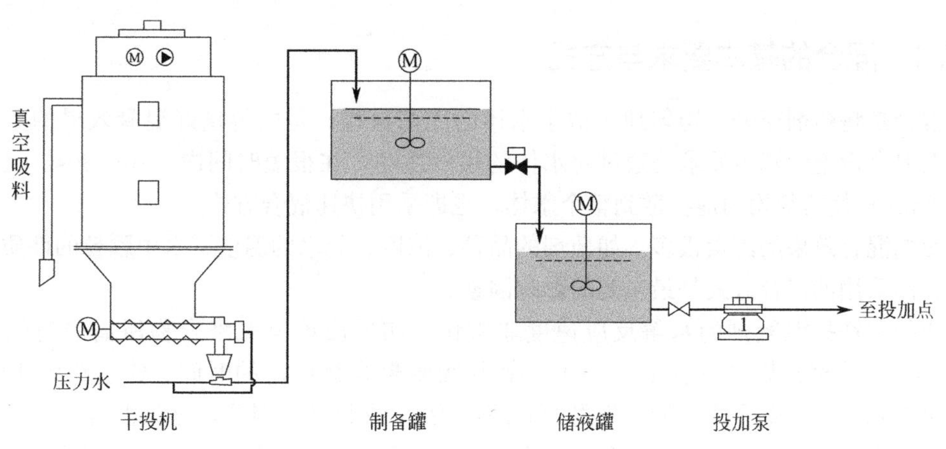

图 3-17　聚丙烯酰胺投加系统

3.6.2 聚丙烯酰胺的使用

（1）聚丙烯酰胺水解体粉剂产品，是处理高浊度水最有效的高分子絮凝剂之一。可单独使用，也可与普通混凝剂同时使用。在处理含沙量为10～150kg/m^3的高浊度水时，效果显著，既可保证出水水质，又可减少絮凝剂用量和一级沉淀池的容积。

（2）聚丙烯酰胺的投加量一般以烧杯搅拌试验或相似水厂生产运行数据来确定。

（3）聚丙烯酰胺的投加浓度，从絮凝效果而言，投加浓度越稀越好，但浓度太稀会增加投加设备，一般分两次溶解，配制浓度为2%，投加浓度为0.1%～0.5%。

（4）聚丙烯酰胺水解产品的溶液配制，一般采用机械搅拌溶解配制，现配现用，并且要求连续搅拌。配制时间与水温和搅拌速度有关，水温高、搅拌速度快则溶解时间短，但水温和搅拌速度都不能过高，否则会引起降解反应和部分聚丙烯酰胺长链断裂，影响使用效果。水温最高不应超过55℃，搅拌桨叶线速度以不超过10m/s为宜。

此外，聚丙烯酰胺配制必须使用专用设备，严禁与其他混凝剂共同使用，或在一个投配池内共同投加，否则会使两种药剂共聚沉淀而变质，影响使用效果，而且容易堵塞投加设备及投加管道。

（5）聚丙烯酰胺在处理高浊度水时，宜采用分段投加，以充分发挥其絮凝作用。一般分两段投加，间隔时间为1～2min，先投加药剂量的60%，再投加药剂量的40%。

（6）聚丙烯酰胺作为助凝剂使用时，要注意与混凝剂的投加顺序，一般在投加混凝剂后再投加聚丙烯酰胺；如单独作为处理高浊度水的絮凝剂时，则应先投加聚丙烯酰胺。

（7）聚丙烯酰胺絮凝剂产品，各项指标必须符合国家标准的规定，使用单位必须严格按照国家标准进行验收。

（8）关于聚丙烯酰胺的毒性，国内有关使用单位进行了十多年的毒理试验，经大量的试验数据证明，聚丙烯酰胺絮凝剂本身是无害的，即聚合的聚丙烯酰胺是安全的，但产品中的丙烯酰胺单体聚合不完全的短链含量对人体健康有一定的影响，所以，必须严格控制单体的含量。

3.7 混合设备

3.7.1 混合的基本要求与方式

混合是将药剂充分、均匀地扩散于水体的工艺过程，是取得良好混凝效果的重要前提。对混合设施的基本要求是通过对水体的强烈搅动，在很短时间内（10～30s，最长不超过2min）使药剂均匀地扩散到整个水体，也即采用快速混合方式。

影响混合效果的因素很多，如药剂的品种、浓度、原水的温度、水中颗粒的性质、大小等，而采用的混合方式是最主要的影响因素。

铝盐和铁盐混凝剂的水解反应速度非常快，如形成单氢氧络合物所需的时间约为10^{-10}s，形成聚合物也只有10^{-2}～1s。颗粒吸附聚合物所需的时间，铝盐约为10^{-4}s，分子量为几百万的聚合物，形成吸附的时间约为1s或数秒。因此，延长混合时间是不必要和不恰当的。为了使药剂均匀分布于水体中，可采用在水流断面上多点投加或强烈搅拌的方式。

混合设施与后续处理构筑物（絮凝池、澄清池等）的距离越近越好，尽可能采用直接连接的方式。如采用管道连接时，则管内流速可采用0.8～1.0m/s，管道内停留时间不宜超过2min。

反映混合的指标主要为速度梯度G值：

$$G=\sqrt{\frac{P}{\mu V}}=\sqrt{\frac{P}{\mu Qt}}=\sqrt{\frac{\varepsilon_0}{\mu}} \tag{3-3}$$

式中 G——速度梯度（s^{-1}），即水体在不同空间相互间的速度差值（这是保证颗粒相互碰撞的重要条件，如果在空间内各点水流速度全部相等，颗粒只能随水流速度作并行移动，无法碰撞）；

P——输入功率（W）；

V——混合设施体积（m^3）；

μ——水的动力黏度（Pa·s）；

Q——水流量（m^3/s）；

t——停留时间（s）；

ε_0——单位体积内所消耗的功率（W），在絮凝设备中由机械或水力搅拌方式提供。

根据工程实践经验，G值一般取500～1000s^{-1}。

混合方式还与混凝剂种类有关。当使用高分子絮凝剂时，由于其作用机理主要是絮凝，故只要求使药剂均匀地分散于水体，而不要求采用“快速”和“剧烈”的混合。

混合的方式主要有：管式混合、水力混合、机械搅拌混合以及水泵混合等。水力混合虽然设备简单，但是难以适应水量、水温等条件的变化，故已很少采用。机械混合可以适应水量、水温等的变化，但相应增加了机械设备。水泵混合没有专用的混合设施，但水泵与絮凝池相距必须较近。管式混合无需设置专用混合池，混合效果较好，但受水量变化影响较大。具体采用何种形式应根据净水工艺布置、水质、水量、药剂品种等因素综合确定。

3.7.2 管式混合

常用的管式混合有管道静态混合器、孔板式、文氏管式管道混合器、扩散混合器等，其中管道静态混合应用较多。

管道静态混合是在管道内设置多节固定叶片，使水流成对分流，同时产生涡旋反向旋转及交叉流动，从而获得混合效果。图3-18所示为目前应用较多的管式静态混合器的构造示意。这种混合器的总分流数将按单体的数量成几何级数增加，这一作用称为成对分流，如图3-18(a)所示。此处，因单体具有特殊的孔穴，可使水流产生撞击而将混凝剂向各向扩散，这称为交流混合，如图3-18(b)所示，它有助于增强成对分流的效果。在紊流状态下，各个单体的两端产生旋涡，这种旋涡反向旋流更增强了混合效果，如图3-18(c)所示。因此，这种混合器的每一单体同时发生分流、交流和旋涡三种混合作用，混合效果较好。

图3-19所示为扩散混合器的构造图。扩散混合器是在孔板混合器前增加锥形配药帽。锥形帽的夹角为90°，锥形帽顺水流方向的投影面积为进水管总面积的1/4，孔板开孔面

积为进水管总面积的 3/4，混合器管节长度 $L \geqslant 500$mm。孔板处的流速取 1.0～2.0m/s，混合时间为 2～3s，G 值约为 700～1000s^{-1}。

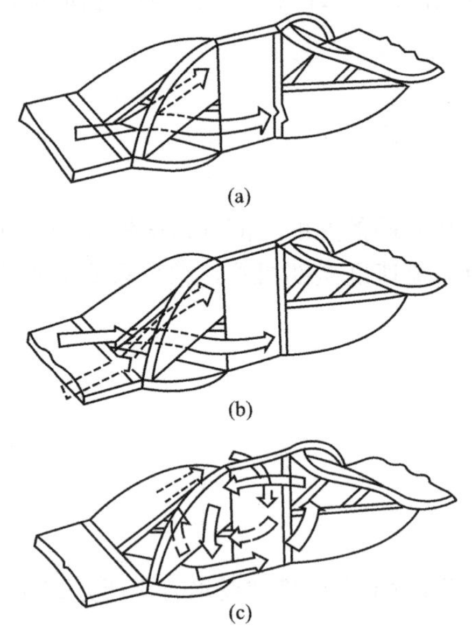

图 3-18　管道静态混合器构造示意

(a) 成对分流；(b) 交流混合；(c) 旋涡反向旋流

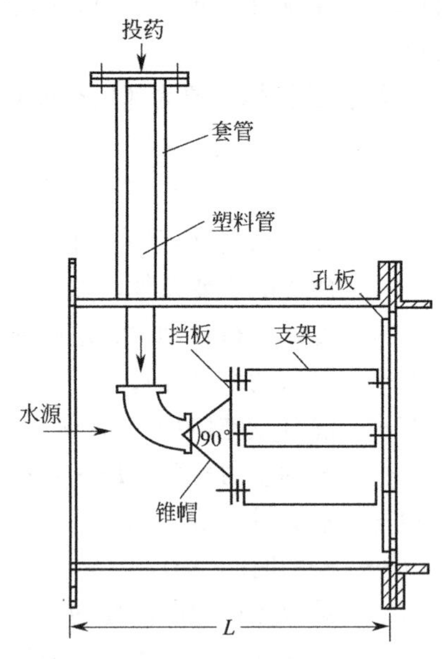

图 3-19　扩散混合器

由于管道静态混合器的输入能量取决于管内流速，当管内流速改变时，输入能量也相应改变，这对混合效果产生较大影响。为了克服这一缺点，可以采用外加能量的方式（图 3-20、图 3-21）。

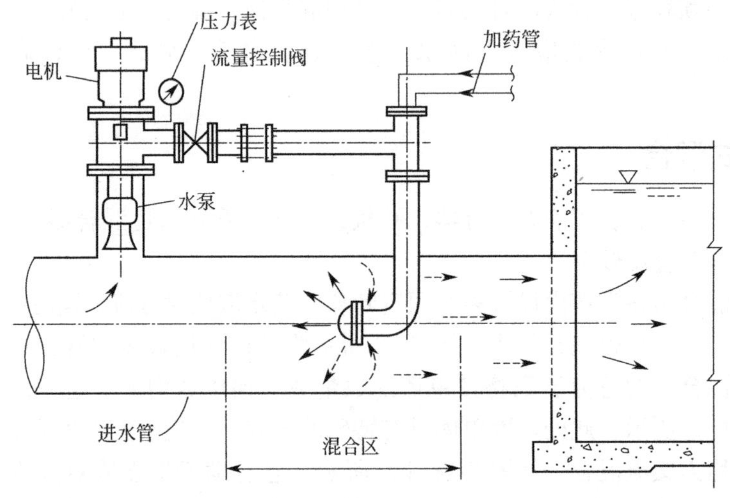

图 3-20　水泵提升扩散管道混合器

3.7.3　机械搅拌混合

机械搅拌混合池可以在要求的混合时间内达到需要的搅拌强度，满足速度快、均匀充

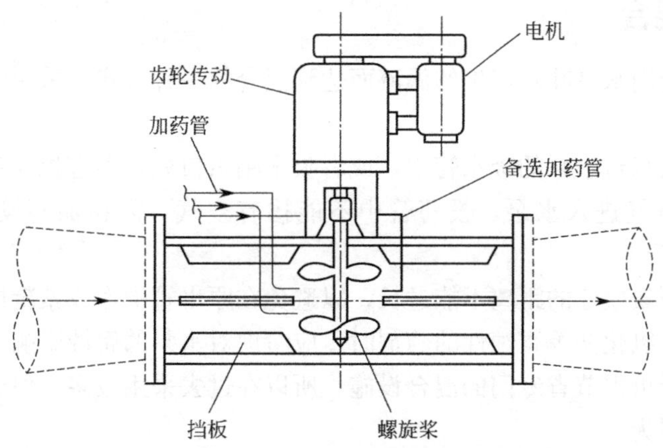

图 3-21　外加动力管道混合器

分混合的要求，水头损失小，并可适应水量、水温、水质等的变化，获得较好的混合效果，适用于各种规模的水厂和使用场合。混合池可采用方形或圆形，以方形较多。一般池深与池宽之比为 1∶1～3∶1。混合池可采用单格或多格串联。

混合池停留时间一般为 10～60s，G 值一般采用 500～1000s^{-1}。机械搅拌机多为桨板式结构，桨板式结构简单，加工制造容易。

机械搅拌机一般采用立式安装，为减少共同旋流，可将搅拌机轴中心适当偏离混合池的中心。

为避免产生共同旋流，应在混合池中设置竖直挡板。

图 3-22 所示为机械搅拌混合示意图。

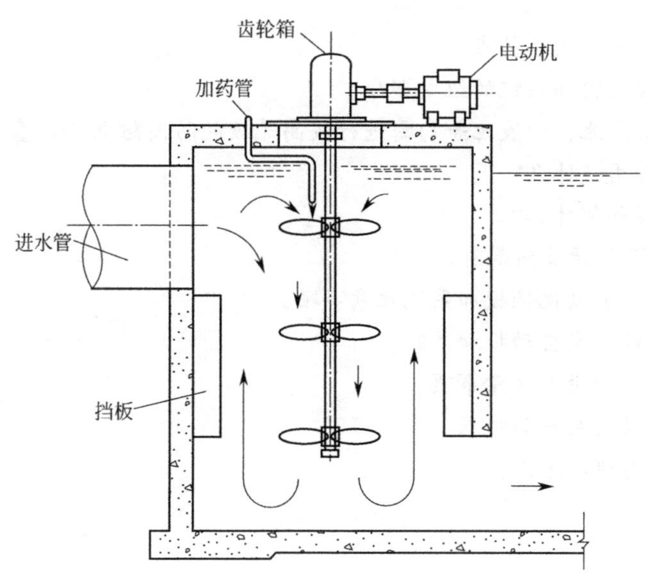

图 3-22　机械搅拌混合示意图

3.7.4 水泵混合

水泵混合是利用水泵叶轮产生的涡流而达到混合的一种方式。采用水泵混合应注意以下几点：

(1) 药剂投入每台水泵的吸水管中，或者吸水喇叭口处，不宜投在吸水井中。

(2) 为防止空气进入水泵，投药管中不能掺有空气，需在加药设施中采取适当的措施。

(3) 投加点距絮凝池的距离不能过长，以避免在原水管中形成絮凝体。

(4) 当采用三氯化铁等腐蚀性的药剂时，应考虑对水泵的腐蚀影响。

水泵混合由于可以节省专门的混合设施，所以在过去采用较多，但近年来已逐渐较少采用，其主要原因为：

(1) 水厂水泵混合 G 值达不到混合要求。

(2) 一般原水泵有数台，出水合并成一根或二根总管，再分成数根絮凝池进水管，对每一絮凝池的投药量很难做到分别精确计量，较难实现自动控制投加。

(3) 原水泵房与絮凝池之间的距离较长，容易在管道中形成絮凝体，进入絮凝池又被破碎，影响絮凝效果。

复习题

1. 对于混合设施而言，它的基本要求是什么？
2. 混合有几种方式？
3. 名词解释：G 值。
4. 机械混合在自来水厂中广泛应用，如使用时发现水流有共同旋流现象，一般采用什么措施消除？
5. 了解常用混凝剂及其特点。
6. 请说出混凝剂投加系统的组成部分。
7. 溶解池、溶液池、贮液池等均需进行较高等级的防腐防漏，是基于什么原因？
8. 背压阀的作用是什么？
9. 混凝剂单耗如何计算？
10. 常用的 pH 值调节药剂有哪些？
11. 了解石灰、氢氧化钠投加系统注意事项。
12. 了解粉末活性炭自动投加系统。
13. 了解高锰酸钾投加注意事项。
14. 了解常用助凝剂及其特点。
15. 药剂混合有哪些方式？

第 4 章 絮凝

4.1 絮凝池的分类

给水处理中的絮凝池（亦称反应池）形式很多，按输入能量方式的不同可分为机械絮凝和水力絮凝两大类。

机械絮凝通过电机或其他动力带动叶片进行搅动，使水流产生一定的速度梯度，这种形式絮凝不消耗水流自身的能量，其絮凝所需能量由外部输入。

水力絮凝则利用水流自身能量，通过流动过程中的阻力给液体输入能量，反映为絮凝过程中产生一定的水头损失。

在澄清池中除了采用上述两种絮凝形式外，另一个重要方法是增加颗粒的浓度，即通过沉淀泥渣的回流，以增加颗粒接触碰撞和吸附的机会。

无论是机械絮凝或水力絮凝均可布置成多种形式，就目前采用的大致有以下类型（图 4-1）：

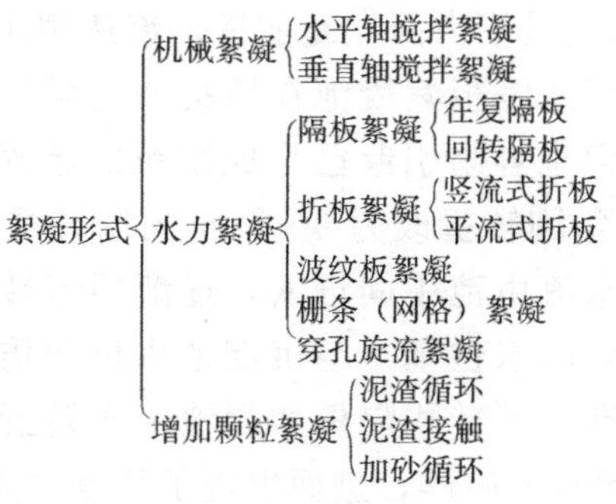

图 4-1　絮凝形式

除了上述主要形式外，还可以将不同形式加以组合，例如隔板絮凝与机械絮凝组合、穿孔旋流絮凝与隔板絮凝组合等。

4.1.1 穿孔旋流絮凝池

穿孔旋流絮凝池属水力搅拌絮凝池。图 4-2 为穿孔旋流絮凝池示意图。穿孔旋流絮凝池是由若干方格组成，分格数一般不少于 6 个，视水量大小而定。进水孔上下交错布置。水流沿池壁切线方向进入后形成旋流。第一格进口流速较大，孔口尺寸较小，而后流速逐格减小，孔口尺寸逐格增大，因此，搅拌强度逐格减小。穿孔旋流池实际上是由旋流池

（不分格，仅一个筒形池体）和孔室池（分格但不产生旋流）综合改进而来。此种池型适用于中小水厂，但大水厂也可采用。因结构简单，在国内很多水厂都有使用。但池底必须考虑排泥措施，一般排泥方式为穿孔管或泥斗排泥。

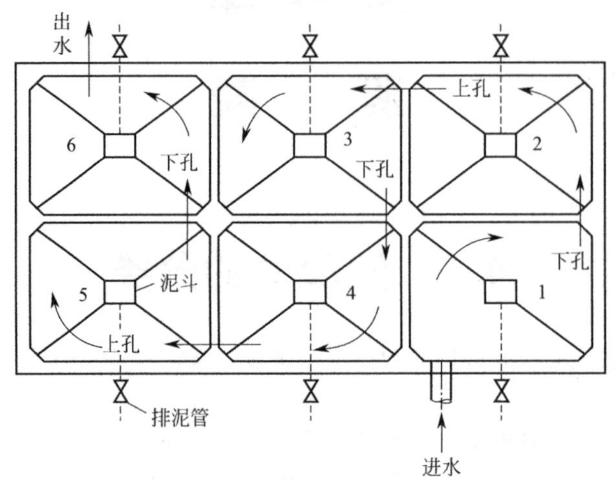

图 4-2　穿孔旋流絮凝池

4.1.2　隔板絮凝池

水流以一定流速在隔板之间通过而完成絮凝过程的絮凝池称为隔板絮凝池。如果水流方向为水平的，称为水平隔板絮凝池，水流为上下竖向的，称为垂直隔板絮凝池。

水平隔板絮凝池是应用最早且较普遍的一种絮凝池。隔板的布置可采用往复的形式，如图 4-3(a) 所示，水流沿槽来回往复前进，流速则由大逐渐减小，这种形式称为往复式隔板絮凝池。往复式隔板絮凝池在转折处消耗较大的能量，虽然它可以提供较多的颗粒碰撞机会，但也容易引起已形成絮粒的破碎。为了减少能量损失，以后又发展了一种把 180°的急剧转折改为 90°转折的回转式隔板絮凝池，如图 4-3(b) 所示。这种絮凝池，一般水流由池中间进入，逐渐回流转向外侧，因而其最高水位出现在池的中间，而出口处的水位基本与沉淀池水位相仿。回转式絮凝池适合于对原有水池提高水量时的改造。回转式隔板絮凝池由于转折处的能量消耗较往复式絮凝池小，进而有利于避免絮粒的破碎，进而出现了往复式隔板与回转式隔板相结合的形式，如图 4-3(c) 所示。

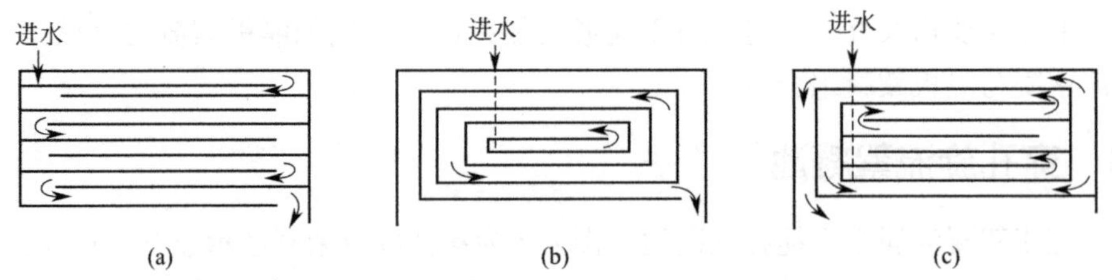

图 4-3　水平隔板絮凝池（平面）
(a) 往复式；(b) 回转式；(c) 往复-回转组合式

4.1.3 折板絮凝池

折板絮凝池是在隔板絮凝池基础上发展起来的。1976年，镇江市自来水公司和江苏省建筑科学研究所首次进行了折板絮凝池的试验研究并取得了成功。此后陆续在水厂中应用，成为目前应用较普遍的形式之一。这种折板絮凝池总絮凝时间由以往的20～30min（隔板絮凝池）缩减至15min左右，絮凝效果良好。

折板絮凝池的布置方式按照水流方向可分成竖流式和平流式两种，目前以采用竖流式为多。

折板絮凝池根据折板相对位置的不同又可分为异波和同波两种形式（图4-4）。异波是将折板交错布置，使水的流速时而收缩成最小，时而扩张成最大，从而产生絮凝所需要的紊动；同波将折板平行布置，使水的流速保持不变，水在流过转角处产生紊动。

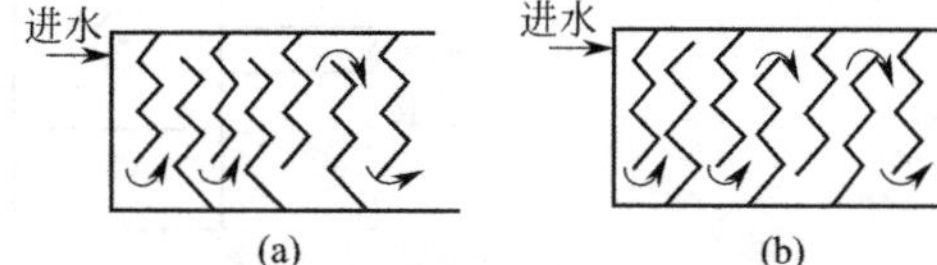

图4-4 竖流折板絮凝池（剖面）
（a）同波折板；（b）异波折板

折板絮凝池可布置成多通道或单通道，单通道是指水流沿二折板间不断循序流动，多通道则指将絮凝池分隔为若干区格，各区格内设一定数量的折板，水流按各区格逐格通过。絮凝池可分为3～6段，速度逐段沿程递减。现在的大型水厂多采用三段式（即异波、同波、平行直板的组合）。

4.1.4 栅条（网格）絮凝池

栅条（网格）絮凝池是在沿流程一定距离（一般为0.6～0.7m）的过水断面中设置栅条或网格。通过栅条或网格的能量消耗完成絮凝过程。由于栅条或网格形成的能耗比较均匀，使水体各部分的微絮粒可获得较一致的碰撞机会，因而所需絮凝时间相对较少。

栅条（网格）絮凝池的构造，一般由上、下翻越的多格竖井组成。各竖井的过水断面尺寸相同，因而平均流速也相同。为了控制絮凝过程中G值的变化，絮凝池前段采用密型栅条或网格，中段采用疏型栅条或网格，末段可不放置栅条或网格。

栅条或网格可采用木材、扁钢、铸铁或水泥预制组成。由于栅条比网格加工容易，因而应用较多。

栅条（网格）絮凝池的分格数一般采用8～18格，但也有采用降低竖井流速，以减少分格数的布置，其分格数仅为3～6格。

栅条（网格）絮凝池的布置如图4-5所示。

4.1.5 机械絮凝池

机械絮凝池是通过机械带动叶片而使液体运动以完成絮凝的絮凝池。叶片可以旋转运动，也可以做上下往复运动。目前国内的机械絮凝池都是采用旋转运动的方式。

机械絮凝池分为水平轴式［图4-6(a)］及垂直轴式［图4-6(b)］两种。搅拌叶片目前多用条形桨板，有时也布置成网状形式。

为了适应絮凝过程中G值变化的要求和提高絮凝的效率，机械搅拌絮凝池一般应采

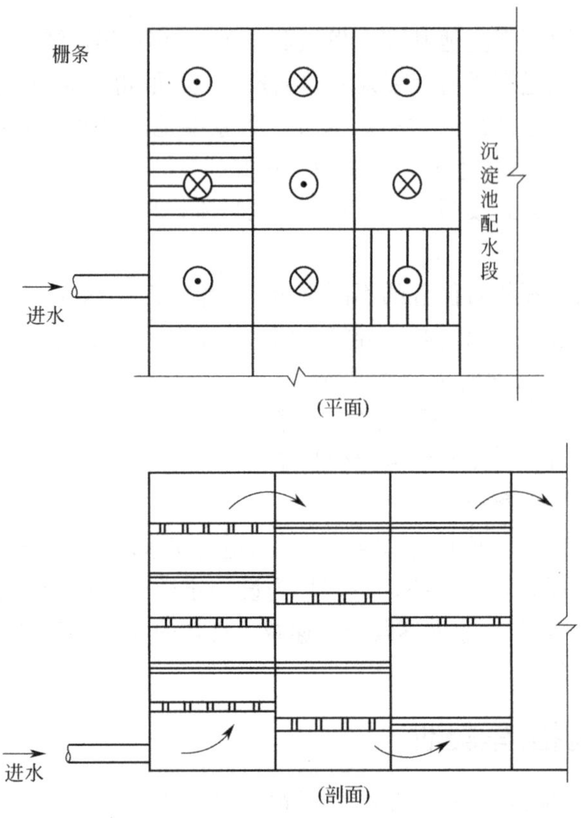

图 4-5 栅条（网格）絮凝池

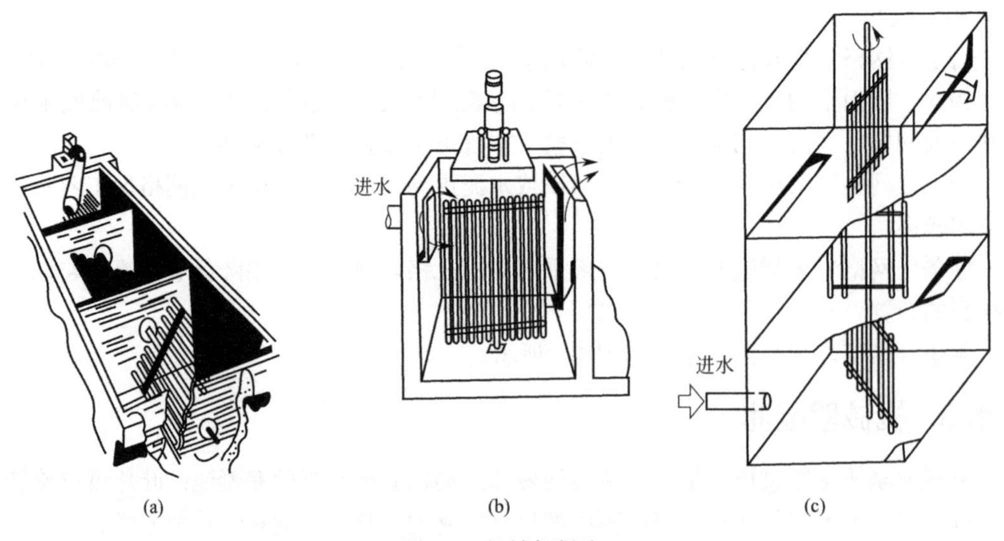

图 4-6 机械絮凝池

用多级串联。对于较大规模水厂的絮凝池，各级分设搅拌器，而对小规模的机械絮凝池，也有采用一根传动轴带动不同回转半径桨板的形式［图 4-6(c)］。

4.1.6 其他絮凝池

1. 波纹板絮凝池

竖流式波纹板絮凝池是以波形板为填料的絮凝形式，其构造示意如图 4-7 所示。在各絮凝室中等间距地平行装设波形板，形成几何尺寸完全相同、相互并联的水流通道，因此各通道的水力阻抗特性完全相同，使流量在各通道间均匀分配，在同一絮凝室中各通道的能量分布相同。能量的输入在两波形板间形成的连续扩大腔、缩颈处完成（主要是在扩大腔部分完成）。由于所有扩大腔和所有缩颈的尺寸相同，因而某阶段絮凝所需的能量是按扩大腔（或缩颈）的数量等量多次地输入。这种能量分布的均匀性不仅使能量得到充分利用，同时最重要的是为絮粒结大到预计的程度提供了适宜的水力条件。

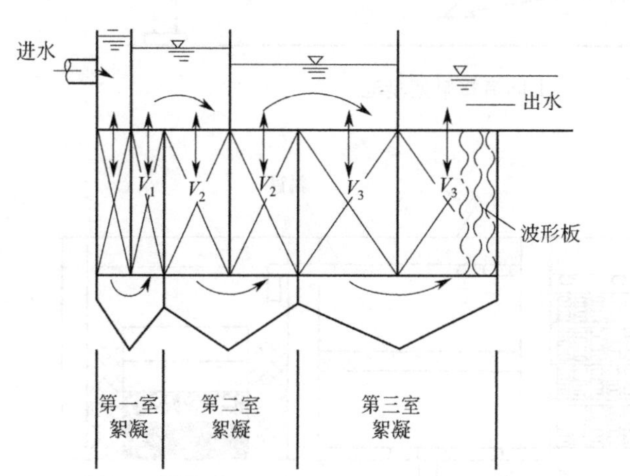

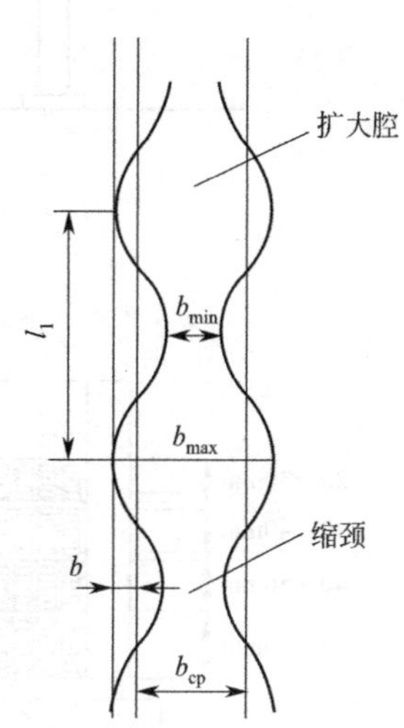

图 4-7 波纹板絮凝池示意图

絮凝池设计成 3 个连续絮凝室，形成三级絮凝。三级的容积（停留时间）安排为逐级成倍递增：$V_1:V_2:V_3=t_1:t_2:t_3=1:2:4$；平均流速成倍递减：$v_1:v_2:v_3=4:2:1$。这样使输入的能量分三级递减，适应了随絮粒不断结大抗剪力逐渐降低输入能量应逐渐变小的要求，十分有利于絮凝的形成与结大。

两波形板间形成的扩大腔和缩颈结构使水流在缩颈处流速较高，而由于过流断面的增大在扩大腔形成骤变流，一部分水流向扩大腔的两侧分离形成涡流，主流和涡流之间不断地进行质点交换形成微涡旋。波形板构成的扩大腔是流线型的，因而涡流充满整个腔体，不会出现水流死角，使得微涡旋尺度比较一致，为絮粒的有效碰撞提供了较佳条件，致使絮凝速度和质量得以提高。

2. 接触式絮凝池

接触式絮凝池：水流通过粗砂介质而得以絮凝。采用这种方式进行絮凝缩短了停留时间，可以应用于高悬浮物含量的原水，也可适用于低总溶解固体的原水。

其典型方式是在重力或压力下通过粗砂介质或砾石层，水流可以为上向流（图 4-8）或下向流（图 4-9），系统应该设有去除超量积累絮粒的气源（类似滤池的气冲）。

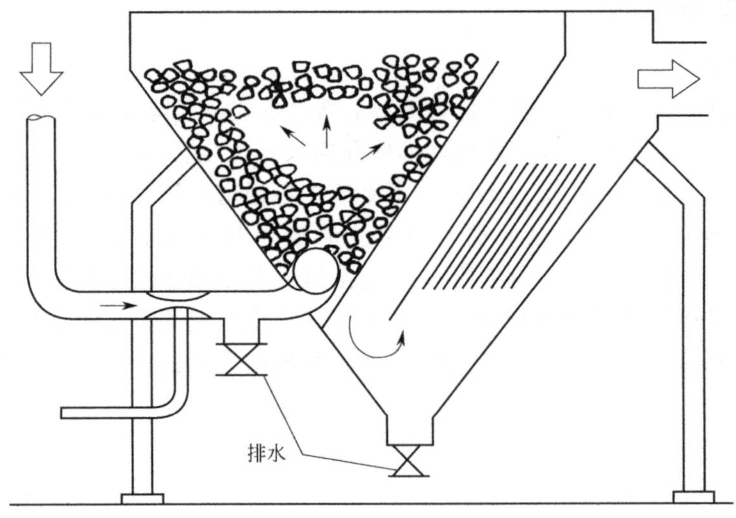

图 4-8　上向流接触絮凝池

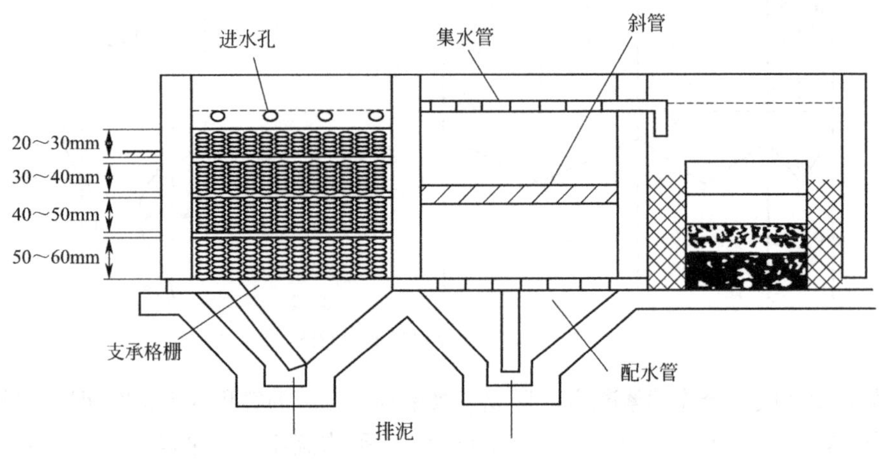

图 4-9　下向流接触絮凝池

4.2　絮凝池的运行管理

4.2.1　机械设备维护保养要求

（1）要保证各种机械设备的完好，以保障正常运行。加药、混凝、沉淀系统中设备较多，如搅拌机、起重设备、输液泵、水射器、沉淀池排泥设备等。这些设备都要按设备保养规程进行定时、定期检查维修保养。由于净水药剂有一定的腐蚀性，与其接触的机械设备易损坏，如有损坏及时检修。混凝剂加注设备一般都有备用率。当正常设备发生故障时，启用备用设备，以保证混凝剂不间断加注。

（2）必须保持混凝剂输送管道畅通，阀门完好。一般要求一个月检修保养一次。

(3) 保证混凝剂加注计量设备如苗嘴、孔口、浮杯、转子、计量泵等设备计量准确，定期测定检查。一般要求一季度或半年一次。计量测定可采用容积法，即在一定时间内把药剂溶液放入已知容积的容器内，然后计算。孔口、苗嘴、转子流量仪可用秒表和量杯测量。

4.2.2 加药、混合、絮凝设备的运行管理

1. 操作人员应熟悉设备、管道系统、阀门布置的情况。严格按照阀门操作规定要求操作阀门。在一个水厂中如有两组以上的沉淀池时，应注意各组池子进出水阀门的合理调节，保证各组池子水量平衡，严格按照操作规程操作混凝剂配制中压力水阀门和输送、加注药剂的阀门，防止误操作。

2. 应及时按规定要求配制好混凝剂，配制浓度要准确，防止由于药剂浓度不准，造成加注量的误差，一般药剂浓度为5%～10%。

3. 当使用两种药剂时，必须注意加注的顺序。投加顺序应通过搅拌试验来确定。根据水厂的运行经验表明，采用硫酸亚铁时，亚铁和氯气必须同时加注；采用水玻璃和硫酸亚铁时，先投入水玻璃或同时加入；采用水玻璃和硫酸铝时，应先投入硫酸铝，同时水玻璃应投到絮凝池进口处。

4. 采用水射器输送药剂时，要保证一定的工作压力（$3kg/cm^2$ 左右）。同时视输送距离、加注点压力而定，如压力不足应开启增压泵输送。

5. 加强巡回检查和测定分析

(1) 加强原水水质分析。分析内容包括：浊度、水温、pH值，如果水质已受到污染，还要分析游离氨含量，如果水质变化较少，可每2h进行一次；若水质波动较大，则1h进行一次，甚至每半小时进行一次。

(2) 随水质、水量变化及时调整混凝剂加注量。一般说来当原水浊度增加，水中悬浮颗粒亦增加，混凝剂亦增加，水温低时，耗矾量也增加。如果pH值波动很大，应考虑到水体是否受到污染或海水侵蚀倒灌造成。

(3) 掌握水量变化状况。水厂中随进水泵的开停，水量变化较大，操作人员应及时掌握信息调整药剂加注量。如在受潮汐影响的河流中取水，应随时掌握潮位的变化，因为潮位的高低，不仅会造成水质的变化，也会使水量发生变化。

(4) 观察絮凝池和沉淀池的运行效果。絮凝的好坏，通过沉淀来反映絮凝池末端的絮体状况是衡量药剂加注量是否合适的重要指标，应每半小时或一小时观察一次，视水量、水质变化状况而定。当药剂加注量发生变化时，计算絮凝池停留时间，按此时间观察絮凝池末端的絮体状况，混凝效果良好时，絮体应是大而均匀，且重而密实，水与絮体界面清楚，水呈透明。沉淀池整池运行及出口处，应每小时观察一次，沉淀效果好的出水应透明，水体中有肉眼不易觉察的小絮体。

(5) 查看絮凝的总体情况：主要注意观察絮凝池流态是否异常。机械搅拌式絮凝池应检查搅拌设备运行是否正常，沉淀池观察积泥和出水均匀状况，斜管、斜板沉淀池观察排泥设备运行状况，池子是否有积泥，并做好记录，为分析絮凝设备运行特性、停池情况、排泥维修等提供依据。

4.2.3 运行效果差时的几种现象分析

1. 絮凝池末端絮体颗粒状况良好，水体透明。沉淀池中絮体颗粒细小，沉淀池或斜管沉淀池出水中带有明显的絮体颗粒。出现这种状况除沉淀池负荷过高外，一般有两种原因，一是絮凝池末端有大量积泥，堵塞了沉淀池进水穿孔墙部分孔口，使孔口流速过高，打碎絮体，使絮体不易沉降，从而被沉淀出水带出。第二种原因是沉淀池内积泥过多，一方面堵塞进水穿孔墙部分孔口，同时使沉淀池的容积减小，水流速度加快，影响沉淀效果，水中带出絮体。此时应立即停池清洗，并检查排泥设施是否完好，并加以修复。

2. 絮凝池末端絮体颗粒细小，水体浑浊，沉淀池出水浊度偏高。出现上述现象的原因较多。

（1）混凝剂加注量不足。凝聚剂加注量不足时，水中黏土颗粒无法黏结，因此水体混浊。

（2）由于水质原因造成的。当增加凝聚剂加注量后，仍然不能达到预定的净化要求，要考虑到是由水质因素造成的。首先应测定水的 pH 值、碱度，当水的碱度不够时，凝聚剂水解过程不能正常进行；此外还应测定水中氨氮值及耗氧量，当这两个水质指标升高时，说明水体受到污染，影响混凝效果。

（3）碱度不足。

（4）如果因水体受到污染而引起混凝效果不佳，则必须增加氧化剂，最简单的方法是加氯气，其加注量可以通过搅拌试验确定。

（5）由于水温过低引起絮凝效果不佳。当水温过低时以硫酸铝作凝聚剂会有反应不充分及絮体重量轻不易下沉的现象。可改用铁盐或聚合氯化铝，或者加注助凝剂。助凝剂可采用水玻璃，加注量需通过试验确定，加注时需先投入水玻璃或与凝聚剂同时加注。

（6）混合不充分，加注点不合理。如在一段时间内沉淀池出水浊度偏高，有可能是这个原因造成的。混合不充分，使一部分水和凝聚剂混合，一部分水体中无凝聚剂，影响混凝效果。当采用管道混合时，管道流速受水量变化影响，冬季水量少，管道流速低，影响混合效果。此时应对混合设备进行改进。若凝聚剂加注点离絮凝池距离较远，使已形成絮凝体的水体仍处在剧烈紊动条件下，不利絮体凝聚，应通过试验改进加注点。

（7）絮凝池运行条件改变影响絮凝效果。絮凝池大量积泥后，使絮凝池体积减小、流速增加。影响絮凝效果。特别是在絮凝池末端，絮体已增长到一定粒径，使承受剪力的能力变差，过高的流速形成较高的 G 值，使已结成的絮体破碎，水体浑浊。此时应停池排除积泥。当冬季处理水量大幅度减少时采用水力絮凝设备，GT 值和设计要求相差很多，影响絮凝效果。此时可考虑停产部分絮凝池，以保证运行的絮凝池有合理的运行条件。絮凝池末端局部阻力存在，也会使已形成的絮体破碎，此时应考虑絮凝池设备改造。

3. 絮凝池末端絮体大而松，沉淀池出水浊度偏清且有大颗粒絮体带出。出现此种情况往往是凝聚剂加注量偏大，使絮体颗粒中黏土成分减少、比重减小，从而易被带出，略减少加注量即可改进运行状况。

4. 絮凝池末端絮体稀少，沉淀池出水浊度偏高。在处理低温、低浊水时往往会出现上述现象，因原水浊度低颗粒碰撞机会少，再加上低温，凝聚剂在水体中絮凝效果差，因此在絮凝池末端絮体颗粒很少。出现这种情况可采用加注助凝剂（活化硅酸或黏土）的方法改进絮凝效果。

5. 絮凝池末端絮体碎小，水体不透明，俗称像淘米水，沉淀池出水浊度偏高。出现这种情况往往是超量加注，凝聚剂加入水中后产生带正电荷的氢氧化铝或铁，压缩黏土颗粒双电层，过多加注凝聚剂使原来的带负电荷黏土颗粒反而带正电荷。使胶体颗粒重新处于稳定状态，不能进行凝聚。

6. 烧杯搅拌试验。在加药混凝沉淀系统中烧杯搅拌试验是确定凝聚剂加注量的重要手段。当对某类水质无生产运行经验时一般都通过烧杯试验确定加注量后用于生产再加以调整。当生产上出现混凝效果不佳，原因比较复杂时也将通过搅拌试验进行分析改进。

复习题

1. 掌握常见絮凝池的构造。
2. 请分析絮凝池出水水体浑浊，且沉淀池出水浊度较高的原因。
3. 絮凝池水体不透明，俗称像淘米水，是什么原因？
4. 确定凝聚剂加注量的重要手段是什么？

第5章 沉淀

沉淀池按其构造的不同可以布置成多种形式。

按沉淀池的水流方向可分为竖流式、平流式和辐流式。

按截除颗粒沉降距离不同可分为一般沉淀和浅层沉淀。其中斜管（板）沉淀池是典型的浅层沉淀。

因此，沉淀池布置的基本类型如图 5-1 所示。

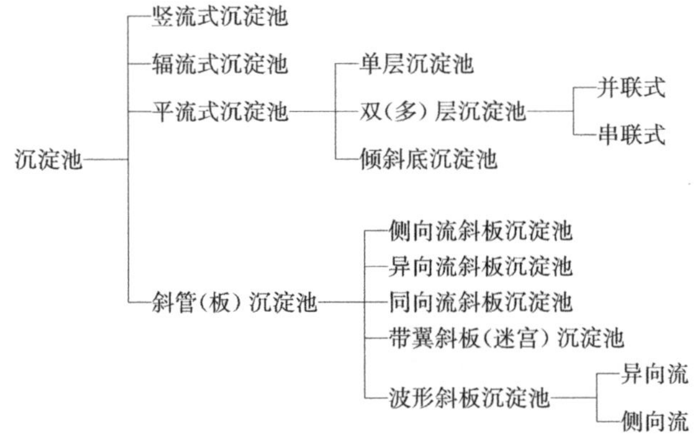

图 5-1　沉淀池布置的基本类型

5.1　平流式沉淀池

平流式沉淀池在自来水厂应用很广，它是依靠水体在水平流动的过程中使悬浮杂质逐渐下沉从而达到沉淀目的的构筑物。

5.1.1　平流沉淀池的构造

平流沉淀池可分为多层式、单层式及转折式，但无论哪一种沉淀池都有四个功能区，即进水区、沉淀区、出口区和沉泥区。

1. 进水区

进水区的作用是将絮凝池的出水均匀地分布在沉淀池整个进水断面，使沉淀池内的悬浮颗粒尽可能均匀，避免形成股流和偏流，同时减少进水紊动，创造一个有利于絮体沉降的条件，并防止底泥冲起。

为防止絮凝体破碎，孔口流速不宜大于 0.15～0.2m/s；为保证穿孔墙的强度，洞口总面积也不宜过大。洞口的断面形状宜沿水流方向渐次扩大，以减少进口的射流（图 5-2）。

2. 沉淀区

沉淀区是沉淀池的主体，沉淀作用就在这里进行。由于重力的作用，水在池中水平缓慢流动时，絮凝颗粒逐渐下沉。沉淀池的高度与其前一相关净水构筑物的高程布置有关，一般约 3～4m。沉淀区的长度 L 决定于水平流速 v 和停留时间 T，即 $L=vT$。沉淀的宽度决定于流量 Q、池深 H 和水平流速 v，即 $B=Q/Hv$。沉淀区的长、宽、深之间相互关联，应综合研究决定，还应核算表面负荷。一般认为，长宽比不小于 4，长深比宜大于 10。每格宽度宜在 3～8m，不宜大于 15m。

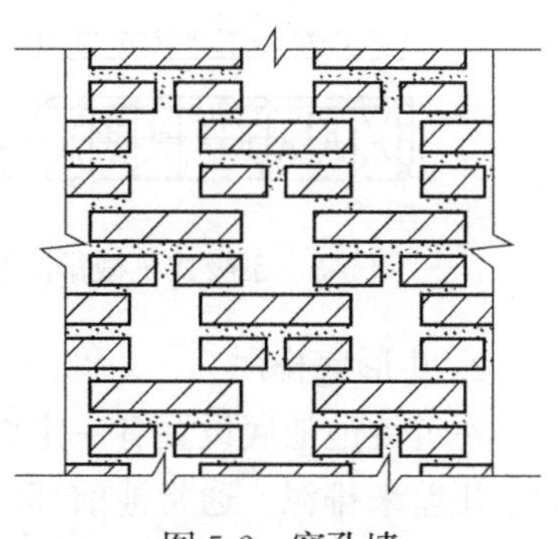

图 5-2　穿孔墙

3. 出口区

出口区的作用是均匀汇集清水，使沉后的水流入滤池。为保证水流沿池宽方向均匀流出沉淀池，集水的速度应尽可能避免扰动已沉淀的絮体，一般采用两种集水形式，一种是穿孔集水装置，另一种是堰流式装置。

4. 沉泥区

沉泥区的作用是积存下沉的污泥。若采用斗式或穿孔管排泥时，池底需设存泥区；若采用机械排泥装置时，只需设计几个积泥坑便于排泥即可。

沉淀池排泥方式有斗形底排泥、穿孔管排泥及机械排泥等。若采用斗形底或穿孔管排泥，则需存泥区，但目前平流式沉淀池基本上均采用机械排泥装置。故在设计中往往不考虑存泥区，池底水平但略有坡度以便放空。

5.1.2　平流沉淀池的排泥

平流沉淀池的排泥是运行中的重要问题，关系到沉淀池能否正常运行。若排泥设施不完备或排泥不及时，均会影响沉淀池的出水水质。

1. 机械排泥

平流沉淀池普遍使用机械排泥装置。机械排泥分为泵吸式和虹吸式两种（图 5-3、图 5-4）。这种方式是将排泥泵或虹吸装置安装在桁架上，利用电机、传动机构驱动滚轮，沿沉淀池长度方向运动。为排出进水端较多积泥，有时设置排泥桁架在前三分之一长度处折返一次。机械排泥较彻底，效果良好，但排出的污泥浓度较低。

为此，有的沉淀池把排泥装置设计成先刮泥后排泥，通过牵引小车或伸缩杆推动刮泥板把池底污泥刮至积泥槽中，当积泥浓度达到设定值时，就进行排泥。刮泥周期取决于污泥的量和质，当污泥量大或已腐化时，应缩短周期，但刮板行走速度不能超过其极限，否则会搅起已沉淀污泥，影响刮泥效果。

一般采用自动控制刮、排泥，多用时间程序控制，实行间歇刮、排泥，并随原水水质、水量以及季节的变化而适时调整刮、排泥周期。

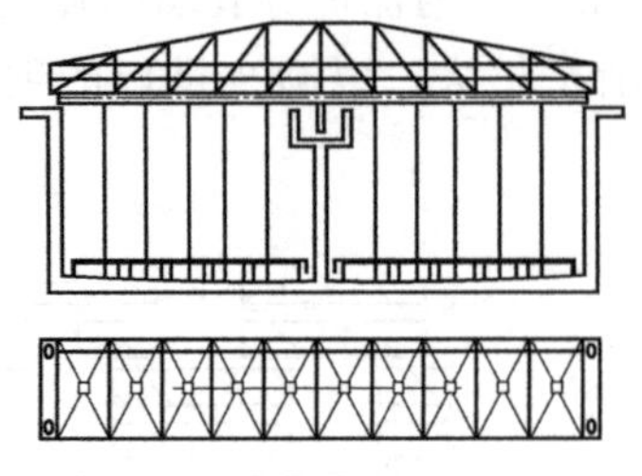

图 5-3　泵吸式机械排泥装置

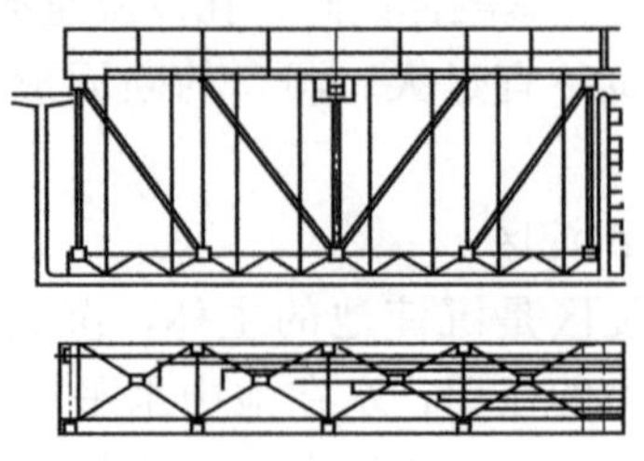

图 5-4　虹吸式机械排泥装置

2. 斗形底排泥

在沉淀池池底设置有一定坡度的排泥斗，在斗底部设置阀门，排泥时打开阀门，利用静水压差来排泥。通常池前部的小泥斗积泥较快，须经常排除，而池后大斗中的积泥量较少，可隔一定时间排一次泥。沉泥经过压实后不易彻底排除，还须定期放空，用高压水冲洗，因此，排泥清洗时劳动强度很大，排泥效果一般（图 5-5）。

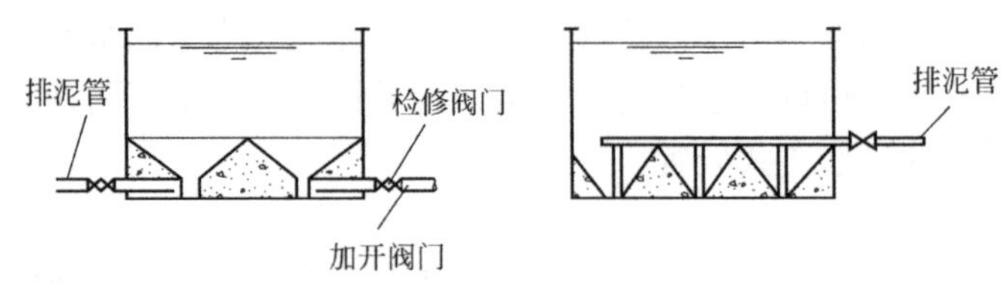

图 5-5　斗形底排泥布置

3. 穿孔管排泥

在沉淀池池底设置多排穿孔管，利用池内水位与穿孔管外的水位差将池底泥排出，穿孔管排泥设备简单，但排泥范围较窄，出现一部分孔眼堵塞和只能排除孔眼附近污泥的问题，排泥效果较差（图 5-6）。

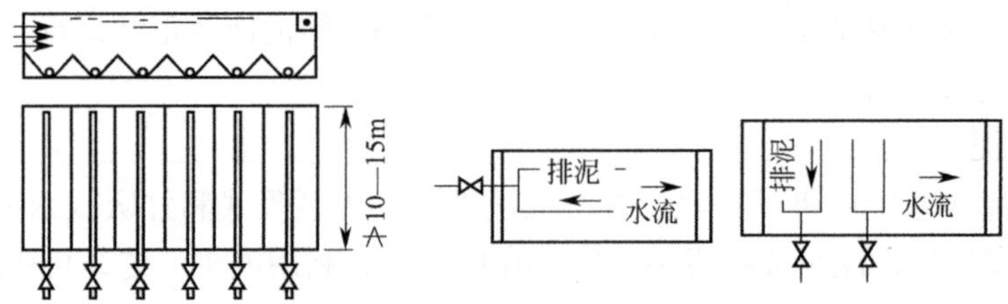

图 5-6　穿孔管排泥布置

4. 人工排泥

排泥时，将沉淀池停止运行，利用高压水将积泥冲走。这种排泥方式设备简单，但不能及时将沉泥排走，且劳动强度大，只适应于小型水厂。

要确定以上每种排泥方式是否能将池底沉泥彻底排干净，我们可以借助水下摄影设备进行在线监测，可更直观地观察到池底的排泥情况，并可根据积泥情况及时调整刮、排泥周期及时间，节约排泥所消耗的水量。

5.1.3 平流沉淀池的主要控制指标

1. 停留时间 T

停留时间是指原水在沉淀池中的实际沉降时间，是沉淀池运行的主要控制指标之一。停留时间一般采用1～3h，处理低温低浊原水时，要求平流沉淀池停留时间往往要大于2h，若停留时间过短，保证不了沉后水水质，不利于后续工艺的正常运行。

2. 表面负荷率

表面负荷率是指沉淀池单位表面积所处理的水量，是沉淀池运行的主要控制指标之一。

比较理想的表面负荷率如表5-1所示：

比较理想的表面负荷率 **表5-1**

序号	原水性质	表面负荷率（$m^3/m^2 \cdot h$）
1	浊度在100～250NTU的混凝沉淀	45～70
2	浊度在大于250NTU的混凝沉淀	25～40
3	低温高色度水的混凝沉淀	30～40
4	低温低浊水的混凝沉淀	25～35
5	不用混凝剂的自然沉淀	10～15

3. 水平流速 v

水平流速是指水流在池内流动的速度。水平流速的提高有利于沉淀池容积的利用，为了防止池底泥冲起，使流态比较稳定，减少短流区、滞流区，水平流速一般采用10～25mm/s。

5.1.4 平流沉淀池的优缺点及适用性

平流沉淀池是目前应用普遍的池型。

它的主要优点是构造简单；造价较低，操作管理方便；施工较简单；沉淀效果稳定，对原水浊度的适应性强；采用机械排泥时，排泥设施的安装维修较方便。

它的主要缺点是平面面积较大，当场地受限制或地形条件不利时影响使用；平流沉淀池希望选用池深较浅，但过浅池深将影响后续滤池和清水池埋深；采用机械排泥时，排泥浓度较低。

为了克服平流沉淀池占地面积较大的缺点，有时采用将沉淀池与清水池叠建的形式。

5.1.5 影响平流沉淀池运行效果的因素

1. 沉淀池实际水流状况对沉淀效果的影响

沉淀池在实际运行中，一部分水流通过沉淀区的时间大于理想停留时间，而另一部分水流通过沉淀区的时间小于理想停留时间，这种现象称为短流，它是由于水流的流速不同和流程不同而产生的。引起短流的因素很多，如进水区的射流、温度差和颗粒浓度差所引起的异重流以及池内存在停滞区等。在停滞区内的水流，不产生沉淀作用或很少产生沉淀作用。停滞区的产生，往往由于流速较小或由于沉淀池构造上的缺陷引起。长宽比较小的沉淀池以及池身转折处常出现停滞区。

（1）沉淀池进水的影响

水流经进水穿孔墙孔眼的流速（0.1～0.2m/s）较池中水流速度（3～20mm/s）高出许多倍，所以进池水流具有很大动能，它能在池内持续很长距离才逐渐消失。这种射流加剧水的紊动从而影响沉淀效果。

（2）异重流的影响

絮凝后的水进入沉淀池后，因水中颗粒杂质不断沉淀而逐渐变清。浑水和清水的密度是不同的，进入沉淀池浑水的密度一般比池中和即将流出沉淀池清水的密度大，特别是含有泥沙的高浊度原水。密度大的浑水进入沉淀池后，会潜入池的底部流动，形成浑水异重流。浑水异重流程度视进池原水的浊度和颗粒密度而定。

此外水的密度也与温度有关。当进水温度较池内水温高时，进水有可能趋向池表面流动，形成温差异重流。当温度较池水低时，将会加剧浑水异重流。实践证明，一般白天沉淀效果均低于夜间。

（3）水流紊动性对沉淀效果的影响

进入平流池的水流一般均为紊流状态，其主要特征是流速的脉动现象。这种脉动现象表现在每一瞬时速度上它的方向、大小都在不断变化，且向上和向下的作用机会是均等的。当部分颗粒随水流获得一个“向上”的紊动分速的影响，则另一部分颗粒随水流获得一个“向下”的紊动分速的影响。即既有加速沉降的可能，又有阻碍沉降的可能。此外，还有水流的紊动而使颗粒相互碰撞絮凝的现象。

2. 其他影响因素

对于絮凝沉淀池，杂质颗粒的絮凝过程在沉淀池内仍继续进行。如前所述，池内水流流速的分布实际上是不均匀的，水流中存在的速度梯度将引起颗粒相互碰撞而促进絮凝。此外，水中絮凝颗粒的大小也是不均匀的，它们将具有不同的沉速，沉速大的颗粒在沉降过程中能追上沉速小的颗粒而引起碰撞和絮凝。水在池内的沉淀时间越长，由速度梯度引起的絮凝便进行得越完善，所以沉淀时间对沉淀效果是有影响的。池中的水深越大，因颗粒沉速不同而引起的絮凝便进行得越完善，所以沉淀池的水深对混凝效果也是有影响的。

平流池有时设计成回流式，这时在水流转弯处常出现滞水区。有时池中设有支柱，刮泥桁架等障碍物也会加强水流局部紊动性。所有这些均会使沉淀池的沉淀效果降低。

5.2 斜管（板）沉淀池

斜管（板）沉淀池，是在不断总结平流式沉淀池实践经验的基础上发展起来的。如将平流沉淀池改建成多层沉淀池，即增加了沉淀面积，根据“在一定的停留时间下，增加沉淀池面积可以提高沉淀效果”的原理，可在平流沉淀池中加设斜管（板），就产生了斜管（板）沉淀池。

5.2.1 斜管（板）沉淀池的分类

斜板沉淀池按其水流方向，可以分为上向流、平向流和下向流三种（图 5-7）。上向流也叫“异向流”，其特点是清水向上流出，污泥向下沉淀，水流上升和污泥下滑方向相反；平向流也叫“侧向流”，其特点是水流从水平方向通过斜板，污泥则向下沉淀，水流方向和污泥下沉方向成垂直；下向流也叫“同向流”，其特点是水流和污泥下滑方向相同。

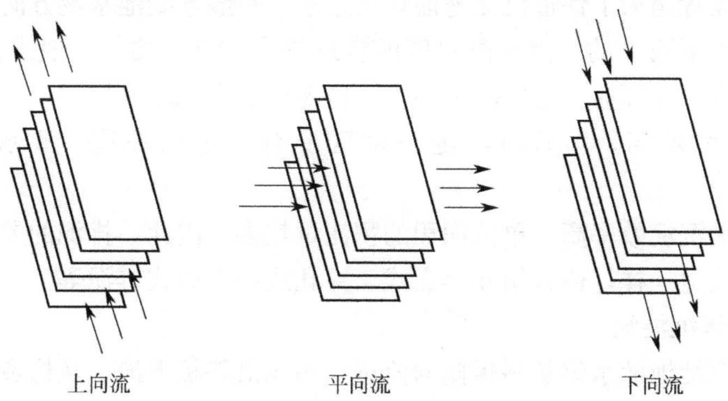

图 5-7 斜板沉淀池水流方向示意图

斜管沉淀池只有异向流和同向流两种。同向流斜管沉淀池因构造复杂，造价较高，所以采用的不多。异向流斜管沉淀池在处理工艺过程中，浑水通过斜管时，清水向上流出，污泥沉积于斜管内，积累到一定厚度时，就自动从斜管内滑下，这样可以很好地将泥水分离，由于异向流斜管沉淀池的沉淀效率较高，广泛应用于国内中小型水厂。

5.2.2 几种常用的斜管（板）沉淀池

斜管（板）沉淀池由配水区、斜管（板）区、清水区、积泥区四部分组成（图 5-8）。

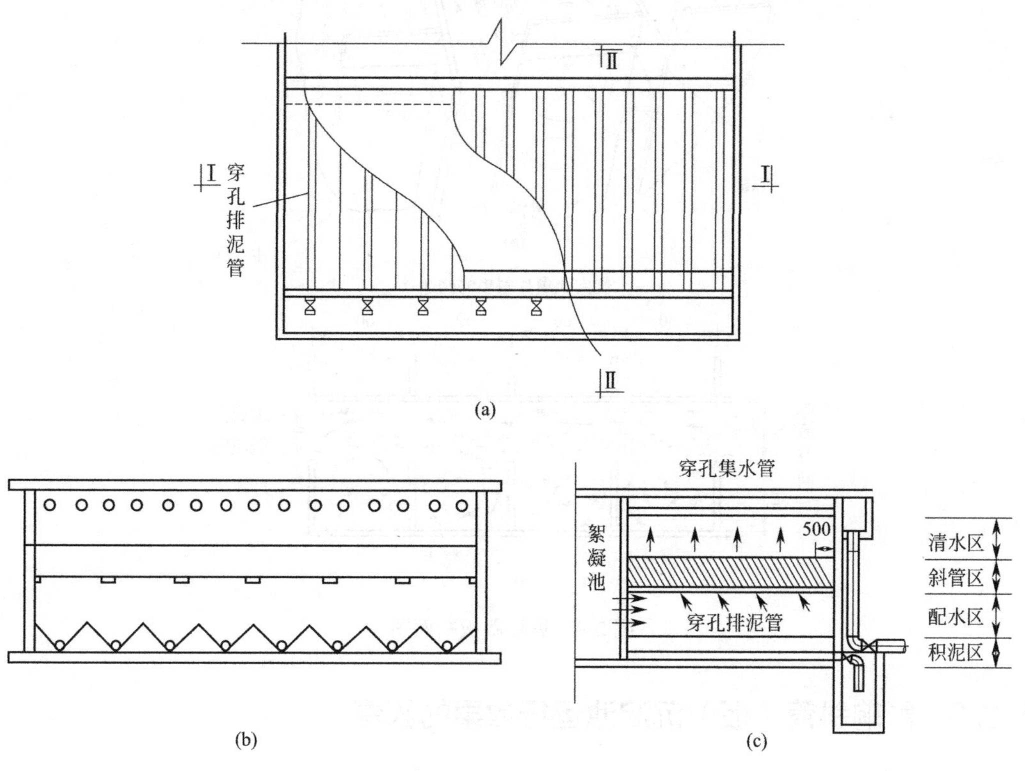

图 5-8 斜管沉淀池示意

(a) 平面图；(b) Ⅰ—Ⅰ剖面图；(c) Ⅱ—Ⅱ剖面图

1. 异向流斜管沉淀池

其配水区的设置是为了保证沉淀池能均匀进水。一般絮凝池水流方向是水平的，而斜管区水流方向是由下而上的，因此配水区的合理进水非常重要。一般采用穿孔墙分配水量，且在斜管区下面保证有一定的配水高度，以保证进水端配水均匀。

为了保证出水均匀，斜管沉淀池清水区要有一定的高度。清水区高度一般为1.0～2.0m。

斜管沉淀池因沉淀效率高，单位面积的积泥量较多，因此，排泥的要求也高。其排泥的方式和平流沉淀池一样，也采用斗形底式、穿孔式和机械式排泥等。

2. 侧向流斜板沉淀池

侧向流斜板沉淀池的水流从斜板侧向流进，污泥沿斜板下滑。从构造形式来看，该类池型是将一组斜板安放在平流式沉淀池中，为了防止水流不经斜板流过形成短流，斜板顶部设置阻流板；为了使水流均匀分布和收集，侧向流斜板沉淀池的进、出口均设置整流花墙。侧向流带翼片斜板沉淀池俗称迷宫沉淀池，它是在斜板一侧装上翼板而得名（图5-9）。

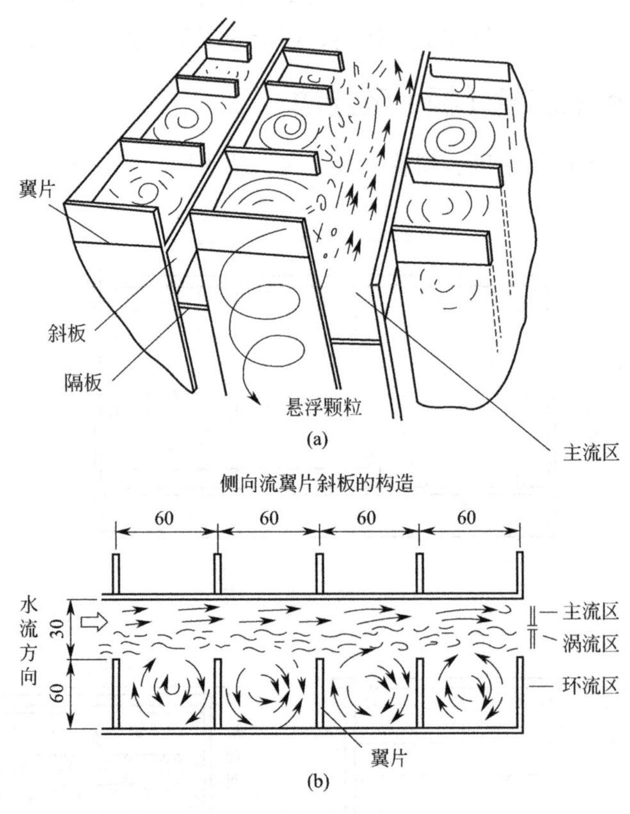

图 5-9　翼片斜板断面图

5.2.3　影响斜管（板）沉淀池运行效果的因素

1. 表面负荷与上升（板间）流速

斜管（板）流速越小，沉淀效果越好。但过小的上升（板间）流速，显示不出其优点，达不到提高产水量的目的；过大的上升（板间）流速，则会将管内（板间）的沉泥带入清水区，严重时，斜管沉淀池会出现表面积泥现象，影响沉后水出水水质。

2. 斜管（板）的倾角、长度及管径（板间距）

从理论上讲，斜管（板）的倾角越小，则沉淀面积越大，截留速度越小，进水相同时，倾角小可能截留更小的颗粒，对于矾花颗粒来说，一般认为倾角在35°～45°时沉淀效果最好。但为使排泥通畅，生产上一般采用60°倾角。

由于在斜管进口一段距离内泥水混杂，水流紊乱，污泥浓度也较大，此段称为过渡段，约200mm，该段以上部分为分离段，往往上部出现较长的清水段，并未起沉淀作用，一般管长为1000mm，若要求的表面负荷较大，可将管长提高一些，但会增加工程成本。管径的选择在25～35mm，管径越小，沉淀效果越好，但不利于排泥，应适时而定。

3. 斜管（板）的材料

斜管一般采用聚氯乙烯或乙丙共聚塑料薄板加工，厚度为0.4～0.6mm，斜管形状为正六边形。这种斜管强度较高，占用结构面积小，重量较轻，支承较为简单，但造价较高。采用以上材料制作的斜管，由于比重稍比水小，安装时应用绑绳固定。

5.3 高密度沉淀池

传统的斜板（斜管）沉淀池等由于其出水效果难以进一步提高，耐冲击能力弱等因素，而不被大中型水厂接受。以法国 degremont 的高密度沉淀池（Densadeg）和法国 OTV 的 Actiflo 为代表的新型高效沉淀池为沉淀（澄清）带来了新的选择。

高密度沉淀池（Densadeg）是由法国 degremont 公司开发研究出的第三代新型沉淀池，在国外已多有应用，国内也有若干水厂建成运行。

5.3.1 高密度沉淀池的构造

高密度沉淀池由混合絮凝部分、预沉淀浓缩部分、斜管沉淀部分组成。其流程如图5-10所示。

在混合区，投加混凝剂和助凝剂（PAM）的原水与浓缩回流污泥经快速混合后，进入搅动絮凝区，通过在机械絮凝区设置的螺旋涡轮搅拌器提升，同时投入高分子助凝剂（PAM），并在絮凝区内产生一个内循环，使原水中的悬浮物形成均匀、大而密的絮体，再进入预沉淀区。

通过预沉后的絮体通过斜管沉淀区进行泥水分离，上清液由斜管上部的清水区出水，分离下来的污泥通过预沉区底部设有带栅条的刮泥机，将污泥刮至池中心污泥浓缩区，浓缩污泥一部分被定期排放，另一部分则连续不断地由循环泵回送至混合区。

5.3.2 高密度沉淀池调试和运行中的常见问题应对

高密度沉淀虽然占地少，沉淀效率高，出水水质好，抗冲击负荷能力强，但在其推广和国产化的过程中也曾遇到一些问题，常见问题列举如下：

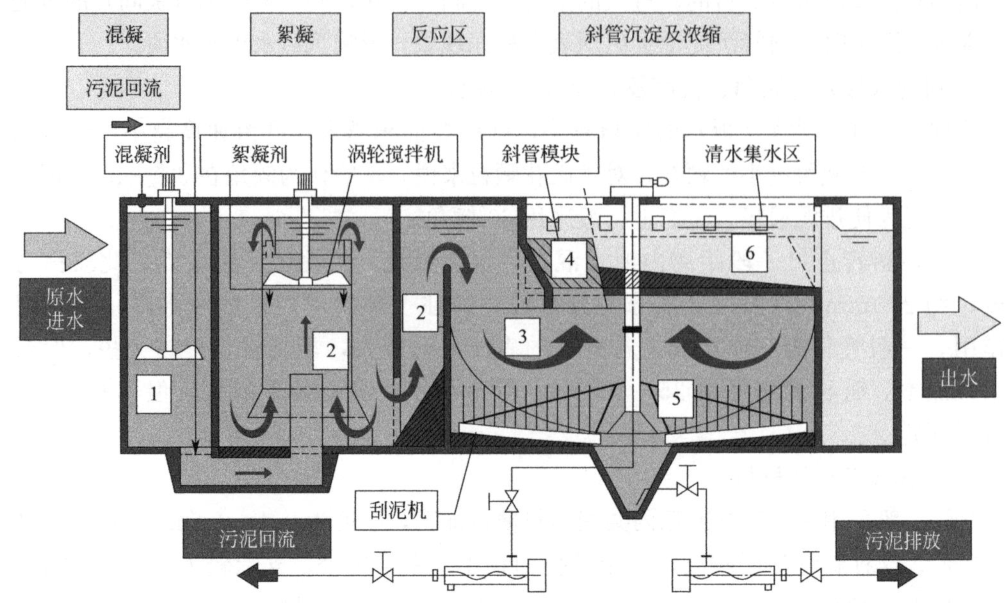

图 5-10 高密度沉淀池流程示意图

1—混合区；2—絮凝区；3—预沉淀区；4—斜管沉淀区；5—污泥浓缩区；6—出水区

1. 调试较难

高密度沉淀池调试初期往往难以掌握回流比和污泥排放量，底部形成悬浮泥渣层慢或泥渣层不密实，易出现泛池现象，清水区出水很难看。针对这种情形，应制定周密的调试策略和方案，计算好初始不回流和排泥的初始进水时间，控制好回流比及排泥时间等运行参数，调节好混凝剂和高分子助凝剂投加量，可使调试效果事半功倍。

2. 污泥回流不稳定

为确保出水水质，发挥高密度沉淀池的优势，要求污泥回流流量和浓度稳定，并且需达到一定的浓度。由于排泥和回流都是从同一个污泥斗中抽吸，采用间歇排泥，必然导致排泥期间减少回流污泥的量；采用连续排泥方式，必然流量较少，浓度也不高。因此，采用设置调节池方式，回流泵和排泥泵专用，互不影响，且均从调节池中抽吸，由于调节池具有调节功能，避免排泥时对污泥回流量和回流浓度的影响。

3. 设备维护量大

高密度沉淀池主要的设备包括回流泵、机械混合搅拌机、机械絮凝搅拌机以及底部刮泥机等。其中维护量较大的为污泥回流泵和底部刮泥机。因此，污泥回流泵应选择维护量少、耐磨损能力强的泵。刮泥机选择安装简便、维护量少、运动可靠性高、使用寿命长的供应商。

5.4 其他沉淀池

5.4.1 竖流式沉淀池

竖流式沉淀池，水从池中央的涡流反应室溢出经导流筒流出后，自下向上通过沉淀池的沉淀区，绒体颗粒依靠重力下沉，清水先均匀地溢入顶上的辐射槽，然后经环形集中槽，再由出水管流出。其圆锥形底部是存泥部分，斜壁与水平线交角为50°～55°，以利于排泥时泥渣能自行滑下（图5-11）。

绒体在竖流式沉淀池中的运动速度是下列两个速度的合速度：

（1）由于绒体本身的重量而引起的垂直向下的沉降速度；

（2）与水流速度相等的垂直向上的上升速度。

所以，如果绒体的沉淀速度大于水流上升速度，绒体便能在沉淀池中沉淀下来。竖流式沉淀池的上升流速一般为0.5～0.6mm/s，处理效率较低。

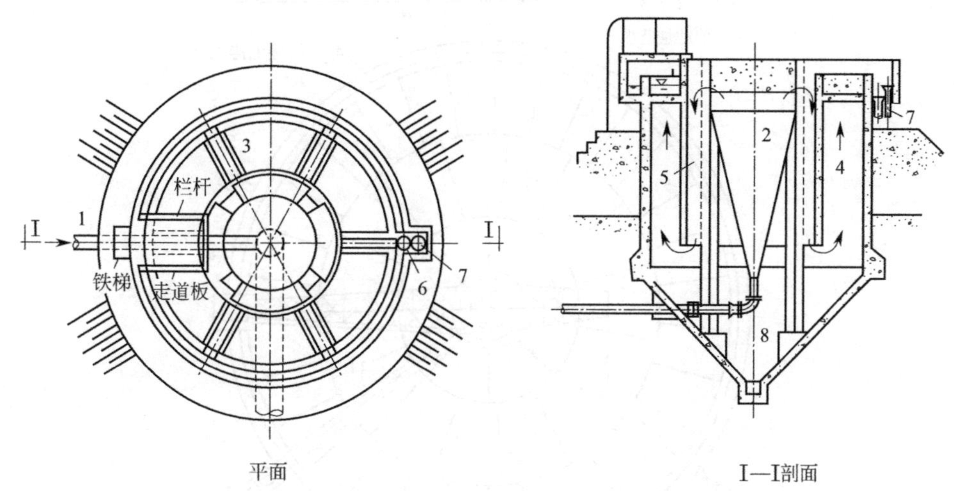

图5-11 竖流式沉淀池

1—进水管；2—涡流反应室；3—辐射槽；4—沉淀区；5—导流筒；6—出水管；7—溢水管；8—存泥区

5.4.2 辐流式沉淀池

我国西北和西南地区的水源，经常出现高浊度水，夏季含砂量高达每立方米百公斤以上。要处理这种高浊度水，如果用平流式沉淀池，就会产生如何及时排除下沉的大量泥砂的问题。而辐流式沉淀池是处理高浊度水比较有效的构筑物。我国兰州水厂采用了这种沉淀池。

辐流式沉淀池可以作为预沉池，不加混凝剂让泥砂自然沉淀，然后再经过平流沉淀池或澄清池处理，也可以投加混凝剂和助凝剂，作为一般沉淀池使用。

辐流式沉淀池做成圆形，水从池中心向池的四周循水平方向流动，因为过水断面逐步增大，流速越来越小，有利于各种大小颗粒的沉淀。辐流式沉淀池就是因为水流是辐射向流动而得名（图5-12）。

为了排除大量积泥，池内安装缓慢旋转的刮泥桁架，把沉下来的泥砂随时刮到池子中心，再用排泥管集中排走。刮泥桁架转速不宜过快，约每小时1～3转，以免扰动池中水流，影响泥砂沉淀。

辐流式沉淀池直径不宜太小，否则当中心进水向四周流动时，尚未等水流稳定和颗粒下沉，就已经进入池周的集水槽，所以辐流式沉淀池常在大水量时使用。池深在池壁处约为1.5～3.0m，在池中心处为3～7m，池底有一定的坡度。

经过长期生产运转实践证明，辐流式沉淀池处理高浊度水效果是良好的。根据我国处理高浊度水的经验，当原水含砂量达1～90kg/m³时，沉淀效率可达90%左右。

辐流式沉淀池的主要缺点是耗用钢材多、机电设备复杂、造价高，主要优点是排泥方便，所以辐流式沉淀池宜在原水浊度高而水量大的情况下采用。

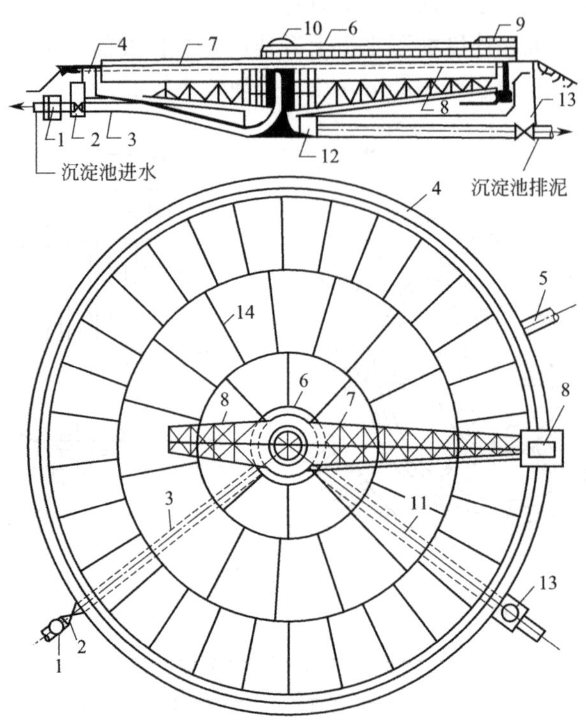

图5-12　辐流式沉淀池

1—流量计；2—进水阀；3—进水管；4—圆形集水槽；5—出水渠；6、7、8—刮泥桁架；9—牵行设备；10—筒形配水罩；11—排泥管；12—排泥阀；13—排泥流量表；14—池底伸缩缝

5.5　沉淀池的运行管理

5.5.1　沉淀池运行的基本要求

1. 水量

（1）生产运行人员应避免水量的过大波动，波动幅度一般控制设计值的±15%。

（2）当进水量变化时，应缓慢增大或减小进水阀开度，尽量降低水量变化对絮凝沉淀池的冲击。

（3）增加进水量时，应先加药剂后加水量；减少水量时，应先减水量后减药剂，避免加药量出现偏差而影响混凝沉淀效果。

（4）斜管沉淀池运行水量出现超负荷时，部分集水槽会出现壅水现象，将会影响沉淀效果，生产运行人员应密切注意沉后水水质情况，当发现沉淀池集水槽出现壅水现象时，应立即合理调节水量。

（5）若有多组沉淀池同时运行时，应注意各组沉淀池进水闸板的合理调节，保证各组沉淀池进水量平衡。

2. 水质

（1）沉后水出水浊度应控制在 3NTU 以下，目标值在 1NTU 以下，特殊情况下也不应高于 5NTU。

（2）运行人员要及时掌握原水水质变化情况，及时调整加药量，确保水质。

（3）运行人员要及时准确地记录好沉后水水质。

（4）当原水水质恶化时，要及时采取有效措施，避免水质事故发生。

（5）运行人员每小时要对絮凝沉淀池巡检一次，内容包括原水水质、沉淀池矾花等，发现问题及时处理。

3. 排泥

（1）沉淀池池底积泥过多将减少沉淀池的有效容积，并影响沉淀效果，所以应及时刮、排泥。设有机械连续吸泥或有其他刮、排泥设备的沉淀池，应将沉淀池底部泥渣连续或定期进行排除。无排泥设备的沉淀池，一般采取停池排泥，把池内水放空采用人工排除。人工排泥一年内至少应有一次至两次，可在供水低峰期间进行。

（2）沉淀池必须及时排泥。运行人员应根据原水水质、季节变化以及池内积泥情况，积累排泥经验，适时排泥。

5.5.2　沉淀池的日常保养

（1）每日检查沉淀池进出水阀门、排泥阀、排泥机械运行状况，加注润滑油，进行相应保养。

（2）检查排泥机械电气设备、传动部件、抽吸设备的运行状况并进行保养。

（3）值班人员应经常巡查，及时去除水面上的浮游杂物和生物，保持水面清洁，对池上栏杆、走道、阶梯应予定期打扫。

（4）夏秋季节是水生物和蚊蝇繁殖旺盛时期，池壁和水浅部分尤应注意，必须做好清洁卫生工作。必要时应采取加大前加氯量措施或其他杀灭水生物措施。

5.5.3　沉淀池的定期维护

（1）沉淀池每年至少须进行一次清洗积泥、检查池身结构和池上设备（包括仪表等）的维修工作。

（2）沉淀池上的机械反应设备、经常运行的阀门及其他金属设备，应定期检查并进行维护润滑工作。

（3）沉淀池的池壁、走道、护坡等，应定期观察沉陷、裂缝、渗漏等情况并记录，每年不应少于两次。

（4）沉淀池排泥管渠和排泥阀门，应保持良好畅通状态。阀门失灵和管渠淤塞时，应及时维修和疏通。

（5）沉淀池应定期排空清洗消毒，对池内填料（如斜管、斜板、绑绳等）进行维护；对池底进行修补，金属部件每年防腐处理一次。

5.5.4 沉淀池在运行管理中容易出现的问题及改进措施

1. 反应池矾花颗粒良好，沉淀池出水跑矾花现象严重。

（1）水量过大，进水量超过设计负荷太多，沉淀时间不足，这时应调整进水量。

（2）斜管表面积泥太多，随出水进入集水槽，这时应停池进行表面冲洗。根据实际运行经验，还需定期降低池内水位，露出斜管，顺着斜管方向用高压水冲洗斜管表面，防止斜管表面及管内积泥，影响沉淀效果。

（3）斜管沉淀池池底积泥太多，积泥随进水进入斜管，并有一部分进入集水槽，这时应停池进行彻底清洗，并检查排泥系统有无故障。

2. 反应池矾花颗粒小，沉淀出水浊度偏高。

（1）加矾量不足，在水量增大时，加药量没有进行及时调整，致使加矾量不足，这时应调整加药量。

（2）加矾系统故障，没有进行矾液投加，这时应开启备用加矾设备，并及时进行故障修复。

（3）原水水质恶化，按原有经验投矾量进行投加已不能形成大的矾花颗粒，这时应先增大投矾量，再进行烧杯试验确定合理投加量，并调整加药量至适宜投加量。

（4）加矾量过大，矾液投加过量时也不能形成矾花，如果发现单位耗量比平时大很多时，要适当降低至加药量，并观察反应池矾花情况。

3. 平流沉淀池工艺方面

（1）平流沉淀池“跑矾花”现象

由于平流沉淀池几何尺寸较大，由温差、浊度、风力或超负荷运行等因素造成“跑矾花”或其他流态不稳定的现象，如：短流、偏流、异重流等，影响了沉淀效率。可考虑采取以下措施：

1）在进水和出水适当地段设置整流壁，使进、出水流态稳定均匀。

2）设置纵向隔板或隔墙，进一步改善流态。

3）改进出水堰口的流态，把出水堰口改为出水支渠（指形堰）、扇形堰口或齿形堰口等，增加出水堰的长度，降低出水堰负荷，并使出水堰保持水平，以使出流均匀。

4）改善沉淀池沉淀效能的重要措施之一，是改善沉淀池进、出水布置条件，以避免短流现象。沉淀池进口一般用穿孔墙，出水堰口的负荷不宜过大。

（2）平流沉淀池排泥

沉淀池的排泥是运转中的重要问题，关系到沉淀池的正常运行，甚至会影响出水水质。一般采用机械排泥方法，机械吸泥排泥装置可充分发挥沉淀池的容积利用率，且排泥可靠。为了保证沉淀池的正常运行，应定期进行积泥高度测定和容积利用率测定。

此外，还应定期测定沉淀池水平流速分布，测定颗粒的沉速，密切掌握沉淀池运行状况及沉淀效率。平流沉淀池的水平流速宜为10～25mm/s，池底积泥高度不宜超过0.5m。

（3）沉淀池的增能

在沉淀池超负荷运行的情况下，不得不考虑如何使沉淀池增能的问题。国内外不少水厂在针对沉淀池挖潜改造时，在原有沉淀池出水区加装斜板或斜管，改造后的出水量可适当提高，同时沉后水水质也得到较大的改善。西安南郊水厂是一个很好的例子。

4. 斜管（板）沉淀工艺方面

虽然斜管（板）沉淀池由于增加了沉淀面积，改善了水力条件，因而增大了处理能力。如果原水水质的变化幅度较大，进水量变化也较大时，可能会引起混凝剂投加不准确、不及时，也会造成沉后水水质不稳定的现象。因此，应十分重视加药、混合、絮凝等环节，确保斜管（板）沉淀池的运转正常。

斜管（板）倾角宜为 60°，以便于排泥；侧向流和异向流沉淀池的斜管（板）长度宜为 800～1000mm；同向流则需长一些达 2.5m；斜管内径宜为 25～40mm，斜板板间距不宜小于 50mm，以利于排泥；斜管内上升流速宜为 3.0～3.5mm/s，斜管池表面负荷率约为 2.5～3.0mm/s。斜管沉淀池的功能发挥，很大程度上取决于混凝工艺预处理的好坏，还有从絮凝池导向斜管池进水均匀分布的问题以及斜管底部积泥是否及时排除问题等。

复习题

1. 了解平流沉淀池的构造。
2. 了解平流沉淀池的排泥方式。
3. 名词解释：表面负荷率。
4. 影响平流沉淀池运行效果的因素有哪些？
5. 了解斜管（板）沉淀池的分类。
6. 影响斜管（板）沉淀池运行效果的因素有哪些？
7. 了解高密度沉淀池的构造。
8. 沉淀池的运行管理要注意哪些方面？

第6章

澄清与气浮

澄清是利用原水中的颗粒和池中积聚的沉淀泥渣相互碰撞接触、吸附、聚合，然后形成絮粒与水分离，使原水得以澄清的过程。气浮是水、气泡、絮粒，即液、气、固三相接触，使原水得以净化的过程。澄清与气浮在水厂中的作用与絮凝沉淀池是一样的，但其构造和原理与絮凝沉淀池有所差异，故有其特殊要求。

6.1 澄 清

根据进入澄清池微小颗粒和原有颗粒接触状况，澄清池又分为泥渣循环型和泥渣悬浮型两大类。上述两种澄清池又可分为以下形式：

(1) 泥渣循环型：分为机械搅拌式和水力循环式；

(2) 泥渣悬浮型：分为脉冲式和悬浮式。

6.1.1 机械搅拌澄清池

机械搅拌澄清池的构造见图 6-1。

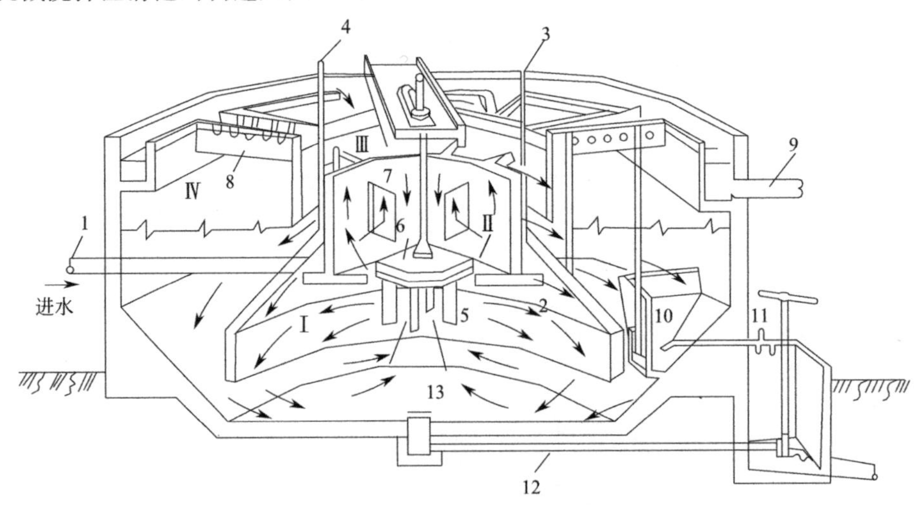

图 6-1 机械搅拌澄清池

Ⅰ—第一絮凝室；Ⅱ—第二絮凝室；Ⅲ—导流室；Ⅳ—分离室；

1—进水管；2—配水三角槽；3—透气管；4—投药管；5—搅拌叶片；6—提升叶轮；

7—导流板；8—集水槽；9—出水管；10—泥渣浓缩室；11、12—排泥管；13—排泥罩

1. 机械搅拌澄清池的特点

机械搅拌澄清池的特点是利用机械搅拌及提升来完成泥渣循环和接触凝聚。

水在机械搅拌澄清池中停留时间一般为1.2～1.5h，分离室上升流速为0.8～1.1mm/s，污泥回流量一般是进水量的4倍。

机械搅拌澄清池处理效率高，单位面积产水量较大，因有泥渣回流对原水适应性强，但需要机械搅拌设备，维修工作量较大。

机械搅拌澄清池一般进水浓度小于5000NTU以下的原水，适用于中型水厂。

2. 运行管理

(1) 初次运行：澄清池投入运行初期，应尽快形成所需泥渣浓度，因此宜将进水量控制在设计水量的50%～60%，同时加大絮凝剂投量，为正常的1～2倍。逐步提高叶轮转速，加强搅拌。如泥渣松散、进水浓度低、水温低、絮体颗粒细小时，可适当投加黏土和石灰，以促进泥渣形成。在泥渣形成过程中可适当加大搅拌机转速，降低叶轮开启度，使第一絮凝室及底部泥渣浓度尽可能增大。在运行初期要求沉降比（取100mL的泥水摇匀后静止5min，观察泥渣沉积高度，泥的高度所指的容积和100mL之比称为沉降比）逐步提高，一般经2～3h运行，泥渣即可形成。当泥渣形成，出水浊度达到5～10NTU时，可逐步减少絮凝剂的投量，并逐步加大进水量，但每次增加的水量不宜超过设计水量的20%，水量增加的间隔时间不小于1h。待水量达到设计负荷后，调整搅拌机转速及叶轮的开启度，使泥渣浓度维护在1000～2000mg/L之间，稳定运行不小于48h。

(2) 正常运行管理：由于澄清池是将絮凝和澄清集于一体的构筑物，因此不可能以絮凝效果来控制絮凝剂投加量，而是要以澄清池的出水浓度来调节投加量，故需每小时了解原水进水量、水质、水温和pH值等参数，以便随时调整絮凝剂投量。当水中含有氨氮时，还需经常测定氨氮值，定时进行澄清池出水浓度测定。通常第二絮凝室沉降比为10%～20%，当沉降比超过20%～25%时，表明排泥不及时，应及时排泥。机械搅拌澄清池的泥渣面应控制在导流筒出口以下，当泥渣面高出导流筒出口时应排泥。澄清池对负荷比较敏感，不宜突然增加水量，宜逐渐增加。

(3) 停池后再运行：澄清池不宜间歇运行，短时间停止出水可以不停止搅拌机的运行，当停池8～24h后再启动运行时，第一絮凝室泥渣可能呈压实状态，重新运行时宜先开启底部放空阀，排空池底少量泥渣，并以较大的进水量进水，适当增加絮凝剂的投加量，当底部泥渣松动后，将水量调整到设计水量2/3运行，待出水水质稳定后，再逐渐降低絮凝剂投加量，增大进水量。

3. 机械搅拌澄清池运行管理中的几个问题及处理方法

机械搅拌澄清池在日常生产运行中需注意以下几个问题：

(1) 搅拌设备的控制和管理

提升叶轮及其桨板等外缘适宜的线速度是澄清池处理效果好坏的关键，转速过快，使已经形成的矾花易打碎，转速过慢，则第一反应室搅拌强度不够，泥渣和颗粒碰撞概率不足，凝聚反应不完善，使泥渣在第一反应室沉积，致使第二反应室泥渣颗粒浓度过低，净水效果受到影响。恰当的转速是关键，实践证明叶轮或桨板外缘的线速度在0.5m/s左右为宜。

(2) 沉降比控制

沉降比是机械加速澄清池运行的重要参数。通常在 10%～20%为宜，超过 20%时，应考虑排泥。沉降比过低，说明第二反应室内水中所含的颗粒浓度不够，接触絮凝效果不好；沉降比过高，可能是悬浮泥渣上浮，池中积泥过多，需及时排泥。沉降比可通过调节排泥周期、历时和絮凝剂投加量来控制。

(3) 排泥控制

正常排泥是保持澄清池正常运行的重要环节。当沉降比大于 20%且出水水质变坏时要及时排泥。澄清池的排泥可分为浓缩室排泥（小排泥）和通过第一反应室内放空管排泥（大排泥）。大排泥主要是排除池中已失去活性沉积于底部的污泥，根据进水浊度不同，一般 24～48h 排一次；小排泥按沉降比进行。

(4) 絮凝剂投加量

当絮凝剂投加量不足或原水中碱度过低时，第一絮凝室絮体颗粒细小，泥渣浓度越来越低，分离室出现细小的絮体颗粒随水量上升，应及时加大絮凝剂投量或调整 pH 值，同时减少排泥量以使泥渣浓度逐渐升高。当絮凝剂加注中断时，在分离区可看到泥浆水向上翻，此时泥渣浓度极稀，应迅速增加絮凝剂投加量（比正常要多出 2～3 倍），同时适当减少进水量。

絮凝剂投加量过大时，絮体颗粒中絮凝剂成分增加而使颗粒比重减轻，出水虽清澈，但泥渣颗粒大而松散，且有大颗粒絮体颗粒上升，此时应降低絮凝剂投加量。

大排泥即池子每天放空阀门一次。当放空阀门快速打开时，池底污泥可高速进入排泥口，同时冲刷池底使积存的污泥排出。

(5) 斜管问题

许多新建水厂或旧水厂改造均在澄清池的澄清区中设置斜管，此法不仅可以提高澄清效果，而且可以提高产水量。对于这种澄清池会增加泥渣量，因而更需重视排泥，并加强斜管的冲洗。

(6) 运行方式

机械搅拌澄清池宜连续运行，以保证活性泥渣正常工作；当需间歇运行时，搅拌设备在澄清池停止进水后应继续以低速运行，防止悬浮泥渣沉于池底，间歇时间不宜超过 24h。如长时间停运，应排空泥渣，防止泥渣沉积时间过长压实堵塞排泥管道和泥渣发酵影响水质。

(7) 维护保养

澄清池要定时放空清洗维护，一般 6～9 个月一次，以清除池底积泥，检修刮泥、搅拌设备，疏通排泥管道。

6.1.2 水力循环澄清池

水力循环澄清池构造见图 6-2。

1. 水力循环澄清池特点

水力循环澄清池也是泥渣分离型澄清池，其驱使泥渣循环的动力不是机械而是水力，水力循环澄清池分离室上升流速一般为 0.7～1.0mm/s，总的停留时间为 1～1.5h。为保证水力提升器正常工作及排泥，水力循环澄清池下部采用锥形，其斜壁与水平夹角为 45°，因此，水力循环澄清池总高度较高，适用于中小型水厂，其原水进水浓度一般小于 2000NTU。

传统的水力循环澄清池具有构造简单，不需机械设备，操作维护简便等特点。但存在

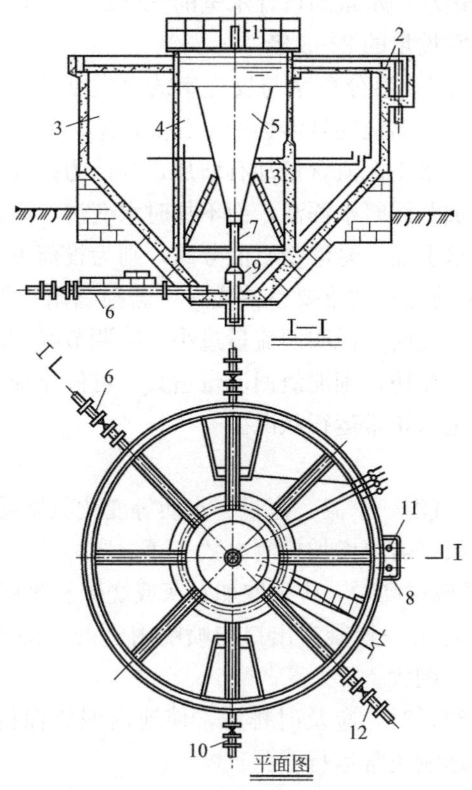

图 6-2　水力循环澄清池

1—喉管升降装置；2—环形集水槽；3—分离室；4—第二絮凝室；5—第一絮凝室；6—放空管；7—喉管；8—出水管；9—喷嘴；10—排泥管；11—溢流管；12—进水管；13—伞形罩

着絮凝条件欠完善，池深和池径比例受限制，排泥耗水量大等不足。为了更好地适应原水浊度高、泥砂颗粒比重大的特点，往往作进一步改进，如调整各部分尺寸、加大喷嘴直径、减小出口流速；延长絮凝室停留时间；改变喷嘴布置方法，使喷嘴出口从切线方向进入第一絮凝室，使水体在第一絮凝室形成旋流状态，即充分利用快速混合、泥渣回流和旋流絮凝等水力条件，使水力循环澄清池具有更好的处理效果，降低排泥耗水量，突破池径与池深比例限制等特点，从而改善絮凝效果。

与机械搅拌澄清池相比，水力循环澄清池的第一絮凝室、第二絮凝室容积较小，絮凝不理想；一旦进水量和进水水压有波动，喉管处产生的真空度也会发生变化，从而引起泥渣回流量的变化，影响处理效果的稳定性。一般其絮凝剂的投量也比机械搅拌澄清池多，但因其构造简单且无需复杂的机电设备，故在小水厂应用较多。

2. 运行管理

(1) 初期运行：

1）将喉管与喷嘴的间距调节到等于喷嘴直径 2 倍的位置。进水量控制在设计水量的三分之一，若原水浊度在 200NTU 以上时，絮凝剂投量为正常投量的 2 倍，可不加黄泥，即可成活性泥渣。

2）若原水浊度低于 200NTU 时，可将质量较纯、杂质少、粒径均匀的黄泥加一部分于第一絮凝室内后再开始进水，水量为设计水量的三分之二左右，黄泥投加量视原水浊度而定，絮凝剂投加量为正常投量的2～3倍。

3）澄清池出水时，仔细观察分离室与反应室的水质变化，如水质不好，应排放掉，不能让其进入滤池。如发现分离区的悬浮物产生分离现象，并有少量矾花上浮而面上的水不是很浑浊，而第一絮凝室水中泥渣含量却有增加，则认为投药、投泥量较合适。如第一絮凝室中泥渣量下降，或加黄泥时水浑浊，而不加时水变清，则认为投泥量不足，需加大投泥量。当分离区有泥浆水上涌，悬浮物不能分离，则为投药不足，宜加大投药量。

4）沉降比是控制澄清池运行的重要参数之一。若喷嘴附近泥渣沉降比增加较快，而第一絮凝室出口处却增加较慢时，说明回流量过小，应调节喉嘴距，增加回流量以达到最佳状态。若两处泥渣增加不相仿，则泥渣回流量适宜，可停止加泥，并逐渐把投药量调至正常投量，此时，澄清池进入正常运行状况。

（2）正常运行：

1）水力循环澄清池对气温、水温、流量、水质等变化较敏感，故在生产运行管理中，应勤检测、观察和调节。根据需要增加检测次数。通过烧杯搅拌试验，确定最佳投药量。

2）当原水pH值过低或过高时，应采取加石灰或烧碱和氨调整pH值至适当的范围。

3）定时（1～2h）测定第一絮凝室出口与喷嘴附近的沉降比。当原水浊度高、水温低时，沉降比要小，反之，则大。

4）通常沉降比达到20％时，应及时排泥，使池内泥渣保持平衡。排泥历时不能过长，以免排空活性泥渣而影响正常运行。

5）防止进水量过大而影响澄清池出水，或水压过高、过低影响泥渣回流量，进水量可根据进水压力控制。

（3）停池后再运行

重新运行时，应先开启池底放空阀门，少量排出池底混渣，使底部混渣松动，然后进水，同时要适当增加絮凝剂投量，待出水水质稳定后，再恢复到正常状态。

3. 运行中应注意的几个问题

（1）矾花细小、轻而上浮，出水水质浑浊，泥渣水呈乳白色，则为絮凝剂投量不足或碱度不够，应采取增加絮凝剂投量或加碱措施。

（2）当矾花大量上浮、泥渣层上浮（俗称“翻浑”）或泥渣层浓度下降，则要分清原因，采取相对措施，具体有：

1）如果是由于回流泥渣量过多引起，则要缩短排泥周期或延长排泥历时；

2）如因进水量超设计负荷，则要适当减少进水量；

3）如为原水水质变化，如藻类大量生长繁殖，则需预加氯杀藻；

4）如因进水与池中水水温差导致异重流而造成悬浮层膨胀，则可在第一絮凝室出口处投加石灰或粉渣，并适当增加絮凝剂投量，最根本办法是消除水温差；

5）如清水区的水清澈透明，可见2m以下泥渣层并出现白色大粒矾花上升，则为絮凝剂投加过量，需降低投加量；

6）排泥后第一絮凝室泥渣含量下降，则为排泥过量或排泥阀未关紧，应延长排泥周期或缩短排泥历时或关紧排泥阀；

7）有气泡从池底冒出水面，时有大块泥渣上浮，说明池内泥渣回流不畅，沉积池底且日久腐化发酵，应彻底放空清除积泥。

4. 对低浊、腐殖质含量高的原水处理

当原水浊度低（10NTU 以下）、腐殖质含量较高而不易处理时，会出现泥渣上浮，矾花不易沉降，此时需适当投加黄泥，使矾花变得重而结实，加速沉降；对腐殖质含量高的处理，则需适当投氧化剂（如氯）对腐殖质进行氧化，促进絮凝，或投加助凝剂（如 PAM，聚丙烯酰胺），使矾花结实而重沉淀，改善出水水质。

6.1.3 脉冲澄清池

脉冲澄清池的构造见图 6-3，剖面图见图 6-4。

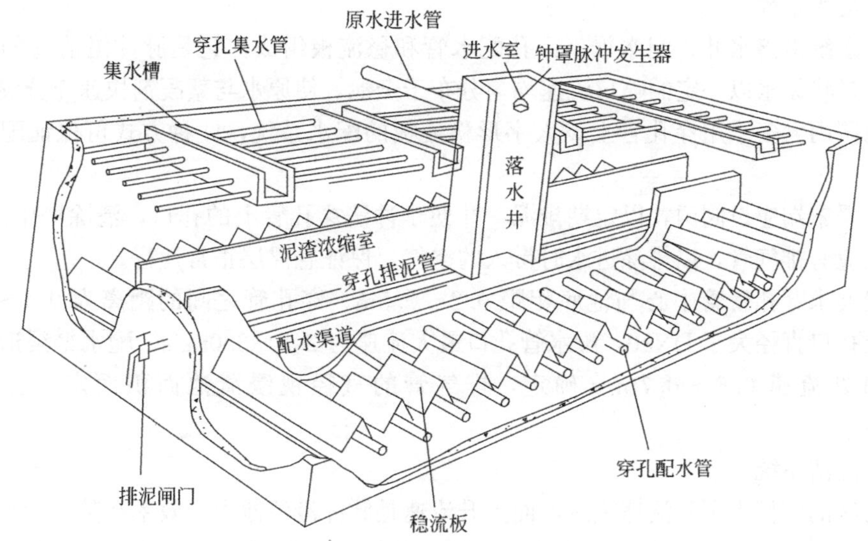

图 6-3　钟罩脉冲澄清池构造图

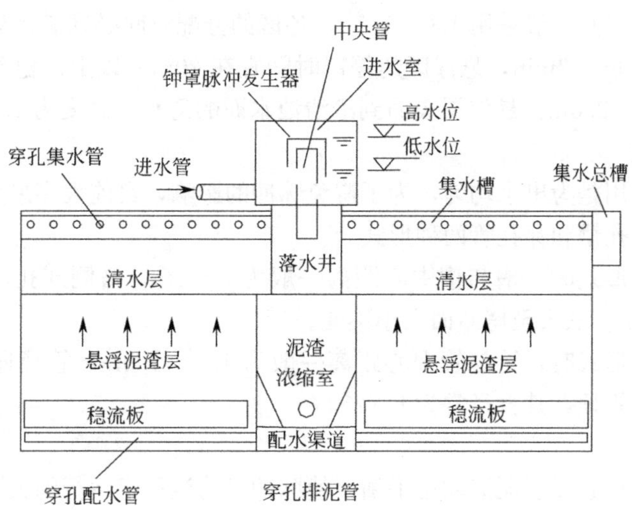

图 6-4　钟罩脉冲澄清池剖面图

1. 脉冲澄清池概述

脉冲澄清池是在悬浮澄清池基础上改进的池型，其净水原理与悬浮澄清池相同，其特点是能适应大水量而池深较浅，一般为4～5m。自20世纪70年代在我国应用以来，对发生器进行了大量探索和实践，已形成了真空式、钟罩虹吸式和浮筒切门式等类型的脉冲发生器。由于脉冲澄清池对水质、水量和水温的变化适应性较差，故在新建的给水处理工程中已很少采用。

2. 脉冲澄清池池体构造及主要工艺参数

脉冲澄清池的脉冲发生器有多种形式，但其池体的构造基本相同，主要包括配水系统、澄清系统、集水系统和排泥系统。

(1) 配水系统

配水系统由落水井、配水渠、穿孔配水管和稳流板组成。它是脉冲澄清池的关键部分，主要是将原水以一定的喷口流速均匀分布于全池，使原水与絮凝剂快速充分混合、絮凝。目前国内大多采用穿孔管上设人字形稳流板的配水系统，此种方式可保证配水的均匀性。

配水渠末端应设阀门，以定期排泥，并便于冲洗穿孔管上的孔口，清除渠中的积泥，配水渠上应有排气管，以排除进水时带入的空气，保证悬浮层正常运行。

一般要求穿孔管管中心与池底相距0.2～0.5m，穿孔管之间的距离为0.4～1.0m，穿孔管上孔口直径大于DN20，配水管孔口最大流速为2.5～3.0m/s，配水渠渠道断面面积按进口处流速0.6～0.7m/s确定，排气管的直径视澄清池面积而定，通常不小于DN100。

(2) 澄清系统

澄清区的面积由上升流速决定，而上升流速是脉冲澄清池生产效率和基建投资的主要控制参数。上升流速应根据原水水质、水温、脉冲发生器形式等来确定，一般取0.8～1.2m/s。

澄清池总停留时间一般采用1.0～1.5h，各区的分配时间必须满足絮凝要求，通常配水区的停留时间为6～12min，悬浮区的停留时间宜在20min以上。稳流板顶至泥渣浓缩室顶的高度为1.5～2.0m，悬浮层表面到澄清池水面的清水区高度为1.5～2.0m。

(3) 集水系统

集水系统的作用是为出水均匀，为了避免脉冲的影响，目前大多采用大阻力淹没集水的方式。通常有穿孔槽和穿孔管两种形式。

当采用集水槽形式时，槽与槽中心距离一般为2～3m，槽侧开孔，孔口直径通常为DN25。槽底呈平面，从头至尾断面大小不变。

当采用集水管形式时，管与管中心距离一般为1.0～1.5m，管径通常为DN100，集水管上的孔口位于管顶，其直径常为DN25。

(4) 排泥系统

排泥系统是维持悬浮层泥渣动态平衡，使脉冲澄清池稳定运行的关键，系统包括泥渣浓缩室和排泥管两部分。

泥渣浓缩室有槽型和斗型两种构造形式，前者采用穿孔管排泥，但排泥不均匀，排泥管的管径一般采用DN150～DN200，排泥管上孔口直径采用DN25～DN30，孔距为

200mm左右，孔口高出泥渣浓缩室底100mm，孔口按90°双排向下布置；后者采用虹吸排泥管排泥，排泥较均匀，但斗坡角度通常不应大于60°。

泥渣浓缩室一般位于配水渠上部，中小型脉冲澄清池也可设在池的一侧，浓缩室的隔墙大多数与悬浮层顶齐平，在靠悬浮层顶面设排泥窗口，其大小可根据原水浊度高低按澄清池面积的10%～30%设计。

3. 脉冲澄清池运行管理中应注意的几个问题及处理方法

(1) 脉冲发生器的充放比对脉冲澄清池运行有很大影响，在投入运行前，应进行脉冲发生器检查，观察其运行状况是否正常并进行充放比测定，尽量调整到设计充放比。真空式脉冲发生器，用电磁阀控制，调节灵活；钟罩式脉冲发生器调节较困难，需调整钟罩安装高度等。

(2) 脉冲澄清池对原水水质比较敏感，絮凝剂投量一旦改变，出水水质即有反映，因此，需及时掌握水质变化情况，随时调整絮凝剂投加量。

(3) 及时排泥是保证脉冲澄清池正常运行的重要条件之一，浓缩室积满泥后会影响悬浮层中多余的泥渣排入，从而影响澄清池出水水质。

有实践经验的净水工通常根据原水浊度来控制排泥时间，即：当原水浊度低于100NTU时，24h排泥一次；当原水浊度在100～200NTU时，12h排泥一次；当原水浊度在200～300NTU时，8h排泥一次；当原水浊度在300～500NTU时，4h排泥一次；当原水浊度超过500NTU时，采取关小排泥阀连续排泥。

一般脉冲澄清池的排泥要根据悬浮层的沉降比来决定，当沉降比达到20%时需要及时排泥，每次排泥时间不应超过10min。

(4) 脉冲澄清池最好连续运行，如需要间歇运行时，停池前应先将泥渣浓缩室的泥渣排泄，以防停池太久导致泥渣板结；如停池时间超过3d，宜把池中的存泥清空，以免泥渣变质，影响下次运行时的出水水质。

(5) 脉冲澄清池进水温度高于池内温度时，部分区域的悬浮颗粒会随之上升，影响出水水质，此时需减小进水量或暂停池。

(6) 在脉冲澄清池的总管上设有放气管，运行中，因原水从中央管流入配水总渠时常常带有较多空气，一旦放气不畅，使空气进入悬浮泥渣层，就会导致絮粒带入清水区，影响水质，遇此情形，应把放气管管径增大或在适当地方增加放气管。

(7) 脉冲澄清池一旦出现配水管孔口堵塞，集水槽不在同一水平面上等情况，会影响出水水质，此时应停池检查、清洗或进行设备调整、更换。

(8) 由于原水水质突然恶化，加药不足或断药，排泥周期过长，进水量突然增加，充放比例失调，排气不畅，空气窜入悬浮层把泥渣带入清水区等原因，会引起脉冲澄清池“翻浑”，此时应迅速查明原因，采取相应措施，如迅速排泥、增加药量、减少进水量、疏通排水管，以及调整充放比等措施。

6.2 气 浮

气浮净水技术在我国进行系统研究和推广应用已有20年的历史了。在饮用水处理中，主要用于低温低浊水源和含藻的河、湖、水库水源。

6.2.1 气浮分类

根据产生气泡的方式不同，气浮净水技术可分为：微孔布气气浮法、叶轮碎气气浮法、电解凝聚气浮法、生物或化学产气法、真空释气气浮法和压力溶气气浮法等几种。

在上述方法中，生物或化学产气法产气量少，受制的条件多（温度、药剂），故处理的稳定性、可靠性差；真空法装备需全密闭，检修困难、产气量也少；电解法耗电多，极板易钝化，且极板过多、过大也不方便，故难以适用于大型生产；微孔布气法在能耗上应是最省的一种，但因微孔易堵及气泡尺寸偏大而不常采用；叶轮碎气法亦由于气泡尺寸不易控制及水力搅动较剧烈等问题而在应用上受到限制；压力溶气法则由于其析出的气泡微细稳定，数量也多，且可随压力的增减而控制其气泡数量，生产规模亦不受各种条件限制，因此，目前在水处理中应用最多。

6.2.2 气浮的特点

气浮和沉淀、澄清相比，有以下特点：

(1) 适用于低浊度水，含藻类较多或含有机质较多的水。这类水的特点是胶体颗粒细小，加注絮凝剂后形成的絮体颗粒少而小，容易被气泡托起。

(2) 由于它是依靠无数微气泡去黏附絮体颗粒，因此不要求形成大而重的絮体颗粒，而要求形成较小的絮体颗粒，故对絮体的大小和重度的要求比沉淀、澄清低。一般情况下可减少絮凝时间、节省絮凝剂投加量（对于同一水源，投加量一般比混凝沉淀节约30%～50%）。

(3) 由于借助气泡进行固液分离，使絮粒与水的比重差增大，水与泥渣分离所需的时间缩短，使单位产水量增加，因而气浮池的容积与占地面积可减少，降低了工程造价。

(4) 排泥方便，排泥耗水量少，泥渣含水率较低。但浮渣中含有较多微小气泡，因此，当浮渣不作污泥处置而直接排入水体时，易漂浮水面，影响环境。

(5) 气浮法中的微小气泡几乎能网捕所有不同粒径的絮体杂质，故可避免沉淀、澄清常见的“跑矾花”现象，从而大幅提高了出水水质，有利于后续工艺处理。

(6) 与沉淀池、澄清池的停留时间和总高度相比，气浮池停留时间最短，池深最浅，占地面积最小，池体构造简单，运行时可随时开、停，而不影响出水水质，管理方便。

(7) 需增加一套回流、供气、释气设备。

(8) 部分清水需要增压溶气，故增加了运行电耗。

(9) 气浮与沉淀的区别在于：

1) 池型比例不同：沉淀池长宽比例大，气浮池为 2∶1 的比例（几乎是正方形）。

2) 水体中杂质去除方式不同：对气浮池而言，水体中的杂质通过上浮去除；而沉淀池中的杂质通过沉淀去除。

3) 清水层不同：气浮池中的清水层在池底部 1/3 处，而沉淀池的清水层在池的上部。

6.2.3 气浮工艺流程及设备概况

气浮工艺流程见图 6-5。

空气压缩机、压力溶气罐、溶气释放器是制造微气泡的设备系统。其原理是空气在水

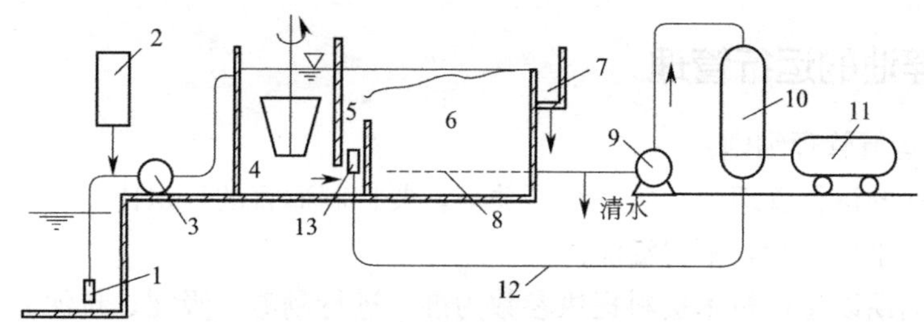

图 6-5　气浮处理工艺示意

1—原水取水口；2—凝聚剂投加设备；3—原水泵；4—反应池；5—气浮池接触室；6—气浮池分离室；7—排渣槽；8—集水管；9—回流水泵；10—压力溶气罐；11—空气压缩机；12—溶气水管；13—溶气释放器

中溶解度随压力而变化，压力越高水中溶解的空气量越多，因此，需要配置空气压缩机及压力溶气罐。压力溶气罐有多种形式，一般推荐采用空压机供气的喷淋式填料罐，其构造形式见图 6-6。

从空压机出来的高压空气及气浮池出来的回流水输入填料罐，溶气压力一般为 0.3～0.6MPa（3～6kgf/cm^2），通过填料，空气溶入水中，从喷淋式填料罐中流出的高压水含有大量空气。溶气释放器是将溶气水减压释放的设备，通过压力溶气水骤然降压，使空气溢出。从溶气释放器中产生的气泡微细，均匀而且稳定。

通过溶气释放的空气在接触室中与水充分接触，接触室停留时间一般不少于 60s，水在气浮室内停留时间一般在 10～20min。

刮渣一般采用桁车式刮渣机，行车速度 5.1m/min，刮渣方向和出水方向相反。

图 6-7 是某水厂气浮池工艺布置示意图。该厂气浮池与旋流反应池合建。通过溶气释放器进入水量和总进水量之比为 10%，称回流比。溶气罐压力为 0.31MPa（3.1kgf/cm^2），气浮池停留时间为 17min。

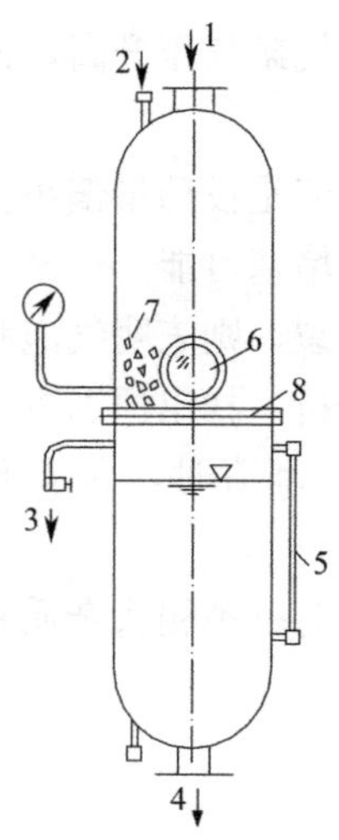

图 6-6　喷淋式填料罐

1—进水；2—进气；3—放气；4—出水；5—水位计；6—观察窗；7—填料；8—隔板

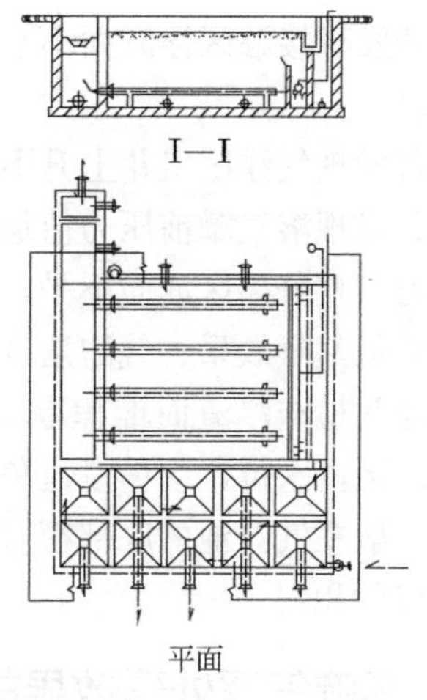

平面

图 6-7　某水厂气浮池工艺布置示意图

6.2.4 气浮池的运行管理

1. 气浮池运行管理细则：

(1) 气浮池的运行管理，空气系统是关键，要控制适宜的气水比。

(2) 保持高水位运行，不得溢流。

(3) 运行周期以生产技术资料提供参数为准，进行刮渣、吸泥、排泥。

(4) 刮渣时将出水阀关闭，待水位升高后开启刮渣机及吸泥机。

(5) 刮渣时不得开启出水阀，以防浮渣跌落影响水质。

(6) 刮渣结束后分阶段缓慢开启出水阀，使水位缓慢回落，减少对水流扰动，平稳恢复运行状态。

(7) 刮渣、吸泥、排泥不得与滤池反冲洗同时进行。

2. 投产运行前，应检查气浮池设备是否处于正常状态，首先应调试压力溶气系统与溶气释放系统。应先将溶气释放器拆下，进行多次管路及溶气罐的清洗，待出水没有易堵的颗粒杂质后再将释放器装上，然后进行调试。

3. 开始运行时，控制进水量、了解原水水质，调节絮凝剂投加量，启动空压机，待压力达到规定值时，打开溶气罐进水阀门，当溶气罐水位显示管水位达到规定值时，打开通向气浮池的阀门，调节回流水量，使回流水量达到进水量的5%～10%，调节溶气罐水位，使其控制在水位计上规定值的范围内。压力溶气罐内水位必须严加控制，水位不能淹没填料层，但不宜过低，一般水位保持离罐底60cm以上。只有在空压机压力大于溶气罐压力时，才能向罐内注入空气，否则压力水会倒灌入空气压缩机。

4. 气浮池运行中，需每小时记录一次溶气罐水压、气压、出水浊度、回流量，随时观察池面情况。

6.2.5 气浮池运行中应注意的几个问题

(1) 若发现接触区浮渣面不平，局部有大气泡冒出，溶气罐气压升高，说明释放器有堵塞情况。

(2) 若发现气浮区矾花上升不正常，出水浊度升高，可能是投药量偏小。

(3) 若发现溶气罐前压力值加大，说明溶气罐莲蓬头有堵塞可能。

(4) 若发现分离区渣面不平，池面常有大气泡鼓出或破裂，则表明气泡和絮体颗粒黏附不好，应从絮凝效果、气泡浓度、气泡大小三方面进行分析，找出原因进行改进。

(5) 经常检查浮渣面堆积厚度，及时开启刮渣机刮渣。刮渣时，为了不影响出水水质，需抬高池内水位，应尽量避免浮渣下沉。

(6) 一般在气浮池的底部都有排泥设备，在运行时需适时排掉粗大杂质颗粒和浮渣沉落池底形成的积泥。

6.2.6 影响气浮处理效果的主要因素

1. 矾花结构

前文已提及，由于气浮对形成的絮体颗粒不要求大而重，反而矾花的结构要求疏松，间隙多对吸附气泡有利，因此，絮凝剂的投加量也不必很大。

2. 气泡尺寸

气泡尺寸必须“有用”，气泡过大会打碎絮体，过小则导致上浮力不足，因此，必须尽可能多地产生对气浮有用的气泡，故产生微气泡的设备对处理效果十分重要。一般认为气泡直径应控制在20～100μm范围内。

3. 气泡数量

气浮需要有一定数量的微气泡，一般要求气水比大于1%，与此相应的溶气水回流比一般在5%～10%。

4. 气泡接触

释放器释放的气泡必须“瞬间”完成，释放出的气泡必须“及时”“均匀”地与水中絮体相接触。释放器出口的溶气水应保证及时而且均匀地与待处理水相混合，如接触不及时，气泡容易合并变大；溶气水如不能均匀扩散，则微气泡容易漏捕絮体。

5. 絮凝时间

絮凝时间对絮体的形成有很大的影响，气浮工艺对絮体的粒径、结构要求与沉淀或澄清对絮体的粒径、结构要求完全相反，故絮凝时间可适当缩短，一般控制在8～12min便可快速形成对气浮有利的夹气矾花。

复习题

1. 澄清池的分类有哪些？
2. 各种澄清池运行应注意的主要事项是什么？
3. 气浮的特点是什么？
4. 气浮池运行注意事项及影响其运行效果的主要因素有哪些？

第7章 过滤

7.1 概述

滤池的形式多种多样，但其截留水中杂质的原理基本相同，依据滤池在滤速、构造、滤料金额滤料组合、反冲洗方式等方面的区别，对滤池进行分类。

按滤料的组成分类可分为：单层滤料、双层滤料、多层滤料以及混合滤料滤池。其中单层滤料又可分为常规级配滤料和均质滤料。

按滤池冲洗方式分类可分为：单水冲洗滤池和气水反冲洗滤池。

按滤池冲洗的配水系统可分为：低水头冲洗（小阻力）、中水头冲洗（中阻力）和高水头冲洗（大阻力）滤池。

按水流方向分类可分为：下向流、上向流、双向流和水平流滤池。

按滤池在运行周期内的滤速变化可分为：恒速过滤和变速（减速）过滤。

按过滤时的水量、水位调节方式可分为：进水调节、出水调节、流量控制、水位控制等。

按滤池的布置可分为：普通（四阀）滤池、双阀滤池、无阀滤池、虹吸滤池、移动冲洗罩滤池、V型滤池、翻板滤池等。

按滤池承压情况可分为：重力滤池和压力滤池。

7.2 滤料

7.2.1 滤料的选择

滤料的选择主要是确定滤料品种、滤床深度、颗粒的大小和组成分布。常用的滤料有天然石英砂、无烟煤、颗粒活性炭以及石榴石、钛铁矿石、陶粒等。选择时还应注意滤料的供应来源和滤料的硬度、颗粒形状、抗腐性（酸溶性）和含杂质量等参数。

7.2.2 滤料的粒径和滤层厚度

滤层厚度与滤料粒径有关，滤料颗粒越小，滤层越不易穿透，滤层厚度可较薄，相反，采用滤料的粒径越大，滤层越容易被穿透，需要的滤层厚度较厚，但过滤的水头损失比较小。因此，从水质保证考虑可采用较小的滤料粒径和较薄的滤层厚度或者较粗的滤料粒径和较厚的滤层厚度。对给水处理系统来说，应满足滤料厚度与粒径之比大于800～1000（当以平均粒径计时大于800，当以有效粒径计时大于1000）。

滤料粒径小，过滤水头损失大，如果滤层厚度相同，则过滤周期缩短。因此，滤料粒径及厚度的选择应在满足出水水质的前提下，寻求最佳的粒径与厚度组合。

此外，滤料粒径和厚度也与滤速有关。在相同的过滤周期，滤速高则要求滤层总的截污容量也高，以发挥滤层的深层截污能力，一般可采用较粗的滤料颗粒和较厚的滤层。

7.2.3 有效粒径与不均匀系数

描述滤料粒径分布使用的是有效粒径法，即以有效粒径 d_{10} 和不均匀系数 K_{80}（d_{80}/d_{10}）或 K_{60}（d_{60}/d_{10}）来表示粒径的分布，其中 d_{10}、d_{60}、d_{80} 分别表示累计重量百分比为10%、60%、80%时的滤料粒径，d_{10} 称为有效粒径。不均匀系数越大表明滤料粒径的分布越不均匀。中国较多使用 K_{80}，欧美习惯使用 K_{60}。

滤池在反冲洗过程中，滤料呈流化和膨胀状态，冲洗完成后细小颗粒滤料积聚在滤床上部，大颗粒滤料沉到滤床底部，由上而下形成细、粗滤料滤床。不均匀系数越大，形成粗细的差距越明显，这种滤料称为级配滤料，级配滤料的不均匀系数 K_{80} 一般为1.6～2.0。

级配滤料的截污作用主要集中在上层细颗粒，滤层的截污作用不充分，为了克服级配滤料的缺陷可以采用多层滤料或均质滤料。

多层滤料采用几种不同比重的材料作为滤料，粒径粗的比重小，粒径细的比重大，这样当冲洗后进行水力分级时，形成上层粗颗粒，下层细颗粒的滤料级配。双层滤料一般采用石英砂（比重约为2.55～2.65）和无烟煤（1.5～1.75）；多层滤料则可采用无烟煤、石英砂和钛铁矿（比重约为4.7～4.8）。

采用均质滤料也是提高滤层截污能力的一种方法，在欧洲和国内均有应用。均质石英砂滤料为有效粒径较均匀的石英砂滤料，一般不均匀系数 K_{80} 为1.3～1.4，不超过1.6。均质滤料一般采用不膨胀或微膨胀冲洗，冲洗方式较常使用空气进行辅助冲洗。

7.2.4 滤料的筛分

天然滤料颗粒的粒径组成往往并不符合设计的要求，必须对天然砂进行筛选。筛选方法如下（不均匀系数采用 K_{80}）：

（1）选取滤料试样，洗净后置于105℃恒温箱中烘干，用一组不同孔径的筛子过筛，称取留在各筛子上的滤料重量。

（2）绘制筛孔孔径与累积通过筛孔的滤料重量百分比的关系曲线（图7-1）。

（3）由图查得天然滤料中相当于设计要求 d_{10} 的重量百分比 q_{10} 和 d_{80}（$d_{80}=d_{10}\times K_{80}$）的重量百分比 q_{80}。

（4）按下式求出需要筛去的小颗粒的重量百分比 q_{min}：

$$q_{min}=q_{10}-\frac{(q_{80}-q_{10})\times 0.1}{0.8-0.1} \tag{7-1}$$

（5）按下式求出需要筛去的大颗粒的重量百分比 q_{max}：

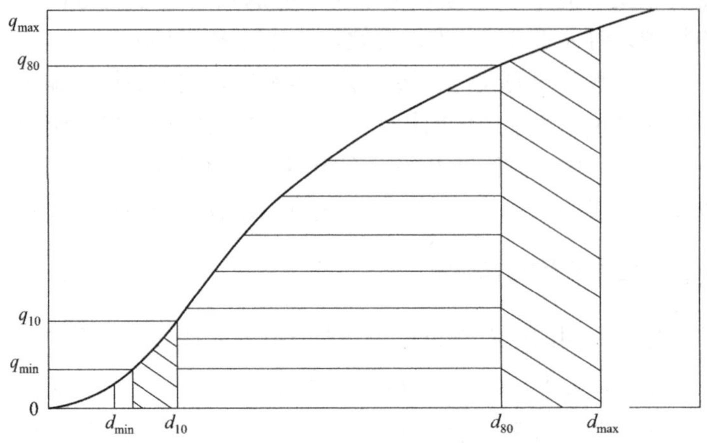

图 7-1　滤料筛分曲线

$$q_{max}=q_{80}+\frac{(q_{80}-q_{10})\times 0.2}{0.8-0.1} \tag{7-2}$$

（6）q_{min} 和 q_{max} 在筛分图上查的相应的颗粒粒径 d_{min} 和 d_{max}。

（7）天然滤料筛去粒径小于 d_{min} 和大于 d_{max} 的颗粒即可得到设计要求的滤料级配。

7.2.5　常用滤料规格

具体见表 7-1。

常用滤料规格表　　表 7-1

类 型	滤料粒径（mm）	K_{80}	厚度（mm）
单层石英砂滤料	d_{10}=0.5～0.6	2～2.2	700
双层滤料	石英砂 d_{10}=0.5～0.6	2	400～500
	无烟煤 d_{min}=0.8 d_{max}=1.8	2	400～500
多（三）层滤料	无烟煤 d_{min}=0.8 d_{max}=1.6	<1.7	450
	石英砂 d_{min}=0.5 d_{max}=0.8	<1.5	230
	钛铁矿 d_{min}=0.25 d_{max}=0.5	<1.7	70
均质石英砂滤料	d_{10}=0.95～1.20	1.3～1.5	1000～1300

7.3　滤池的配水系统

7.3.1　配水系统的作用

滤池在反冲洗时，要求冲洗水均匀地分布到整个池的滤层面上，这个要求就是通过配水系统的作用来实现。此外，在过滤时，它还起到均匀集水的作用，因此，也可以称配水系统为集水系统。如果冲洗时能满足要求，过滤时集水的均匀性也同样能得到满足。

配水系统配水是否均匀对滤池反冲洗效果的好坏影响很大。如果配水系统配水不均匀，冲洗水就不能均匀地分布到滤池的整个滤层表面上，在冲洗水量小的地方，滤层就冲洗不干净，这些不干净的滤料，时间一长就会逐渐胶结起来，形成“泥球”或“泥饼”，这些泥球或泥饼又会进一步影响冲洗效果，最后将会恶化滤后水质，甚至被迫翻砂清洗。另外，在冲洗流量大的地方，会冲动承托层，导致承托层发生移位减薄，出现承托层和滤料层混杂现象，甚至出现漏斗形空洞，从而导致漏砂、砂层减薄而影响滤后水质。由此可见，配水的均匀性直接影响滤池的安全运行。在同一滤池平面上，任何两点的冲洗强度要尽量接近。滤料一经选定，要达到上述要求，有两种途径可供选择，一是加大布水孔孔眼的阻力，二是减小管道的水力阻抗值。由此配水系统分成两大类型，即大阻力配水系统和中小阻力配水系统。

7.3.2 大阻力配水系统

1. 大阻力配水系统由较粗的干管（或干渠）和干管两侧的接出的支管组成（图7-2）。支管下部有两排小孔，小孔位置和中心垂线组成45°角，交错排列（图7-3）。图7-4表示大阻力配水系统的冲洗水流程。减小配水系统小孔的孔口总面积和小孔直径，可以使小孔水流阻力增大，此即所谓“大阻力”的名称由来。

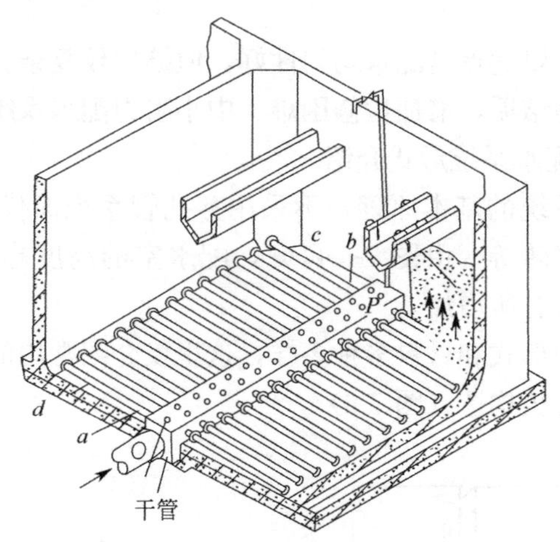

图7-2 穿孔管大阻力配水系统

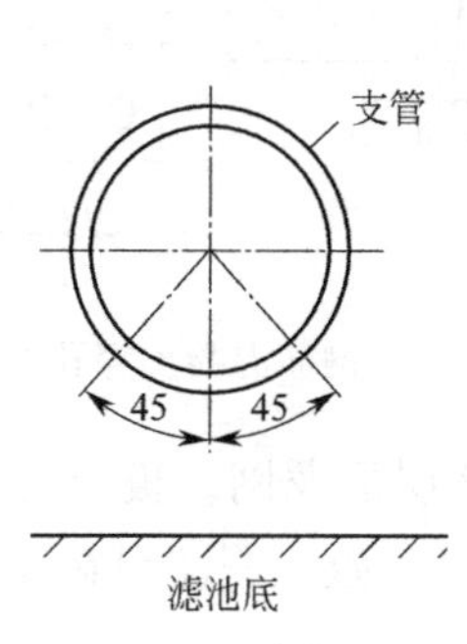

图7-3 穿孔支管孔口位置

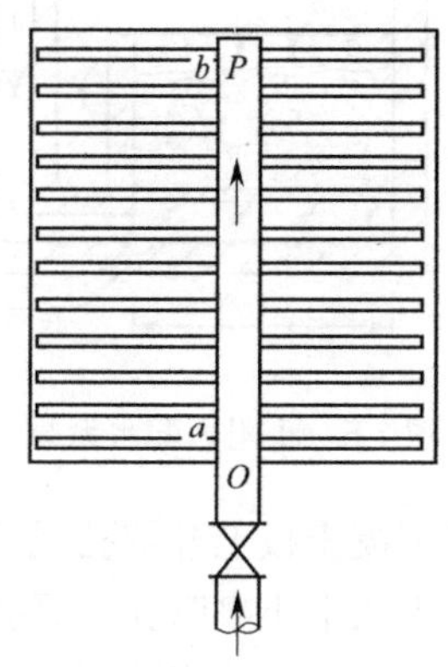

图7-4 大阻力配水系统的冲洗水流程

2. 大阻力配水系统的工艺参数

按照上述关系，配水均匀性可达 90%～95%。这就削弱了承托层和滤层的阻力及配水系统干管、支管压力不均匀的影响。滤池冲洗时，承托层、配水干管、支管的总水头损失不到 1.0m，而孔口水头损失可以提高到 3.5～5.0m。

一般孔口直径取 9～12mm。当干管直径大于 300mm 时，干管顶部也应开孔，并在孔口上加装罩子（或滤头）或挡板；支管中心距离约为 0.2～0.3m；支管管径与其开孔孔径比不应大于 60；干管直径较大时，可埋在池座槽内，在干管顶上用三通接出支管。于干管末端装设透气管，向上伸出水面，单个滤池面积小于 $25m^2$，透气管直径采用 50mm。

7.3.3 中小阻力配水系统

1. 中小阻力配水系统均匀配水的基本原理

大阻力配水系统是以增加孔口阻力来取得配水均匀；而小阻力配水系统是靠减小干渠管和支管的流速，即减小干管和支管的水头损失使配水系统中的压力变化对布水均匀性的影响尽可能小，在此基础上可以减小孔口的阻力系数。在这种情况下，能减小滤池冲洗的水头。这也是中小阻力配水系统的一个优点。按照这种原理建造的配水系统称为中小阻力配水系统。

大阻力配水系统的主要优点是配水均匀性好，但结构较复杂；因孔口水头损失大，冲洗时动力消耗大，管道易结垢，增加检修困难。中小阻力配水系统则能克服以上缺点。

2. 常用的中小阻力配水系统形式介绍

基于中小阻力配水系统的基本原理，不采用穿孔管系统而代之以底部较大的配水空间，其上铺设穿孔板或滤砖等。由图 7-5 可知，配水室的高度越大，越有利于配水均匀性，但缺点是滤池的造价有所增加。

中小阻力配水系统的形式和材料多种多样，这里仅介绍常用的几种。

（1）钢筋混凝土穿孔板构造（图 7-6）

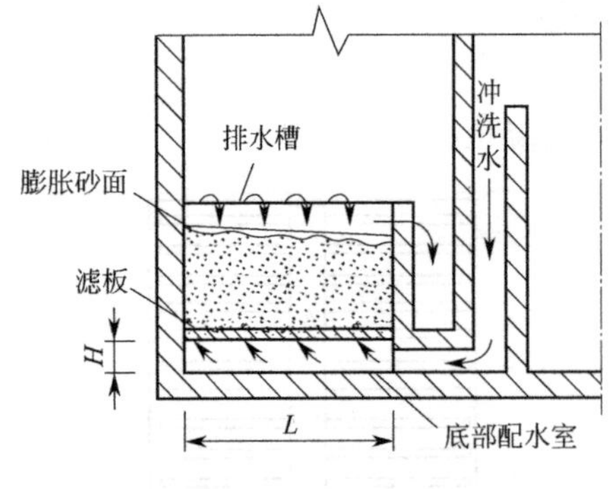

图 7-5 小阻力配水系统

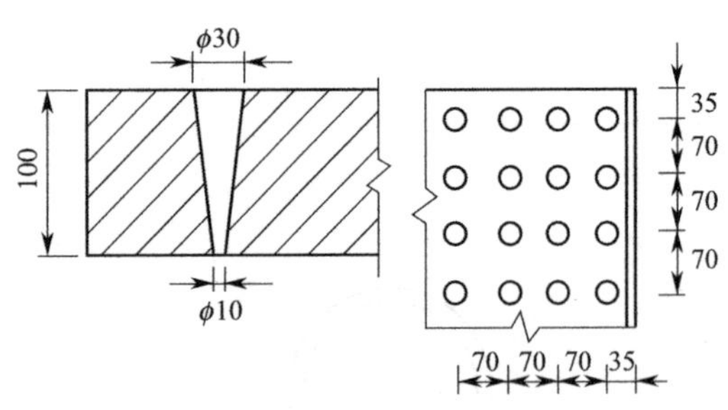

图 7-6 钢筋混凝土穿孔滤板

即钢筋混凝土板上开圆孔或条形缝隙。板上铺设 1～2 层尼龙网。板上可以是圆形直孔，也可是上大下小喇叭孔，开孔比与尼龙网孔眼尺寸不尽一致，视滤料粒径、滤池面积等具体情况决定。每块穿孔板尺寸一般为 800mm×800mm×100mm。

优缺点：这种配水系统造价较低，孔口不易堵塞，配水均匀性较好，强度高，耐腐蚀，但必须注意尼龙网接缝应搭接好，且沿池壁四周应压牢，可铺一些卵石，以免漏砂。使用尼龙网，不太可靠，易被拉坏，尼龙网须定期调换，所以也有用不锈钢网的，不管用哪种材料首先要保证卵石层在冲洗中不应水平移动。

（2）两次配水滤砖（图 7-7）

构造：一般滤砖的材料为陶瓷，每块滤砖的尺寸为 600mm×280mm×250mm，每平方米滤池面积铺设 6 块，滤砖的上层称一次配水，下层称二次配水，其开孔比分别为 1.1%和 0.72%。铺设时，各砖下层相互联通。实际上是将滤池分成像一块滤砖大小的许多小格。上层配水孔（d）为 25mm，均匀布置；下层配水孔（d）为 4mm，96 孔。因水流阻力基本接近，所以保证了均匀配水。

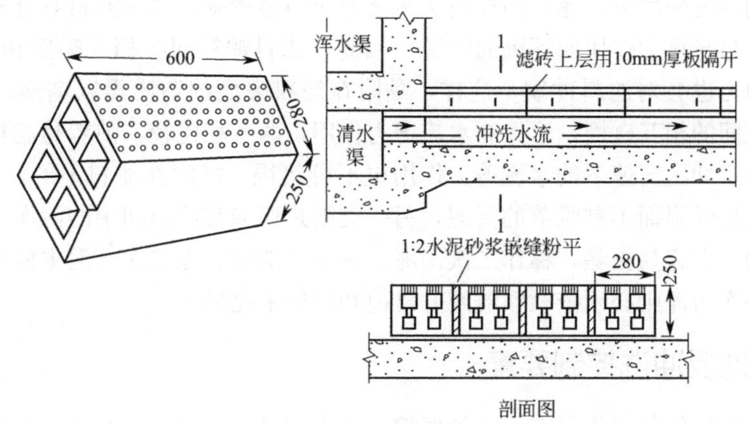

图 7-7　穿孔滤砖

优缺点：因滤砖不需另设配水室，且承托层厚度不大，只需保证滤砂不致落入配水孔即可，故可降低滤池高度，配水又较均匀。但其价格较高，一定尺寸的滤砖只能用于一定跨度的滤池，否则冲洗不均匀。

（3）滤头

滤头也有叫滤水帽，式样较多（图 7-8），一般安装在钢板或混凝土板上，每平方米 50～60 只，上铺滤料。

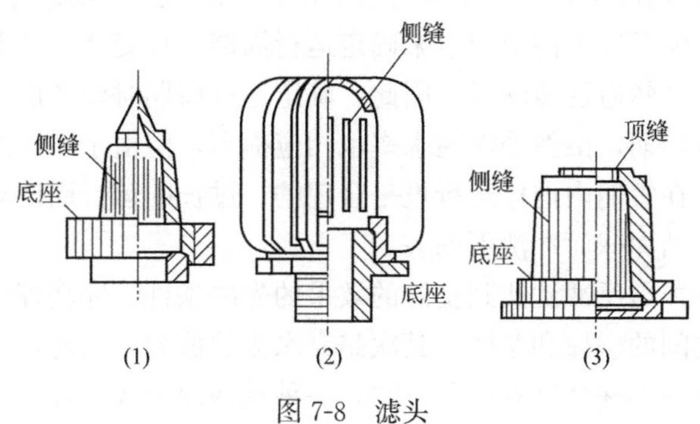

图 7-8　滤头

优缺点：滤头配水均匀，可减薄卵石层厚度。但因所需数量较多，所以价格较贵，安装也较麻烦。损失一只就会造成漏砂，必须及时检修调换。维修时需翻砂，工作量较大。

7.4 滤池的冲洗

滤池冲洗的目的是使滤料层中的悬浮物得到清洗，恢复滤池去除悬浮物的能力。快滤池冲洗方法通常采用水流自下而上的反冲洗。也有的在反冲洗的同时，还辅以表面冲洗和空气助冲。增加表面冲洗和空气助冲效果较好，但增加了设备及操作和维修工作。一般情况下，水力反冲洗可以达到冲洗要求。但多层滤料最好增加辅助冲洗。

7.4.1 滤池冲洗的机理

在一定的冲洗强度下，滤料颗粒由于水流的作用会膨胀，这时滤料既有向上悬浮的趋势，又有由于自身重力作用而下沉的情况，因此，滤料颗粒间会相互碰撞和摩擦，另外，向上水流的剪力也会对滤料冲刷。这样，黏附在滤料表面的杂质得以剥落，滤料得以清洗。滤料颗粒间的相互碰撞，摩擦和水流剪力作用，两者相比较，前者是滤料清洗的主要因素，但在一定冲洗流速下的水流剪力作用也不可忽视。吸附在滤料上的污泥分为两类，一类是滤料直接吸附而不易脱落的污泥，另一类则是积滞在滤料间中的污泥，它比直接黏附在滤料上的污泥容易去除，称作二次污泥。在反冲洗时去除二次污泥主要由水流剪力完成，而去除一次污泥则必须依靠颗粒间的碰撞和摩擦来完成。

7.4.2 滤池反冲洗控制要素

滤池要保持良好的工作状态，必须要控制适当的过滤周期，及时进行滤池反冲洗，在反冲洗时要有适当的反冲洗强度，使滤层达到一定的膨胀率，滤层颗粒在膨胀过程中互相碰撞、摩擦、剥落滤粒上黏附的杂质。过滤周期的控制有的按水头损失来控制；有的固定一个冲洗周期；也有根据滤后水质（浊度）来决定是否要进行冲洗。一般来说，按规定时间来决定冲洗比较简单，操作者容易掌握；但时间的规定不能一成不变，要根据季节水温变化、滤前水质及滤速的因素来决定，并通过定期测定来调整冲洗周期。一般在恒速过滤的情况下，两次冲洗间的运行周期决定了滤后水质及滤池允许水头损失值；而允许水头损失值决定于滤池表面水位与出水的水位差以及不形成气阻原则下的水头损失（一般为 2m 左右）。在恒速过滤的情况下，希望水质符合要求的运行周期和水头损失达到允许值的运行周期相同，这样兼顾了以上两个因素来确定运行周期。在变速过滤条件下，水头损失变化较小，而滤速开始高然后逐步降低，因此，确定运行周期时要考虑滤速的因素。在夏季供水时适当缩短运行周期，虽然冲洗用水率也相应提高，但由于平均滤速提高而提高了总的过滤水量，因此，在短期内这样运行也是合理的。过长的运行周期对冲洗带来不利，会使滤层含污过多，易结泥球而冲洗不彻底。

冲洗强度合理选择是反冲洗达到良好的效果的先决条件。冲洗掉滤粒表面的杂质主要靠冲洗过程中颗粒之间的碰撞和摩擦，其次是靠水流的剪力，因此，选择合理的冲洗强度至关重要。确定滤池的冲洗强度有两种方法，一种是利用公式计算，另一种是用试验方法求得合理的冲洗强度。比重越大滤粒越大，冲洗强度要求越高；水温越高，要求冲洗强度也越高。对于双层滤料，由于滤料比重和粒径组成比较复杂，而且要考虑分层，因此，要注意冲洗强度及相应膨胀率的确定。要精确确定在一定水温下的冲洗强度与膨胀率的关系，最可靠的办法是进行反冲洗试验。

冲洗强度的计算依据是使反冲洗时底层最粗滤料刚刚开始膨胀，则设计冲洗强度就应以最粗滤料的最小流态化流速为依据。所谓最小流态化流速即为滤料刚刚开始流态化的冲洗流速，也就是滤层膨胀的起点。

考虑到其他因素影响，冲洗强度可按下式计算：

$$g=10KV_{mf} \tag{7-3}$$

式中 g—— 设计冲洗强度（$L/s\cdot m^2$）；

V_{mf}——最大粒径的最小流态化冲洗流速（cm/s）；

K——安全系数。

式中 K 值主要取决于滤粒均匀程度，一般 K 值在 1.1～1.3 之间，滤粒不均匀程度大者，K 值宜取小，否则冲洗强度可能过大，并导致细滤粒流失；反之，则取高限。按照我国所用滤料规格，K 值通常取 1.3 左右。

膨胀度的大小，取决于冲洗强度的大小。冲洗强度越大，膨胀率也越大。对一定的滤层厚度、结构及粒径，要有一定的冲洗强度，并有相应的膨胀率。膨胀率过小，颗粒间的碰撞、摩擦和水流剪力不足，使冲洗不彻底。膨胀率过大，滤粒在水体中过于分散而浓度减少，由于颗粒之间距离增大，相互间碰撞、摩擦的概率减少，而且这样增加的冲洗强度也是徒然的，同时还有可能把滤料冲走，如承托层被移动，将引起漏砂。理想的膨胀率应以截留杂质的部分滤料完全膨胀起来，或者下层滤料颗粒刚好浮起来为宜。

当冲洗强度或滤层膨胀率均符合要求时，还要有足够的冲洗时间，否则也不能充分地洗掉滤层中的杂质。因为冲洗时间过短，颗粒间没有足够的碰撞、摩擦时间。此外冲洗废水来不及及时排走，故冲洗废水浊度较高，这些污物会重返滤层，时间一长，滤层将被污泥覆盖而形成泥膜或泥球。冲洗时间一般按冲洗后滤池内废水允许浊度来决定，一般应小于 20NTU。

7.4.3 滤池冲洗的要求

为使滤池反冲洗达预定目的，反冲洗时应满足下列要求：

（1）冲洗水或气应均匀分布在整个滤层面积上，水、气应均匀分布。

（2）反冲洗水必须保证有足够的上升流速（即有足够的反冲洗强度），使滤层达到一定的膨胀高度。

（3）有一定的反冲洗时间。

（4）冲洗水排除要迅速，不得在池内产生壅水现象。开始冲洗时，速度要缓慢，达到设计冲洗强度时的过程时间至少要 30s，否则会扰动承托层，甚至会由于水锤作用而损坏配水系统。

（5）冲洗完毕后，滤料仍应保持在滤池正常过滤的位置上。

滤池冲洗质量好坏，对滤池的正常运行关系极大。如果冲洗质量不好，对滤池出水水质、工作周期、产水量的影响很大。绝大多数滤池故障都是由于冲洗不良引起的。不同滤池的开始水头损失，由于设备不同，滤料的种类和厚度等原因，可能各有不同，但对于同一滤池，在同一滤速时，每次冲洗后的水头损失应该是一样的。如果冲洗后，开始的水头损失较前次增加，就说明冲洗还不够彻底。

7.4.4 滤池的辅助冲洗

1. 目的

滤池主要采用由下而上的清水反冲洗。如果滤池进水浊度高，滤池反冲洗强度小，或者采用双层滤料，絮体穿透深，或用助滤剂等情况下，单独采用反冲时往往不能达到满意的结果，时间一长，滤层表层会结泥球、板结，严重时滤池滤层产生裂缝，影响过滤周期和滤后水质。为了提高冲洗效果，保证滤池的正常运行，延长滤池的工作周期、减少冲洗水量，反冲洗的同时辅以表面冲洗或使用压缩空气和水同时冲洗。

2. 表面冲洗

表面冲洗是采用有孔水管的小孔喷出的高速水流，搅动表层滤料，去除表层砂粒上黏附的杂质。冲洗时先用表面冲洗，然后再用反冲洗。

表面冲洗装置分固定式和旋转式两种，一般放在滤层砂面以上 50～70mm 处。固定式表面冲洗装置冲洗强度一般采用 2～3L/(s·m^2)，冲洗水压 0.2MPa，冲洗时间 4～6min；表面冲洗结束后，再进行单水冲洗 3～5min，冲洗强度为 8～10L/(s·m^2)。旋转式表面冲洗装置，冲洗强度一般采用 0.5～0.75L/(s·m^2)，冲洗 4～6min，冲洗水压 0.4～0.5MPa。固定式表面冲洗装置适用各种滤池，但用材较多；旋转式表面冲洗装置使用管材少，因为它冲洗靠水力作用使冲洗旋转臂绕固定轴旋转，所以每个臂工作面积为不大于 25m^2的正方形，面积较大时，可用几个同时转动的旋转臂。

3. 气水混合冲洗

气水混合冲洗能够达到较好的冲洗效果，同时能节省冲洗水量，这对于水源较缺乏，或要花较大动力和大量投资才能把原水送到水厂净化的情况，采用气水混合冲洗以节约用水是值得考虑的。但当采用空气冲洗时，增加了大量设备和动力，如空气压缩机、储气罐等，提高了基建投资，并使滤池操作变复杂，维修工作量增加，因而抵消了部分优点。

滤池采用空气擦洗作为辅助冲洗时，其冲洗方法有如下几种：

(1) 先用空气擦洗，再用水低速反冲洗，一般用于单层滤料滤池。

(2) 先用空气擦洗，再高速反冲洗。

(3) 先同时用空气和水低速冲洗，再用水单独低速反冲洗。

(4) 先同时用气、水低速冲洗，再用水单独高速反冲洗。

(5) 三段式冲洗，即先气冲再气水联合冲，最后单水冲。

7.4.5 冲洗效果的评价

滤池反冲洗应该达到如下效果：

(1) 料层表层的含泥量应该很低。如果滤层是双层滤料，则上层和下层滤料表部，其含泥量也有同样要求。冲洗后滤层表部含泥量和评价见表 7-2。

(2) 砂面平整和稳定。冲洗后滤池砂层应平整，不出现下凹、上凸或有裂缝现象。如发现这些现象表示冲洗不均匀、承托层移动或冲洗系统可能局部损坏。经一段时间运行后，如发现砂面高度下降，则可能是冲洗强度过大或承托层移动，冲洗系统局部损坏。

冲洗后滤层表部含泥量和评价表　　表 7-2

含泥量（%）	冲洗评价
0.0～0.5	很 好
0.5～1.0	好
1.0～3.0	满 意
3.0～10.0	不满意
>10.0	很不好

（3）冲洗开始后，初期排水浊度应很高，有时甚至达到 500NTU，（这和进水浊度、运行周期、冲洗条件有关）。随后浊度迅速下降，冲洗结束时排水浊度低于 20NTU，甚至更低。

（4）冲洗后重新投入运行后，初始过滤水头和周期能保持原有状况。

7.4.6 排水系统

排水系统，包括排水槽（或排水管）、排水渠的整个废水排出系统（图 7-9），在冲洗时作为排水系统，而在正常过滤时作为布水之用。

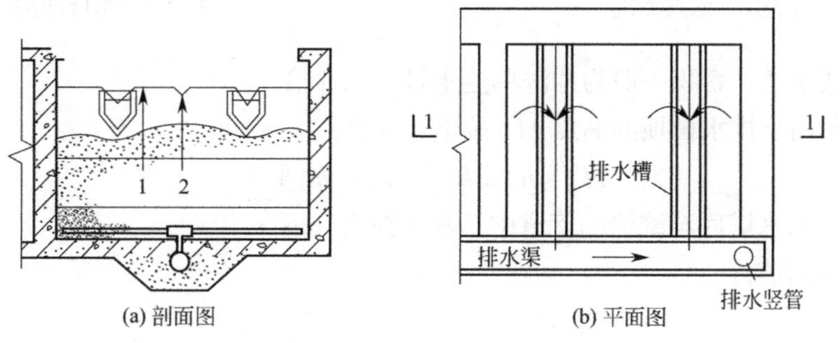

图 7-9　冲洗废水的排除

排水系统的主要作用是在冲洗时能把废水均匀排除，在过滤时能均匀布水。冲洗时，废水进入排水槽，然后由排水槽汇集后流到排水渠，通过排水渠流入废水回收系统。

7.4.7 冲洗水的供给

滤池冲洗水的供给方式采用冲洗水泵或高位水箱，选择何种方式应根据具体条件而定。

1. 水泵冲洗（图 7-10）

冲洗水泵主要按流量和扬程两个参数来选择。水泵流量按冲洗强度和滤池面积来计算，以冲洗一个滤池的流量作为选用水泵的流量。水泵扬程 H，可按下式计算：

$$H=H_0+h_1+h_2+h_3+h_4+h_5 \tag{7-4}$$

式中　H_0——排水槽顶与清水池最低水位的高程差（m）；

h_1——清水池与滤池之间冲洗管道的沿程与局部水头损失之和（m）；

h_2——配水系统的水头损失（m）；

h_3——承托层水头损失（m）；

h_4——滤料层在冲洗时的水头损失（m）；

h_5——备用水头，一般取 1.5～2.0m，用以克服未考虑到的一些水头损失。

2. 水箱冲洗（或水塔冲洗）（图 7-11）

其优点为水泵马力小，它可以在两个滤池冲洗间断时间内将水箱注满，耗电均匀，也可利用二级泵扬水管分管将水箱注满。

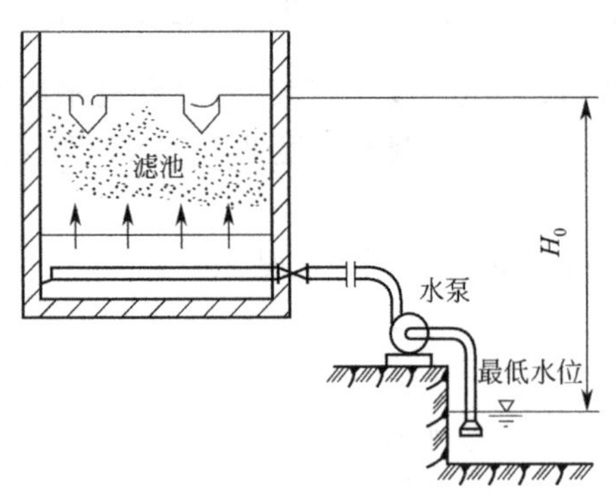

图 7-10　水泵冲洗

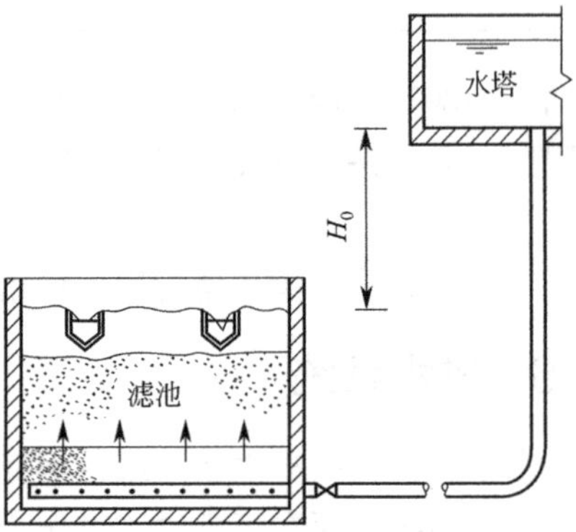

图 7-11　水塔冲洗

水箱（或水塔）容积一般为冲洗单池水量的 1.5 倍。

水箱底部高于排水槽顶的高度 H_0 按下式计算：

$$H_0=h_1+h_2+h_3+h_4+h_5 \tag{7-5}$$

式中　h_1——从水塔底至滤池的管道中总水头损失（m）；

h_2～h_5——同前。

7.5　普通快滤池

7.5.1　普通快滤池的构造

普通快滤池的构造见图 7-12，主要包括下列几个部分：

（1）池体：绝大多数为方形或长方形钢筋混凝土池子，也有钢板焊制的，如圆形的压力滤池。

（2）滤池层：这是滤池的最基本组成部分，一般由石英砂构成砂滤层，起去除水中悬浮的作用。

有时也选用石英砂和比重比石英砂轻的煤粒构成双层滤料，或者再加上比重较重的矿石颗粒构成三层滤料。近年来，国内外还在研究人工制造的轻质滤料层。但目前广泛采用的仍然是滤料层。

（3）承托层（也称垫层）：这是位于滤料层下面的一层由小到大排列的砾石，它的功能是支撑滤料，不使滤料漏入下部配水系统中去，反冲洗时又起到再次均匀分布冲洗水的作用。

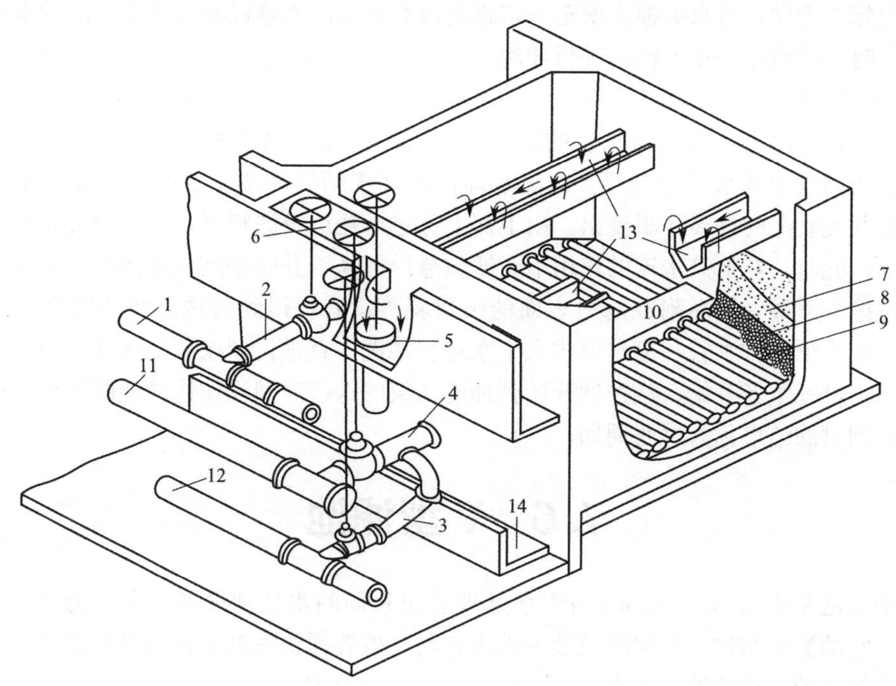

图 7-12　普通快滤池构造视图（箭头表示冲洗时水流方向）

1—进水总管；2—进水支管；3—清水支管；4—冲洗水支管；5—排水阀；6—浑水渠；7—滤料层；8—承托层；9—配水支管；10—配水干管；11—冲洗水总管；12—清水总管；13—排水槽；14—废水渠

（4）配水系统：它位于承脱层下部，由大阻力穿孔管（又称百脚管）或其他形式配水系统构成，它一方面均匀地集取滤后水引出池外，另一方面均匀地分配自下而上流入滤池的反冲洗水冲洗滤料层。

（5）排水系统：包括排水槽和集水渠，把冲洗废水引出池外。此外，在过滤时，它还起到把待滤水均匀分布到滤池砂面地作用。

（6）管路系统：连接滤池与进出水总管、滤池与反冲洗设备以及冲洗水引出池外等各种管路系统。

（7）控制系统：控制阀门启闭，使滤池按过滤要求或冲洗要求的过程操作。阀门的控制有电动、气动、水压等传动方式。现代已趋向于根据过滤运行程序实现自动控制（智能化控制）。

（8）附属设备：一般为冲洗泵或冲洗水塔等。有时还有辅助冲洗设备，如表面冲洗设备、气水联合冲洗的供气设备等。

7.5.2　普通快滤池的净水过程

1. 过滤过程

过滤时，开启进水支管与清水支管的阀门，关闭冲洗支管阀门和排水阀门，浑水就经进水总管、支管从浑水渠进入滤池，经滤池排水槽均匀分配到砂面上，进入滤料层、承托层后，由配水系统的配水支管汇集起来，再经配水系统干管、清水支管、清水总渠流往清水库。浑水流经滤料层时，水中杂质被截留。随着滤料层中杂质截留量增加，滤料层中水头损失也相应增加，当水头损失增至一定程度以致滤池产水量锐减，或由于滤后水水质不符合要求时，滤池便停止工作，进行冲洗。

2. 冲洗过程

冲洗时，关闭进水管与清水管的阀门（一般滤池砂面水深为 20cm 时关闭清水阀）。开启排水阀门与冲洗水支管阀门。冲洗水即由冲洗水箱经冲洗总管、支管经配水系统干管、支管及支管上的许多孔眼流出，由下而上穿过承托层及滤料层，均匀地分布于整个滤池平面上，此时，在上升水流的作用下，滤料悬浮起来，并膨胀到一定高度。同时，滤料间互相碰撞、摩擦，使黏附在滤料表面的杂质剥落，滤料得到清洗。冲洗废水流入排水槽，再经浑水渠、排水管和废水渠排入下水道。冲洗一直进行到滤料基本洗干净为止。冲洗结束后，过滤重新开始，从过滤开始到冲洗结束的这段时间称作快滤池的工作周期；从过滤开始到过滤结束称为过滤周期。

7.6 V 型滤池

V 型滤池是法国 Degremont 与废水处理公司独创的水处理设备，全称为 Aquazur V 型滤池。它的滤池结构、滤层组成及冲洗方式与一般普通快滤池相比有独到之处，为目前国内采用较多的一种滤池。

7.6.1 V 型滤池的构造和工作原理

1. V 型滤池的构造（图 7-13）

V 型滤池采用较粗和均质的石英砂滤料，滤层较厚，常用的石英砂滤料有效粒径为 0.9～1.35mm，K_{80} 系数在 1.35～1.40，滤层厚度约 1.2m，单池面积普遍设计为 70～90m^2。V 型滤池过滤采用恒水位过滤，出水阀门根据池内水位的高低自动调节开启程度，以保证池内的水位恒定；冲洗采用气水反冲洗，反冲洗时先进行气冲，组合气水同时冲洗，然后关闭气冲并进行水冲。水冲时 V 型槽小孔出流形成表面扫洗。冲洗时滤层呈微膨胀状态。配水采用长柄滤头。

2. V 型滤池工作原理

（1）恒水位过滤原理

V 型滤池依据水池中水位的变化调节出水阀的开启度来实现恒水位过滤。系统接收到水位计的水位信号高于设定的恒水位时，开大出水阀，调节阀门的开启度；当水位信号低于设定的恒水位时，关小出水阀，调节阀门的开启度；当水位信号等于恒水位时，保持出水阀开启度。

（2）滤料工作原理

V 型滤池采用均质粒料，在滤层的表面和底部采用近乎相同的有效粒径和均匀度的砂粒，也就是说，不仅在最初装填好的时候，而且在每次冲洗周期之后，滤床在整个深度方向粒径均匀，从而避免了水力分级，因此，可以达到深层截污的效果。同时，由于采用较厚的砂滤料，从而可以截留较多的污泥量，实现了在较长的过滤周期和较高滤速（7～15m/h）的过滤条件下，得到高质量的滤后水。

（3）V 型滤池的冲洗原理

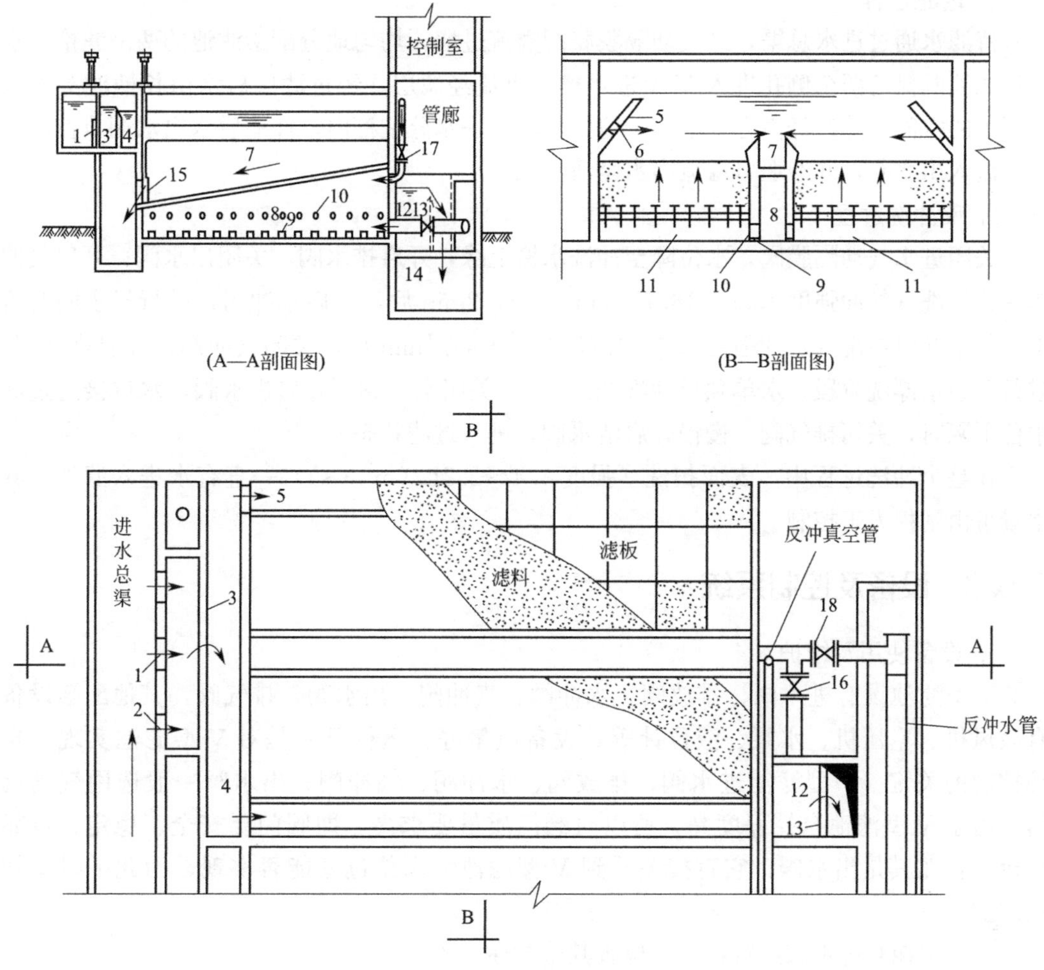

图 7-13　V 型滤池构造图

1—进水气动隔膜阀；2—方孔；3—堰口；4—侧孔；5—V 型进水槽；6—小孔；7—排水渠；8—气、水分配渠；9—配水方孔；10—配气小孔；11—底部空间；12—水封井；13—出水堰；14—清水渠；15—排水阀；16—清水阀；17—进气阀；18—冲洗水阀

V 型滤池的冲洗原理是：先用气水同时反冲洗，使砂粒受到振动并相互摩擦，附着在砂粒表面的污泥随即被脱离下来。然后停止气水冲洗，单独用水反冲进行漂洗，即剥离下来的污泥随水流带到表面最终进入排水槽。此外，在冲洗时滤池少量进水，待滤水通过与排水槽相对设置的 V 型槽底部的小孔进入滤池时，由于小孔水流的喷射，对滤池水面进行扫洗，将冲上来的杂质污泥扫向排水槽，这样消除了由于池面局部死角造成漂洗起来的杂质又重新回复到滤层，加快了漂洗速度，减少了反冲水的用量。同时，由于冲洗时不停止进水，不会造成因其他滤格的流量或速度突然增加而使其负荷过于变化。

7.6.2　V 型滤池工作过程

V 型滤池工作过程包括正常过滤过程和反冲洗过程。

1. 过滤过程

待滤水通过进水总渠，经气动隔膜膜阀溢流过堰，均匀地分配给滤池的两个滤格，水堰过滤池两侧的两个侧孔进入 V 型进水槽，再流经滤层，经过滤层后水由长柄滤头流入滤板下的空间，然后经由方孔汇集于池中央的气—水分配槽内，经滤后水出水调节控制阀后，流入出水井，并经堰口溢流出水至清水池。

2. 反冲洗过程

关闭进水气动隔膜阀，水位降至冲洗水槽上缘，开启排水阀，关闭出水阀；开启气冲阀单独气洗（气冲强度 13.9～16.7L/(m^2 · s)） 2min 后，开启水冲阀，进行气水同时清洗；气水同时冲洗（水冲强度 3.6～4.2L/(m^2 · s))4min 后，关闭气冲阀，开启排气阀，进行单独水漂洗阶段；水单独反冲洗 3min 后，关闭水冲阀，开启进水阀，水位接近过滤水位下限时，关闭排气阀，慢慢开启清水阀，进入过滤状态。

在整个冲洗过程中，表面扫洗（强度 1.4～2.2L/(m^2 · s)） 一直有水进入滤池，其水量可由闸板人工控制。

7.6.3 设备及控制系统

1. 设备使用及维护

V 型滤池设有进水阀、排放阀、水冲阀、气冲阀、出水阀、排气阀，其他配套设备有鼓风机、空压机、水泵、液位计等，设备质量好、运行可靠是对 V 型滤池实现全自动控制的关键。V 型滤池进水阀、排放阀、水冲阀、气冲阀、出水阀一般选用气动阀门。由于 V 型滤池自控程度高，所以对阀门质量要求高，即阀门要安全、稳定、可靠地运行，尤其是出水阀，它直接关系到 V 型滤池恒水位过滤能否实现，为此平时要加强维护：

(1) 定期对进水阀进行维护，检查其密封性。

(2) 定期对出水阀进行维护，设计可靠的控制电路，保证其安全、稳定、可靠的工作。

(3) 定期检查气冲阀的密封性，防止气冲阀漏气，影响过滤、冲洗的正常进行。

2. 控制系统

V 型滤池的运行由可编程控制器（简称 PLC） 自动控制进行，不需要人工操作，通过 PLC 系统对各格滤池的阀门及水泵、鼓风机、空压机和液位计进行监控，以控制滤池的正常过滤和反冲洗这两个阶段的运行。

控制系统由下列三部分组成：

(1) 分控柜，亦称就地控制柜，安装于每格滤池旁。主要对单格滤池进行恒水位过滤控制及气水反冲洗控制。

(2) 公共控制柜，简称公共柜，安装于滤池中央控制室。负责协调各格滤池反冲洗控制，以及设备内部间的网络通信，对反冲洗设备（反冲水泵、鼓风机等）及其出口阀门进行自动控制。

(3) 上位机监控站，安装于滤池控制室，由上位机、模拟屏等组成。其主要功能为：动态显示、参数设置、历史分析、在线控制、报警等。

7.6.4 V型滤池的基本特点

V型滤池根据滤料截留杂质的规律及单用水冲清除滤料表面污泥的机理，对传统的滤层结构和冲洗方式作了改进和提高，归纳为下列几方面的特点：

1. 采用较粗较厚单层均匀颗粒的砂滤层

由于V型滤池采用了不使滤层膨胀的气水同时冲洗，避免了滤层水力自然分级现象，因此不仅在过滤开始时，即使在冲洗之后，滤层在全部深度方向依然是粒径均匀的，这种匀质滤料有利于杂质的逐层下移，增加了杂质的穿透深度，大大提高了滤层的有效厚度的截污能力，实现了深层截污，在同样的进水水质、滤速等条件下，水头损失增长速度缓慢，因此，可以延长过滤周期，降低能耗和动力成本。换言之，在保证同样的出水水质条件下，可以提高过滤速度即增加过滤水量。

2. V型滤池采用恒水位过滤，是获得出流缓慢变化的最好办法，也不受人为干预的影响。

3. 采用不使滤层膨胀的气水同时反冲兼有待滤水的表面扫洗

这种砂层不膨胀或微膨胀的冲洗避免了水力自然分级现象，可以保证不搅乱原来砂层的均匀度和冲洗效果，不会形成对流，避免了泥球的形成，冲洗效果好。

4. 采用气垫分布空气和专用长柄滤头进行气水分配，冲洗均匀

长柄滤头上有很多细缝隙，缝隙宽度视滤料尺寸而异，滤头下接一根管段，插入清水廊道内，距底板200mm左右，在管段上面设有气孔，管段下端有一条缝隙，气冲时，进入清水廓道内，空气聚集在滤板下部形成垫层，空气由管段上的气孔进入长柄滤头，气量加大后，气垫层厚度随之加厚，大量空气由缝隙下部进入两者充分混合后，再由滤头缝隙喷出均匀分布在滤池面上。由于滤头的细缝比最细的砂粒料径还小（一般0.25～0.4mm），滤头周围不需铺设砾石支承层，仅需少量粗砂，其高度略高于滤头在滤板上的突出部分就行，粗砂层粒径采用1.2～2.0mm，厚度约为100mm（图7-14）。

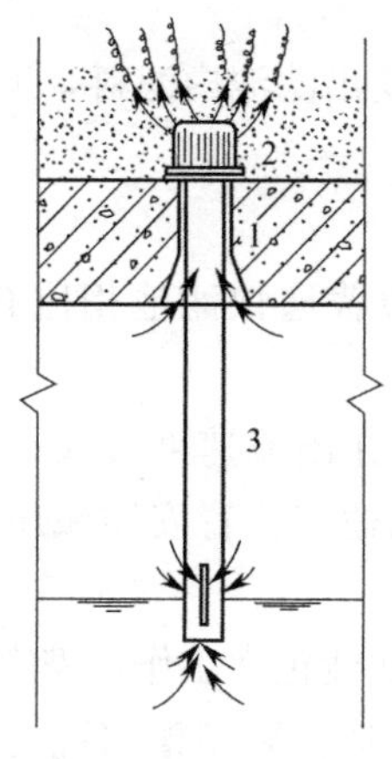

图7-14 长柄滤头

1—预埋套管；2—滤帽；3—滤柄

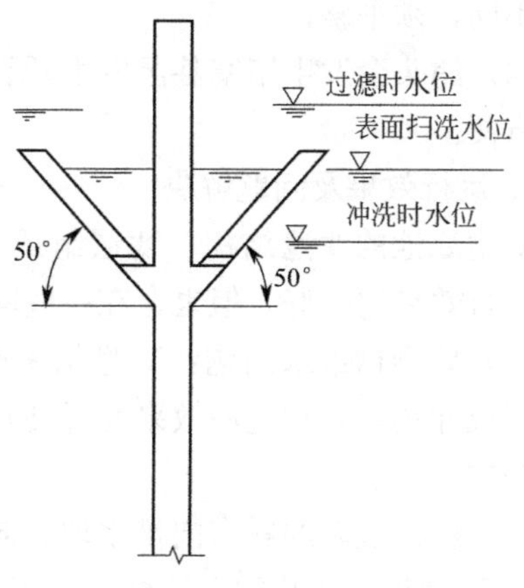

图7-15 配水槽

5. 采用在池的两侧壁的V型槽进水和池中央的尖顶堰口排水

采用沿滤池两侧长度方向与中央排水槽相对平行设置的V型槽进水，同时又是冲洗时扫洗水的配水槽（图7-15）。V型槽底部开孔，在过滤期间淹没在水中，在冲洗期间扫洗水全中径由底部小孔排出或非淹没状态。只在池中央设置一条排水槽，采用尖顶堰口，使反冲水和扫洗水均匀溢入。这都是为适应V型滤池特有的冲洗方式而设计的，与传统滤池即有排水支槽又有排水总槽有所不同。

7.6.5 V型滤池的优缺点

1. 优点

（1）恒水位过滤是获得出流缓慢变化的最好办法，并且由于滤池水位稳定，可避免砂层下部产生负压；

（2）气水反冲洗效果好，冲洗水量小；

（3）由于均匀粒径滤料，反冲后不会导致水力分层；

（4）滤料层由于粒径大、厚度大的特点，因此截污能力强，滤料深度方向能充分发挥作用，滤速大、过滤周期长，出水水质稳定；

（5）单池面积较大，普遍设计为70～90m^2，甚至达到100m^2；

（6）反冲洗时可用部分待滤水作为表面漂洗，冲洗效果好；

（7）不需进水调节阀；

（8）V型滤池自控程度高，控制系统成熟。

2. 缺点

（1）主要是滤池结构复杂，施工安装要求高，反冲洗操作繁复，对冲洗泵、鼓风机(或压缩机)、气路管道和阀门质量要求较高；

（2）中间排水槽无过滤作用，导致滤池造价高；

（3）排水槽两侧滤格底板平面水平误差难于控制，一旦稍有误差，两侧的冲洗强度会有差异，导致反冲洗时单格滤池两侧的膨胀率不一致，产生跑滤料现象，并造成两侧滤层高度不同，须平整；

（4）滤头会发生堵塞甚至发生开裂现象，更换滤头须挖出滤池内滤料，工作量大，操作不方便。

3. 运行效果及问题解决

V型滤池的滤池结构、滤层组成及其冲洗方式与一般普通快滤池相比有独到之处，总体运行效果比较好，但也存在一些问题：

（1）V型槽进水问题：V型槽末端，水头抬高最大，孔出流速度最大，容易对滤砂表面形成冲刷，影响过滤效果和过滤周期，在V型槽中的适宜位置安插减压孔板即可解决此问题。

（2）反冲洗时滤料有向排水堰方向漂移的现象，影响滤池正常工作，需定期整平。这是由于V型槽扫洗孔的设计标高不当所致，可对其进行改造。V型槽扫洗孔高度一般应接近排水堰顶高度，其偏差应小于0.05m。

（3）V型滤池运行一段时间后，单格滤池两侧滤料出现高度不一致现象，此时可定期平整滤料，并检查滤砂粒径的均匀性和气、水反冲的强度及时间，根据情况进行调整。

7.7　翻板滤池

翻板滤池是瑞士苏尔寿（Sulzer）公司的专利成果，所谓“翻板”，是因为该型滤池的反冲洗排水舌阀（板）在工作过程中在 0～90°范围内来回翻转而得名。该型滤池的工作原理与其他类型气水反冲滤池相似，其最大特点是在反冲水的排放上具有较大优势。翻板滤池的池体构造如图 7-16 所示。

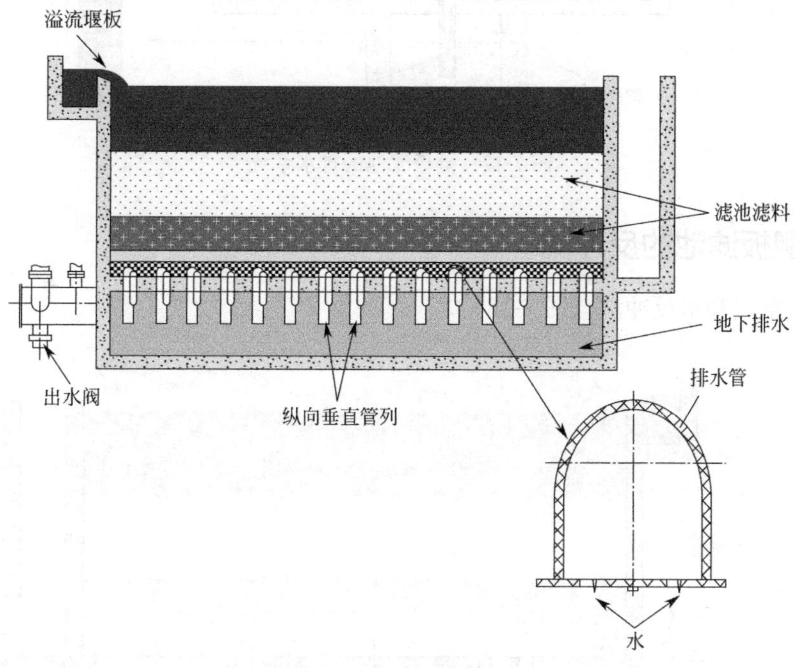

图 7-16　翻板滤池的构造

7.7.1　过滤过程

待滤水经过每个滤池的进水槽进入滤池，通过溢流堰板向滤池中均匀流入。这个堰板安装在每个滤池的顶端以保持各池进水量相同。

待滤水通过重力，渗透穿过滤料，在横向的排水管中被收集，然后经过纵向垂直管列组进入地下排水槽，过滤后的水通过出水阀门排出。

7.7.2　排水系统

用小不锈钢立管和不锈钢板做成的滤池纵向配水沟的盖板，作为池底纵向布气、布水系统。

布水、布气系统由纵向垂直管列和在卵石层下部由滤池两侧到中心轴线的横向排水管组成。这个卵石层与地下的排水槽的空气垫层（通过垂直空气管制的开口，增加水头损失）用排水管（通过排水管的冲刷空气的开口增加水头损失）和垂直管列相连。可使布水、布气均匀，导致冲刷效果达到最佳状态。翻板滤池的排水系统如图 7-17 所示。

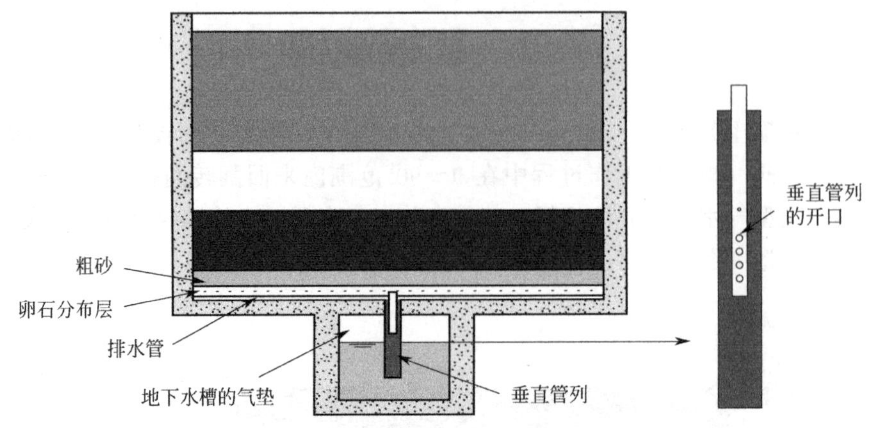

图 7-17　翻板滤池的排水系统

7.7.3　翻板滤池的反冲洗

1. 滤池空气和水反冲洗（图 7-18）

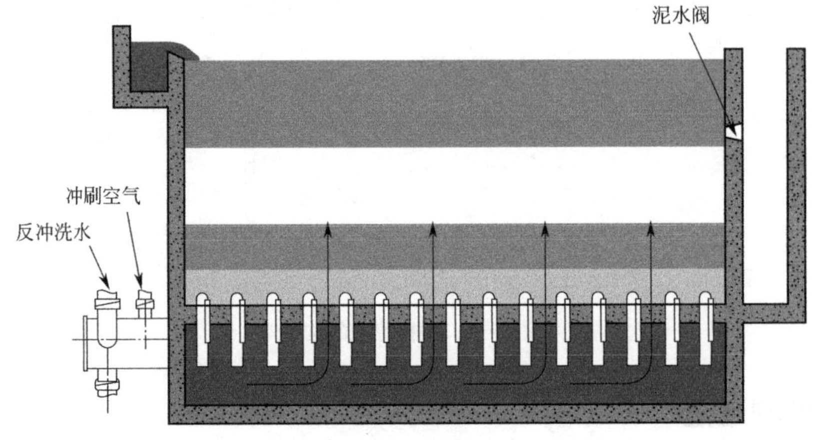

图 7-18　翻板滤池的反冲洗

（1）准备段：停止进水，待池水面降至沙面以上开始反冲洗。

（2）空气段：空气从下至上通过滤床，松动污物。

（3）反冲洗污水通过泥水阀门排到反冲洗污水回收槽。

（4）高速冲洗段和污水排放反复进行，直到滤料完全冲洗干净，一般反复两次。

2. 滤料重新排布，完成滤料的再分布，恢复水位到工作水位

3. 滤池开始正常过滤

反冲洗水可由反冲洗泵提供，也可由反冲洗水箱提供。

7.7.4　反冲洗泥水的排放

翻板滤池采用低位堰板型带有两个控制点的排水阀门。代替了一般的上排水槽和排水阀门，由低速反冲洗变为两次变速反冲洗。泥水排放阀安装在滤料的上部约 20cm 处，在

反冲洗水流入时保持关闭；当反冲洗水停止时泥水阀逐步打开（开始50%，然后100%全开）；当反冲洗水达到滤床最高液位时，开始排水。当泥水阀门关闭时，开始另一次反冲洗（图7-19）。

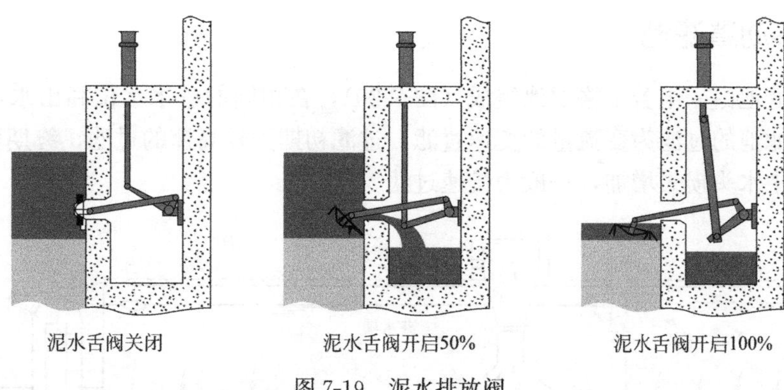

图7-19 泥水排放阀

7.7.5 翻板滤池的主要特点

翻板滤池的主要特点如下：

(1) 翻板滤池池型简单，施工容易，土建投资相对较省。翻板滤池池型呈长方体状，无V型滤池的反冲洗排水槽和进水V型槽，池底部无集水区，仅设集水管廊，滤池底板水平误差施工要求相对较低，过滤面积利用率高。

(2) 滤料、滤层可多样化选择。根据对滤池的进水水质与出水水质要求的不同，可选择单层均质滤料或双层、多层滤料，也可更改滤层中的滤料。一般单层均质滤料采用石英砂（或陶粒），双层滤料为无烟煤与石英砂（或陶粒与石英砂）。当滤池进水水质差，可用颗粒活性炭置换无烟煤等滤料。

(3) 滤料损失率比其他滤池低。翻板滤池下有级配砾石承托层，滤料一般不会从滤池底部流失，反冲洗时反冲洗水的强度高，滤料的膨胀率较大（40%以上）。一般滤料比较轻的颗粒活性炭、陶粒等滤料易从排水槽流失，但翻板滤池由于排水翻板阀是在反冲洗结束后沉降20s再逐步开启的，从而保证轻质滤料不至于通过排水翻板阀流失。

(4) 节水效果显著。翻板滤池的水冲洗强度（15～16L/(m^2·s)）、滤料膨胀率（可高达40%）与普快滤池相近，但它的冲洗时间短（两段冲洗，每段约2min），滤池过滤周期长（进水浊度5NTU时，一般可运行40～70h），故反冲洗水耗量少，约为3～4.5m^3/m^2，仅为V型滤池反冲洗单位面积耗水量的1/2左右，为节水型滤池。

7.7.6 翻板滤池运行注意事项

运行中要掌握好反冲洗过程的控制，翻板滤池是在整个反冲过程完成后才一次性排水，因此，应重点掌握反冲洗时排水翻板阀的起闭时间和开启角度。排水过早，生成悬浮滤料容易随排水流失，过晚则排水中悬浮的污物又重新沉淀到滤料表面，影响冲洗效果。一般设计为冲洗完成后静置20～30s后再逐步开启排水阀。先打开45°，再全开。废水在60～80s内排完，此时反冲洗水中细微污泥颗粒仍然是悬浮状态，冲洗彻底。

7.8 其他滤池

7.8.1 移动罩滤池

移动罩滤池由一组若干格滤池组成（图 7-20），在相同的进水水位和出水水位条件下运行，每格滤池的过滤为变流量的变速过滤，过滤初期为较高速的过滤，终期由于滤层的堵塞，滤层中水头损失增加，一般为慢速过滤。

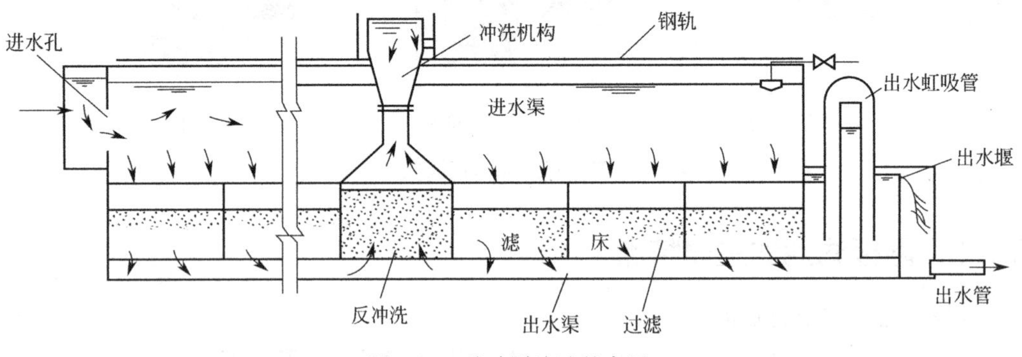

图 7-20 移动罩滤池的布置

当其中一格滤池需反冲洗时，采用移动罩覆盖该格滤池，冲洗方式有两种（图 7-21）：虹吸式移动罩内抽成真空并形成虹吸，利用整组滤池的滤后水进行冲洗，冲洗强度由过滤水位和移动罩排水水位之间的位差控制；泵吸式移动罩：移动罩内的排水用泵排出。

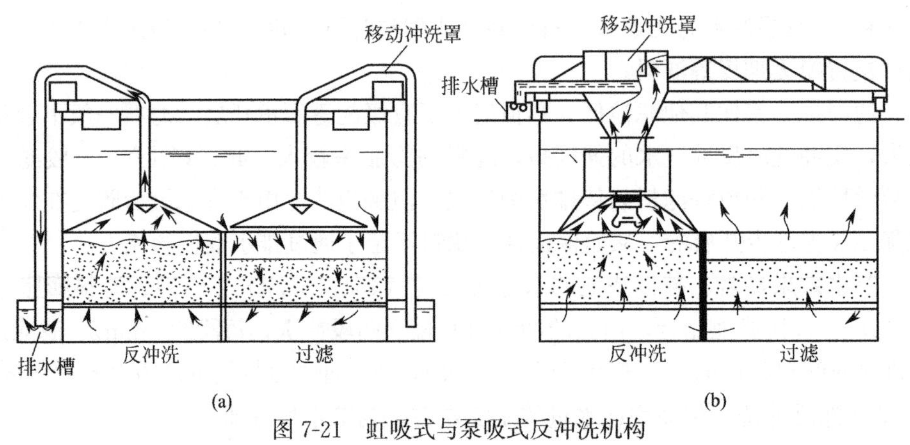

图 7-21 虹吸式与泵吸式反冲洗机构

（a）虹吸式；（b）泵吸式

7.8.2 虹吸滤池

虹吸滤池采用真空系统控制滤池的进出水虹吸管，采用恒速过滤方式，反冲洗时利用滤池本身出水及其水头进行冲洗，配水系统采用小阻力系统。虹吸滤池一般为方形，滤料可采用单层滤料或双层滤料，为提高冲洗效果，可加设表面冲洗设施。图 7-22 所示为单层滤料虹吸滤池的布置。

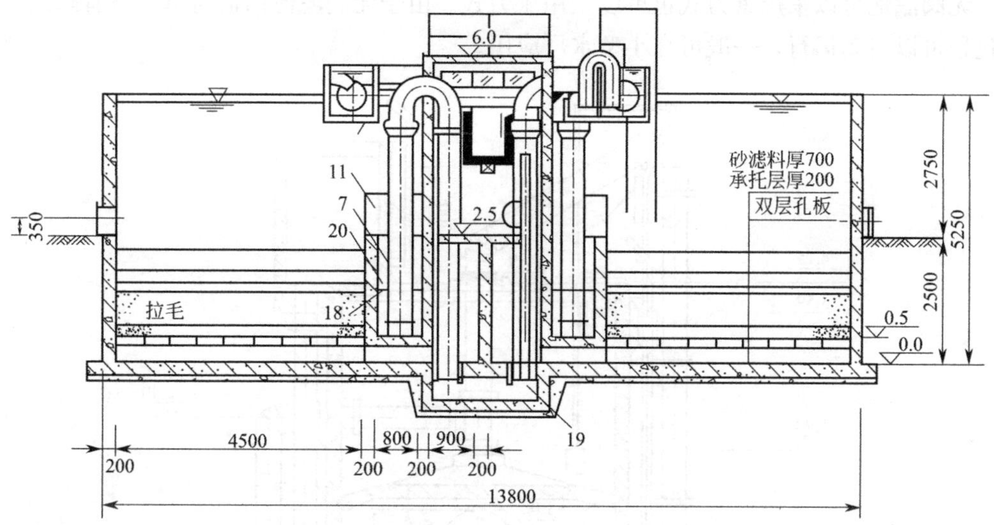

I—I

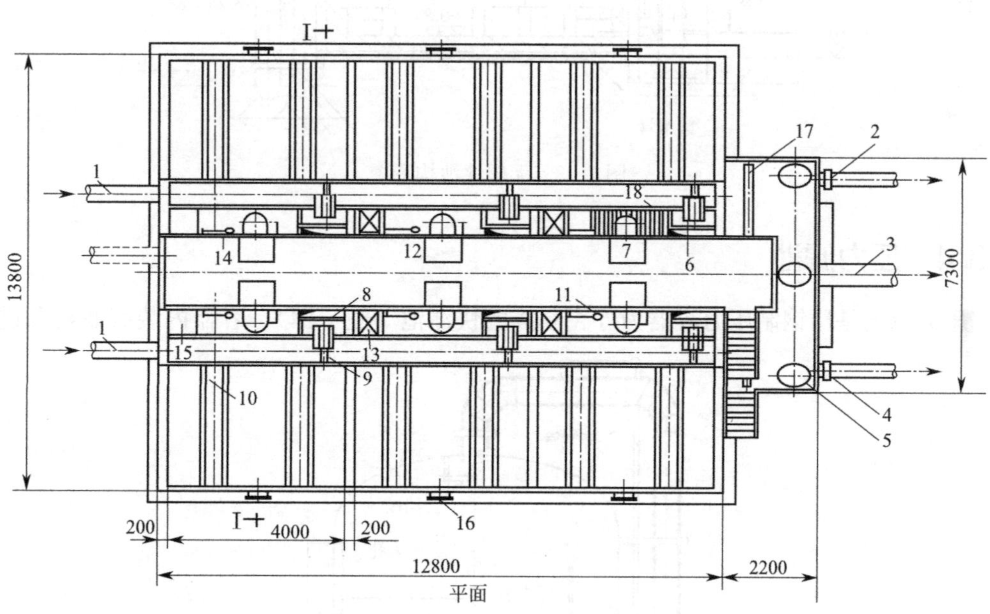

平面

图 7-22 虹吸滤池构造图

1—进水管；2—出水管；3—排水管；4—出水管；5—人孔；6—进水虹吸管；7—排水虹吸管；8—配水槽；9—进水槽；10—洗砂排水槽；11—水位接点；12—钢挡板；13—计时水槽；14—钢梯栏杆；15—走道板；16—出砂孔短管；17—清水堰板槽；18—防涡栅；19—排水渠；20—排水集水槽

7.8.3 无阀滤池

无阀滤池是将滤池与冲洗水箱结合为一体的布置形式（图 7-23）。来水由进水管进入滤池，经滤层由上而下过滤后通过连通管进入冲洗水箱，再出流至清水池。随着滤层阻力增加，进水水位提高，通过虹吸作用自动形成反冲洗，冲洗水箱的水反向通过滤层进行冲洗。

无阀滤池可以采用重力式也可以采用压力式。由于无阀滤池构造简单，没有阀门，冲洗过程可以自动运行，一般可在小型水厂应用。

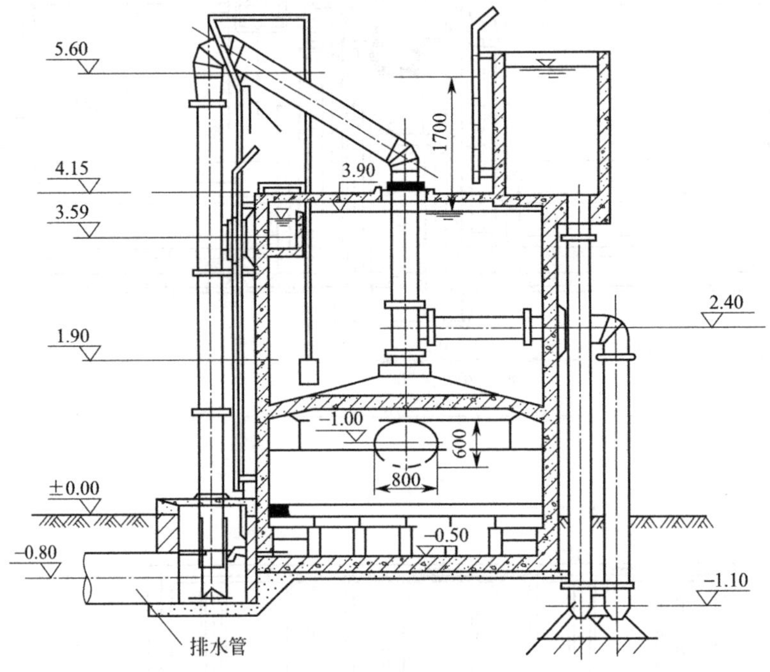

图 7-23　无阀滤池构造图

7.8.4　压力滤池

压力滤池是用钢制压力容器为外壳制成的快滤池（图 7-24）。容器内装有滤料及进水

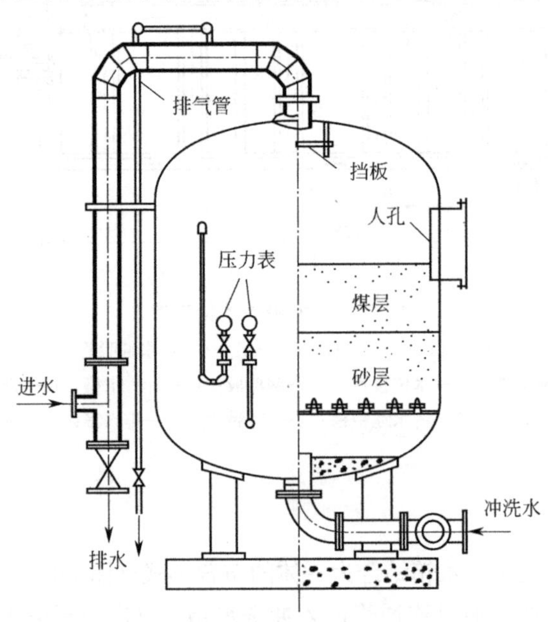

图 7-24　压力滤池构造图

和配水系统。容器外设置各种管道和阀门等。压力滤池在压力下进行过滤。进水用泵直接打入，滤后水常借压力直接送到用水装置、水塔或后面的处理设备中。压力滤池常用于工业给水处理中，往往与离子交换器串联使用。配水系统常用小阻力系统中的缝隙式滤头，或者在多叉管的支管上开缝或开孔等形式（支管外包尼龙网）。滤层厚度通常大于重力式快滤池，一般约1.0～1.2m。期终允许水头损失值一般可达5～6m，可直接从滤层上、下压力表读数得知。为提高冲洗效果，可考虑用压缩空气辅助冲洗。

压力滤池有现成产品，直径一般不超过3m。它的特点是可省清水泵站；运转管理较方便；可以移动位置，临时性给水也很适用。但耗用钢材多，对滤料的装卸不方便。

7.9 滤池的自动控制

近年来水厂越来越多地采用PLC对滤池的工作状况进行自动控制。由于PLC固有的灵活可靠的特点，非常适合滤池的自动控制要求。滤池工作状况包括正常过滤和反冲洗两个状态，滤池的PLC控制就是在滤池运行过程中，根据工艺要求，用PLC控制系统对滤池的阀门、反冲水泵、鼓风机进行控制，达到滤池能够保持过滤能力、正常工作的目的。滤池控制过程主要包括反冲洗控制和恒水位控制。

7.9.1 反冲洗控制

滤池反冲洗过程涉及一系列设备的动作，是最重要的滤池控制过程。当滤池的运行满足了反冲的条件（运行周期、水头损失、滤后水浊度），需要进行反冲洗，清洁滤料中间的污物。通过控制进水阀、出水阀、排水闸、反冲气阀、反冲水阀、放气阀等气动阀门并运行水泵、风机来实现。一般工艺要求每次只允许一格滤池反冲，当多格滤池同时要求反冲时，系统自动按照一定原则排队进行。

1. 反冲条件

一般滤池反冲条件包括三种：手动强制冲洗信号、水头损失或水位信号、定时冲洗信号。其中任一条件满足时，都会向滤池控制系统发出反冲令。在实际运行过程中，反冲洗周期和过滤水头损失值在上位机设定，一旦条件达到便发出触发指令。

2. 反冲洗全过程控制（以V型滤池为例）

(1) 关闭进水阀，滤池继续过滤。

(2) 水位降至设定的反冲水位，关闭出水阀并打开排水阀。

(3) 排水阀开到位，开气冲阀，启动风机程序进行气冲。

(4) 水冲时间到，开水冲阀，启动反冲泵程序。

(5) 气水混合冲洗的时间到，停风机，关闭气冲阀，开排气阀。

(6) 单水冲洗时间到，停水泵，关闭水冲阀，关闭排水阀，开启进水阀。

(7) 水位达到设计运行水位，关排气阀，开启出水阀，系统转入正常的过滤程序。

3. 排队功能

当多格滤池同时达到冲洗条件时，需要排队程序，控制各滤格依照一定的规则顺序冲池。根据反冲洗的三个条件，优先级的一般顺序是：手动发令、滤后水浊度达到设定值、水头损失或水位到达设定值、运行时间到达设定值。低优先级滞后于高优先级，同优先级按照手动发令先后、滤后水浊度高低、水头损失大小，运行时间长短的规则进行。

4. 反冲洗自动退出功能

有些滤池反冲洗程序设计了自动退出功能，无论反冲洗进行到何处，值班人员都可以随时发令退出反冲洗。

5. 报警功能

为保证设备在无人化生产过程中的安全运行，做到中控人员只需现场报警信号，就能充分掌握和控制现场设备运行，对随时出现的设备故障进行处理。报警内容主要包括：设备故障报警，信号故障报警，运行状态报警等。

7.9.2 恒水位控制

待滤水进入滤池，进水阀处于开启的状况。在正常的过滤条件下，工艺要求将水位的波动限制在额定范围内实现等速恒水位过滤，为使滤池的出水量等于进水量，一般根据滤池水位变化，调节出水阀的开度控制出水量的大小。系统根据水位计的水位信号，当水位信号高于设定的恒水位时，开大出水阀；当水位信号低于设定的恒水位时，关小出水阀；当水位信号等于恒水位时，保持出水阀开度。

7.9.3 滤池的 PLC 控制系统

一般情况下，滤池控制系统主要包括三个部分：

（1）就地电气控制柜，简称就地柜，安装于每格滤池旁，主要对单格滤池进行恒水位过滤控制及气水反冲洗控制，电气控制柜主要接受 PLC 发出的控制指令，通过控制相关设备电机主回路的交流接触器或变频器，执行 PLC 的控制指令，实现拖动功能。

（2）公共控制柜，安装于滤池中央控制室，负责协调各格滤池反冲洗控制，对反冲洗设备（反冲水泵、鼓风机等）及其出口阀门进行自动控制。PLC 一般安装在其中，并通过网络通信，与上位机交换传递控制数据和状态数据。有的水厂将就地柜和公共柜安放在一起。

（3）上位机工作站，安装于滤池控制室，由上位机、模拟屏等组成。上位机及相关软件利用网络通信，与 PLC 交换信息，为操作人员提供友好的用户界面。其主要功能为：动态显示、参数设置、历史分析、在线控制、报警等。

7.10 滤池的运行管理

在滤池的运行中，做好滤池的管理工作十分重要，它是滤池运行状态良好的重要保证。

滤池的管理工作包括三个方面的内容：对滤池进行技术状态定期测定分析并提出改进措施；按照运行操作规程进行操作，对运行过程中出现的各种故障分析处理；定期对滤池进行维修保养。

7.10.1 滤池的运行操作

1. 运行前的准备工作

(1) 新投产的滤池，在未铺设承托层之前，应放压力水以观察配水系统出流量是否均匀，孔眼是否堵塞，如果正常，可按设计标准铺设承托层和滤料层。

(2) 运行前必须检查各管道阀门是否正常，清除杂物。初次铺设滤料一般要比设计要求高5～10cm，以备细沙被冲走后，仍保持设计高度。

(3) 凡新铺设滤料的滤池，和曾被放空过的滤池，应排除滤层中的空气，排除空气时，可开启进水管末端的放气阀门，再缓缓放入冲洗水至滤层表面，也可从排水槽进水排气，但需控制进水量，并应缓缓洒下，直至高于滤层表面。

(4) 新铺滤料的滤池均需至少连续冲洗两次，把滤料洗净。

(5) 新铺滤料洗净后，还需对滤池消毒，消毒时可采用50～100mg/L的氯水或漂白粉浸泡24h，然后冲洗1～2次，方可投入运行。

2. 投入运行

(1) 为了保证滤池正常运行，水厂应根据滤池条件制定水质指标加以控制滤后水水质。制定滤池操作规程、交接班制度、巡回检查制度等，规范操作人员的生产操作。

(2) 确定正常的运行参数，控制滤池运行质量。滤池的运行参数主要有：滤后水浊度、滤速、反冲洗强度、初滤水浊度、滤料层厚度、期末水头损失、运行周期。

7.10.2 滤池运行参数基本概念

1. 滤速

滤速是滤池单位面积在单位时间内的过滤水量，单位一般用“m/h”表示。其含义是滤池在单位时间里水位下降的速度。

$$\text{滤速}=\frac{\text{池内水位下降距离(m)}}{\text{测定所需时间(h)}}\times 3600\text{(m/h)} \tag{7-6}$$

2. 冲洗强度

冲洗强度是指滤池的单位面积在单位时间里所耗用的冲洗水量。单位用$L/s\cdot m^2$表示。

冲洗强度测定的目的是检查滤池工作了一段时间后，冲洗强度是否有变化。对于一定的滤池滤料层和承托层要有相应的冲洗强度，过大或偏小都不好。冲洗强度的大小通常通过冲洗阀门的开度来决定，而冲洗阀门的开度又由阀门的电动执行机构的重现性是否良好来决定，有时阀门电动机构定位会有漂移，这就影响了冲洗效果。通过测定冲洗强度来校定阀门开度，保证滤池冲洗的合理性。

$$\text{冲洗强度}=\frac{\text{水量(水箱面积}\times\text{水位下降值)}}{\text{滤池面积}\times\text{测定时间}}\quad (L/(s\cdot m^2)) \tag{7-7}$$

如采用压力水（泵或供水水塔）时，则测定滤池水位变化速度即可。

3. 膨胀率

滤池反冲洗时，滤层在反冲洗水流的作用下，滤层滤料发生膨胀，使滤料在膨胀过程中洗净杂质。膨胀率过大或偏小都对滤池产生不利影响。通过测定，来校核其膨胀率是否在设计允许范围值内。

$$膨胀率=\frac{滤料膨胀高度}{滤料厚度}\times100\% \tag{7-8}$$

4. 含泥率

滤料含泥百分率是指滤池经反冲洗后，在滤料层表层下 10～20cm 处（一般取 20cm 处的）滤料的含泥量，滤料的含泥量的多少是衡量反冲洗效果的重要依据。一般滤料含泥量小于 3%视为正常。

$$含泥率=\frac{含泥量}{清洗后重量}\times100\% \tag{7-9}$$

5. 截泥能力指数

由于各种因素相互存在一定的制约因素，所以应综合考虑，使各指标的组合在技术、经济上是合理的。衡量滤池效能的一个重要指标是截泥能力指数 SCI。

$$\mathrm{SCI}=\frac{(C_0-\overline{C})VT}{H} \tag{7-10}$$

式中 C_0——滤池进水浊度；

$\overline{C}$——平均出水浊度；

V——滤池滤速；

T——过滤周期；

H——达到过滤周期的水头损失。

SCI 实际上是单位面积滤层在单位水头损失时的截泥能力。一定的滤料在一定滤速时有一定的最大允许截泥能力。滤池的合理有效控制实际上是在保证目标的前提下尽量提高截泥能力并发挥其截泥能力。

7.10.3 滤池运行中常见故障及其排除方法

滤池的常见故障大多是由于运行操作不当、管理不善造成的，常见的故障有以下几种：

1. 气阻

气阻是由于某种原因，在滤层中积聚了大量空气。表现为冲洗时有大量空气气泡上升，过滤时水头损失明显增大，滤速急剧降低，甚至滤层出现裂缝或承托层被破坏，使滤后水水质恶化。

造成气阻的原因主要有：（1）滤干后，未把空气排尽，随即进水过滤而滤层含有空气；（2）过滤周期过长，滤层中出现负水头，使水中溶解空气溢出，积聚在滤层中，导致滤层中原来用于截留杂质的孔隙被空气占据造成气阻。

解决气阻的办法是不使滤层产生负水头。如果由于过滤周期长引起负水头，则应适当缩短过滤周期；如果因滤料表层滤料过细，则应采取调换表面滤料，增加大滤料粒径，提高滤层孔隙率办法，降低水头损失值以降低负水压幅度；有时可以适当增加滤速，使整个滤层内截污较均匀。在滤池滤干的情况下，可采取清水倒压，赶跑滤层中空气后再投入运行，也可采取加大滤层上部水深的办法，防止滤池滤干。

2. 滤层产生裂缝

造成滤层裂缝的原因，主要是由于滤层含泥量过多，滤层中积泥不均匀引起局部滤层滤速快，而局部滤速慢。产生裂缝多数在滤池池壁附近，亦有在滤池中部出现开裂现象。产生裂缝后，使过滤的水直接从裂缝中穿透使滤后水水质恶化。

解决裂缝的办法，首先要加强冲洗措施，如适当提高冲洗强度，缩短冲洗周期，延长冲洗历时等办法，也可以设置辅助冲洗设施如表面冲洗设施，提高冲洗效果，使滤层含泥量降低。同时，还应检查滤池配水系统是否有局部受阻现象，一旦发现，要及时维修排除。

3. 滤层含泥率高，出现泥球

滤层中含泥率高，出现泥球，使整个滤层出现级配混乱，降低过滤效果。滤层含泥量一般不能大于3%。造成这种现象的原因主要是长期冲洗不均匀（有时因配水系统布水不均匀），冲洗废水不能排清，或待滤水浊度偏高，日积月累，残留污泥互相黏结，使体积不断增大，再因水压作用而变成不透水的泥球，大的泥球直径可达几厘米。

处理方法有：改善冲洗条件，通过测定滤层膨胀率和废水排除情况，适当调整冲洗强度和延长冲洗历时；还须检查配水系统，寻找配水不均匀的原因，加以纠正；有条件时可采用表面冲洗办法或压缩空气冲洗等辅助冲洗办法。也可以采用化学处理办法，如用浓度50～100mg/L漂白粉或氯水浸泡12h，利用强氧化剂破坏黏结泥球的有机物然后再反冲洗。如果滤层积泥、泥球严重时，必须采用翻池或更换滤料的办法解决。

4. 滤层表面凹凸不平及喷口现象

滤层表面凹凸不平，整个滤池过滤就不均匀，甚至会影响水质。造成的原因，可能是滤层下面的承托层及过滤系统有堵塞现象，大阻力配水系统有时有部分堵塞造成过滤不均匀，流速大的地方造成砂层下凹，也可能是排水槽布水不均匀，进水时滤池表面水深不够，受水冲击而造成滤料表面凹凸不平，必须翻整滤料层和承托层，检修配水系统和调整排水槽。

滤池反冲洗时如发现喷口现象（即局部反冲洗水像喷泉涌出），经多次观察，确定喷口位置后，要挖掘滤料层和承托层，检查配水系统，发现问题及时修复。

5. 跑砂、漏砂

如果冲洗强度过大，滤层膨胀率过大或滤料级配不当，反冲洗时会冲走大量相对较细的滤料，特别当用煤和砂作双层滤料时，由于两种滤料对冲洗强度要求不同，往往以冲洗砂的冲洗强度同时冲洗煤层，相对轻的煤会被冲走（即跑砂）。另外，如果冲洗水分布不均，承托层发生移动，从而促使冲洗水分布更加不均，最后某一部分承托层被掏空，使滤料通过配水系统漏进清水池内（即漏砂）。如果出现上述情况，应检查配水系统，并适当调整冲洗强度。

6. 水生物繁殖

在初夏和炎热季节，水温较高，沉淀池中常有多种藻类及水生物，极易进入滤池中繁殖。这种生物的体积很小，带有黏性，往往会使滤层堵塞。防止发生的办法是采取滤前加氯，如已发生，应经常洗刷池壁和排水槽。同时根据不同的水生物的种类，采用不同浓度的硫酸铜溶液或氯进行杀灭。

7. 过滤效率低，滤后水水质浊度不能达到标准

所谓过滤效率低，主要是指滤后水的浊度不能符合规定的指标，出现这种情况，首先要寻找产生原因。

(1) 待滤水过滤性能差，虽然浊度很低，但过滤后，浊度降低很少，甚至出现与进出水浊度差不多的情况。这时，滤池水头损失增加极快，滤池过滤周期缩短。这种水由于原水中大量胶体杂质不能通过混凝沉淀去除而带进滤池，很快就堵塞了滤层孔隙。这时最好采取预加氯进行氧化，破坏胶体，促进混凝作用，在沉淀池中预先去除；或者在滤池前投加助滤剂，改善水的过滤性能。

(2) 由于混凝剂投加量不适合，沉淀池出水浊度偏高。已定的滤料级配不能使出水从偏高的浊度降低到规定要求，这种情况应通过烧杯搅拌试验，重新确定混凝剂的加注量。此外投加助凝剂，改善沉淀池出水浊度，也是应急措施之一。

(3) 由于操作不当，如滤速过高，或出水阀门操作过于频繁使滤速增加，由于流剪力增加，把已吸附在滤料上的污泥冲刷下来带入清水中，导致水质恶化，所以在操作中应特别注意严格按操作规程操作。

8. 冲洗时排水水位壅高

由于冲洗强度控制不当，冲洗时水位会远超过排水槽顶，或者冲洗前未把滤池水位降低到规定要求就开始冲洗，使冲洗滤池的废水不能及时排除，使水位过高。当排水采用虹吸管时，虹吸未及时形成，而冲洗已经开始，这在某种程度上也会出现上述现象。

为避免以上情况，应对冲洗强度加以控制；如果因操作不当引起，则应加强规范操作的执行和督促，要求操作人员加强责任心和提高操作技能。

7.10.4 影响过滤效果的主要因素

影响滤池过滤的因素很多，包括滤池进水的预处理效果、滤速、滤料组成、过滤方式和水温等。

1. 滤池进水预处理效果

预处理效果好坏的标准是混凝过程的完善性和絮体的强度，两者相比，前者更为重要。混凝完善的矾花易被滤粒吸附和筛滤。如果混凝效果不好，一些细小的悬浮物在滤料表面没有足够的黏附力，容易穿透滤层，即使采用细滤料、厚滤层、慢滤速，滤后水水质也不会有多大改善。有些时候，即使混凝过程完善，但矾花缺乏强度和韧性，也会使杂质穿透滤层，这是因为矾花的强度不足以抵抗出现在滤床中的剪切力。因此，我们常常在混凝沉淀之后，采取投加助滤剂（如水玻璃、聚合氯化铝、碱式氯化铝等）提高矾花抗剪能力，防止杂质穿透滤层而影响水质。

2. 滤速的影响

在相同的过滤条件下，滤速愈大，杂质穿透深度也愈深，滤层中杂质分布愈均匀。相对而言，滤层可以发挥更大的作用。所以目前设计规范规定设计滤速为 8～12m/h，在实际运行中甚至更高。

滤速也不是可无限制提高的，由于滤速与杂质穿透深度有关，所以一方面要考虑到出水水质，通常滤速低、出水浊度亦低；另一方面，由于滤速提高，水头损失也增加得快，过滤周期就会缩短，冲洗水量率也要提高。所以滤速的确定，要考虑预处理水的浊度、出水水质及运行合理性等多种因素。因此，滤速应通过实验并结合整个系统作技术经济比较来分析确定。

3. 滤料粒径的影响

一般而言，滤料粒径越大，滤层中孔隙率也愈大，相应杂质穿透深度也愈深，滤层中含污能力随之增大，水头损失在过滤过程中增加缓慢，滤池的工作周期也可以延长，含污能力增大，表示整个滤层所发挥的作用也愈大。因此，目前滤料颗粒粒径增大或越趋均匀化，并使滤层厚度适当增加，使含污能力提高，改善滤后水质，提高滤速越来越被人们所关注。均匀滤料的应用就是一个例子，滤粒颗粒粒径的均匀化，克服了以往常用的单层滤料的弱点。

4. 过滤方式的影响

过滤方式有等速过滤、等压过滤和变速过滤三种。等速过滤和变速过滤相比较，在过滤条件相同的情况下，当平均滤速相等时，变速过滤要比等速过滤好一些。因为它符合如下规律：即过滤初期，滤层比较干净，截污能力强，滤速适当提高，使杂质深入下层滤料是允许的，不会对滤后水质产生不良影响；过滤后期，滤层截污能力减小，为防止杂质穿透而使滤后水质变坏，这时降低滤速是适宜的。这说明变速过滤能够随滤层截污能力的变化有自然调节功能。

5. 水温的影响

通常水温越低、滤层的截留能力越低，杂质也越容易穿透滤层，这是因为水温低，混凝效果不好，影响了进滤池的水预处理效果。

6. 滤池也会因浮游生物而造成滤层堵塞

如用水库水作水源时，会有很多藻类，不但堵塞滤层，而且会使滤后水产生色度。

复习题

1. 了解常用滤池构造，掌握过滤及冲洗过程。
2. 滤池冲洗的目的是什么？冲洗有什么要求？怎样判断滤池冲洗效果的好坏？
3. 名词解释：不均匀系数 K_{80}、滤速、冲洗强度、气阻、含泥率。
4. 滤速、冲洗强度、含泥率的测定。
5. 会计算滤速、冲洗强度、含泥率。
6. 掌握常见滤池故障及处理措施。
7. 影响滤池过滤效果的因素有哪些？

第8章 消毒

为了保障人民的身体健康，防止介水传染病的传播，生活饮用水中不应含有致病微生物。在给水处理中，消毒工艺的目的是消灭或灭活致病细菌、病毒和其他致病微生物。水中的细菌大多数黏附在悬浮颗粒上，水经过混凝、沉淀和过滤等工艺可以去除大多数细菌和病毒，而消毒是保证水质的最后一关。

《生活饮用水卫生标准》GB 5749—2006 规定，微生物指标中：总大肠菌群不得检出；耐热大肠菌群不得检出；大肠埃希氏菌不得检出；菌落总数限值 100CFU/mL。消毒剂检测要求：出厂水中游离氯在接触 30min 后不超过 4mg/L，不低于 0.3mg/L，管网末梢水中余量不低于 0.05mg/L。

在对“消毒”一词的含义的理解上，需要强调消毒是相对的而不是绝对的，是针对病原微生物和其他有害微生物，要求将有害微生物的数量减少到无害的程度。

8.1 常用消毒方法

消毒方法有物理法和化学法两类。物理方法包括加热、紫外线和超声波等；化学方法有加氯、漂白粉、次氯酸钠、二氧化氯、臭氧等。在 20 世纪 80、90 年代，液氯因成本较低，被广泛应用在给水处理消毒工艺，但氯气有剧烈刺激作用和腐蚀性，吸入人体能导致严重中毒，属于剧毒危险化学品，一旦泄漏，将对周边人员和设施造成不可估量的损失。进入 21 世纪，国内许多水厂都对液氯消毒工艺进行了改造，采用有效氯含量 10%的次氯酸钠替代原有消毒剂液氯，大大降低了安全风险。

各种消毒方法优缺点比较见表 8-1。

常用的消毒方法比较 **表 8-1**

消毒剂	优缺点	适用条件
次氯酸钠（有效氯含量10%）NaClO	优点：具有余氯的持续消毒作用；操作简单，比投加液氯安全、方便；使用成本虽较液氯高，但较漂白粉低； 缺点：成品次氯酸钠溶液随贮存时间增加其有效成分不断衰减；采用现场制备，制取设备复杂，且增加电耗	成品次氯酸钠供应方便的水厂
二氧化氯（ClO_2）	优点：只起氧化作用，不起氯化作用，不会生成有机氯化物；较液氯的杀菌效果好；具有强烈的氧化作用，可除臭、去色、氧化锰、铁等物质；不生成氯胺；不受 pH 值影响； 缺点：易引起爆炸；不能贮存，必须现场制取使用；制取设备复杂；操作管理要求高；成本较高	适用中小型水厂

续表

消毒剂	优缺点	适用条件
液氯(Cl_2)	优点：具有余氯的持续消毒作用；成本较低；操作简单，投量准确；不需要庞大的设备； 缺点：原水有机物高时会产生有机氯化物，尤其在水源受有机污染而采用折点投氯时；处理水有氯或氯酚味；氯气属于剧毒危险化学品，管理难度较大；有毒，须注意安全操作	安全管理水平较高的水厂
漂白粉($CaCl_2$) 漂粉精($Ca(ClO)_2$)	优点：具有持续消毒作用；投加设备简单；价格低廉；漂粉精含有效氯达60%～70%；使用方便； 缺点：将产生有机氯化物和氯酚味；易受光、热潮气作用而分解失效，须注意贮存；漂白粉的溶解及调制不便；漂白粉含氯量只有20%～30%，因而用量、设备容积大；渣多	漂白粉仅适用于生产能力较小的水厂；漂白精使用方便，一般在水质突然变坏时临时投加
氯氨(NH_2Cl 和 $NHCl_2$)	优点：能减低三氯甲烷和氯酚的产生；能保持管网中的余氯量，不需管网中途补氯；防止管网中细菌的繁殖；可降低加氯量，减轻氯和氯酚味； 缺点：消毒作用比液氯和漂白粉慢，需较长接触时间；需增加加氨设备，操作管理较麻烦	输配水管线较长时适用
臭氧(O_3)	优点：具有强氧化能力，对微生物、病毒、芽孢等均有杀伤力，消毒效果好。接触时间短；能除臭、去色，氧化铁锰等物质；能除酚，无氯酚味；不会生成有机氯化物；不受胺和pH值影响； 缺点：设备投资大，电耗费用高；臭氧在水中不稳定，易分解，无余氯持续消毒作用；设备复杂，管理难度大；成本高	适用于原水有机污染严重的水厂

8.2 液氯消毒

氯，原子量35.45，分子式Cl_2，分子量70.9，密度为$2.486kg/m^3$（空气的密度约为$1kg/m^3$）。在1个大气压下，温度为0℃时，每升氯气质量为3.22克，约为空气质量的2.5倍。

氯气是一种易液化的气体，在常压下降温至零下33.6℃或常温下加压至6～8个大气压时，氯即转化成液体，习惯上称为"液氯"。

常温下，氯是一种黄绿色并具有强烈刺激性气味的窒息性气体，有剧毒。对人的生理组织有害，特别是对呼吸系统和眼黏膜伤害很大，能引起气管痉挛或产生肺水肿而导致窒息死亡。因此，在使用氯气时，应特别重视安全问题。

8.2.1 氯消毒原理

1. 水中无氨氮存在时

氯气加入水中后，产生一系列化学变化。氯很快的产生水解，生成次氯酸（HClO），其反应式如下：

$$Cl_2 + H_2O \rightleftharpoons HClO + H^+ + Cl^-$$

次氯酸是一种弱电解质，它按下式分解成H^+和ClO^-：

$$HClO \rightleftharpoons H^+ + ClO^-$$

对于消毒机理，近代认为，次氯酸（HClO）起了主要消毒作用。

次氯酸根离子（ClO^-）带负电荷，而细菌表面同样带负电荷，由于电斥力作用，它很难靠近细菌表面，因而消毒效果很差。次氯酸（HClO）是分子量很小的中性分子，不带电荷，能很快地扩散到细菌表面，并透过细胞壁与细胞内部的酶起作用，破坏酶的功能。“酶”是一种蛋白质成分的催化剂，它存在于所有细胞中，数量虽然很少，但对于吸收葡萄糖，促进新陈代谢作用，维持细胞生存，具有极其重要的作用。次氯酸（HClO）破坏酶从而达到杀菌的作用。生产实践表明，pH值越低，消毒作用越强，充分证明次氯酸（HClO）是消毒的主要因素。

次氯酸钠、漂白粉加入水中后也可以分解成次氯酸（HClO），所以它们的消毒原理和氯消毒一样的。

HClO与ClO^-在水溶液中的比值，决定于pH值与温度，它们关系如图8-1所示。

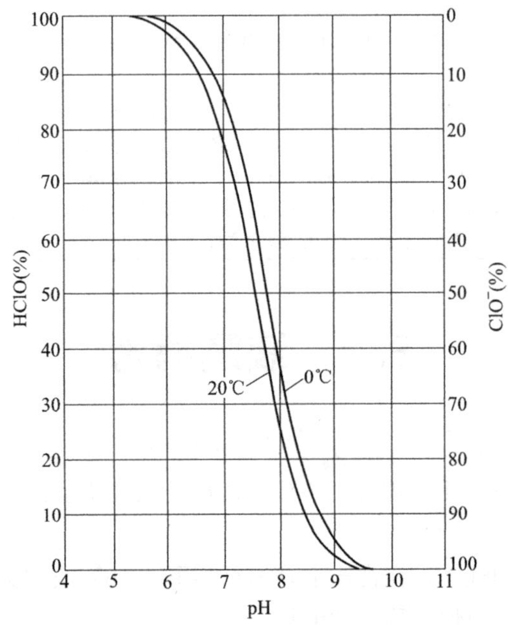

图8-1　不同pH值和水温时水中HClO与ClO^-的比例

由上图可知，pH值保持在6.0～7.0之间，次氯酸（HClO）在水中的含量很高，消毒效果是比较理想的。当pH值在7以下时，次氯酸（HClO）占压倒优势；pH＝7.4时（20℃）次氯酸（HClO）与次氯酸根离子（ClO^-）含量相等；pH值在7.5以上时，次氯酸根离子（ClO^-）占主要地位；当pH＞9.5时，则几乎全是次氯酸根离子（ClO^-）。综上所述，为保证良好的消毒效果，应使水中次氯酸的含量保证在较高水平，因此加氯消毒时控制好水的pH值是很重要的。

当水中无氨氮存在时，加氯消毒后，水中存在的氯气（Cl_2）、次氯酸（HClO）和次氯酸根（ClO^-）的总和称为“游离性余氯”。此时向水中加入指示剂联邻甲苯胺（O·T）后，水体迅速显色（溶液显黄色）。

游离性余氯消毒能力较强，但维持时间不长，遇水中有酚类物质存在时，易产生“氯酚臭味”（强烈厌恶气味，类似苯的味道）。

2. 当水中存在氨氮时

以上讨论是基于水中没有氨氮成分。实际上，很多地表水源中，由于有机污染而含有一定的氨氮。氯加入这种水中，产生如下的反应：

$$Cl_2 + H_2O \rightleftharpoons HClO + HCl$$
$$NH_3 + HClO \rightleftharpoons NH_2Cl + H_2O$$
$$NH_2Cl + HClO \rightleftharpoons NHCl_2 + H_2O$$
$$NHCl_2 + HClO \rightleftharpoons NCl_3 + H_2O$$

从上述反应可见：水中存在次氯酸 HClO、一氯胺 NH_2Cl、二氯胺 $NHCl_2$、三氯胺 NCl_3，它们在平衡状下的含量比例决定于氨、氯的相对浓度、pH 值和温度。一般来讲，当 pH 值大于 9 时，一氯胺 NH_2Cl 占优势；当 pH 值为 7.0 时，一氯胺 NH_2Cl 和二氯胺 $NHCl_2$ 同时存在，近似等量；当 pH 值小于 6.5 时，主要为二氯胺 $NHCl_2$；而三氯胺 NCl_3 只有在 pH 值低于 4.5 时才存在。

一氯胺 NH_2Cl 及二氯胺 $NHCl_2$ 的杀菌能力强，而二氯胺 $NHCl_2$ 又优于一氯胺 NH_2Cl，三氯胺 NCl_3 则不起消毒作用，且具有恶臭味（水中三氯胺的含量达到 0.05mg/L 时，已使人不能忍受）。一般自来水中不太可能产生三氯胺，而且它在水中溶解度很低，不稳定且易气化，所以三氯胺的恶臭味并不引起严重问题。

当水中有氨氮存在时，加氯消毒后，水中存在的一氯胺 NH_2Cl、二氯胺 $NHCl_2$、三氯胺 NCl_3 的总和称为“化合性余氯”。此时向水中加入指示剂联邻甲苯胺后需 5～10min 才能显色（水温低于 10℃时，显色时间需 15min 或更长）。

氯胺消毒时，因氯胺与有机物不起作用，故不产生异味，遇水中有酚类物质存在时，也不会产生“氯酚臭味”。

氯胺的杀菌速度比游离性余氯慢，故净水消毒时，需要较长的接触时间，才能达到预期的效果（一般地，氯胺消毒时要求氯与水的接触时间不少于 2h）。

水中存在的游离性余氯（或称自由性余氯）和化合性余氯（或称结合性余氯）的总和称为总余氯。

8.2.2 加氯量与剩余氯

控制加氯量是一个很重要的问题，加氯量过多不仅是浪费，而且会使水产生氯臭，给人们带来不愉快的感觉；加氯量不足，则达不到消毒杀菌的效果。水中加氯，不但能杀死细菌，而且氯还和水中的有机物起作用，使水的色度、浊度、臭味得到进一步改善。加氯量的多少，除了要满足对水的消毒以及氧化有机物外，还应考虑维持一定的余氯，用以抑制水中残存细菌的再度繁殖、防止水在管网中再度受到污染。

生产中加氯量的确定由以下计算公式确定：

$$\text{加氯量(mg/L)} = \text{需氯量} + \text{氯损耗量} + \text{余氯要求量} \tag{8-1}$$

式中 需氯量——加氯消毒时，用于杀死细菌、氧化有机物和还原性物质等所消耗的氯量(mg/L)，其测定方法见第十三章第四节。

氯损耗量——氯在生产过程中损耗的那部分，其大小与季节、水温有关。

余氯要求量——应达到生活饮用水卫生标准要求。

根据加氯量，可以计算出消毒剂的单耗，即：每千立方米水所消耗的药剂用量：

$$药剂单耗(mg/L)=药剂用量(kg)\div 供水量(千立方米) \quad (8\text{-}2)$$

计算实例：

某水厂平均每小时进水量为 5000 m^3/h。已知当天总投加消毒剂液体次氯酸钠 285 公斤，则当天次氯酸钠单耗为多少 mg/L?

解：水厂当天进水量：5000×24=120000m^3=120 千立方米

次氯酸钠单耗=285÷120=2.375(mg/L)

下面就不同情况下加氯量与剩余氯之间的关系进行详细分析：

如水中无细菌、有机物和还原性物质等，则需氯量为零，加氯量等于剩余氯量。如图 8-2 中所示的虚线，该线与坐标呈 45°交角。

事实上天然水特别是地表水源多少已受到有机物的污染，氧化这些有机物要消耗一定的氯，即需氯量。加氯量必须超过需氯量，才能保证水中剩余一定的氯。当水中有机物较少，而且主要不是游离氨和含氮化合物时，需氯量 OM 满足以后水中才会出现余氯。如图 8-2 中所示的实线，这条曲线与横坐标交角小于 45°，其原因是：

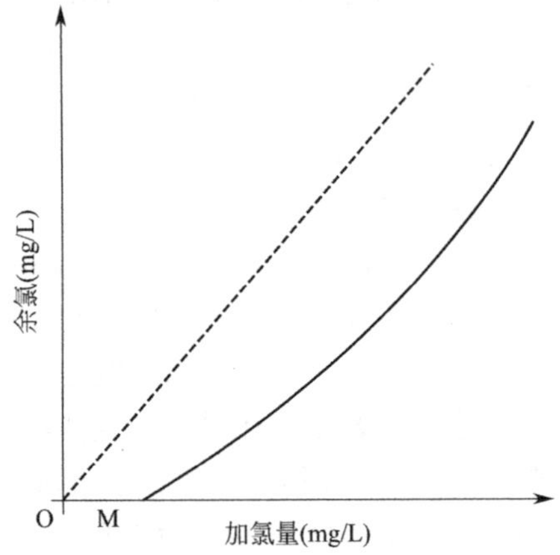

图 8-2 加氯量与余氯的关系

(1) 水中有机物与氯作用的速度有快有慢，在测定余氯时，有一部分有机物尚在继续与氯作用中。

(2) 水中余氯有一部分会自行分解，如次氯酸由于受水中某些杂质或光线的作用，产生如下的催化分解：

$$2HClO \longrightarrow 2HCl + O_2 \uparrow$$

当水中的有机物主要是氨和含氮化合物时，消毒情况则比较复杂。如图 8-3，当起始

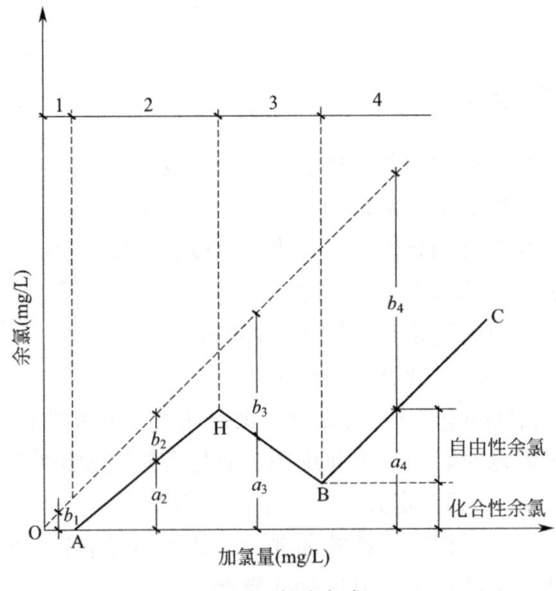

图 8-3 折点加氯

的需氯量 OA 满足以后，加氯量增加，剩余氯也增加（曲线 AH 段），但后者增长得慢一些。到某一加氯量后，虽然加氯量增加，余氯量反而下降，如 HB 段，H 点称为峰点。此后随着加氯量的增加，剩余氯也增加，如 BC 段，B 点称为折点。

图 8-3 中，曲线 AHBC 与斜虚线间的纵坐标值 b 表示需氯量；曲线 AHBC 的纵坐标值 a 表示余氯量。曲线可分为四个区，分述如下：

在第一区即 OA 段，这表示水中杂质把氯消耗，余氯量为零，需氯量为 b_1。这时虽然也能杀死一些细菌，但消毒效果不可靠。

在第二区即曲线 AH 段。加氯后，氯与氨发生反应，有余氯存在，所以有一定消毒效果，但余氯为化合性余氯，其主要成分是一氯胺。

在第三区即曲线 HB 段，仍然产生化合性余氯，但由于加氯量增加了，将发生下列化学反应：

$$2NH_2Cl + HClO \longrightarrow N_2\uparrow + 3HCl + H_2O$$

反应结果使氯胺被氧化分解成一些不起消毒作用的化合物，余氯反而逐渐减少了，直到最低的折点 B 点。

超过折点 B 点以后，进入第四区，即曲线 BC 段。此后已经没有消耗氯的杂质了。此时出现自由性余氯。该区消毒效果最好。

从整个曲线看，到达峰点 H 时，余氯最高，且全部是化合性余氯。到达折点 B 时，余氯最低。如继续加氯，余氯增加，所增加的全部是自由性余氯。

加氯量达到折点需要量时称为折点氯化。

当原水受到严重污染，采用普通的混凝沉淀、过滤及一般加氯量的消毒方法都不能解决时，折点加氯法的效果最为显著。

折点加氯法具有以下优点：

（1）使水的色度大大降低；

（2）能去除水中的恶臭；

（3）去除水中酚、铁、锰等杂质效果明显；

（4）能降低水中有机污染总含量；

（5）能促进混凝，减少混凝剂用量；

（6）折点氯化能控制藻类滋生。

此外，由于折点加氯的加氯量很大（可达 20～30mg/L 或更高），将在水中产生大量的氢离子（H^+），大大降低水的 pH 值。为了防止出厂水 pH 值过高，腐蚀管网及影响用户使用，必须加碱以调整 pH 值。

经折点氯化的水中，余氯往往含有三氯胺 NCl_3（除非 pH 值稍高），这些成分会使水具有讨厌的氯臭。为了控制这些成分所引起的不良影响，必须对经折点氯化的水，按其中余氯在总余氯量中所占分量的不同，分别采取部分脱氯或完全脱氯措施。

8.2.3 影响加氯效果的因素

氯消毒效果的好坏取决于许多因素，主要有以下几个方面：

1. pH 值

水的 pH 值对消毒效果有很大的影响。因为加氯消毒效果的好坏主要看加氯后水中生成次氯酸的多少（在氯消毒原理中我们已经讨论过）。因此，为了提高消毒效果，控制水中 pH 值不要大于 7.4 是很重要的。

2. 水温

水温对杀菌效果的影响主要体现在余氯的损耗上。一般夏季水温高，余氯消耗大，往往需要提高清水池的余氯量。

3. 接触时间

接触时间长，有利于充分杀菌。一般要求氯与水的接触时间不少于 30min（氯胺消毒要求不少于 2h），但过长的接触时间会使余氯消失。

4. 加氯量

同样条件下，增加加氯量会提高消毒效果。但余氯不宜过大，否则不但浪费氯气，而且使水呈明显氯味，容易使用户反感。

5. 浑浊度

水浑浊说明杂质多，消耗的氯量就会增加，遇到这种情况时要增加加氯量。

8.2.4 加氯点选择

加氯点选择要根据原水水质情况，净水设备情况，因地制宜，合理选择。一般有以下几种：

1. 滤后加氯

（1）加氯点选在过滤后流入清水池前的管道中间或清水池入口处。

（2）滤后加氯适用于一般水质的水源。由于水中大量杂质已被沉淀和过滤所去除，加氯只是为了杀灭残存的细菌和大肠杆菌。

（3）滤后加氯，水在清水池中最少停留半小时以上，但不宜过长，以免剩余氯自行消失。

2. 滤前加氯

（1）加氯点可以在滤池前的任何位置。

（2）滤前加氯适应于水中有机物较多，色度较高、有藻类滋生的水源。采用滤前加氯既可以充分杀菌，还可以提高混凝、沉淀效果，防止沉淀池底部污泥腐烂发臭或滤池与沉淀池池壁滋长青苔。

（3）此种方法加氯量较大。

3. 送水泵房吸水井补充加氯

为调整出厂水余氯浓度时紧急投加。

4. 管网中途补充加氯

当城市管网延伸很长、管网末端的剩余氯难以保证时，需要在管网中途补充加氯。这样既能保证管网末梢的余氯，又不致使水厂附近管网中的余氯过高。

管网中途加氯的位置一般都设在加压泵站。

当水中存在有机物时，氯的加注量越高，加注点越在前面（尤其是沉淀前加氯），特别是采用活性氯时，产生的卤代烃也越多，副作用也越大。因此，加氯的基本原则应是在管网余氯达到规定标准，并使细菌、大肠菌数值达到目标的前提下，加氯量尽量减少，加氯点尽量往后道工序挪移，以减少消毒副产物的浓度。

8.2.5 加氯自动控制

氯的投加有两种控制方法：(1) 用水流量控制加氯量（比例法）：由安装在给水管道上的流量计的信号，按水量和加氯量的比例实现加氯量的投加控制。(2) 通过连续剩余氯检测仪的信号反馈来进行加氯量的调节，加氯机上有伺服电动机与自动控制系统相连，进行自动控制（PID闭环控制）。

一般的，用比例法控制滤前加氯量。滤后加氯量采用PID闭环控制方式（图8-4）。

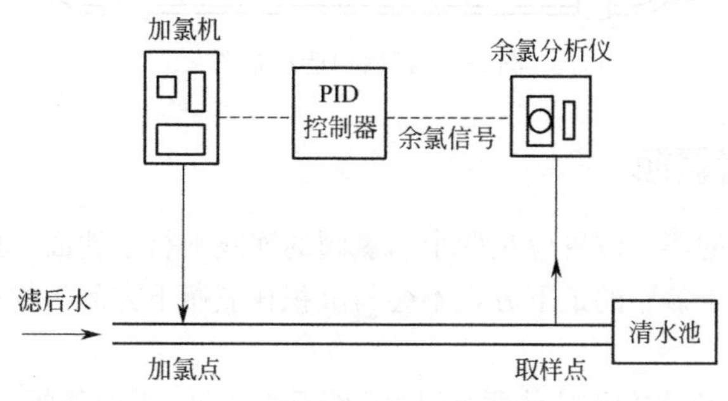

图8-4　PID闭环控制加氯量

实施加氯自动化要选用质量可靠的余氯仪、药剂加注设备，以保证工作可靠性。

8.3 氯瓶及安全操作

用作贮存和运输液氯的钢瓶称氯瓶。我国规定，氯瓶外表应漆成深绿色（有的国家氯瓶颜色漆成黄色），瓶体上写有白色仿宋体“氯”字或化学元素符号“Cl_2”。氯瓶有100kg、500kg、1000kg等几种规格（表8-2）。

氯瓶规格　表8-2

型号	最大充氯量（kg）	外形尺寸(mm)（外径×高度）	瓶自重（kg）	公称压力（MPa）
YL-100	100	350×1335	82.5	2
YL-500	500	600×1800	246	
YL-1000	1000	800×2020	448	

8.3.1 氯瓶的构造

氯瓶为三件组装形式，筒体和封头是氯瓶的主体，筒体用钢板冷卷成型，封头的形状一般为椭圆形（图8-5）。

氯瓶有大小两个护罩，护罩上设有吊孔，用于提升氯瓶。大小护罩均设有缺口，以免直立时存水而腐蚀瓶体。

液氯瓶实际上并没有真正装满，一般留有20%的气化空间，其目的是防止因环境温度过高，瓶内液氯大量气化为氯气，增大瓶内压力，而使气瓶爆裂。

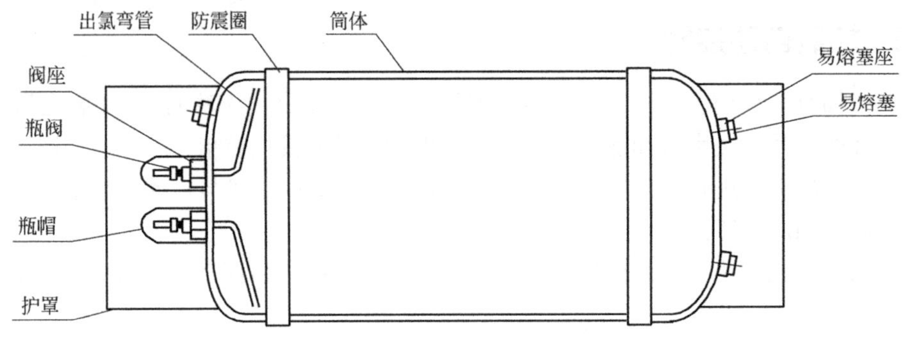

图 8-5 氯瓶构造示意图

8.3.2 正确放置氯瓶

氯瓶存放时正确的摆放位置应是两个出氯阀的连线平行于地面，此时，氯瓶内两个出氯弯管的管口都不处于氯瓶的最下方，不会与沉积在氯瓶下方的污物相接触，可避免管口被堵塞的情况发生。

氯瓶使用时正确的安放位置应使两阀门的连线垂直地面，此时氯瓶内居于上位的出氯弯管管口高于瓶内液氯面，故居于上位的瓶阀可压出气态氯，居于下位的瓶阀可压出液态氯（图 8-6）。

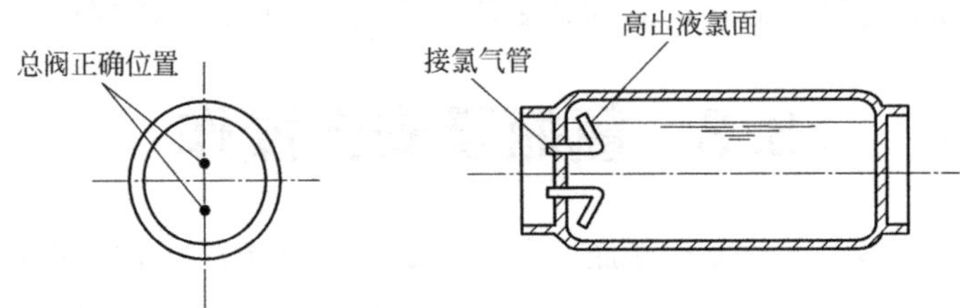

图 8-6 氯瓶使用时的安放位置

8.3.3 换氯瓶操作

每一个操作人员都应正确、熟练使用吊车吊运氯瓶。按如下步骤进行换氯瓶操作：

（1）打开氯库的抽风机，操作人员戴上防毒面具，使用专用工具进行操作。

（2）应首先关闭氯瓶出氯总阀，等 1～2min 后（待管道内氯气抽吸干净），关闭铜管出口阀门，然后再切换到另一组氯瓶进行加氯。

（3）使用专用工具拆开连接氯瓶的铜管，拧紧出氯阀的螺帽。注意：整个操作过程头部应保持在操作部位的上方，切不可将脸对着氯瓶出氯口，以免发生中毒事故。

（4）确认吊车可以正常运行后，将空瓶吊出氯瓶架，套上瓶帽，拧紧。空瓶过磅后做好记录，放置于氯库空瓶区，摆放整齐，挂上“空瓶”的牌子。

（5）将满瓶吊运至氯瓶架上，安放时两个瓶阀的连线垂直地面。

（6）装接铜管。装接前应更换铜管螺母里的垫片（垫片可用高压石棉片、铅片等制作），然后将螺母对准氯瓶瓶阀的螺丝，慢慢拧紧，动作要轻，不能太快，以免滑牙。操作时铜管不要乱摆动，不能转来转去，以免铜管破裂，发生漏氯事故。

（7）氯瓶连接完毕，用氨水检查各连接部位是否漏氯。

漏氯检测方法：

1）检测药剂：10％的浓氨水。

2）检测方法：当怀疑某一部位漏氯时，将 10％的浓氨水靠近漏氯可疑点，如有白色烟雾生成，则表示该处漏氯。

3）检测原理：氯与氨在空气中很快生成氯化铵（NH_4Cl）白色微粒，形成白色“烟雾”，反应方程式如下：

$$NH_3+Cl_2+H_2O \longrightarrow NH_4Cl+HClO$$

8.3.4 安全使用注意事项

（1）氯瓶应轻装轻卸，严禁抛、滚和撞击。

（2）氯瓶入库前应检查并记录以下内容：瓶体外观是否完好（瓶身有无变形、渗漏、锈蚀；漆色、字样、钢印是否清晰；有无合格证等），称重核对是否有超装液氯，用氨水检查瓶阀是否漏氯，并检查瓶阀是否滑牙。

（3）氯瓶在氯库内放置整齐，并留出吊运间距和通道，有防止滚动的措施。空瓶和满瓶必须分开放置，严禁混放。氯瓶应挂上“满瓶”“空瓶”等标志，以便识别。

（4）氯瓶应执行先入库先用的原则，储存期不得超过 3 个月。

（5）加氯设备应定期维修，确保各连接部位不漏气，各零部件、仪表要完好。

（6）氯瓶使用时，确保瓶内气体不能全部用尽。一般要求使用后必须留有 0.05～0.1MPa 的余压。

（7）灭火设备、防毒面具、氨水和专用工具，应放在氯库外适当的地方，便于取用。每次使用后要及时放回或补充。

8.4 液氯投加系统

8.4.1 液氯投加系统组成

自来水厂液氯投加系统由氯瓶、加氯歧管、隔膜式压力表、压力切换装置、蒸发器、氯气过滤器、真空调节器、电子秤、加氯机、水射器、余氯分析仪、漏氯检测器、取样泵等主要部件组成。当取用液相氯时，投加系统中还应配备蒸发器。

当取用气相氯时，投加系统如图 8-7；当取用液相氯时，投加系统如图 8-8。

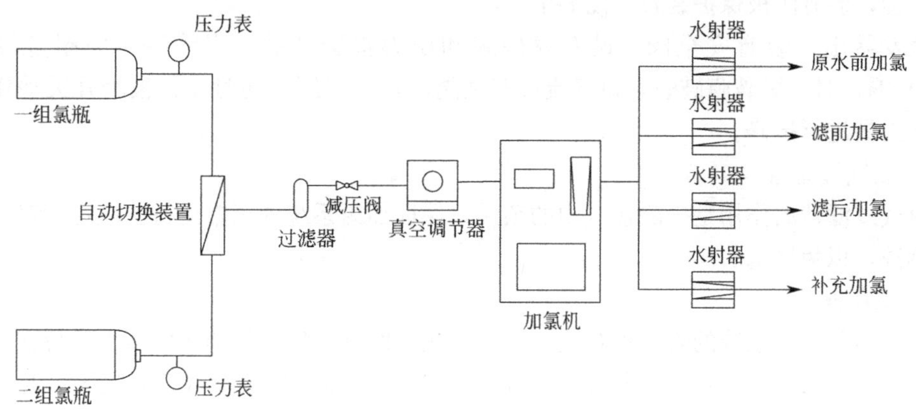

图 8-7 取用气相氯投加系统图

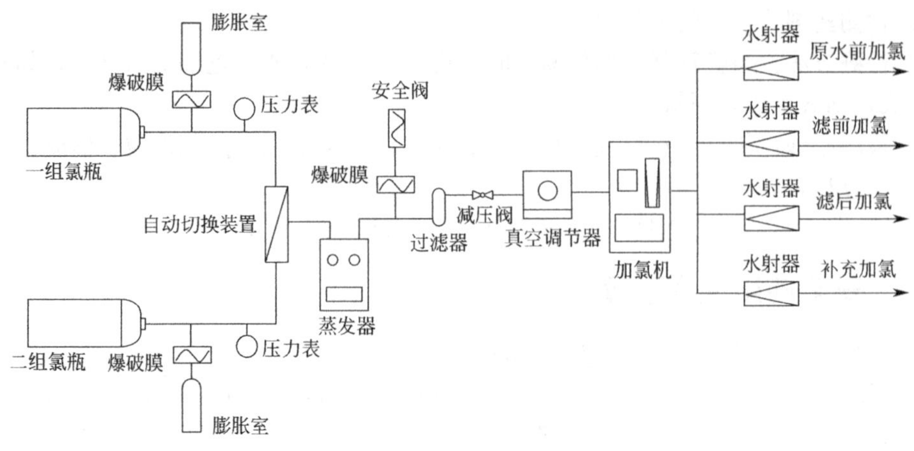

图 8-8　取用液相氯投加系统图

8.4.2　各部分的构造及原理

1. 加氯歧管

加氯系统一般设有两组歧管，一用一备，每组歧管可带数个氯瓶。加氯歧管是氯瓶与真空调节器之间的连接通道，处在高压下工作，系统试验压力能达到 1.5MPa。

2. 膨胀室

膨胀室进口设有爆破膜和压力报警开关，是加氯系统的安全保护装置。当管道压力超过设定值（约 2.8MPa）时，爆破膜破裂，液氯流入膨胀室，可暂时起到缓冲、泄压作用。同时起报警器作用，提醒操作人员进行抢修。

3. 压力切换装置

当管道内压力低于设定值（0.05MPa）时，压力切换装置动作，自动换用另一组氯源。

4. 蒸发器

蒸发器用于大容量加氯系统中，可提高液氯气化效率。其工作原理是通过淹没在水中的电加热器，将水温加热到 80℃，经碳钢套缸壁将热量传至缸内的液氯，使液氯蒸发为气体。蒸发器设有温度和水位控制，装有气压表、气温表、水温表。为了防止水箱和蒸发室的腐蚀，装有阴极保护装置（图 8-9）。

蒸发器出口装有安全阀，设有爆破膜和压力报警开关，当管道压力超过设定值（1.72MPa）时，爆破膜破裂，氯气流过安全阀，自动泄压。同时压力报警开关动作，提醒操作人员进行抢修。

5. 氯气过滤器

氯气过滤器的作用是去除氯气中的杂质，保证加氯系统的正常运行。应定期对过滤器进行拆洗，以免堵塞。

6. 减压阀

减压阀是加氯系统的安全保护装置，经过减压阀减压后，管道中的压力维持在设定范围（0.3～0.5MPa），使真空调节器免受冲击。当蒸发器发生故障（低温报警）时，减压阀将自动关闭，切断氯源，防止液氯进入真空调节器。

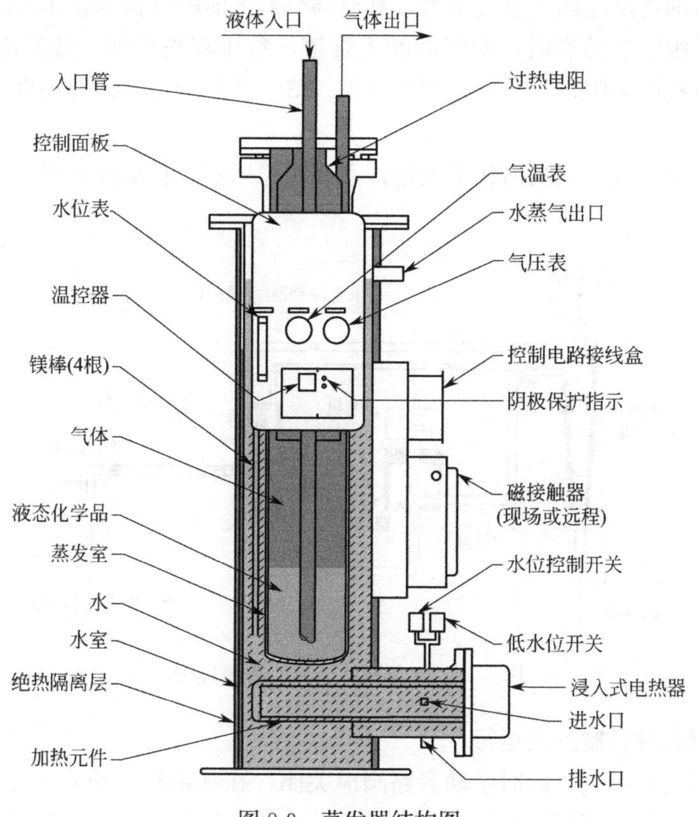

图 8-9　蒸发器结构图

7. 真空调节器

真空调节器是整个加氯系统中较为关键的设备，它的性能直接影响到加氯系统能否安全运行（图 8-10）。

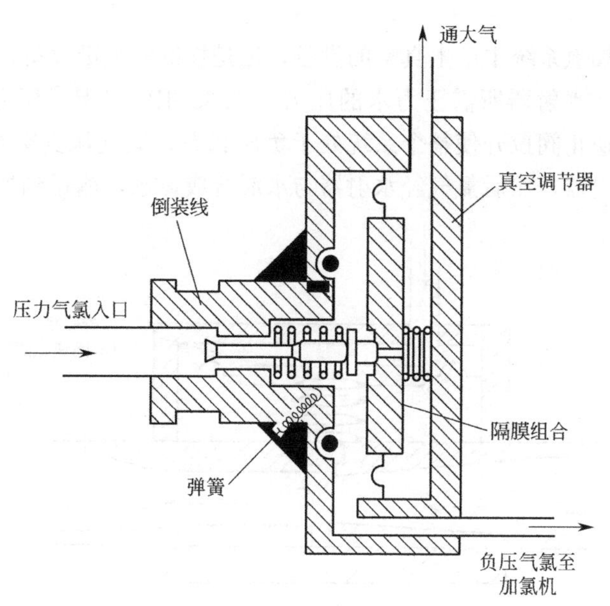

图 8-10　真空调节器工作原理图

真空调节器的功能是调节氯气压力，真空调节器之前的管路为正压系统，其后为负压系统。当负压系统管道破裂时，空气即涌入管道，负压将被破坏，致使隔膜两边压力平衡，弹簧自动将阀门关闭，气源可立即被切断。整个系统的负压动力来自于水射器。

8. 加氯机

常见的组合型柜式加氯机由转子流量计、压差稳压器、自动控制器、自动线性阀等组成（图 8-11）。

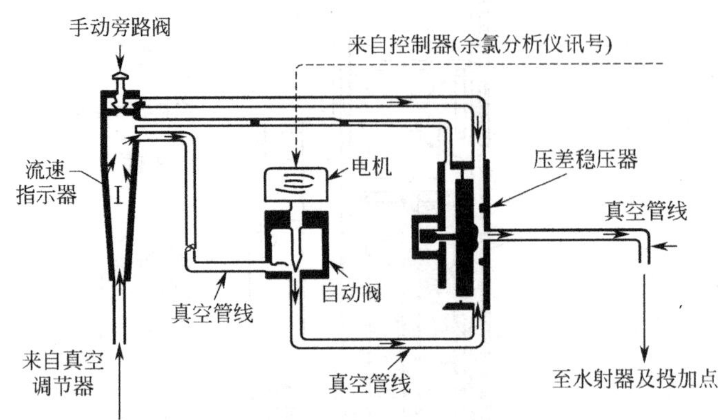

图 8-11　加氯机构造及工作原理图

加氯机能以三种控制方式运行：

（1）全自动闭环控制，此时手动旁路阀应关闭，在加氯机上设定一个所需的余氯值。加氯机运行时，控制器不断接收到余氯分析仪送来的余氯量讯号，与设定的余氯值进行比较。如两者不符时，则自动调节阀立即调整投氯量，一直调到二者余氯量一致为止。

（2）手动控制，当讯号传送系统出现故障时，则可以用手动按钮来调节投加量。

（3）旁通管手动阀调节，当电动调节阀出现故障时，则可用旁通手动阀来调节投氯量。

9. 水射器

水射器是整个加氯系统中产生真空的设备，也是投氯的关键设备，它的性能直接影响系统运行的稳定性。水射器所需压力水的压力为 0.35MPa 以上。压力水通过文丘里管，形成真空，将单项逆止阀拉开使整个系统处于负压状态，氯气从真空调节器输至加氯机，再由管道输送到水射器，然后氯气经水射器与水混合成氯水，输送到加氯点（图 8-12）。

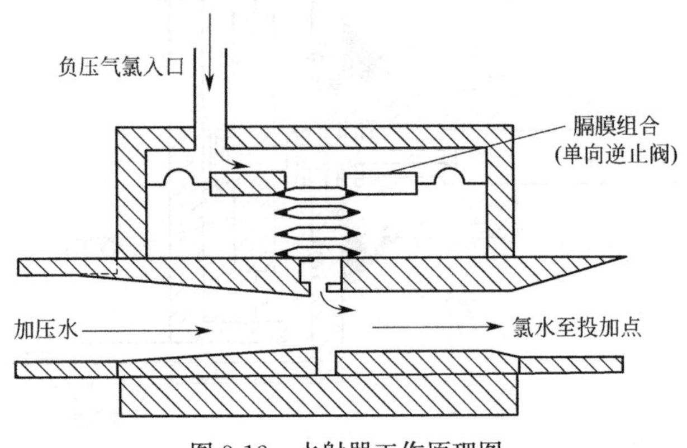

图 8-12　水射器工作原理图

10. 余氯分析仪

余氯分析仪是检测水中氯浓度的仪器。其工作原理是：余氯分析仪接受从取样泵送来的水样（已投加了氯，见图8-4），即时检测出水样的余氯值，并在显示屏上显示出来。

11. 漏氯检测和报警系统

由漏氯检测仪、探头和报警器组成。当检测仪检测出空气中氯浓度达到设定值（一般为3ppm）时，报警系统动作，提示工作人员进行漏氯处理。

8.4.3 液氯投加系统启动的操作步骤

（1）开启水射器上压力水阀门，使水射器正常工作。

（2）用铜管将氯瓶与加氯歧管连接起来；检查运行管道阀门的位置是否处在正常状态。

（3）打开氯瓶出氯阀半转，用10%的浓氨水检查管道连接点是否漏氯，检测完毕，关闭出氯阀。

（4）开启蒸发器电源，水箱开始进水，蒸发器正常运行。

（5）蒸发器水温达到80℃左右时，开启氯瓶出氯阀，让液氯进入蒸发室。

（6）待加氯机上的真空达到要求后，开启加氯机，设定加氯量，整个加氯系统正常运行。

8.4.4 负压式真空加氯系统的特点

（1）自动连续取样、分析余氯量，根据设定的余氯量自动调节加氯量。

（2）当负压系统（即真空调节器至氯投加点之间的管路系统）出现漏氯时，系统能自动关闭。

（3）正压系统（即氯瓶至真空调节器前的管路系统）出现漏氯时，系统能声光报警。

（4）氯瓶内氯气用完能自动切换。

8.4.5 加氯系统常见故障分析及处理

1. 水射器故障

（1）水射器喷嘴堵塞或喷嘴磨损、破裂，造成压力水中断或压力不足。处理：在水射器前端安装过滤器，并定期拆洗过滤网；修复或更换喷嘴。

（2）水射器逆止阀隔膜老化或损坏，致使压力水倒灌回加氯机，应立即修复。

2. 加氯机故障

当加氯机真空度不够或加氯机进气管过滤网堵塞时，加不上氯。处理：保证压力水水压在0.35MPa以上；定期拆洗过滤网。

3. 蒸发器故障

（1）达不到或无法保持设定最低水温。可能原因：浸入式电热器或磁接触器故障；浸入式电热器加热元件表面太脏。应针对原因排除故障。

（2）超过设定水温最大值。可能原因：磁接触器触点融化；温控器失灵或设定温度漂移。处理：应立即更换触点或温控器，或重新调整设定值。

（3）水位低于或高于设定低水位。可能原因：水位控制器故障（控制器浮子进水或控制器微动开关损坏）；电磁阀出现故障。处理：更换水位控制器或电磁阀。

8.5 次氯酸钠消毒

8.5.1 次氯酸钠的主要性质

次氯酸盐消毒工艺是给水处理厂常用的形式，次氯酸钠是目前使用最广的次氯酸盐。

给水处理厂一般使用含氯量10%的次氯酸钠成品溶液，淡黄色透明液体。次氯酸钠受热分解释放出游离氯，有腐蚀性，可引起中毒，须避光、密封存放。次氯酸钠原液（有效氯含量≥10%）在自然状态下有效氯会随着时间增加而衰减，因此，原液保存时间不宜过长，贮存时间不宜超过一周，若需保存较长时间，建议稀释后保存。稀释后浓度一般建议控制在5%～6%左右，其衰减程度明显减慢。

次氯酸钠易分解，在碱性介质中较稳定，因此，成品次氯酸钠液体呈较强的碱性。

8.5.2 次氯酸钠消毒原理

次氯酸钠在水中生成次氯酸（HClO）：$NaClO+H_2O \longrightarrow HClO+NaOH$

次氯酸分解成 H^+ 和 ClO^-： $HClO \rightleftharpoons H^+ + ClO^-$

跟氯消毒原理相同，次氯酸起主要消毒杀菌的作用。

8.5.3 次氯酸钠投加系统

1. 次氯酸钠储罐（池）

供水厂使用的次氯酸钠产品含有效氯不小于10%。次氯酸钠储量应结合用量、供货周期、药剂浓度确定，宜为5～7d，最长不超过14d。

浓度超过5%的次氯酸钠溶液属于危险化学品，相应的对储存和使用有较为严格的管理要求，因此，小型供水厂可将次氯酸钠溶液浓度稀释至5%以下储存，以降低安全风险。

次氯酸钠储存容器宜选用钢衬塑内衬或聚四氟乙烯内衬的PE材质储罐。若采用混凝土储液池，储液池应设置玻璃钢等防腐内衬。次氯酸钠储罐（池）应密闭，储罐（池）顶部设置呼气阀。

各次氯酸钠储罐（池）应安装液位仪，并根据实际情况设定最低和最高警戒液位。

2. 投加泵

次氯酸钠投加泵宜选用数字式计量泵，计量泵宜加装脉冲阻尼管，保证输出流量平稳。有条件的在投加管道上安装转子流量计，便于观察药液流量。

投加泵应有设备用泵，一般小型供水厂可设1台，大中型供水厂或工作台数较多（4台以上）宜设2台或2台以上备用泵。

3. 投加管线及附属配件

次氯酸钠主投加管道应有备用。管道宜采用CPVC或者UPVC材质。投加管道上应设置背压阀及安全阀，防止负压虹吸及管路超压。管道及阀门接口处应用专用胶粘接，密封件应选用耐强碱的橡胶密封圈，支架等金属构件应选用耐腐蚀材料。

次氯酸钠投加系统如图8-13所示。

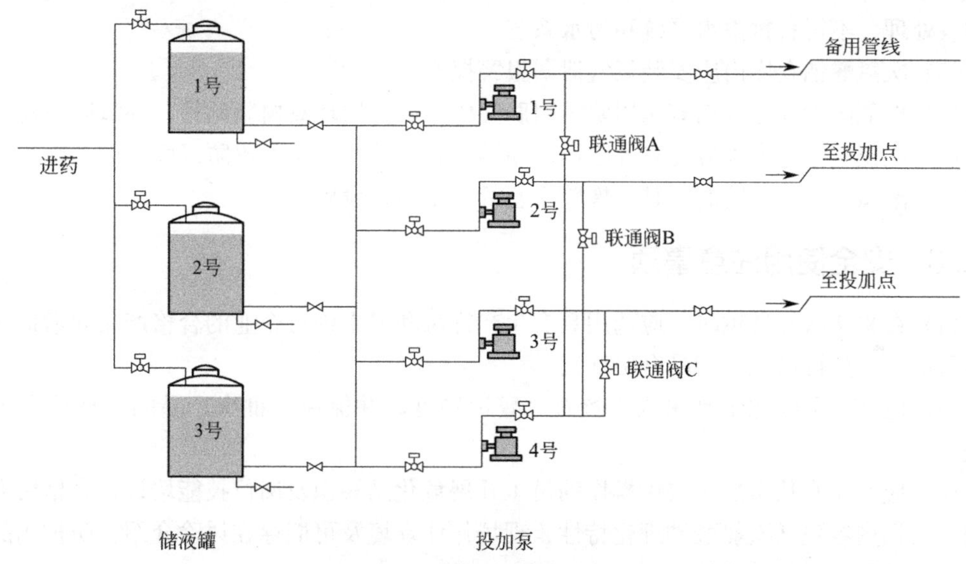

图 8-13 次氯酸钠投加系统图

8.5.4 次氯酸钠投加工艺控制

次氯酸钠投加系统应采用自动控制，并实现精准投加。

次氯酸钠投加量应根据投加点、耗氯量、余氯等综合确定，所有投加次氯酸钠的工艺段，均宜配备在线余氯仪。

次氯酸钠作为主消毒剂，投加于水厂清水池前，应连续精确投加，有效接触时间应不低于 30min。出厂水游离余氯宜控制在 0.5～1.0mg/L 或总氯控制在 0.6～1.4mg/L。

次氯酸钠作为原水预处理药剂，投加于原水，可处理原水嗅味、藻类和氨氮等指标的异常变化。其中，嗅味、藻类异常可采用次氯酸钠预氧化或次氯酸钠与粉末活性炭联用等方式处理；氨氮异常可通过调整次氯酸钠的投加点和投加量进行控制。

次氯酸钠投加于原水管道入口，可抑制管道中甲壳类浮游生物和淡水壳菜的繁殖。投加量应根据繁殖季节变化调整。

次氯酸钠投加于市政管道中，可解决自来水远距离输送造成管网末梢水消毒剂余量不足或微生物指标不达标。

次氯酸钠投加于水厂砂滤池和炭吸附池的反冲洗水中，可控制微型动物在滤池中的滋生，投加量一般为 1～3mg/L。

次氯酸钠投加于排泥水处理及回收过程中，可对排泥水中病原菌、微型动物等有害生物灭活去除，降低回收水对正常生产的影响。

8.5.5 次氯酸钠仓库建设要求

（1）次氯酸钠具有腐蚀性和挥发性。仓库应阴凉、干燥、通风，温度不宜超过 30℃，避免阳光直射。

（2）次氯酸钠储罐（池）周边应设置围堰，全部储罐（池）均应置于围堰中，围堰中还应配备废液收集池（罐），一旦发生泄露，废液必须收集至废液收集池（罐），交由供货商回收处理。不得直排雨水系统和污水系统。

(3) 次氯酸钠仓库内应安装氯气泄漏报警探头。

(4) 次氯酸钠仓库地面宜采用防滑耐腐蚀瓷砖，并用环氧树脂粘接、环氧胶泥勾缝。

(5) 次氯酸钠仓库外应配有冲眼器、喷淋装置，并配备半面罩防毒面具或活性炭防毒面具、防酸碱工作服、防腐雨鞋、橡胶手套等安全防护设施。

8.5.6 安全使用注意事项

(1) 在采购次氯酸钠时，应选用具有生产许可和卫生许可企业的合格产品并索证（生产许可证、卫生许可证、产品合格证）。

(2) 应建立危险化学品出入库核查、登记制度，并保留每批次产品的合格检测报告备查。

(3) 应对所有从事次氯酸钠操作的员工开展危化品知识及岗位技能培训，合格后方可上岗。培训内容包括次氯酸钠理化特性、现场作业环境及可能存在风险介绍，防护用品使用、应急处置、操作规程等。

(4) 作业操作人员若不慎接触次氯酸钠，应采取有效措施处置。其中皮肤接触，应使用2%硼酸液或大量清水彻底冲洗；眼睛接触，应使用流动清水或生理盐水冲洗及时送医。

(5) 次氯酸钠一旦泄漏，应首先查找泄漏点。操作人员做好个人防护后进入车间查找漏点，找到漏点后立即堵漏或切断漏源。小量泄漏应对泄漏部位和环境进行冲洗；若出现大量泄漏，应启动排污泵将泄漏的废液回收至废液收集罐（池）。

(6) 应编制次氯酸钠泄漏应急预案、配备 MSDS 手册，处置流程应上墙。

(7) 每年至少组织一次次氯酸钠泄漏相关应急演练。

8.6 氯氨消毒

当原水中存在的氨氮或加入一定量的氨，使水中的剩余氯呈化合态氯，此种消毒方法称之为氯氨消毒法。氯氨消毒法的特点是消毒速度慢，但维持时间长，适用于原水轻微污染，水中氨氮低，水质优良的水厂；当原水水质较差，为了减少三氯甲烷的形成，而控制加氯量，保持化合态氯；在管网庞大、管道陈旧的城市，为保证管网末端余氯达标，使出厂水的余氯为化合态氯。

8.6.1 氨的性质

在大气压力及常温下，氨是一种刺鼻、无色的气体，分子式 NH_3，分子量 17.03。氨气在空气中每毫升重约 0.77mg，比空气轻，空气每毫升重约 1.29mg。氨是一种危险物质，氨气本身不是有毒气体，但由于它对水有很高的可溶解性，因此，它对眼、鼻、喉及肺的黏膜有强烈刺激性，会造成损伤。

干燥的氨不会腐蚀一般的金属，但潮湿氨对铜、黄铜、锌及多种合金，尤其是含有铜成分的合金会造成严重腐蚀，只有钢或球墨铸铁能用于氨瓶、阀门及管件的材料，部件可用特种合金或不锈钢材料。

氨气与水银混合会形成爆炸化合物，因此，水银气压计或相关的仪器都不能使用。

8.6.2 氨的投加

1. 氨瓶

氨瓶的外表面涂成黄色，其使用规则与氯瓶相似。液氨瓶内仍然是一部分氨气，一部分液氨，为了不断从瓶内获得氨气，必须不断供给液氨气化所需要的热量。氨瓶内的压力也是随温度变化的，但在相同的温度下，氨瓶里的压力比氯瓶大得多。如：当温度为30℃时，氨瓶的压力达10.5大气压，但在同样温度时，氯瓶的压力只有7.6大气压，所以防止氨瓶过量受热的问题比氯瓶还要严重一些。

2. 加氨机

氨的投加，可采用压力式或真空式。压力加氨是利用氨瓶的压力，通过转子加氨机加注。但加注点不宜太远。真空加氨与真空加氯一样，是应用水射器投加，可不受投加点距离的限制，但由于加氨后，水中pH值上升，使钙或镁析出，易造成水射器阻塞。现介绍一款自制加氨机（图8-14）。

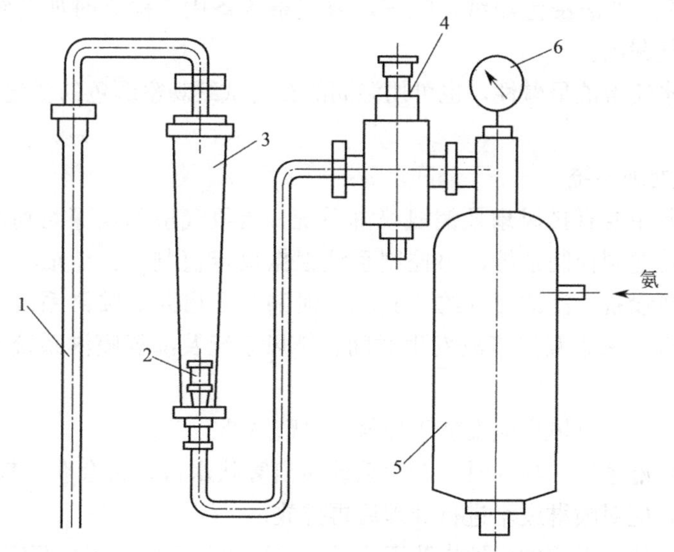

图8-14 加氨机

1—输氨管；2—转子；3—锥型计量管；4—减压稳压阀；5—分离器；6—压力表

加氨机工作过程为：氨瓶直立于磅秤上，使用时淋水加热。由高压橡皮管与加氨机相连接，氨气进入分离器中，靠离心力分离氨气中的杂质，并使杂质下沉到分离器底部，定期打开底部螺旋进行清除。氨气进入中央管内，流向减压稳压阀。该阀由弹簧和聚四氟橡皮膜组成，其作用是使氨瓶最低压力不小于0.5大气压，且输出压力稳定。减压稳压阀上部有针形阀（同氯瓶上出氯阀），用于调节加氨量。锥形计量管上的计量标尺是经过标定后确定的，可计量投氨量。氨气由输氨管输送到加氨点。要求加氨点无压力，如吸水井管道口或滤池至清水库的进口。

3. 加氨系统常见故障及处理

（1）水射器结垢

当采用水射器加氨时，氨与水反应，水射器内呈碱性：

$$NH_3+H_2O=NH_4^++OH^-$$

而水中钙离子、镁离子在碱性溶液中，溶解度下降，容易产生沉积现象，堵塞水射器，影响正常投加。在生产中一般有以下几种解决方法：

1）真空加氨系统中采用软化水或偏酸性水作为水射器压力水；

2）采用双联水射器，同时先加氯后加氨作为前加氯的加注器；

3）定期酸洗，加氨系统中设有备用加注点和管路，结垢至一定程度时切换后拆下酸洗、隔离酸洗或循环回路酸洗。

（2）水射器单向逆止阀的弹簧容易被腐蚀而失去弹性、隔膜易老化，从而降低逆止阀严密性。应定期检查更换。

8.6.3 漏氨处理

1. 漏氨检测

在更换氨瓶时，应对漏氨可疑点进行检测，其方法如下：

（1）用1%的酚酞液浸泡滤纸，晾干，剪成条状备用。检验时如滤纸由白色变为红色，即证明有氨气漏出。

（2）氨溶于水使溶液呈碱性，也可用湿润的石蕊试纸观察颜色的变化（遇碱变蓝，遇酸变红）。

2. 漏氨自动处理系统

漏氨处理设备主要有排风扇及漏氨喷淋系统。当氨气检测仪探测到加氨室发生泄漏时，将漏氨信号传送到控制系统，由控制系统根据设定值判断：低浓度（约25ppm）泄漏时自动开启排风设备，高浓度（约40ppm）泄漏时开启漏氨喷淋系统。整套自控系统还可根据生产要求，采集漏氨事故发生时间、排风系统及漏氨喷淋系统开启、运行时间等，并自动记录。

因氨气比空气轻，排风扇应安装于加氨室墙壁高处。

在选用漏氨喷淋系统的喷嘴时，若使系统喷出雾状水帘，将会获得较好的处理效果。为达到环保要求，应对喷淋废水进行处理后再排放。

漏氨检修时应使用专用的活性炭防毒面具。防毒面具应放置于加药室外专柜内，以备急用。

8.6.4 氨中毒及急救处理

氨气在每立方米空气中的允许浓度为25mL。低浓度慢性中毒会引起慢性鼻炎、咽喉炎及慢性支气管炎等疾病。高浓度急性中毒会引起剧烈咳嗽、头昏、胃痛和呕吐，几小时后可能出现喉头水肿或肺水肿等一系列危害。吸入极高浓度会令人迅速死亡。

眼睛接触液氨或高浓度氨气会引起灼伤，严重者可发生角膜穿孔。皮肤接触液氨会致灼伤。

急救处理：中毒者应迅速脱离现场，至空气新鲜处，静卧，保持呼吸道通畅，应用呼吸道舒缓剂；及时观察血气分析及胸部X片变化，防止肺水肿、喉痉挛、水肿或支气管黏膜脱落造成窒息，合理氧疗。

眼睛污染后立即用流动的清水或凉开水冲洗至少10min。

皮肤污染时立即脱去污染的衣物，用流动的清水冲洗至少30min。

8.7 二氧化氯消毒

二氧化氯具有较强选择性氧化能力和广谱高效杀菌能力，在净水过程中几乎不产生氯消毒有机副产物，已在很多国家的饮用水净化中生产应用，成为氯的替代消毒剂之一。

8.7.1 二氧化氯消毒剂的特点

(1) 不会生成有害物质，尤其对有机污染严重的水体消毒时，杀菌效果更为突出，其氧化降解产物无毒害作用。

(2) 较自由氯杀菌能力强，一般为氯化消毒效果的2.6倍，因而，同等条件下的投量也较氯化法用量少。

(3) 二氧化氯具有强氧化作用，可用于除臭、去色、氧化铁、锰等物质，而且效果稳定。

(4) 二氧化氯制备工艺简单，投加方便，且成本较臭氧低，从总体水处理工艺上看，二氧化氯可作为沉淀水、澄清水或过滤水的氧化消毒剂，因而它很有可能取代氯消毒剂。

(5) 二氧化氯性质非常活泼，无论气态或液态时常会由于未知原因而发生爆炸，其储存运输也较困难，一般情况下，是现制备现使用，从而一定程度上阻碍了其大力推广应用。

8.7.2 二氧化氯的制备

二氧化氯的制备技术可以分为化学法、电解法和稳定性二氧化氯活化法三大类，饮用水净化中应用较多的方法是化学法。下面介绍以氯酸钠和盐酸为原料制备二氧化氯的发生器。

反应原理：

$$2NaClO_3 + 4HCl = 2ClO_2 + Cl_2 + 2NaCl + 2H_2O$$

8.7.3 二氧化氯投加系统

二氧化氯投加系统主要由原料罐（氯酸钠和盐酸）、计量泵、二氧化氯发生器、水射器、压力表、在线水质分析仪表等组成。

发生器运行时，氯酸钠水溶液与盐酸在负压条件下，由计量泵将氯酸钠水溶液与盐酸溶液定量输送到反应系统中，在一定温度下经过负压曝气反应产生以二氧化氯为主，氯气为辅的混合气体，经水射器与水充分混合成消毒液后，加入到待处理水中（图8-15）。

水射器：是二氧化氯的投加设备，当压力水经过水射器时，在其内部产生负压，在压差作用下，消毒气体被吸入水射器，并与水混合，形成一定浓度的消毒液，送至投加点。

1号、2号计量泵：分别输送氯酸钠和盐酸，并控制流量。

压力表：是保护设备安全运行的装置。当水射器前端水压低于或高于设定值时，该压力表控制计量泵停止进料。

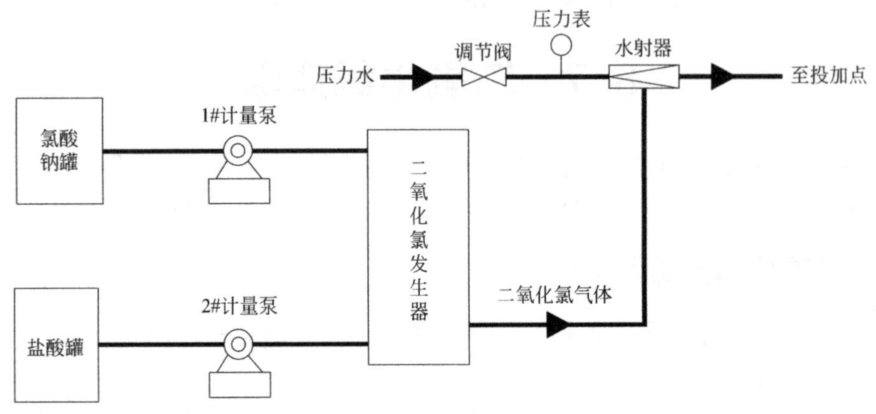

图 8-15　二氧化氯投加系统图

8.7.4　安全使用注意事项

（1）应根据水中余氯量的大小来修正计量泵流量。计量泵的流量可通过调节计量泵的冲程和频率来调节。

（2）压力水的压力应调至 0.2～0.6MPa，且水压稳定。

（3）控制设备的反应温度在最佳区间内：55～60℃。

（4）严禁将两个原料罐混用。

（5）定期对主机、原料罐、水射器及各阀门进行清洗，以防造成堵塞。

8.8　其他消毒剂消毒

8.8.1　臭氧消毒

臭氧（O_3）是氧（O_2）的同位异形体。在常温常压下，它是淡蓝色的具有强烈刺激性气体，液态呈深蓝色。臭氧的氧化能力高于氯和二氧化氯。臭氧是一种不活泼的稳定气体，易溶于水，在空气或水中均易分解为 O_2。空气中臭氧浓度 0.01ppm 时即能嗅出，安全浓度为 1ppm，空气中臭氧浓度达到 1000mg/L 时，即对人有生命危险。

臭氧是在现场用空气或纯氧通过臭氧发生器产生的。臭氧发生系统包括气源制备和臭氧发生器。如果以空气作为气源，所产生的臭氧化空气中臭氧含量一般在 2%～3%（重量比）；如果以纯氧作为气源，所生产的是纯氧/臭氧混合气体（臭氧化氧气），其中臭氧含量约占 6%～8%（重量比）。臭氧用于水处理的工艺系统一般包括三部分：臭氧发生系统、接触设备、尾气处理设备。由臭氧发生器生产出来的臭氧化空气（或臭氧化氧气）进入接触设备和待处理水充分混合。为获得最大传质效率，臭氧化气体可通过微孔扩散器等设备形成微小气泡均匀分散于水中。如果臭氧不能完全吸收，应对接触设备排出的尾气进行处理。

臭氧既是消毒剂，又是氧化能力很强的氧化剂。在水中投入臭氧进行消毒或氧化通称臭氧化。这里主要介绍臭氧消毒的有关内容。

臭氧能破坏分解细菌的细胞壁，迅速进入细胞内氧化其中的酶系统，或破坏细胞膜和组织结构中的蛋白质与核糖核酸，导致细胞死亡。臭氧能对病毒、芽孢等生命力较强的微生物起到杀灭作用，是一种很好的消毒剂。

与氯消毒相比，臭氧消毒的主要优点是：消毒能力强，不会产生三氯甲烷和氯乙酸等副产物；消毒后的水口感好，不会产生氯及氯酚等臭味。但臭氧在水中很不稳定，易分解，故经臭氧消毒后，管网水中无消毒剂余量。为了维持管网中消毒剂余量，通常在臭氧消毒后的水中再投加少量氯或氯胺。

臭氧消毒虽然不会产生三氯甲烷和氯乙酸等有害物质，但也不能忽视在某些特定条件下可能产生有毒有害副产物。例如，当水中含有溴化物时，经臭氧化后，将会产生有潜在致癌作用的溴酸盐；臭氧也可能与腐殖质等天然有机物反应生成具有“三致”作用的物质，如醛化物（如甲醛）等。

为利用臭氧消毒无残余消毒剂，处理后口感好的特点，臭氧消毒主要用于食品饮料行业和饮用纯净水、矿泉水等的消毒。由于臭氧消毒设备复杂，电耗较高，投资大，故城市水厂单纯消毒一般不采用臭氧，通常与微污染水源氧化预处理或深度处理相结合。

8.8.2 紫外线消毒

紫外线消毒是一种物理消毒方法。紫外线光子能量能够破坏水中各种病毒、细菌以及致病微生物的遗传系统（DNA）结构。经紫外光照射后，微生物 DNA 中的结构键断裂，或发生光学聚合反应，DNA 丧失复制繁殖能力，进而达到消毒灭菌的目的。

一般化学氧化剂消毒处理不是灭菌，并不能杀灭水中所有微生物。特别是对于个别生存能力很强的微生物，如某些病毒和原生动物（例如隐孢子虫等），一般消毒处理并不能完全去除。而紫外线消毒则可在短时间内杀灭这些病毒和原生动物。

与上面的化学消毒方法相比，紫外线消毒的优点是：杀菌速度快，管理简单，不需向水中投加化学药剂，产生的消毒副产物少，不存在剩余消毒剂所产生的味道，特别是紫外线消毒是控制贾第虫和隐孢子虫的经济有效方法。其主要不足之处是紫外线消毒无持续消毒作用，需要与化学消毒法（氯或二氧化氯）联合使用，且紫外灯管寿命有限。

利用紫外线消毒是用紫外灯照射水流，以照射能量的大小来控制消毒效果的。由于紫外线在水中的穿透深度有限，要求被照射水的深度或灯管之间的间距不得过大。

复习题

1. 饮用水为何要消毒？
2. 名词解释：游离性余氯、化合性余氯、需氯量。
3. 影响消毒效果的因素有哪些？
4. 简述次氯酸钠消毒原理，投加次氯酸钠时的注意事项。
5. 会计算消毒剂单耗。
6. 二氧化氯消毒有何特点？

第9章

储水与送水

9.1 清水池

9.1.1 清水池的作用与构造

在现代城市供水系统中，水厂的进、出水量难免存在一定的差额，清水池就是为调节这种流量差额所设置的构筑物，同时也是接触消毒的场所。清水池常建为地下式或半地下式，内部结构一般如图 9-1 所示，顶部设有若干带有防护罩及防护网的通风口。除进出水管外，清水池还设有放空管及溢流管。清水池的有效容积由调节水量、消防水量、水厂自用水量和安全储备水量四部分组成。实际运行中通常设置一个最低水位以保证消防用水，一个最高水位防止溢流，严禁超出上、下限水位运行。清水池一般设有彼此独立的两座以便于清洗检修。采用液氯消毒时，接触时间应在 30min 以上。采用氯胺消毒时，接触时间应不低于 2h。通常清水池的水力停留时间不超过 6h，否则应在出厂前进行补加氯，以弥补余氯在清水池中的散失。

图 9-1　清水池平面示意图

9.1.2 节能型清水池的构造与运行

节能型清水池一般分为三个区：接触区、出水区（又称高水位区）和调蓄区（又称低水位区）（图 9-2）。接触区的作用是保证滤后水与消毒剂有足够的接触时间。经过消毒作用后的水经出水区进入吸水井或溢流至调蓄区。高、低水位区被设有蓄水堰的隔墙分离。

当进水量大于出水量时，出水区水位逐渐上升，直至超过蓄水堰的堰口高度，此时部分水跌水进入调蓄区储存。当进出水量相对平衡时，水只经过接触区、出水区进入吸水井直接出厂而不进入调蓄区。当进水量小于出水量时，出水区水位逐渐下降，直至低于调蓄区水位，此时调蓄区贮存的水将由隔墙上的单向拍门进入出水区。与普通清水池相比，节能型清水池的出水区始终处于较高水位状态，使送水机组运行更为节能。其缺点是调蓄区的水力停留时间可能比普通清水池更长，余氯散失较多（图 9-3）。

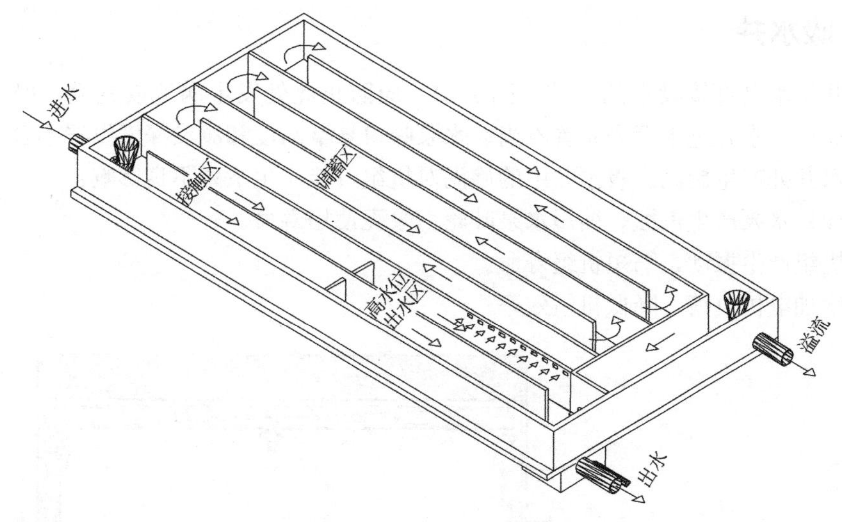

图 9-2　节能型清水池示意图

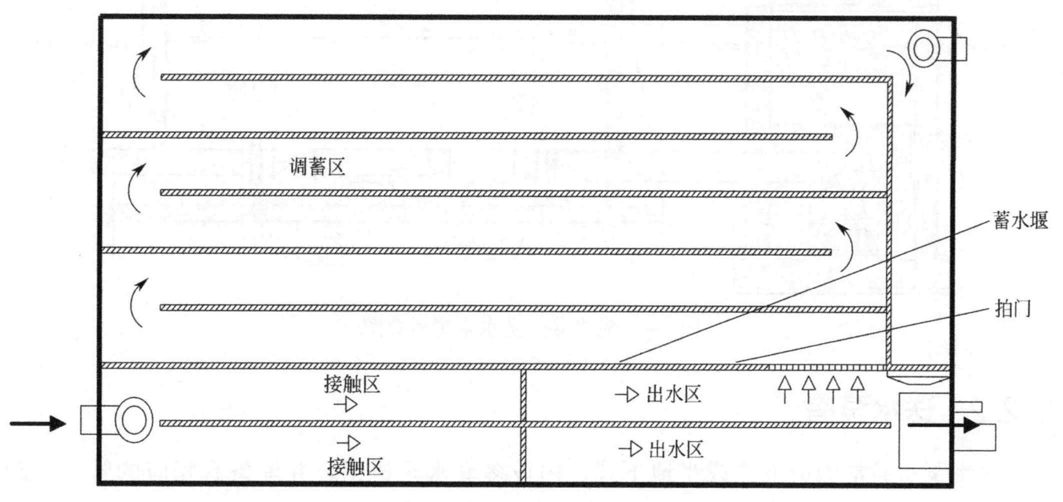

图 9-3　节能型清水池平面示意图

9.1.3　清水池的维护管理

清水池和吸水井应每年清洗一次，这对于保证出厂水水质非常重要。洗池应提前做好准备工作，包括检查有关的阀门能否正常启闭，制定生产调度方案，准备好照明设备等。当清水池设置在沉淀池或滤池下方时，洗池时应在检修口处预先进行机械鼓风，以散发积聚在池内的氯气。清洗时应顺便检查池体有无需要维修的地方，特别应检查伸缩缝橡胶有无老化脱落。如池内有较多的滤料积聚，说明滤池漏砂严重，应检查滤池的配水系统。清洗后应将池内污水完全排除，并浸泡消毒12h以上，检测水质达标后，方可恢复使用。

9.2 吸水井与送水泵房

9.2.1 吸水井

吸水井是水泵直接吸水的区域（图9-4）。应防止此处发生涡流或旋流，保证水泵正常运行。如果吸水井进水管渠布置不当、水泵吸口悬空高度和淹没深度设置不合适，都会导致在吸水井处产生旋涡。吸水井中的旋涡对机组可能产生下列不良影响：

（1）导致水泵产生汽蚀，缩短水泵叶轮、泵壳使用寿命。

（2）机组产生振动，缩短机组寿命。

（3）增加电机负荷，降低机组效率。

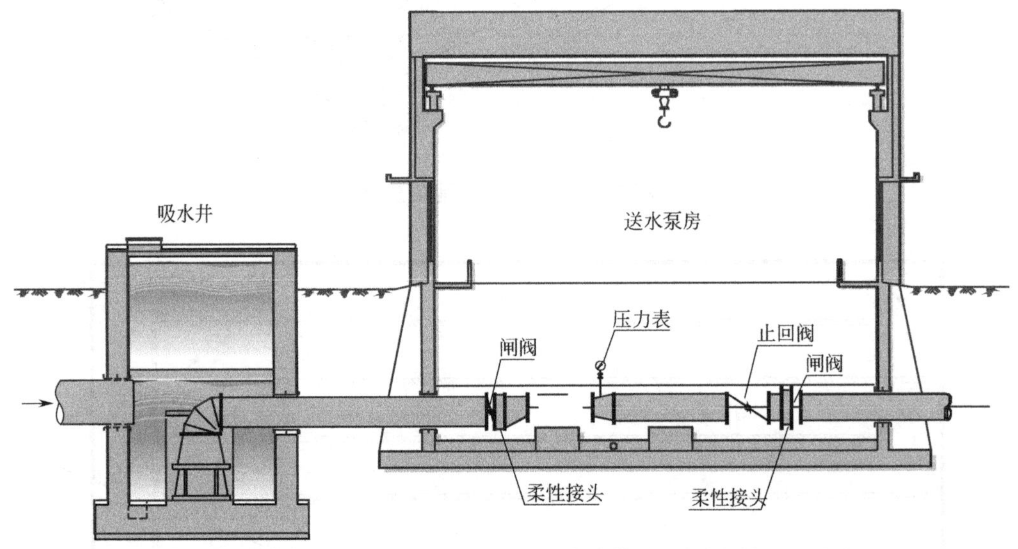

图9-4 吸水井、送水泵房示意图

9.2.2 送水泵房

送水泵房通常为地下式或半地下式，内设多套水泵机组，并配备有相应的管道、阀门、计量仪表和附属设备。下面分别介绍泵房内各种设备的功能。

1. 管路及阀门设置

（1）吸水管路：吸水管路设在水泵的吸水侧，可以从清水池或吸水井中吸水进入水泵。吸水管头部一般采用喇叭管，并使用抽真空引水的办法使泵内充水排气，这种方式可减少吸上水头损失和减少维修量。吸水管在进入泵站后还装有阀门，处于常开状态，在检修机泵时关闭。由于其开关次数少，一般采用手动阀门。对吸水管路的要求是越短越好，这样可以减少离心式水泵有限的吸水扬程。运行时要注意水池水位，以免产生旋涡将空气吸入泵内。

(2) 压水管路：水泵出口后的管路叫压水管路或出水管路。压水管路主要是将水泵做功后增加能量的水输送至供水管网和用户。每台水泵在其出口一定距离内都应有单独的压水管路。在压水管路上装有出水阀、止回阀和检修阀。

出水阀按操作方式分类，一般有手动阀、电动阀、水力闸阀、液控蝶阀四种。目前使用较多的是电动蝶阀。水力闸阀是使用高压水使其开关。液控阀依靠电动油泵产生油压使其开关，同时具有止回阀的功能。

止回阀也称逆止阀，只能按水泵出水方向开启。止回阀的主要功能是防止电气设备或水泵机组突然断电停机时，管网中带有压力的水通过出水管路倒流，形成机泵反转和吸水井溢流，从而造成设备的损坏和做功后的水量流失，以及因供水管网压力的降低而影响服务压力。常见的止回阀有旋启式、多瓣式和微阻缓闭式三种，除此之外也有用液控蝶阀、双速水力闸阀的，使其同时起到出水阀和止回阀的双重作用。其中微阻缓闭止回阀、液控蝶阀及双速闸阀，不但能防止突然断电或突然停机时，管网中压力水倒流，而且由于它们具备两种速度（即快关和缓闭），因此，可大大减小突然停机所产生的水锤，从而保证设备及管道的安全，目前已被广泛采用。

(3) 排水管路：由于水泵填料处有水滴不断滴出，另外定期对设备的清洗、设备检修和泵站地面清洁用水也均需设置排水管路或排水沟槽，将排泄的污水集中于集水井内，然后由排水泵将其排入室外渗水井或下水道内。集水井前后用以排污水用的管路统称为排水管路。

2. 计量仪表

(1) 真空表及压力表：真空表或真空压力表装在水泵的吸水管道上，距水泵进水口200mm处为宜。它主要为运行人员提供运行中的吸水真空度，使运行人员随时了解掌握水泵的运行状态，从而避免水泵产生汽蚀。同时该表数值还可供计算泵的运行扬程使用。

压力表装在泵口出水管或泵口法兰盘上方，以供运行人员观测该泵运行时泵的出水压力。它的指示值与真空表的指示值，可供计算水泵在运行中的扬程之用，是计算综合单位电耗的依据，但更重要的是可通过它判断水泵在启动后或运行中是否发生抽空和掉水现象，使运行人员可及时采取措施，保证设备安全。

真空表与压力表安装高度一致。真空表与压力表均属于强制性周期检定仪表。当运行人员发现有问题时应立即检修或更换。

(2) 流量计：流量计是计量水泵出水量的仪表，一般每台水泵应配置一台。流量计对运行和管理工作都是非常必要的，因为它是水厂成本核算的依据，也是内部考核各台机泵经济运行和技术管理的重要手段。因此，保证流量计的准确完好是非常必要的。目前应用较广的有插入涡轮流量计、超声波流量计、电磁式流量计、水平螺翼式水表等。

(3) 温度计（或温度巡检仪）：大、中型机泵大部分装有自动报警式温度计，该温度计一般装在电机、水泵轴承和电机定子内部，其功能为：一是显示机组运行时各部位温度情况，二是根据设定的报警温度数值及时报警，以提醒运行人员及时采取措施，避免设备事故的发生。

(4) 水位计：水位计可实时显示清水池或吸水井内的水位变化情况。运行人员可根据水位数据随时了解清水池内储水情况，以确定开机台数，及时调节进出水量，避免水泵抽空及汽蚀事故的发生。常见的水位计有超声波式和压力传感式。水位计应定期进行检定或校对，以避免仪表精度或仪表元件失灵时引起假象，使运行人员误判断而造成大的事故。

(5) 其他仪表：如电压表、电流表、电度表，它们显示的数值与机泵的安全、经济运行有密切的关系。

3. 泵站的引水设备

水泵引水有自灌式和吸入式两种。自灌式要求吸水井的最低水位在任何情况下都在泵壳顶点之上，使泵内永远处于满水状态，开机前无需排气，可大大缩短开机准备时间。吸入式引水启动运行前需借助引水设备进行排气后才能开机。水泵吸水管直径在300mm以下时可以采用底阀引水，即在泵吸水管底部装有严密的底阀，采用人工灌注式或从其他管道中接出注水管向泵内注水。大、中型泵站一般采用抽气引水。常用的抽气设备有真空泵和水射器两种。

4. 起重设备

为了便于水泵、电动机和其他附属设备的安装和检修，在泵站内一般均设置起重设备。起重设备的形式是根据泵站内设备重量的大小、泵房的结构要求确定的。通常采用的起重设备有电动单轨葫芦、电动悬挂式起重机、电动双梁桥式起重机等。

泵站内的起重设备在安装后，应经劳动部门授权的单位进行测试和检验，并应按要求建立设备档案，使用后要求按周期检定，目的是保证使用安全可靠。管理部门亦应培训操作人员、建立规章制度、安全操作规程以及日常的保养维修制度，以保证人身及设备的安全。

5. 排水设备

泵房内由于水泵填料的滴水，阀门和管道接口的漏水，拆修管道设备时泄放的存水，以及各种地沟的渗透水等，必须设置排水设备及时排水，以保持泵房的环境整洁和设备的安全运行，尤其是电缆沟中不得积水。地面式泵房可采用自流式排水，其他形式的泵房都要借助提升设备来排水。常用的提升设备有水射器、手摇泵和排水泵。排水泵常采用液位控制自动启闭。

9.2.3 泵房的运行管理

泵房值班人员应根据管网用水需求及时调整水泵开机台数，有调速机组的应合理调整电机转速改变水泵流量。应通过合理调度尽可能使水泵处于高效区运行，并密切关注清水池的水位变化，保障水厂的进出水相对平衡。值班人员应每小时巡视泵房内的各种设备是否处于正常状态，特别要关注水泵电机的轴承温度，对机组的异常响声和震动要高度警觉。

9.3 离心式水泵

9.3.1 概述

水泵是提升或输送液体的机器。从能量观点来说，泵是一种转换能量的机器，它把原动机的机械能转化为被输送液体的能量，使液体的动能或势能增加。

水泵的分类形式很多，按其工作原理可以把泵分为三大类：

(1) 叶片泵：它对液体的压送是靠装有叶片的叶轮高速旋转完成的。属于这一类的水泵有离心泵、轴流泵、混流泵等。

（2）容积泵：它对液体的压送是靠泵体工作室的容积改变完成的。该类泵工作室容积的改变方式有往复式和旋转式两种。属于这一类的水泵有计量泵、转子泵等。

（3）其他类型泵：包括螺旋泵、射流泵、水轮泵等。

叶片泵拥有数量最多，应用的范围最大，在送水泵房中又以离心泵最为常见。

9.3.2 离心泵的构造与工作原理

离心泵的构造较为复杂，一般由叶轮、吸入室、压出室、泵轴、轴套、轴承、轴封装置、减漏环、轴向力平衡装置、底座以及联轴器等组成（图 9-5）。叶轮在充满水的蜗壳内高速旋转时，使水产生离心力，甩向蜗壳，叶轮中部形成真空，吸水池的水在大气压力的作用下沿着进水管流向叶轮中心，补充这个真空区域。被甩到泵壳的水有较高的能量，由于蜗室汇流槽断面是逐渐扩大的，汇集在这里的水流速度逐渐降低，而压力逐渐增高，压向出水管，并往高处流。这样，叶轮不停地高速旋转，吸水池的水源源不断地被泵吸入，经泵加压获得能量，从压水管排出，完成水泵连续输水过程。

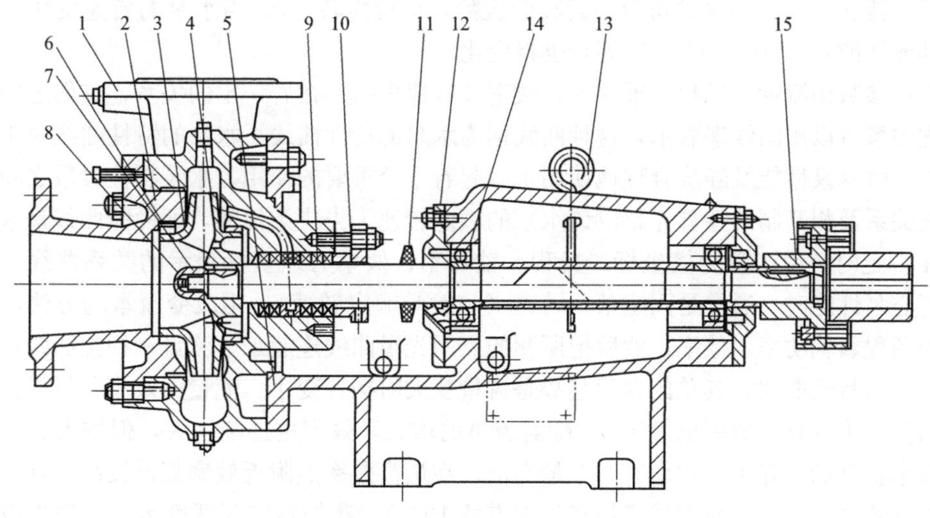

图 9-5 离心泵构造图

1—泵体；2—泵盖；3—叶轮；4—轴；5—托架；6—密封环；7—叶轮螺母；8—外舌止退垫圈；9—填料；10—填料压盖；11—挡水圈；12—轴承端盖；13—油标尺；14—单列向心球轴承；15—联轴器

9.3.3 离心泵的主要性能参数与特性曲线

离心式水泵的主要性能参数有：

（1）流量（Q）：即水泵的出水量，定义为水泵在单位时间内所输送液体的体积。常用的流量单位有 L/s、L/min、m^3/h 等。

（2）扬程（H）：通常指总扬程，又叫总水头，表示单位重量液体通过泵所获得的能量的增加值。扬程的常用单位为 m（水头）。通俗地理解，扬程就是水泵能将水提升的高度（管路损失未计）。

(3) 轴功率：水泵的输入功率称为轴功率，它表示动力机械（电机）在单位时间内传递给水泵的能量，用字母 N 表示，常用单位为 kW。水泵的输出功率称为有效功率，它表示单位时间内流过水泵的液体所获得的能量，用符号 Ne 表示，单位为 kW。有效功率计算公式如下：

$$Ne=\rho QH/102 \tag{9-1}$$

式中 ρ——被提升液体的密度（kg/L）；

Q——水泵的流量（L/s）；

H——水泵的扬程（m）。

$Ne<N$，原因在于动力机除了向液体传递有效功率外，还有一部分功率在水泵中损失掉了。这些损失包括容积损失、机械损失和水力损失。容积损失又叫泄漏损失，即泵内高压区的水通过密封环又漏到低压区。机械损失是转动的叶轮、泵轴和固定的泵壳、填料、轴承的摩擦损失。水力损失是指水流在水泵内的摩擦阻力与冲击损失。

(4) 效率（η）：即有效功率与轴功率的比值，它反映了水泵对动力的利用情况，是一项技术经济指标。

(5) 转速（n）：即泵轴每分钟旋转的次数，单位为转/分。当水泵的转速变化时，水泵的其他性能参数（Q、H、N 等）也将变化。

上述参数即流量、扬程、轴功率、效率及转速之间存在着一定的关系，它们之间的量值变化关系可以用曲线来表示，这种曲线称为水泵的特性曲线。水泵的特性曲线对于选择水泵、了解水泵性能及经济合理地使用水泵起着十分重要的作用。水泵特性参数之间的相互变化关系及相互制约性首先是以该水泵的额定转速为先决条件的，即性能曲线是水泵的转速 n 一定时，用流量为横坐标，扬程、轴功率、效率为纵坐标表示的关系曲线。实验绘制离心泵性能时，通常是固定某个转速（一般是额定转速），用改变流量的方法，测得对应的扬程、轴功率、效率，然后把所测的点用光滑曲线连起来。流量—扬程曲线是离心泵最基本的特性曲线，其总的变化趋势是流量变大时扬程变小。流量—效率曲线呈山头形状，当流量为 0 时，效率也等于 0，随着流量的增大，效率也逐渐增大，但增大到一定数值后效率就开始下降了。效率有一个最高值，在最高效率点附近效率都比较高，这个区域称为水泵的高效区（一般不低于最高效率点的 10%）。我们在实际调度运行工作中应设法使水泵在高效区内运行，以提高水泵的运行经济性。

9.3.4 水泵的汽蚀及其预防

水泵的汽蚀是由水的汽化引起的，所谓汽化就是水由液态转化为气态的过程。水的汽化与温度、压力有一定的关系，在一定压力下，温度升高到一定数值时，水就开始汽化，或在一定温度下，压力降低到一定数值时，水也会汽化。水泵运行时，如果泵内叶轮进口处的液体压力等于或小于该温度下的液体汽化压力，就会有蒸汽及溶解在液体中的气体从液体中大量逸出，形成许多蒸汽和气体混合小气泡。当这些气泡随液体流出高压区时，气泡突然受压破裂，液体质点从四周向气泡中心加速运动，质点互相撞击，若这种撞击在金属表面附近发生，就对金属发生冲击作用，产生频率达每分钟几万次，压力达几百个大气压的水锤作用，使水泵产生噪音和震动，在这么大的压力频繁作用下，叶轮表面金属产生剥蚀，加上从水中逸出的氧气和加氯对叶轮的化学腐蚀作用，叶轮上像被枪弹打穿一样，出现蜂窝状的麻点和孔洞。

汽蚀现象发生时，水泵的性能将显著变坏，表现为流量、扬程和效率的急剧降低，甚至抽不上水来。所以应力求避免汽蚀，运行中的预防措施有如下几点：

（1）应使吸入管路系统损失降至最小，为此应采用最短的吸入管路，减少不必要的管路附件，如弯头、阀门之类，减少管路流速等。所以，水厂水泵多从吸水井取水而不是直接从清水池取水。

（2）水泵汽蚀区域可刷上环氧树脂涂料，使水泵的内表面恢复光滑。

（3）水泵转速不要高于铭牌规定转速。

（4）水泵运行中严禁用吸入侧阀门来调节流量。

（5）不允许水泵在远离设计流量、过大流量工况下运行。

为了防止发生汽蚀现象，每台水泵有一个允许吸上真空高度（Hs）。允许吸上真空高度是指水泵在标准状况下（水温为 20℃，一个标准大气压下）运转时水泵所允许的最大吸上真空度，单位为米水柱。它是由水泵厂通过实验求出的，标在铭牌上。使用水泵时，泵进口处的真空度不能超过此值。由于我们使用水泵时往往不是在一个标准大气压和水温为 20℃的条件下运转，所以，必须根据变化了的条件对 Hs 进行修正。如果水泵安装地点海拔较高，当地大气压低于 10.33 米水柱，设为 ha 米水柱，则应加校正数（10.33－ha）。如果水温大于 20℃，水就更容易汽化，设水温为 t℃汽化压力为 hc 米水柱，水在 20℃的汽化压力为 0.24m，那么水温的校正数为（ht－0.24）。所以校正后的允许吸上真空高度 Hs′为：

$$Hs' = Hs - (10.33 - ha) - (ht - 0.24)\text{（米水柱）} \tag{9-2}$$

9.3.5　离心泵的工作点及调节

水泵特性曲线，表示水泵的流量和扬程、效率、轴功率、允许吸上真空高度之间的关系。但是一台水泵装在管道系统中，运转时能抽多少流量，产生多高的扬程或者说我们选用的这台水泵是在性能曲线上的哪一点工作，单凭水泵的性能曲线还不能确定。还要受管道系统中长度、粗细、材料和装置情况及各种管件的影响。

1. 管道特性曲线

水与管道内壁之间发生摩擦而引起的能量损失称沿程水头损失。在水流经弯头及阀门等管路附件时，由于边界形状的突然改变，水流形态发生激烈变化而引起的能量损失叫局部水头损失。沿程水头损失和局部水头损失均与管内水流速度的平方成正比，而流速与流量是正比关系，即管路水头损失与流量的平方成正比。这样，水泵的总扬程等于实际扬程和管路水头损失之和。即：$H = H_o + SQ^2$。

这是一条截距为 H。（静扬高）的抛物线，它反映了选定的管道系统中通过的流量和需要的扬程间的关系，称为管道特性曲线。

2. 水泵的工作点

将水泵的流量—扬程特性曲线与管道特性曲线绘在同一个坐标轴内，两曲线出现一个交点，这个交点满足 $Q_{泵} = Q_{管}$，$H_{泵} = H_{管}$，这点称为水泵的工作点，即水泵在一定的管路状况和一定的进出水水位条件下供需的平衡点。如果将水泵的 Q-N、Q-η、Q-H_s 曲线也画在同一坐标内，那就同时可以找到工作点的相应轴功率、效率和允许吸上真空高度。

3. 水泵工作点的调节

如果水泵性能、管路损失和进出水水位等因素中的任何一个因素发生变化，水泵的工作点将随之变化。在使用水泵时，如果水泵工作点特性参数不符合实际需要，如不在高效区工作，电动机超载或负荷不足，水泵发生汽蚀现象等，可采取改变水泵特性曲线或管道特性曲线的方法，移动工作点，这就叫水泵工作点的调节。调节的方法有变径调节、变速调节、关阀调节等。

（1）变径调节

即通过切削水泵叶轮改变水泵的特性曲线。

（2）变速调节

即用改变水泵转速的方法改变水泵性能，达到扩大使用范围的目的。通过水泵的调速控制，既能满足高峰供水需要，又能使水泵经常在高效区运行。水泵调速的方法有变极数调速、变频调速、串级调速、转子串电阻调速、定子调压调速及液力耦合器调速等。

（3）关阀调节

即利用水泵出水阀门进行调节。改变出水阀门的开启度，使管道特性曲线发生变化。因为阀门是局部阻力，阀门开启度不同，其相应的阻力系数也不同，当开启度很小时，其阻力系数很大，则流量就小。阀门调节是不经济的，不能长时期关小阀门运行。同时，不能关小进水阀门进行调节。

9.3.6 离心泵的运行与维护

1. 水泵的并联运行

在水泵的实际运行中，除单机组运行外，大都以并联方式运行，即两台或两台以上的水泵共用一条出水管。水泵并联运行有同型号并联和不同型号并联之分，用同型号的较好。水泵并联工作时，每台泵的流量小于各台泵单独运行时的流量。随着并联台数的增加，每台泵的工作流量逐渐减小，各台水泵不能充分发挥其作用。所以在实际运行时，从经济角度考虑一般并联台数为 2～3 台。水泵并联运行时，每台泵的功率小于各台泵单独运行时的功率。

2. 离心泵的开停机操作

（1）开启前的准备工作

1）转动联轴器。检查车头情况，是否有异物卡阻。

2）开启水泵水封管冷却水并注意填料是否正常完好，同时检查落水是否畅通。

3）检查轴承的油位油质。

4）检查电源情况。

5）将水泵和进水管灌满水，把空气赶走，水厂大型水泵多采用抽真空的办法，所以用真空泵抽气，还须检查真空泵及附属设备是否完好。

（2）开水泵操作

1）合上水泵配套电机电源开关（油断路器，真空断路器，低压断路器，交流接触器，空气开关等）。

2）待泵出口压力上升至水泵零流量时的空转扬程后，开启出水阀。

3）检查各种仪表是否正常，水泵机组运行情况，油环运行，冷却水情况等，并做好各种记录。

（3）停泵操作

1）先关闭出水阀门。在关闭出水阀门时应注意水泵发出的声音是否增大，电流表、功率表、功率因数表数值是否降低，该泵出水压力表数值是否增高，流量计总出水压力是否降低。从上面情况可以判断阀门是否关闭，如果上述情况都无变化，则电动阀有故障，需关闭外挡阀后再停泵。否则会人为造成停泵水锤。

2）待出水阀全部关闭后，断开水泵配套电机电源开关。

3）关闭冷却水，检查水泵机的技术状态，记录各种仪表读数。

3. 水泵大修后的验收

水泵大修后必须连续运行24h无异常情况才算合格。除一般检查外，通常还进行绝缘电阻测定、耐压试验、空载试验、重载试验、特性曲线试验等。若上面几项试验符合要求或与原说明书上所列数据相接近，即说明大修质量合格。离心泵发生故障的原因及其处理方法见表9-1。

离心泵发生故障的原因及其处理方法 **表9-1**

故障现象	可能原因	处理方法
1. 水泵不出水	(1)灌水不足或真空泵未将吸水管和泵内空气抽尽； (2)管系压力超过泵最高扬程(泵扬程不够)； (3)进水管漏气； (4)旋转方向相反； (5)转速过于小(以致扬程不够)； (6)进水口或叶轮槽堵塞，底阀不灵活或锈住； (7)吸水高度过大； (8)叶轮严重损坏； (9)填料函严重漏气； (10)叶轮螺母或键脱出	(1)停机继续灌水或抽气； (2)改进管系装置，换高压泵； (3)利用火焰对法兰接头等处进行检查，如有漏气，火焰将向漏气处弯倒，然后堵塞之； (4)改变转向(如将三相进电线互换二根)； (5)用转速表检查，调整动力机或皮带盘直径； (6)停泵后清除杂物或除锈等； (7)降低安装高度； (8)更换新叶轮； (9)压紧或更换填料； (10)修复紧固
2. 水泵出水量不足	(1)吸水管端淹没水深不够，泵内吸入空气； (2)吸水管漏气、漏水； (3)吸水管或叶轮有水草杂物阻塞； (4)输水高度过高； (5)转速不够； (6)密封环及叶轮磨损太多； (7)动力机功率不足； (8)闸门开得太小，逆止阀有障碍或堵塞； (9)填料漏气； (10)叶轮局部损坏； (11)吸水高度过大	(1)增加管端淹深，吸水管穿过放置在水面的木板(木板短边至少为管径的2～3倍)，阻止水面产生旋涡； (2)重新安装，堵塞漏气、漏水； (3)清除水草杂物； (4)降低输水高度； (5)调整动力机或皮带松紧度； (6)更换密封环及叶轮； (7)加大配套动力； (8)适当开大闸门，清除障碍； (9)适当旋紧压盖或更换填料； (10)更新或修复； (11)改变安装高度
3. 水泵功率消耗过大	(1)转速太快； (2)泵轴弯曲、轴承磨损或损坏； (3)填料压得太紧； (4)叶轮和泵壳卡住； (5)流量超过使用范围； (6)直接传动时，轴心不对准，皮带传动过紧； (7)叶轮螺母松脱，叶轮和泵壳摩擦	(1)调整、降低转速； (2)校正调直、更换轴承； (3)旋松压盖螺栓，或将填料取出敲扁一些； (4)调整达到一定间隙； (5)调整流量，使其符合使用范围，关小压阀，降低出水量； (6)校正轴心位置，调整皮带轮松紧度； (7)紧固螺母

续表

故障现象	可能原因	处理方法
4. 水泵杂声和振动	(1)基础螺丝松动； (2)叶轮损坏或局部阻塞； (3)泵轴弯曲，轴承磨损或损坏过大； (4)直接传动时，两轴中心未对准； (5)吸水高度过大，产生汽蚀； (6)泵内杂物阻塞； (7)进水管漏气或管端淹没深度不够； (8)叶轮及皮带轮或联轴器的螺帽松动； (9)叶轮平衡性差	(1)旋紧； (2)更换叶轮或清除； (3)校正和更换； (4)校正调准； (5)降低安装高度； (6)清除； (7)加以堵塞，同2(1)； (8)使之紧固； (9)进行静平衡试验，调整
5. 轴承发热	(1)润滑油量不足，油太多或油环不转； (2)润滑油质量不好或间隙不适当； (3)皮带太紧； (4)轴承装配不准确或间隙不适当； (5)泵轴弯曲或中心未对准； (6)轴向推力太大，由摩擦引起发热； (7)轴承损坏	(1)加油、修理、调整； (2)更换适合的润滑油，用煤油或汽油清洗轴承； (3)适当放松； (4)修正、调整； (5)校正后调整； (6)注意平衡孔的疏通； (7)更换
6. 填料函发热或漏水过多	(1)填料压得太紧； (2)水封环装置不对； (3)填料磨损过多或轴套磨损； (4)填料质量太差； (5)轴承磨损过大	(1)稍放松压盖，使填料函渗水如汗； (2)使水封环的位置正好对准水封管口； (3)更换轴套、填料； (4)填料一般为方绳，需浸入牛油中煮透，外涂黑铅粉； (5)调换轴承
7. 运行中突然停止出水	(1)进水管突然被杂物堵塞； (2)叶轮被吸入杂物打坏； (3)水源水位下降后吸入大量空气	(1)停泵清除； (2)停泵更换叶轮； (3)加深淹没深度
8. 泵轴被卡死转不动	(1)叶轮和密封环之间的间隙太小或不均匀； (2)泵轴弯曲； (3)填料和泵轴干摩擦、发热膨胀； (4)泵轴被锈住，填料压盖螺丝拧得太紧； (5)轴承破坏，被金属碎片卡住	(1)更换或修理密封环； (2)校正泵轴； (3)应使泵壳内灌水，待冷却后再行起动； (4)应检修或放松压盖螺丝松紧度； (5)调换轴承并清除碎片

9.3.7 停泵水锤及其预防

在压力管道中，由于流速的剧烈变化而引起一系列急剧的压力交替升降的水力冲击现象，称为水锤，又叫水击。停泵水锤是指水泵机组因突然失电或其他原因，造成开阀停车时，在水泵及管路中水流速度发生递变而引起的压力递变现象。发生突然停泵的原因可能有：

(1) 由于电力系统或电气设备突然发生故障，人为的误操作等致使电力供应突然中断。

(2) 雨天雷电引起突然断电。

(3) 水泵机组突然发生机械故障，如联轴器断开，水泵密封环被咬住，致使水泵转动发生困难而使电机过载，由于保护装置的作用而将电机停车。

(4) 在自动化泵站中由于维护管理不善，也可能导致机组突然停电。

压力管中的水在断电后的最初瞬间主要靠惯性以居间减慢的速度继续向出水方向流动，然后流速降至零。管道中的水在重力水头的作用下，又开始向水泵倒流，流速由零逐渐增大，由于管道中流速的变化而引起水锤。

停泵水锤可通过设置水锤消除器、自动缓闭式水力闸阀等措施预防。

9.3.8 水泵电机的变频调速技术

常用的水泵调速装置可分为两大类：在调速过程中有滑差损失和在调速过程中无滑差损失，或回收了滑差功率。属于第一类的有：转子串电阻调速，电磁离合器调速和液力耦合器调速；属于第二类的有：晶闸管串级调速，电机串级调速和变频调速。第二类调速装置比第一类调速装置更节能。其中，变频调速随着成本与价格的逐渐降低备受供水行业的欢迎，有广阔的发展前景。

变频技术简单地说就是把直流电逆变成不同频率的交流电，或把交流电经整流变为直流电后再逆变为不同频率的交流电。变频器是采用变频技术应用最广的新型高效节能技术之一，自 20 世纪 80 年代进入实用阶段以来，很好地解决了电动机的无级调速问题，通过改变其输出电源的频率，可以达到改变与之相联系的电动机的转速，从而实现了变频调速的目的。使用变频器通过变频调速可以代替传统上采用的关阀调节流量和扬程，达到节能降耗的作用，节能效果十分显著。

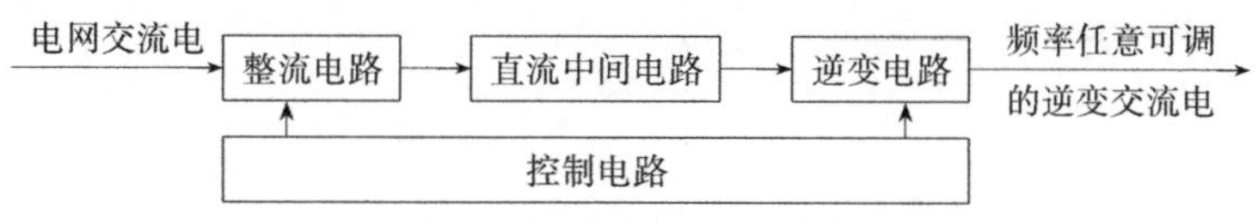

图 9-6 变频器的基本结构框图

变频器历经数十年的发展，虽形式多样，控制电路、检测电路和控制算法各异，但目前较为普遍的变频器的基本结构如图 9-6 所示。其主电路由整流电路、直流中间（滤波）电路、逆变电路三部分所组成，电网交流电经整流电路变为脉动直流电，直流中间电路滤波后，再经逆变电路变为频率任意可调的三相交流电，供负载使用，从而达到变频调速的目的。变频器的控制电路是变频器的核心部分，它决定了变频器性能的优劣，一般包括主控制电路、信号检测电路、门极（基极）驱动电路、外部接口电路及保护电路等几部分。控制电路的主要作用是将检测电路得到的各种信号（如输入输出及直流主电路的电压、电流，变频器及电动机温度巡检信号）送至运算电路，根据要求经运算电路处理后提供必要的控制信号（如门极或基极驱动信号等），同时通过 A/D、D/A 等外部接口电路接受外部信号，给出系统内部工作状态，以实现变频器的高性能控制（如启动、停止、正反转、加速减速、反馈控制等），并对变频器、电动机提供多种（如过压、欠压、过流、过载、超温、短路、缺相等）保护。

复习题

1. 在日常生产中，清水池为什么要保有一定的水位？其最低允许运行水位是依据什么设定的？

2. 清水池和吸水井是否每年都要清洗？清洗前、清洗过程中、清洗后分别应做好哪些工作?

3. 水泵运行过程中可以用吸入侧阀门来调节流量吗?
4. 泵房内主要设有哪些仪表?请分别简述它们的作用。
5. 离心泵及工作原理。
6. 如何避免水泵汽蚀的产生。
7. 如何防止水锤的产生。

第10章

臭氧—活性炭深度处理

10.1 臭氧发生设备

臭氧又名三氧，它是氧气的同素异形体。常温下较低浓度的臭氧是无色气体；当浓度超过15%时，呈现出淡蓝色。其相对密度为氧的1.5倍，气态密度2.144g/L（0℃，0.1Mpa），在水中的溶解度比氧气大13倍，比空气大25倍。臭氧的化学性质极不稳定，在空气和水中都会慢慢分解成氧气。在空气中分解的速度与臭氧浓度和温度有关，当浓度在1.0%以下时，半衰期为16h。在水中分解速度比空气中快很多，与水中pH值和污染物的含量有关，pH值越高，臭氧的分解速度越快，一般在5～30min。

臭氧对大肠杆菌的杀死率比氯快3000倍，因而，就消毒效果来说，臭氧是最强的。

臭氧本身的特点决定了臭氧技术具有以下特性：

（1）臭氧由于其氧化能力极强，可以通过氧化去除水中大部分可被氧化的物质。

（2）臭氧化的反应速度较快，从而可以减少反应设备或构筑物的体积。

（3）剩余臭氧会迅速转化为氧气，能够增加水中溶解氧，不造成二次污染。

（4）在杀菌和杀灭病毒的同时，可以除嗅、除味。

（5）预臭氧化在一定条件下有助于絮凝、可以改善沉淀效果。

（6）臭氧可以提高生物活性炭的吸附与降解有机物的能力，延长活性炭的使用寿命。

臭氧单元主要包括气源、臭氧制备、臭氧投加、尾气破坏四部分。

臭氧发生系统包括臭氧发生器、供电及控制设备、冷却设备以及臭氧和氧气泄漏探测及报警设备。

臭氧发生的原理是氧气气源进入到臭氧发生器中，在放电管放电形成的电弧作用下，产生一定浓度的臭氧。目前使用最广的臭氧发生器一般为石英管和陶瓷管两类。

臭氧发生器按臭氧发生单位的结构形式分为板式和管式，按其安装方式分为立式和卧式，国内外目前生产的臭氧发生器（尤其是大型）以卧式管式为主（图10-1）。

臭氧气源提供臭氧生产所必需的一定纯度的氧气，主要有三种，即使用成品纯液态氧、现场空气制备气态氧和直接利用空气。目前较先进的臭氧发生器多采用前两种方式制备臭氧，第三种方式适用于臭氧产量较小的场合。

臭氧发生装置应尽可能设置在离主臭氧接触池较近的位置，必须设置在室内。室内应设置机械通风设备，环境温度宜控制在30℃以内。臭氧发生间应设置臭氧泄漏低、高检测极限的检测仪和报警设施。车间入口处的室外应放置防护器具、抢救设施和工具箱，并

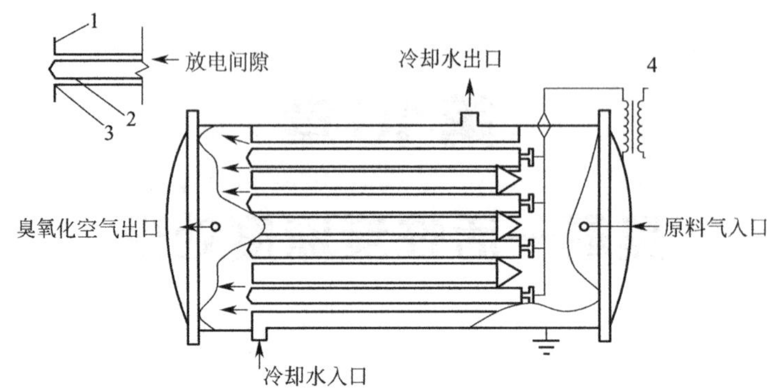

图 10-1 卧式管式臭氧发生器

1—管板；2—玻璃管；3—不锈钢管；4—升压变压器

应设置室内照明和通风设施的室外开关。

对于臭氧发生系统而言，臭氧浓度低则臭氧发生器的能耗也低，但臭氧发生所消耗的氧气量大；臭氧浓度高则臭氧发生器的能耗也高，但臭氧发生所消耗的氧气量低。

10.2 臭氧投加设备与接触池

臭氧投加一般分为预臭氧投加和主臭氧投加。

臭氧接触反应系统主要包括：臭氧接触池、扩散导管、臭氧扩散器、射流器、臭氧混合器及满足工艺及测量控制必要的附属装置、水中余臭氧检测仪等。

臭氧接触池的作用是将臭氧气体转移到水箱，保证与待处理水充分接触，并完成预期的化学反应。臭氧接触池应具备两个基本条件：让臭氧有较高的吸收率和较高的反应效率（污染物去除率）。

目前，国内外应用比较普遍的臭氧接触池为扩散管式结构（图 10-2），基本结构为同向流 3 格接触池，分 2～3 格投加臭氧，后加滞留池增加反应时间。

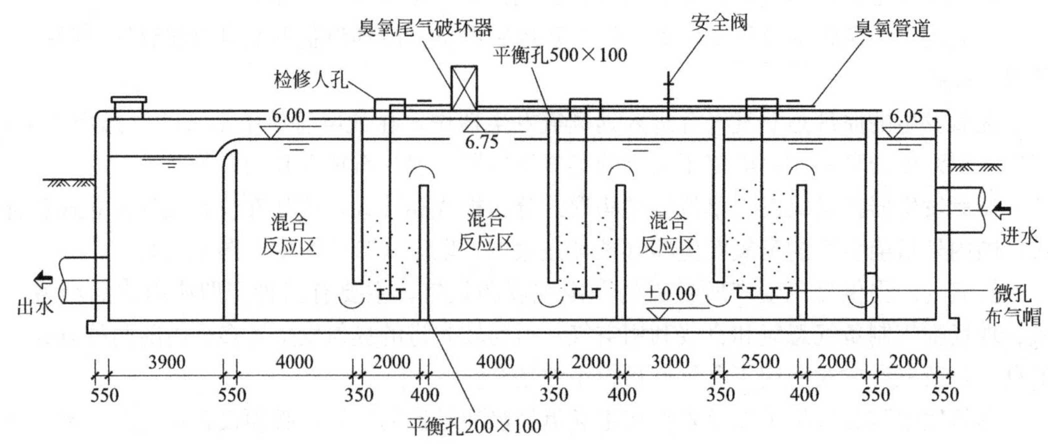

图 10-2 臭氧接触池剖面图示例

臭氧接触池一般分为预臭氧接触池（图 10-3）和主臭氧接触池（图 10-4）。臭氧接触池的个数不宜少于 2 个，便于停池清洗或检修。臭氧接触池必须全封闭，防止臭氧接触池中少量未溶于水的臭氧逸出后进入环境空气而造成危害。池顶应设置尾气收集管和自动双向透气安全压力释放阀（自动气压释放阀）。

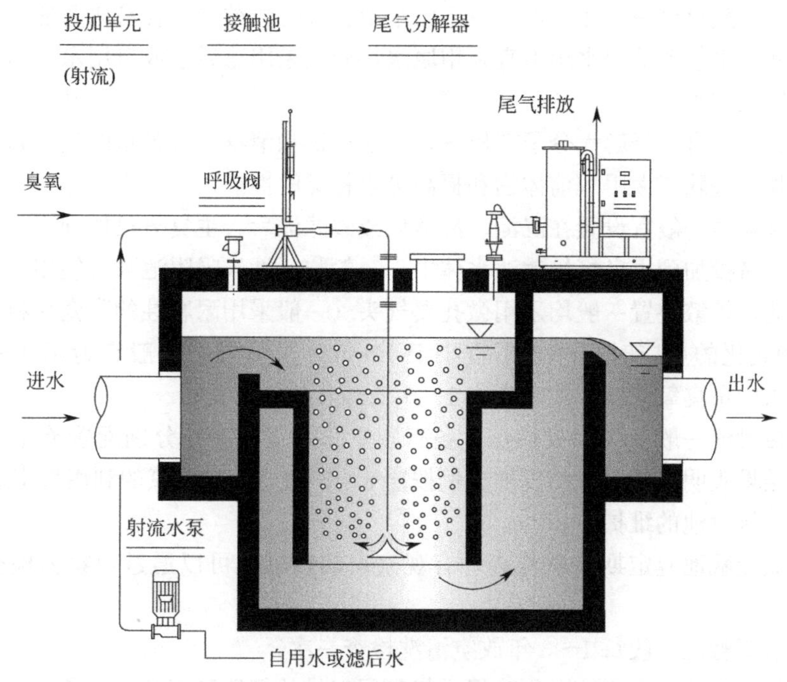

图 10-3　预臭氧接触池的射流扩散器示意图

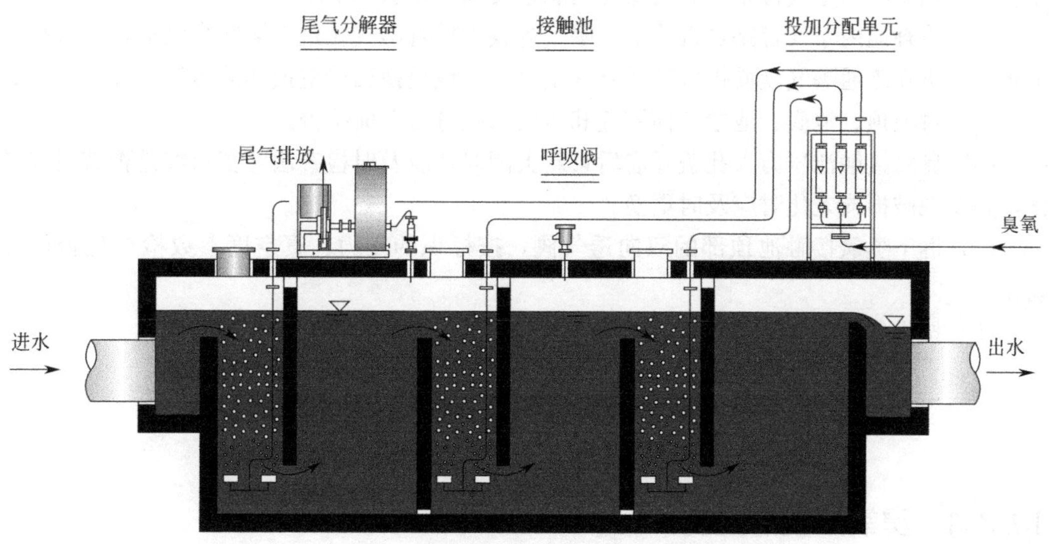

图 10-4　主臭氧接触池的微孔曝气示意图

预臭氧的作用主要有：去除臭和味、色度、重金属（铁、锰等），助凝，去除藻类和 THM 等“三致”物质的前体物（减少水中“三致”物质的含量），将大分子有机物氧化为小分子有机物，氧化无机物质和氰化物、碳化物、硝化物。

预臭氧接触池一般设在生物预处理、混凝之前（每个流程设一个投加点），接触反应时间宜为2～5min，投加量宜为0.5～1.5mg/L。接触池出水水中余臭氧浓度应不高于0.1mg/L。

臭氧气体通过水射器抽吸后与动力水混合，通过射流扩散器直接注入接触池内，与原水充分接触。一般只设一个注入点。由于原水中含有的颗粒杂质容易堵塞抽吸臭氧气体的水射器，因此，水射器动力水源不宜采用原水，而宜采用滤后水或自用水；动力水应设置专用动力增压泵供水。

主臭氧的作用有：降解大分子有机物，灭活病毒和消毒，改善水的色度和嗅味，降解有机微污染物，去除三卤甲烷前体物和提高可生物降解性能。

主臭氧接触池一般宜设置在沉淀、澄清后或砂滤池后。主臭氧投加则主要通过陶瓷微孔曝气盘将臭氧投加到主臭氧接触池水体中。一般与活性炭吸附池联合使用。由于被处理水较清，因此，扩散装置一般均采用微孔曝气头（一般采用耐腐蚀的陶瓷材料或金属钛板制成）。接触氧化的反应时间一般不宜小于10min，臭氧投量一般宜为1.0～3.0mg/L，接触池出水水中余臭氧浓度一般宜为0.1～0.2mg/L。

主臭氧接触池一般设3个投加点，各有独立管路送气，并分别配置流量计与调节阀门。有研究结果表明臭氧三段的投加比例按照3：1：1，此时臭氧的利用效率最高。

对于臭氧接触池的维护：

(1) 臭氧接触池应定期清洗检查，有观察窗的接触池可以通过观察窗检查臭氧扩散情况。

(2) 臭氧接触池一般每1～3年放空清洗检查一次。

(3) 臭氧接触池排空之前必须确保进气和尾气排放管路已切断。切断进气和尾气管路之前必须先用压缩空气将布气系统及池内剩余臭氧气体吹扫干净。

(4) 检查池内布气管路是否移动、曝气盘或扩散管出气孔是否堵塞或破损，并重新固定布气管路和疏通曝气盘或扩散管堵塞的出气孔，或更换已严重损坏的曝气盘等。

(5) 对池顶、池底、池壁及伸缩缝和压力人孔进行全面检查。

(6) 臭氧接触池压力人孔盖开启后重新关闭时，应及时检查法兰密封圈是否破损或老化，如发现破损或老化时应及时更换。

(7) 拆下臭氧接触池顶部的双向透气阀，按标识的压力、真空度参数检查是否可靠动作。

(8) 按设备维护手册要求，定期对各类仪表进行校验和检修。

10.3 臭氧浓度监测与尾气破坏

10.3.1 臭氧浓度的监测

在预臭氧接触池和主臭氧接触池的末端安装在线余臭氧分析仪，检测水中余臭氧的浓度。化验室用便携式臭氧分析仪检测。在尾气破坏器的前后分别安装在线余臭氧尾气检测仪。在臭氧车间，安装臭氧环境传感器，用于检测环境中臭氧的浓度，或用便携式毒性气体分析仪检测空气中臭氧的浓度。

10.3.2　臭氧尾气破坏系统的组成及运行管理

1. 系统组成

臭氧接触池排出的尾气中仍含有一定数量的剩余臭氧。由于臭氧对人体健康有危害，对环境有污染，因此，必须对接触池排出的尾气进行处理。我国《环境空气质量标准》GB 3095—2012 中规定臭氧浓度限值一级标准为 0.16mg/m^3，二级标准为 0.20mg/m^3。室内空气臭氧的含量更为严格，不得超过 0.10mg/m^3。臭氧系统中必须设置臭氧尾气处理系统。

臭氧尾气处理装置包括尾气输送管、臭氧浓度监测仪、除湿器、抽气风机、尾气破坏器，以及排放气体臭氧浓度监测仪及报警设备等。

臭氧尾气处理装置收集臭氧接触池排出的剩余臭氧，并将其分解成对环境无害的氧气（保证排出的气体臭氧浓度不大于 0.16mg/m^3），通常有催化分解法、加热分解法、活性炭吸附分解法等几种，在城镇供水厂深度处理工艺中广泛应用催化分解法。

催化分解型装置由催化反应室、加热装置、风机、控制装置与仪表等组成，尾气中的臭氧在一定的温度、湿度等条件下，通过触媒催化剂作用快速有效分解为氧气，臭氧尾气处理装置的风机在臭氧接触池内创造一个负压，防止接触池臭氧泄漏。

2. 臭氧尾气处理系统的运行管理

应定期关注臭氧尾气处理装置的运行状况，可采用便携式臭氧检测仪，测量并收集装置前后进出气体的臭氧浓度信息。

催化分解型处理器的日常运行管理：

（1）尾气在进入催化剂前必须经除湿处理或被预热到 40～60℃，以防在臭氧处理器内产生冷凝水，导致催化剂受潮后吸收分解效果降低或很快失效。

（2）臭氧尾气处理器要远离湿气、油脂、泡沫和悬浮微粒，避免影响催化剂的功能。

（3）运行期间应保持处理器底部的泄水阀常开，并定期检查，避免堵塞；在臭氧系统停用期间，应关闭处理器进气管上的阀门和底部的泄水阀，防止因潮湿空气及其他带酸性的气体进入，造成催化媒的提前失效。

（4）当处理器出口的臭氧浓度大于 0.2mg/m^3，且处于持续增大的状态时，应检查催化媒是否失效，应考虑马上更换新的催化媒；若因曝气盘布气效率下降导致尾气中的臭氧浓度变大时，应及时停池检查布气管道，并清洗或更换曝气盘，避免催化媒因负荷增大而降低使用寿命。

3. 臭氧尾气处理系统的设备维护

对系统定期进行清洁，包括运行时或停机时的清洁。为确保安全，在系统停机清洁时必须切断电源，一旦清洁工作完成，检查所有管路是否有连接松动、擦伤、损坏。

清洁时用软刷和真空吸尘器结合清除灰尘，也可以用喷洒了酒精的抹布，避免使用腐蚀性的清洁剂、钢刷或其他很硬的辅助方法或工具。

定期对系统进行维护和检测，包括：

（1）检查或更换失效的催化媒，检查、判断催化媒是否可有效工作到下一个维护周期，检查加热器、风机的工作状态。

（2）放出失效的催化媒，可使用工业真空吸尘器。在重新填满催化媒之前，检查筛网和加热元件。

（3）催化媒属于危险化学品，接触或更换过程中，建议使用防尘口罩，带橡胶或塑料手套，并保护好眼睛。

（4）被替换下来的失效的催化媒在使用过程中没有受到其他有害物质的污染后，可以运往特定的接收化学垃圾的垃圾填埋厂。

10.4 臭氧投加量的确定与控制

10.4.1 臭氧投加量的设定调整

臭氧投加量应以设计为指导，通过试验或参照相似水源水厂运行经验确定。

臭氧量投加量(mg/L)＝臭氧消耗量(mg/L)＋出水余臭氧要求(mg/L)　(10-1)

（1）预臭氧投加控制一般通过设定臭氧投加率，根据水量变化进行比例投加控制；主臭氧投加控制一般根据水量变化与水中余臭氧值进行调整。

（2）当切换原水、原水嗅味增加、铁锰等含量增加，宜用预臭氧系统代替预加氯，并运行主臭氧系统。

（3）原水 2-甲基异莰醇（2-MIB）和土臭素浓度高于 200ng/L，可适当提高臭氧投加量。当 MIB 浓度低于 200ng/L 条件时，臭氧投加量宜维持在 1.0～2.5mg/L。针对鱼腥味嗅味时，应保持低臭氧投加量（1.0mg/L）运行。

（4）原水中 COD_{Mn}、氨氮高时，臭氧投加量宜控制在 2mg/L。

（5）原水藻类含量增加时，宜采用预臭氧与预氯化组合的预氧化方式，同时运行主臭氧系统。预臭氧投加量宜控制在 1mg/L 以内（一般为 0.3～0.5mg/L），同时在沉淀池前加 0.5～1.0mg/L 的次氯酸钠（控制沉淀池出水或砂滤池出水余氯小于 0.2mg/L）；主臭氧投加量控制在 2mg/L 左右（控制主臭氧接触池出水余臭氧在 0.1～0.2mg/L）。

（6）在处理铁、锰、藻类问题时，当活性炭吸附池进水色度有明显升高时，宜停止投加主臭氧，待异色消除后再恢复主臭氧投加。

（7）鉴于臭氧—生物活性炭工艺出现的生物安全性问题，为有效控制活性炭吸附池的无脊椎生物（如桡足类剑水蚤等），在出现无脊椎生物异常升高时可采取停止臭氧投加的临时措施，用预氯化取代预臭氧投加。

（8）当原水中溴离子超过 100μg/L 时，臭氧投加量应降低，保证出水溴酸盐不超标（我国标准不高于 0.01mg/L）。

（9）因设备异常或工艺调整需要暂停预臭氧投加时，应启用原水预加氯设备，用预氯化取代预臭氧投加。用预氯化时，沉淀池出水或砂滤池出水余氯须低于 0.2mg/L。

（10）臭氧投加量应根据原水水质情况及处理效果及时进行调整。若周边环境及活性炭吸附池出现较明显的臭氧气味，或空气中臭氧浓度超过 0.1ppm 时，宜检查臭氧发生系统、接触池、尾气处理系统等，排除设备设施异常后，可适当降低臭氧投加量。

（11）臭氧发生浓度值的设定须符合设备的要求，且设定值调整范围应经济合理，宜以电耗、氧耗两项之和最小值为目标。

10.4.2 臭氧及泄漏安全管理

水厂应建立臭氧泄漏应急处理制度，以应对可能突发的臭氧泄漏事件。应定期对臭氧设备间及尾气处理装置构筑物的环境臭氧浓度进行检测，建立臭氧泄漏的常规处理方案、应急处理方案，并张贴在臭氧系统设备间显著位置。

应配备臭氧防护面具以及装有臭氧过滤吸附的呼吸装备，并保证工作人员能熟练使用呼吸装备。进入有较高浓度臭氧的场所以及进入运行过的臭氧接触反应室的工作人员应佩戴呼吸装备。任何作业过程中一旦发现空气中有臭氧务必立即离开作业现场，在有保护的前提下处理臭氧泄漏。

在进行系统维护之前要确保在无臭氧的前提下进行。在打开含有臭氧气体的系统之前，应先把气体排净直至检测不到臭氧。采用干燥空气对臭氧系统进行吹扫，清除残留臭氧等气体。采用氧气对臭氧系统吹扫时应保证氧气安全排放。

10.5 臭氧系统的运行管理

10.5.1 日常运行管理

当预臭氧耗突然增大时，分析原水水质，特别是原水铁、锰等含量。可参考下列公式进行投加量的调整：

$$[O_3]g/h=(1.04\times[NO^{2-}]+0.44\times[Fe]+0.9\times[Mn])\times Q \qquad (10\text{-}2)$$

式中 Q——处理水量（m^3/h）。

采用臭氧投加后，水质监测除重点在线监测水中的溶解余臭氧外，还应增加对致嗅物、剑水蚤的检测。

鉴于南方湿热地区出现的生物安全性问题，为有效控制活性炭吸附池的无脊椎生物，在出现无脊椎生物异常升高时可采取停止臭氧投加的临时措施。

因设备异常或工艺调整需要暂停预臭氧投加时，应启用原水预加氯设备，用预氯化取代预臭氧投加。

臭氧单元及其配套的控制系统、阀门和管道等附属设备应定期开展日常巡检及清洁、保养工作，且对应的周期、项目及内容应符合实际安全生产要求。

应加强对关键仪表如臭氧高浓度分析仪、水中溶解余臭氧分析仪、尾气破坏装置等的运行状况的观察。

臭氧发生器因故停机一段时间，再次启用时为确保配套管路的干燥度和洁净度，应提前对管路进行氧气吹扫，吹扫原则如下：停机一周以内，可不吹扫直接运行；停机一个月以内，吹扫 1h；停机两个月以内，吹扫 2h；两个月及以上，吹扫 6～8h。如管道内的露点值仍不符合要求，应延长吹扫时间直至数值达标。

停止臭氧投加时，应做好相关设施的维护，尤其要保护好尾气破坏装置的臭氧催化媒，及时关闭破坏装置前后的进出气阀门，防止因潮湿空气及其他带酸性的气体进入，造成催化媒的提前中毒失效。

为确保主臭氧投加效率，应定期观察接触池内曝气盘是否曝气均匀。池体设有观察孔的，可直接定期观察；无观察孔的，需每年度打开人孔进行一次检查，并开展曝气盘曝气均匀性试验，即将水位控制在曝气盘上 20～30cm，用无油空压机将压缩空气或氧气吹入管道，以观察曝气的均匀性。

10.5.2 异常情况处理

1. 构筑物周边环境出现明显的臭氧异味

原因分析：可能原因包括：(1) 过量投加臭氧；(2) 催化媒失效。当检测尾气破坏器出口的臭氧浓度大于 0.01mg/L，且处于持续增大的状态时，对于采用催化氧化法的尾气破坏装置，说明催化媒开始失效，应考虑更换新的催化媒。

处理措施：(1) 在臭氧系统运行期间，应确保装置内的加热元件正常工作，并保持装置底部的泄水阀常闭；(2) 在臭氧系统停用期间，应先打开泄水阀，检查有无水排出，排放之后立即关闭泄水阀，同时关闭破坏装置进、出气管上的阀门，避免水汽或其他气体侵蚀催化媒。

2. 主臭氧接触池的尾气臭氧浓度升幅较大

原因分析：主臭氧通过陶瓷微孔曝气盘投加到水中，长时间的连续运行会在曝气盘上产生黏附物，从而导致曝气效率大幅下降。如检测到破坏前尾气中的臭氧浓度大于 5mg/L，且呈逐步上升趋势时，应考虑曝气盘变脏。

处理措施：(1) 及时安排清洗，清洗时需要对接触池进行停池操作，事先应做好完备的工艺超越实施方案；(2) 曝气盘清洗过程可采用先浸泡后冲洗（清洗剂选择 31%的浓盐酸），最后再利用压缩空气进行短时间的气洗，可彻底清洁曝气盘的微孔结构，达到较好的清洗效果。

10.6 颗粒活性炭吸附池

10.6.1 活性炭吸附池的构造

臭氧—活性炭工艺中活性炭吸附处理主要应用的是固定床颗粒活性炭吸附池。活性炭吸附池的过流方式应根据其在工艺流程总的位置、水头损失和运行经验等因素确定，可采用下向流或上向流。当活性炭吸附池设在砂滤池之后且其后续无进一步除浊工艺时，应采用下向流；当活性炭吸附池设在砂滤池之前时，宜采用上向流。当水厂因用地紧张而难以同时建设砂滤池和炭吸附池，且原水浊度不高和有机污染较轻时，可采用在下向流炭吸附池炭层下增设较厚的砂滤层的方法，形成同时除浊除有机物的炭砂滤池。

1. 下向流炭吸附池

下向流模式即从上部进水，经过活性炭层、砂垫层和支撑层后自滤池底部出水；上向流模式是从滤池底部进水，原水向上流经支撑层和活性炭层，经过处理的水经上部收集系统收集后汇集到出水总渠。

下向流活性炭吸附池型可采用 V 型滤池、翻板滤池、普通快滤池、虹吸滤池，大部分采用滤砖配水系统，或穿孔管以及小阻力滤头配水配气系统，采用单独水冲洗或气—水联合冲洗（图 10-5）。

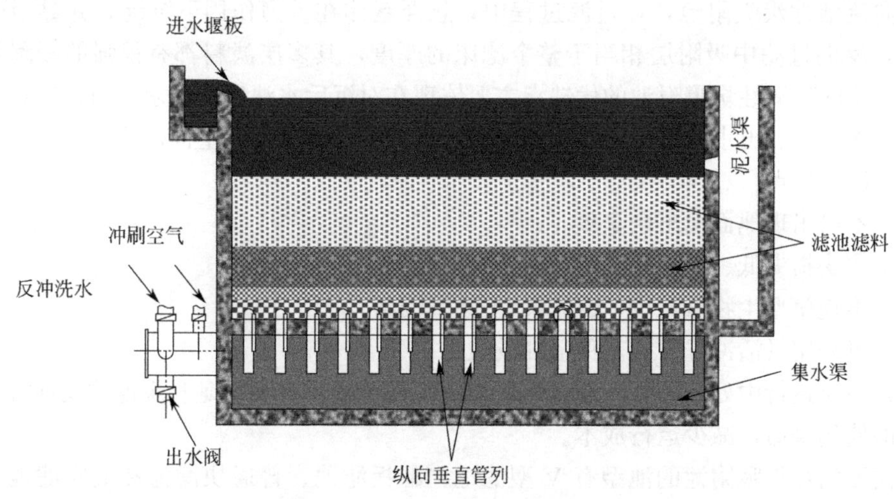

图 10-5　下向流活性炭吸附池示意图

2. 上向流炭吸附池

上向流活性炭吸附池的池型主要有滤管上向流吸附池和滤头上向流吸附池两种，滤管多采用马蹄管，两者均采用上部集水槽集水（图 10-6）。

典型的上向流吸附池构造可分为布水布气区、滤床区和出水区。主体一般由滤池池体、布水布气系统、滤床、冲洗系统、出水系统和自控系统组成。

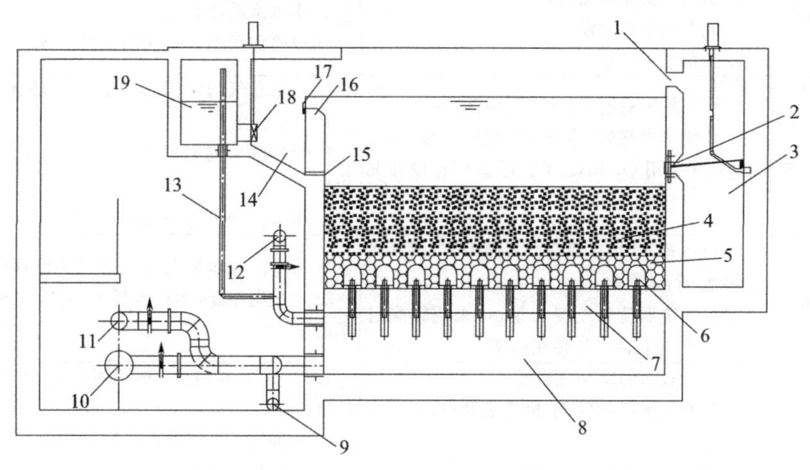

图 10-6　滤管上向流吸附池构造

1—溢流口；2—翻板阀；3—排水渠；4—滤料；5—承托层；6—上向流滤管；7—二次浇筑层；8—布水布气渠；9—放空管；10—进水管；11—冲洗进水管；12—冲洗进气管；13—排气管；14—出水槽；15—扫洗水孔；16—出水堰；17—调节堰板；18—出水闸板；19—出水总渠

3. 不同流向活性炭吸附池的工艺特点

下向流活性炭吸附池，在过滤过程中，杂质颗粒在拦截、沉淀、惯性、扩散等作用下迁移到炭层表面，并黏附于炭颗粒上，达到吸附的效果，其主要吸附效果集中在上层小直径炭颗粒中。

上向流活性炭吸附池，在过滤过程中，悬浮絮体在重力作用下沉淀，并黏附于炭颗粒表面，反向过滤中吸附层相当于整个滤床的厚度，其多层滤料都有很强的吸附效果。

不同流向的活性炭吸附池的优缺点主要体现在对沉后水浊度的要求、对污染物去除效果、反冲洗操作、出水生物安全性以及建造运行成本几个方面，上向流吸附池较下向流吸附池具有以下优点：

（1）不易出现池面逸出余臭氧。

（2）水头损失低、水头损失增长速率相对缓慢。

（3）出现微型生物量略少，COD_{Mn} 去除率较高。

（4）可采用灵活冲洗方式，保证冲洗效果。

（5）炭层运行中处于膨胀状态，避免炭层积泥板结，有利于延长炭池的反冲洗周期及活性炭的使用寿命，减少运行成本。

下向流活性炭吸附池的池型有 V 型滤池、翻板滤池、普通快滤池和虹吸滤池等，其各自特点见表 10-1。而上向流活性炭吸附池池型相对比较单一。生物活性炭吸附池宜采用中、小阻力配水配气系统。

下向流活性炭吸附池池型　　　　表 10-1

流向	活性炭吸附池池型	优点	缺点
下向流	虹吸滤池	1. 虹吸管替代； 2. 水力自动控制运行； 3. 无专门反冲洗设备； 4. 无负水头现象	1. 池体结构深，虹吸结构复杂，土建要求高； 2. 出水水质波动大； 3. 单格面积小，不适用于大中型水厂
	普通快滤池	1. 运行效果稳定，反冲洗效果良好； 2. 使用历史悠久，适合不同规模的水厂，同时适用于采用 O_3-BAC 工艺的新厂建设和旧厂改造	1. 布水布气均匀程度劣于 V 型滤池，炭层截污能力利用不够充分； 2. 反冲洗后滤料宜分层，对活性炭颗粒目数要求较高； 3. 单池面积可达 $150m^2$
	V 型滤池	1. 布水布气均匀，滤层截污能力高，活性炭吸附池运行效果好； 2. 反冲洗后滤料不易分层，可采用较高目数活性炭，延长活性炭使用周期	1. 反冲洗耗水量大，控制不当可能存在跑炭现象； 2. 土建费用高，运行电耗大，对设计施工有一定技术需求
	翻板滤池	1. 允许较大的反冲洗强度； 2. 反冲洗水消耗少，土建要求简单，运行维护方便； 3. 活性炭流失率相对较低	1. 单池不易过大，不适用于大中型水厂的改建项目； 2. 初期设备投资较高； 3. 水头损失较大

10.6.2 活性炭特性

活性炭是用以含炭为主的物质作为原料，经高温炭化和活化制得的疏水性吸附剂，它具有良好的吸附性能及稳定的化学性能，耐强酸及强碱、能经受水浸、高温、高压的作用，且不易破碎。活性炭的突出特性是它具有发达的孔隙结构和巨大的比表面积，具有较强的吸附能力。活性炭是去除水中 NOM、降低氯化 DBP_S 前体物的有效方法。

颗粒状活性炭按照外观形状可分为：具有一定外形的活性炭（如柱状颗粒活性炭、球形颗粒活性炭)，以及不规则颗粒状活性炭（主要为破碎炭）。而按照原料不同又可分为煤质活性炭或木质活性炭等。在给水处理中的活性炭吸附池中的活性炭宜采用煤质颗粒活性炭（表 10-2)，煤质颗粒活性炭可分为柱状炭、原煤破碎炭、压块破碎炭。

下向流活性炭吸附池活性炭粒径可选用 ϕ1.5mm、8×30 目、12×40 目规格或试验确定，炭砂滤池宜选用 8×30 目颗粒活性炭。

上向流活性炭吸附池的活性炭粒径比下向流吸附池的活性炭粒径稍小，规格一般采用 20×50 目、30×60 目或通过试验确定。

颗粒活性炭标准　　**表 10-2**

<table>
<tr><th>类别</th><th>序号</th><th>项目</th><th>目标值</th></tr>
<tr><td rowspan="12">限制项</td><td>1</td><td>碘值(mg/g)</td><td>≥950</td></tr>
<tr><td>2</td><td>亚甲蓝值(mg/g)</td><td>≥180</td></tr>
<tr><td>3</td><td>丹宁酸值(mg/L)</td><td>≤1500</td></tr>
<tr><td>4</td><td>灰分(%)</td><td>≤12</td></tr>
<tr><td>5</td><td>水分(%)</td><td>≤3</td></tr>
<tr><td>6</td><td>强度(%)</td><td>≥95</td></tr>
<tr><td rowspan="2">7</td><td rowspan="2">粒度</td><td>柱状炭:直径 1.5mm;高 2～3mm</td></tr>
<tr><td>破碎炭:8×30 目</td></tr>
<tr><td>8</td><td>pH 值</td><td>6～10</td></tr>
<tr><td>9</td><td>装填密度(g/L)</td><td>≥460</td></tr>
<tr><td>10</td><td>比表面积(m^2/g)</td><td>≥950</td></tr>
<tr><td>11</td><td>总孔容积(cc/g)</td><td>≥0.65</td></tr>
<tr><td rowspan="2">参考项</td><td>12</td><td>孔径分布(cc/g)</td><td>10～30nm 下孔
容积≥0.014</td></tr>
<tr><td>13</td><td>腐殖酸值(UV)[%]</td><td>≥10</td></tr>
</table>

活性炭失效的评价指标应主要以处理后水质能否稳定达到水质目标为依据，并考虑活性炭剩余去除污染物能力是否适应水质突变的情况。当水厂出水水质下降并等于或低于各水厂内控指标的 90%时，或者活性炭的强度等性能指标满足不了要求时，视为活性炭失效，应换炭。

补换炭原则：①炭滤料吸附性能、强度指标在正常范围，但滤料有流失或破损，应根据滤料流失和破损情况，去除炭池上层部分已破碎严重的炭，添加新炭。②当炭层的吸附和生物降解作用减弱，引起活性炭失效，从降低制水成本考虑，宜更换部分活性炭，可参考“1/3 旧炭+2/3”新炭的模式。活性炭吸附池更换活性炭时，宜按不高于活性炭吸附池格数 15%的比例分批进行更换。活性炭吸附池更换滤料一般分为以下几个步骤：旧滤料的清除、滤池的清洗、池内各部件的检查、滤池的消毒、池内标高的复核、滤料的铺装、浸泡及冲洗、吸附池的调试。

10.6.3　安全及卫生管理

安全及卫生管理内容如下：

(1) 应具有生产许可证、卫生许可证、产品合格证及化验报告等。

(2) 在新进厂和久存后投入使用前必须按照有关质量标准进行抽检，检验合格后投入使用。

(3) 人员进入活性炭吸附池前，应保证池内空气中臭氧浓度处于安全范围。

(4) 活性炭容易吸附空气中的氧，可造成局部空间的严重缺氧危险。因此，在进入存放活性炭的封闭空间或半封闭空间时，必须严格遵守有关缺氧大气的适当安全措施。

(5) 活性炭是还原剂，在贮存中要严格避免与氯、次氯酸盐、高锰酸钾、臭氧和过氧化物等强氧化剂直接接触。

(6) 活性炭与烃类（油、汽油、柴油燃料、油脂、颜料增稠剂等）混合，可引起自燃。因此，活性炭必须与烃类隔开贮存。

(7) 定期对生物活性炭吸附池进行清洗，清洗时应去除池壁以及进水槽上的附着物，保持卫生整洁。

10.7 生物活性炭吸附池的运行管理

10.7.1 初期运行管理

活性炭吸附池运行之前需对滤池进行调试，首先是单池调试：对液位计、压差计、浊度仪的校准、活性炭吸附池的浸泡和洗炭冲洗过程、待洗炭出水没有明显的活性炭溢出，同时满足出水浊度小于 1NTU 后，进行恒水位过滤测试、反冲洗膨胀率测试、滤池阀门开度以及风机和水泵的运行参数测试；单池测试后进行整套滤池的调试。

生物活性炭吸附池启动挂膜成功至少需要 3 个月的适应期，生物量及生物活性沿水流方向呈下降趋势，通过分析生物量及活性，结合出水水质变化可判断启动挂膜是否成功。

生物活性炭吸附池挂膜期间应考虑适宜生物挂膜的原水条件，如水温和水质情况。为保证启动挂膜快速完成，需要根据现场实际情况进行水温、水质、滤池反洗及臭氧投加量的调整。挂膜期间应以生物活性炭吸附池进水中的剩余臭氧量为参数控制臭氧投加量，避免过量的剩余臭氧破坏生物膜形成的环境条件，影响挂膜效果。生物活性炭吸附池进水剩余臭氧量宜控制在 0.05～0.1mg/L 范围内。

定期检测活性炭的吸附值、亚甲蓝值、生物量等指标，关注高锰酸盐指数和氨氮的变化情况（具备条件的可监测亚硝酸盐氮和生物活性炭吸附池进出水的细菌的变化情况），经一段时间运行后，活性炭吸附池对有机物 COD_{Mn} 的去除率下降，氨氮去除率有明显上升，或炭层表面以下 10～30cm 活性炭生物总量大于 100nmol/g，可判断活性炭吸附池去除有机物以生物作用为主，表明挂膜成功。

活性炭挂膜成功后，应设定合适的冲洗强度和冲洗时间等控制参数进行正常冲洗，首次冲洗时，气冲以低于设计反冲洗强度为宜，以不跑炭为基本原则，冲洗时间可以根据反洗水排水的浑浊度进行确定。

在活性炭吸附池运行初期（半年内），应加密水质、活性炭指标的监测，活性炭吸附池进水剩余臭氧量稳定控制在 0.1～0.2mg/L。每天应检测活性炭吸附池进、出水 pH

值、氨氮、高锰酸盐指数以及亚硝酸盐氮等指标1～3次；根据需要选测TOC、UV_{254}等指标。

10.7.2 水质管理

1. 水质监测项目和管理

（1）活性炭吸附池进水应设置质量控制点，检测指标包括余氯（前加氯时）、浑浊度、pH值、铝、高锰酸盐指数、氨氮等指标。如：活性炭吸附池进水不应含余氯（特殊情况余氯小于0.1mg/L）；进水浑浊度上向流应小于1NTU，下向流宜小于0.3NTU等。

（2）活性炭吸附池出水水质监测应重点关注浑浊度、pH值、COD_{Mn}、菌落总数、颗粒计数等指标，并根据季节和原水水质的不同，按不同的频率挂网检测浮游生物（桡足类剑水蚤）密度；每半年应对致嗅物进行一次检测。如：后置式活性炭吸附池出水浊度应低于0.2NTU，桡足类微型动物密度宜低于1个/20L。观察进出水的变化及出水水质是否满足内控指标。

（3）对于加装有精密过滤器拦截网的后置活性炭吸附池，拦截网宜每周清洗一次。生物繁殖高峰期，应增加清洗频次。

（4）活性炭吸附池运行一段时间后，由于原水碱度偏低，且微生物作用较活跃，对于某些南方水体，有可能导致出水pH值降低，针对这种情况，宜采取在活性炭吸附池后加石灰澄清液或氢氧化钠，或者沉后投加氢氧化钠等措施提高出水pH值。

（5）当活性炭吸附池出水浊度升高，同时COD_{Mn}不能稳定控制在3mg/L以下，应检测是否有机物穿透。

（6）建立水质检查制度，加强臭氧活性工艺各单元关键水质管理，臭氧—生物活性炭工艺各单元关键水质检测项目及频率见表10-3。

臭氧—生物活性炭工艺各单元关键水质检测项目及频率　　表10-3

单元	臭氧—活性炭工艺					检测频率
指标类别	感官及对应物	理化常规	生物消毒	副产物及前体物	新兴污染物	
原水	致嗅物（2-MIB、土臭素、藻类）、嗅阈值	—	—	DBPsFP	抗生素	DBPsFP半年1次，其他指标每月1次
预O_3出水	嗅阈值	余O_3	—	溴酸盐、DBPsFP		余O_3在线监测，溴酸盐、DBPsFP半年1次，其他指标每月1次
砂滤出水	致嗅物（2-MIB、土臭素、藻类）、嗅阈值	UV_{254}、颗粒数、COD_{Mn}、余氯	浮游动物（桡足类剑水蚤）、余氯、菌落总数	DBPsFP	—	1. 余氯、颗粒数在线监测，每月统计分析1次； 2. 致嗅物、DBPsFP每半年1次；菌落总数、浮游动物、COD_{Mn}每天1次； 3. 其他指标每月1次
主O_3出水	致嗅物（2-MIB、土臭素、藻类）、嗅阈值	余O_3	—	DBPsFP	—	1. 余O_3在线监测，每月分析1次； 2. 致嗅物、DBPsFP每半年1次

续表

单元	臭氧—活性炭工艺					检测频率
指标类别	感官及对应物	理化常规	生物消毒	副产物及前体物	新兴污染物	
活性炭吸附池出水	致嗅物(2-MIB、土臭素、藻类)、嗅阈值	COD_{Mn}、浊度、pH值、颗粒数	浮游动物(桡足类剑水蚤)、菌落总数	DBPsFP、溴酸盐、甲醛	—	1. 浮游动物、菌落总数、COD_{Mn}每天1次； 2. 颗粒数在线监测，每月统计分析1次； 3. 浊度、pH值每日3次； 4. 致嗅物、DBPsFP每半年1次，其他指标每月1次
出厂水	嗅阈值	AOC	浮游动物(桡足类剑水蚤)、菌落总数	DBPs、溴酸盐、甲醛	抗生素	1. 浮游动物每天1次； 2. 菌落总数每天3次； 3. AOC、DBPs、抗生素半年1次，其他指标每月1次

2. 活性炭检测项目和频率

(1) 应定期（通常每季度）开展活性炭吸附池工艺参数的测定工作，参数包括滤料厚度、滤速、反冲洗强度、膨胀率、反冲洗水浊度等，以防止滤料丢失，保证滤池正常运行。活性炭吸附池炭层高度下降至设计值的90%时，应进行补炭。

(2) 每年应对活性炭滤料进行一次抽样送检，检测项目主要包括碘值、亚甲蓝值、单宁酸值、强度、粒径分布等，并对检测数据进行长期跟踪分析，防止粒度、强度不断减小导致的跑炭和堵塞滤池现象。

抽样方式：在活性炭吸附池四周及池中分别取炭样各500g，可取自三个炭层，混合均匀后分成5份，取其中的一份送检。

(3) 每年应对活性炭吸附池的有效性进行分析评估，活性炭吸附池对目标污染物的去除效果达不到要求时应进行更换。

10.7.3 日常运行管理

1. 合理的反冲洗是保证活性炭吸附池成功运行的一个重要环节。合理的反冲洗可充分除去过量的生物膜和截留的微小颗粒。

(1) 生物活性炭吸附池的冲洗水不宜含余氯；下向流可采用活性炭吸附池或砂滤池出水作为反冲洗水，上向流可采用砂滤池出水作为反冲洗水。

(2) 活性炭吸附池应定期进行反冲洗，下向流活性炭吸附池反冲洗周期一般根据以下三个条件确定满足任一条件即应进行反冲洗：①活性炭吸附池出水浊度不小于0.3NTU；②活性炭吸附池水头损失值不小于2m；③达到冲洗周期。上向流活性炭吸附池视水质水温变化而定，一般7～15d进行反冲洗。

(3) 保证合理的冲洗时间、冲洗强度和膨胀率。一般将冲洗结束时排出水浊度作为冲洗强度和历时是否达到冲洗目的的衡量标准。一般要求反冲洗后池面水浑浊度不应大于10NTU。全年滤料损失率一般不宜大于10%。

(4) 活性炭吸附池的冲洗强度和周期应根据原水水质、水头损失、净化效果及微生物滋生等情况及时进行调整。上向流活性炭吸附池的运行关键在于合适的膨胀率，膨胀率低不能充分发挥上向流的优势，膨胀率高影响生物量。

(5) 炭砂滤池的反冲洗一方面要将滤池尽量冲洗干净，另一方面要保证滤料上有足够的生物量在后续运行中维持滤池的正常运行。当炭砂滤池处于正常运行阶段时，应单独用水进行冲洗，以减小气冲对细菌产生的负面影响；当运行时间较长特别是出现了结泥情况后，又必须根据情况适时采用气水联合冲洗手段，但对气冲的强度和时间要根据具体情况进行控制。

(6) 应定期对每格活性炭吸附池的反冲洗全过程进行观察，内容包括冲洗是否均匀，冲洗过程中有无干冲、气阻、跑滤料、串气等现象，冲洗强度及冲洗时间是否合理，冲洗是否干净，滤料表面有无积泥、不平整现象。保证池内活性炭冲洗时分布均匀，炭层表面平整。

(7) 生物活性炭吸附池的冲洗周期受季节、水量和运行年限等的影响。比如，一般冬天的反冲洗周期可大于夏天的反冲洗周期。生物活性炭吸附池冲洗周期的设定应根据不同季节充分考虑滤池水头损失和生物量，同时考虑进出水细菌总数和生物总量等因素，调整冲洗频次。

(8) 生物活性炭吸附池出现下列情况时，宜延长冲洗时间或提高冲洗频次，保证冲洗效果：

1) 冲洗过程中发现表面炭层板结；

2) 生物活性炭吸附池出水菌落总数持续偏高，冲洗后也没有明显降低；

3) 生物活性炭吸附池水头损失过大；

4) 冲洗后出水阀门开度偏大；

5) 冲洗后，池面水浑浊度高于控制值，延长水冲时间没有明显改善。

2. 生物活性炭吸附池冲洗后进水时，池中的水位不得低于排水槽，严禁滤料暴露在空气中。活性炭吸附池冲洗后应排放初滤水或静置炭层一定时间以保证滤后水水质。

3. 下向流活性炭吸附池在进水时，由于水流的冲刷以及旋流作用，带动炭层表面形成凹陷和凸起，影响活性炭吸附池的观感和炭滤后水质，可在配水渠安装消能板，以缓冲水流冲力。

4. 活性炭吸附池因故停池期间，应保留水位在炭层之上，严禁炭滤料暴露在空气中。滤干的滤层积气会造成“气阻”和“断层”现象，影响过滤效果。每次停池后再恢复运行时，最好排空池内的水，反冲洗后再恢复运行，加大氯的投加量，并关注活性炭吸附池出水 pH 值和亚硝酸盐。

5. 应加强常规工艺和设施管理，防止微生物泄漏。比如，下向流生物活性炭吸附池出水口宜安装 200 目不锈钢滤网控制微型生物泄漏。再如，每年应对沉淀池放空清洗 1～2 次，加强砂滤池池壁和进出水渠道的清洗等。

6. 当出现微型生物泄漏时应采取以下控制措施：

(1) 加强常规工艺出水生物量控制；

(2) 延长冲洗时间，提高冲洗频次；

(3) 清洗生物活性炭吸附池池壁和渠道；

(4) 同时，宜停止砂滤池及生物活性炭吸附池冲洗水回用。

7. 当已出现微型生物泄漏且影响出水水质时，应停运生物活性炭吸附池并查找原因，必要时应采用次氯酸钠溶液浸泡石英砂滤池和活性炭吸附池，经冲洗合格后再投入使用。

8. 当发现滤池炭层凹陷时，应立即停池并检查漏炭原因，如滤头是否损坏、冲洗是否跑炭、滤板结构是否损坏等。当滤料损失率大于10%时，应补炭至炭层设计厚度。

9. 日常巡检内容包括：活性炭吸附池的运行液位、滤池滤料表面平整情况、滤池阀门、滤后水水质仪表、反冲洗水泵、风机工作状态有无异常。

10. 活性炭吸附池中氧气充足，既适合微生物生长，也适合生物繁殖。因此，如果活性炭吸附池为敞开式时，建议在上方设置遮光布等，采取必要的避光措施，防止直接光照，避免因日光引起的光合藻类（如蓝藻）的大量繁殖，以及夜晚的灯光照射引来蚊虫产卵导致产生红虫等现象发生，也可避免水中余臭氧偶尔溢出而造成的活性炭吸附池上方气味异常。

10.7.4 异常情况处理

1. 活性炭吸附池出水 pH 值升高或衰减

活性炭吸附池投入运行时，由于活性炭滤料制作工艺的影响，初始出水铝和 pH 值偏高。宜采用浸泡法或稀释法减小铝和 pH 值升高的影响。

在运行过程中，其出水会出现 pH 值大幅下降现象，pH 值降低主要由两方面原因引起：一是原水的碳酸盐碱度偏低，导致水的 pH 值缓冲能力较低；二是工艺过程中的酸度增加，酸度来源主要有二氧化碳、硝化作用、活性炭自身特性和水中残余有机物等几个方面。

可先通过炭前加碱，即在沉后或砂滤后投加氢氧化钠，对活性炭滤料进行原位改性，增加其含氧官能团数量，提高炭吸附池出水 pH 值平衡点、在活性炭吸附池后投加石灰澄清液或氢氧化钠溶液提高炭滤后水 pH 值。

2. 活性炭吸附池过水能力下降

造成活性炭吸附池过水能力下降的主要原因包括：活性炭滤料强度大幅度降低，活性炭吸附池炭粉增多，滤料间黏度和阻力增大，水头损失增加。应检查活性炭吸附池反冲洗频率是否合适、强度是否偏大、气冲时间是否偏长、滤前水含余氯值等。调整反冲洗参数、更换炭滤料。

3. 活性炭吸附池浮游生物（桡足类剑水蚤）大量繁殖

在桡足类（剑水蚤）繁殖的高发期，活性炭吸附池发达的表面积和孔隙以及前加臭氧后溶解氧浓度的提高，为桡足类（剑水蚤）生物繁殖提供了有利条件。在此期间，应每天检测活性炭吸附池总出水的桡足类（剑水蚤）数量，严格控制炭吸附池出水生物体总数小于1个/20L，防止桡足类（剑水蚤）类浮游生物爆发。宜通过滤池出水安装200目不锈钢拦截网装置、炭层下面宜铺设300～500mm厚度的砂垫层；运行中采取对每格活性炭吸附池挂网监测，对桡足类（剑水蚤）密度异常的活性炭吸附池反冲水加氯1～3mg/L等措施控制。

4. 活性炭吸附池出水微生物细菌泄漏

当活性炭层上的微生物大量脱落进入水体中，导致活性炭吸附池出水中微生物异常上升，超过水厂正常消毒能力时，可能引发饮用水的微生物风险，特别是在高水温情况下，存在较高的微生物泄漏风险。可控制活性炭吸附池出水浊度，采取加氯间歇反冲、出水强化消毒等措施。

复习题

1. 臭氧本身的特点决定了臭氧具有哪些特性？
2. 臭氧单元主要包括哪几部分？
3. 预臭氧和主臭氧的作用是什么？
4. 臭氧尾气催化分解法的原理是什么？
5. 当活性炭吸附池出现微型生物泄漏时，应采取哪些措施？

第11章

膜处理

11.1 膜的传质机理

膜是具有选择性分离功能的材料。它可将原液分成互不相通的两部分，并能使这两部分之间发生传质作用。膜分离与传统过滤的不同在于，膜可以在分子范围内进行分离，并且这是一种物理过程，不需要发生相的变化和添加助剂。

膜中的传质作用首先由膜的选择透过性决定，即膜允许一种或几种物质透过，其他的则被阻隔。这种分离特性主要依赖原液中不同的物质（离子、分子或微粒）和膜之间的某种区别，包括粒子大小和膜孔径，分子（微粒）与膜之间的特性差异，如荷电性、亲水性等，从而使分子（微粒）与膜之间发生机械筛分、吸附架桥、电荷排斥等过程。膜的传质作用发生需要外界的推动力，这主要有两种形式：

（1）本身的化学位差，物质由高化学位到低化学位流动。

（2）外界能量，物质由高能位到低能位流动。具体形式表现为膜两侧的压力差、浓度差、电位差、温度差等。

水处理中常用的膜技术有微滤、超滤、纳滤、反渗透、电渗析等，各自的传质机理有所不同（表 11-1）。

水处理中几种膜的分离过程和相关性能表　　表 11-1

膜过程	推动力	传质机理	透过物	截留物
微滤(MF)	压力差	颗粒大小和形状	水/溶剂,溶解物	悬浮物、颗粒
超滤(UF)	压力差	分子特性、大小和形状	水/溶剂,溶解物	胶体、大于截留分子量的物质
纳滤(NF)	压力差	离子大小、电荷	水,一价离子	有机物、多价离子
反渗透(RO)	压力差	扩散传递	水	溶质、盐
电渗析(ED)	电位差	电解质离子的选择性传递	电解质离子	大分子物质、非电解质
填充床电渗析(EDI)	电位差	电解质离子的选择性传递	电解质离子	大分子物质、非电解质

11.1.1 微滤和超滤

在美国环境保护局发表的报告《低压膜去除病原体应用，实施和管理问题》中，不将微滤和超滤加以区别。主要原因是微滤和超滤都是在静压差的推动力作用下进行液相分离的过程，从原理上说并没有什么本质上的差别，同为筛孔分离过程。其工作原理

（图 11-1）主要是：

（1）机械截留：滤膜将尺寸大于其孔径的固体颗粒或颗粒聚集体截留。

（2）吸附截留：滤膜将尺寸小于孔径的固体颗粒通过物理或化学吸附而截留。

（3）架桥截留：固体颗粒在膜的微孔入口因架桥作用而被截留。

（4）网络截留：发生在膜内部，由膜孔的曲折形成。

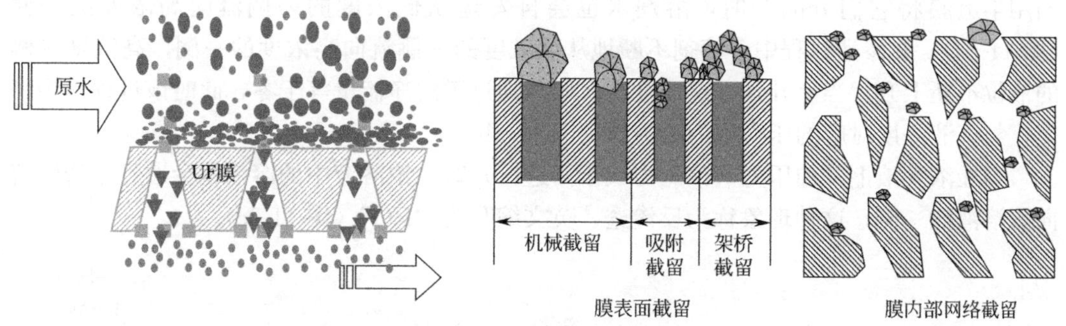

图 11-1　MF/UF 膜过滤示意图

微滤膜与超滤膜的区别主要在于：

微滤膜一般为均匀的多孔膜，孔径在 0.02～10μm 之间，能截留 0.1～1μm 之间的颗粒，微滤膜允许大分子有机物和溶解性固体（无机盐）等通过，但能阻挡住悬浮物、细菌、部分病毒及大尺度的胶体的透过，微滤运行压力为 100～210kPa，适用于水体的降浊、除菌处理。

超滤所用的膜为非对称膜，其表面活性分离层平均孔径约为 0.002～0.2μm，能截留 0.002～0.1μm 之间的颗粒和杂质，超滤膜允许小分子物质和溶解性固体（无机盐）等通过，可以完全截留水体中的细菌、贾第虫、隐孢子虫和大部分病毒，用于表征超滤膜的切割分子量一般介于 1000～100000 之间，超滤运行压力为 140～500kPa。

在工艺应用上，微滤和超滤可代替常规工艺，也可以与混凝或活性炭吸附预处理组合得到产品水，还可以作为反渗透或纳滤的预处理工艺。

11.1.2　纳滤

纳滤膜是介于超滤膜和反渗透膜之间的压力驱动膜，操作压力范围为 0.5～2.5MPa，因此，也被称为“低压反渗透膜”或“疏松反渗透膜”。纳滤融合了两种截留机理：筛分效应和 Donnan 效应。

膜的筛分效应：是指膜孔径为纳米级（10～9nm），可以选择性截留分子量大于纳米级孔径的溶质。筛分效应主要选择性截留不带电荷的物质，基于分子量或分子形状大小（而不管其离子电荷如何）将不同分子量的物质进行选择性分离。

膜的 Donnan 效应：又称为电荷效应，是指带负电的膜与溶液中盐分的阴离子之间的电斥力作用，而选择性截留带有正电荷的多价正离子的渗透，提高脱盐率。

纳滤膜孔径为纳米级（1～10nm），截留分子量在 200～2000Da（道尔顿），可以有效截留二价及以上离子、有机小分子（分子量≥200Da），而使大部分一价无机盐透过，从而实现高低分子量有机物的选择性分离。

11.1.3 反渗透

当把两种不同浓度的溶液分别置于半透膜（只允许溶剂透过，而溶质不能透过的膜称为半透膜）的两侧时，溶剂自动从低浓度的一侧流向高浓度的一侧，这种自然现象称为渗透。

渗透是自发进行的，无需外界的推动力。如果上述过程中溶剂是纯水，溶质是盐分，当用半透膜将它们分隔开时，溶剂水也会自发地从低浓度的一侧流向高浓度的一侧（图 11-2a）。在渗透过程中，溶剂不断地从低浓度的一侧流向高浓度的一侧，高浓度一侧的液位不断上升，当上升到一定程度后，溶剂通过膜的净流量等于零，此时该过程达到平衡，与该液高度对应的压力称为渗透压（图 11-2b）。

当在浓溶液上外加压力（该压力大于渗透压）时，浓溶液中的溶剂就会通过半透膜流向稀溶液的一侧，这种现象称为反渗透，英文缩写为“RO”（图 11-2c）。

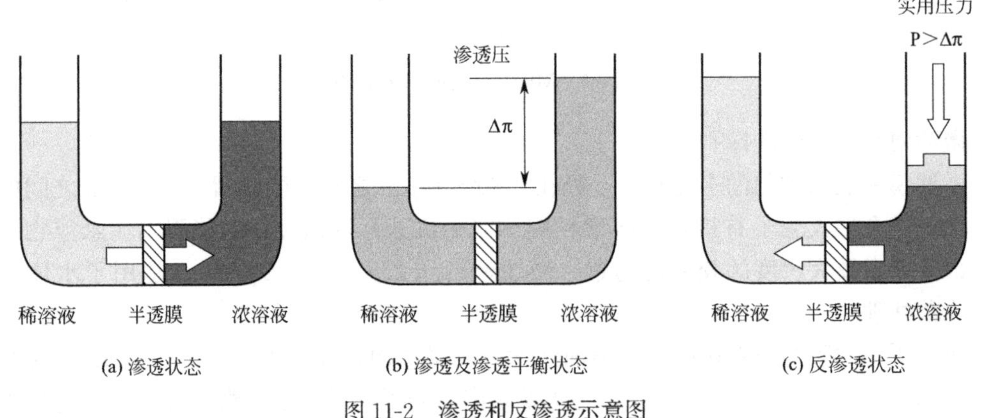

图 11-2　渗透和反渗透示意图

11.1.4 电渗析

对电解质的水溶液来说，溶质是离子，溶剂是水。在电场的作用下，溶液中的离子透过膜进行的迁移可以称为“电渗析”。

电渗析（ED）是指在直流电场作用下，溶液中的阴、阳离子选择性地定向迁移透过离子交换膜并得以去除的一种膜分离技术（图 11-3）。

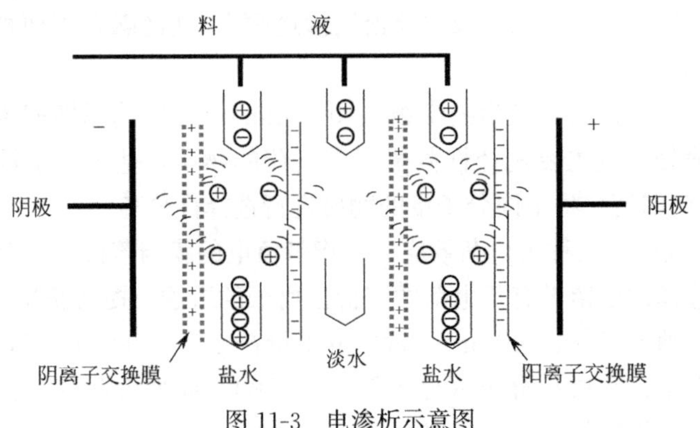

图 11-3　电渗析示意图

倒极电渗析（EDR）的运行原理和电渗析相同，只是频繁而定时改变电极的极性，用电动阀改变产品水和废水的流动方向，也就定时改变离子移动的方向，于是浓水室和淡水室同步变换，这样阴离子交换膜两侧表面上的结垢，一会儿溶解、一会儿沉积，使其处于不稳定状态，可以减少淤泥、结垢和其他沉积物。

填充床电渗析（EDI）是电渗析和离子交换法的结合，在直流电场的作用下实现去离子过程。其最大的特点是利用水解离产生的 H^+ 和 OH^- 自动再生填充电渗析器中的混床离子交换树脂，从而实现持续深度脱盐。比起单纯的电渗析，填充床电渗析有其高度的先进性和实用性（图 11-4）。

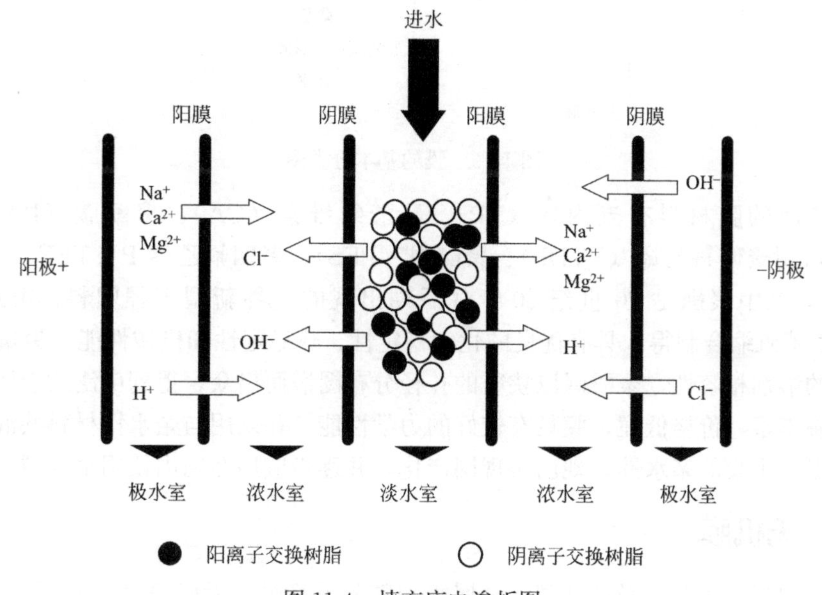

图 11-4 填充床电渗析图

在实际生产中，人们正是利用不同的膜的分离原理和性能去除水中各种污染物以获得符合需求的水质。如微滤和超滤主要用于去除水中颗粒物质、细菌、某些病毒、原生动物孢囊；纳滤主要用于去除水的硬度、有机物、THM_S 和其他消毒副产物母体、农药；反渗透和电渗析主要用于海水除盐、苦咸水淡化以及去除水中无机离子、氟化物、微生物营养成分等。

11.2 膜的分类

膜的分类形式多种多样。按来源分，有天然膜和合成膜。天然膜亦称生物膜，是指在人体或动植物中，自然形成并具有生理功能的膜。在工程领域上，多使用的是合成膜；按结构分，可分为液态膜、固态膜和气态膜；按推动力或传质动力分，可分为压力驱动膜、电流驱动膜、化学势差驱动膜等；按化学组成分，可分为有机材料膜和无机材料膜（图 11-5）。

11.2.1 有机膜

有机膜材料的来源主要有两个：一是由天然高分子材料改性而得，例如纤维素衍生物类、壳聚糖等；二是由有机单体经过高分子聚合反应而制备的合成高分子材料，这种材料品种多、应用广，主要有聚砜类、乙烯类聚合物、含氟材料类等。

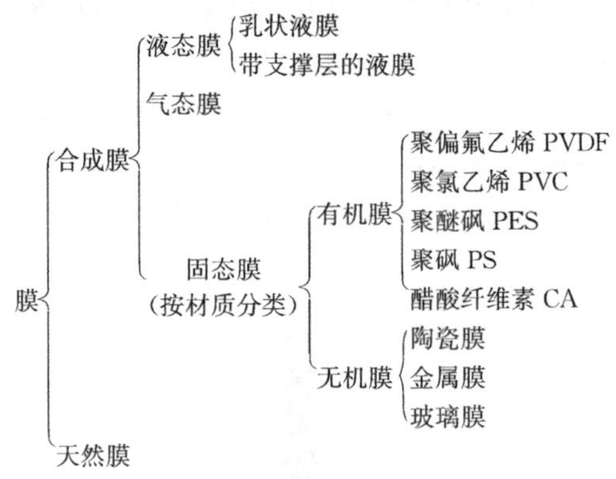

图 11-5　膜的基本分类图

应用广泛的膜材料有聚丙烯（PP）、醋酸纤维素（CA）、聚酰胺（PA）和聚砜（PS），也可用聚偏氟乙烯（PVDF）、聚醚砜（PES）、聚四氟乙烯 P（TFE）、聚氯乙烯（PVC）等，其中聚砜是 20 世纪 60 年代后期出现的一种新型工程塑料，由双酚 A 和 4,4-二氯二苯砜缩合制得，具有优良的化学稳定性、热稳定性和机械性能，聚偏氟乙烯也具有良好的溶剂相容性，聚醚砜以狭窄的孔径分布图谱而出众，得到广泛的应用。聚氯乙烯材料来源丰富，价格低廉，膜具有较好的力学性能，并采用与亲水性材料共混、化学改性等方法提高了膜的亲水性，现已实现国产化，并逐步应用在国内饮用水领域。

11.2.2　无机膜

无机膜包括陶瓷膜、微孔玻璃、金属膜和碳分子筛膜。无机膜材料的制备始于 20 世纪 60 年代，长期以来发展不快。近来，随着膜分离技术及其应用的发展，无机分离膜日益受到重视并得到迅速发展。无机膜材料主要有陶瓷（氧化铝、二氧化锰、碳化硅和氧化锆）、玻璃、铝、不锈钢和增强的碳纤维等，所有这些材料都具有比有机聚合物更好的化学稳定性、耐酸碱、耐高温、抗生物能力强及机械强度大等优点。无机膜在日本等国家水厂应用较多，但由于成本等原因国内水厂应用案例相对较少。

11.3　膜组件的形式

在生产应用中，人们会将膜以某种形式组装在一个基本单元设备内，然后在外界驱动力的作用下实现对水中各组分分离，这就是我们常说的膜组件。

性能良好的膜组件应达到以下要求：

（1）对膜性能提供足够的机械支撑，并可使高压原料液（气）和低压透过液（气）严格分开。

（2）在能耗最小的条件下，使原料液（气）在膜面上流动状态均匀合理，以减少浓差极化。

（3）具有尽可能高的装填密度（单位体积的膜组件中填充膜的有效面积）。

(4) 装置牢固、安全可靠、价格低廉、易维护、安装和更换方便。

膜组件形式主要有板框式、螺旋卷式、管式和中空纤维式。前两种使用平板膜，管式组件使用管式膜，中空纤维式采用丝状膜。任何一种形式的膜组件通常都由膜、支撑材料和连接件组成。

11.3.1 板框式膜组件

板框式膜组件又称平板式膜组件，结构类似于板框式压滤机，是由平板膜、支撑板、多孔板和压力容器组成。板框式膜组件有两种形式，分别是紧螺栓式和耐压容器式。紧螺栓式膜组件是将导流板与支撑板的作用合在一块板上。板上的弧形条突出于板面，这些条起到导流板的作用。在每块板的两侧各放一张膜，然后一块块叠在一起。膜紧贴板面，在两张膜间形成由弧形条构成的弧形流道，料液从进料通道送入板间两膜间通道，透过液透过膜，经过板面上的孔道，进入板的内腔，然后从板侧面的出口流出；耐压容器式膜组件是把膜和多孔板组装后放入耐压容器中，并联结合，进口至出口压力依次递减以保持给水流速变化不大（图 11-6）。

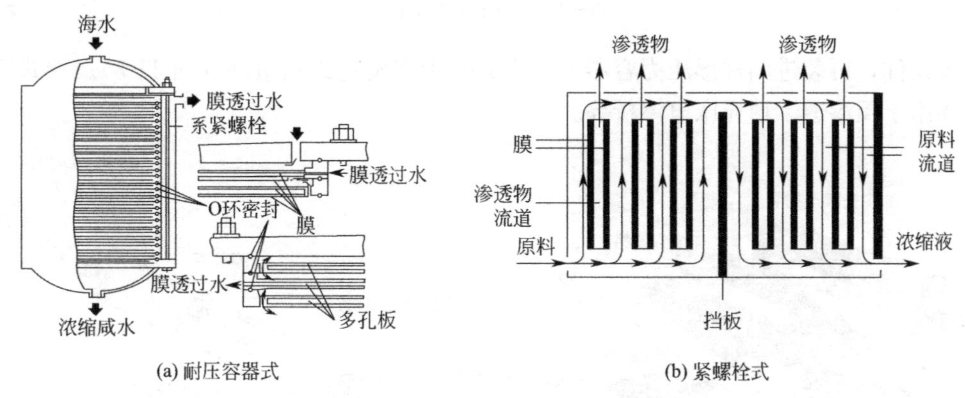

图 11-6　板框式组件及结构

板框式膜组件常用于电渗析过程，在进水水质污染程度较高的反渗透和超滤过程有较少的应用。

11.3.2 管式膜组件

管式膜是指在圆筒状支撑体的内侧或外侧刮制上一层半透膜而得到的圆管形分离膜（膜芯），再将一定数量的膜管和压力外壳、端部密封，以一定方式联成一体而组成。膜的直径一般为 6～25mm。管长可达到 3～4m，膜壳中可以装设 1～100 根膜芯，甚至更多（图 11-7）。管式膜组件现在多用于超滤和微滤过程。

11.3.3 卷式膜组件

螺旋卷式（简称卷式）膜组件的结构是由中间为多孔支撑材料，两边是膜的“双层结构”装配组成的。其中三个边沿被密封而粘结成膜袋状，另一个开放的边沿与一根多孔中心产品水（液）收集管连接，在膜袋外部的原水侧再垫一层网眼型间隔材料（隔网），也就是把膜—多孔支撑体—膜—原水侧隔网依次叠合，绕中心集水管紧密地卷在一起，形成

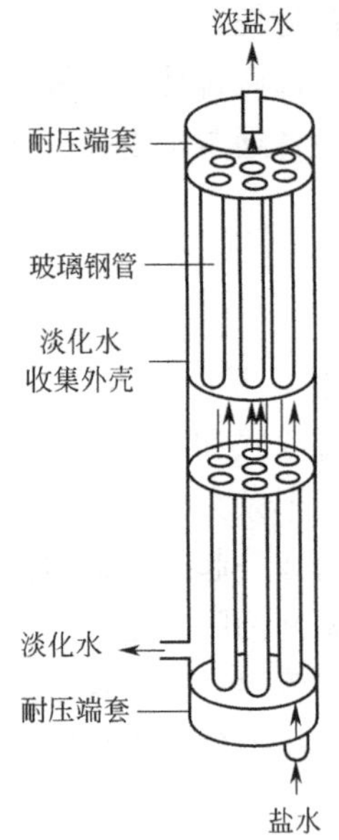

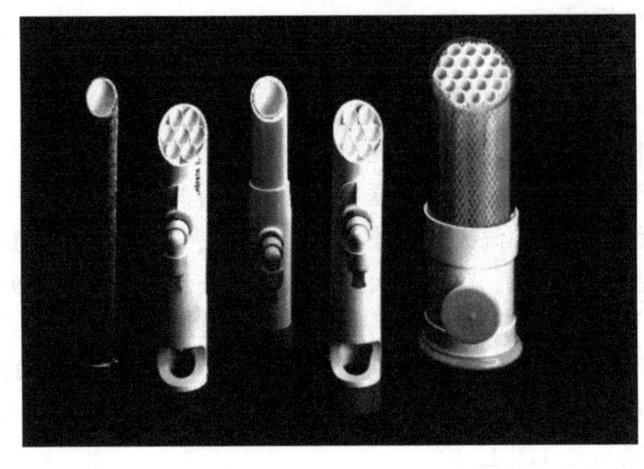

图 11-7　管式膜组件

一个膜元件，再装进圆柱形压力容器里，构成一个螺旋卷式膜组件（图 11-8）。卷式膜组件主要用于反渗透、填充床电渗析等。

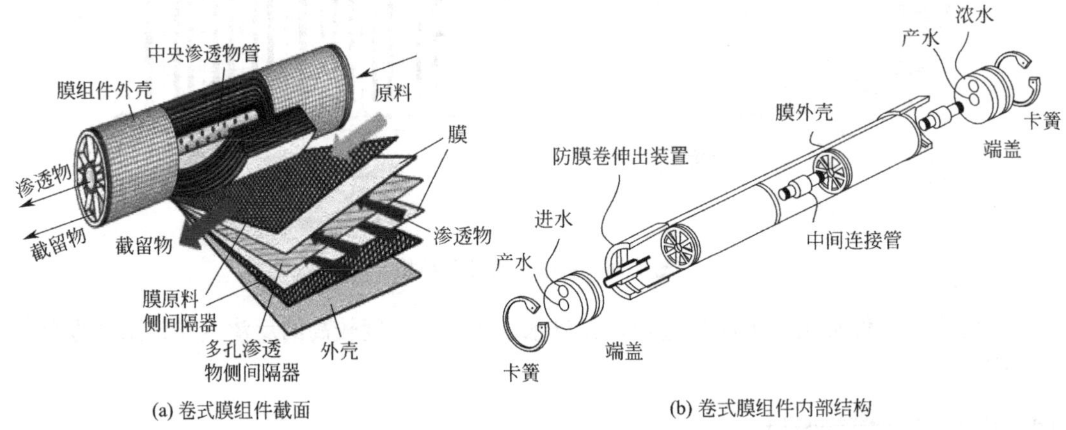

图 11-8　卷式膜组件示意图

11.3.4　中空纤维膜组件

中空纤维式膜是一种极细的空心膜管，其本身不需要支撑材料即可耐受很高的压力，它实际是一根厚壁的环柱体，纤维的外径有的细如人发，约为 50～200μm，内径为 25～42μm。中空纤维膜组件是将大量的中空纤维膜丝一端封死，另一端用环氧树脂浇注成管板，装在圆筒形压力容器中（图 11-9）。

根据渗透方向，压力式中空纤维膜组件分为内压式和外压式。外压式膜组件是原液从入口流经纤维膜丝外表面，渗透液沿着纤维内腔流动，在筒内汇集后由透过液出口流出；内压式膜组件则是原液从入口沿着纤维膜丝内腔流入，渗透液径向向外流出纤维表面，在筒内汇集后由透过液出口流出（图 11-10）。中空纤维的内径较小，一般都在 1mm 上下，相对而言，内压式膜较容易发生内径堵塞，对进水水质要求比外压式膜高。

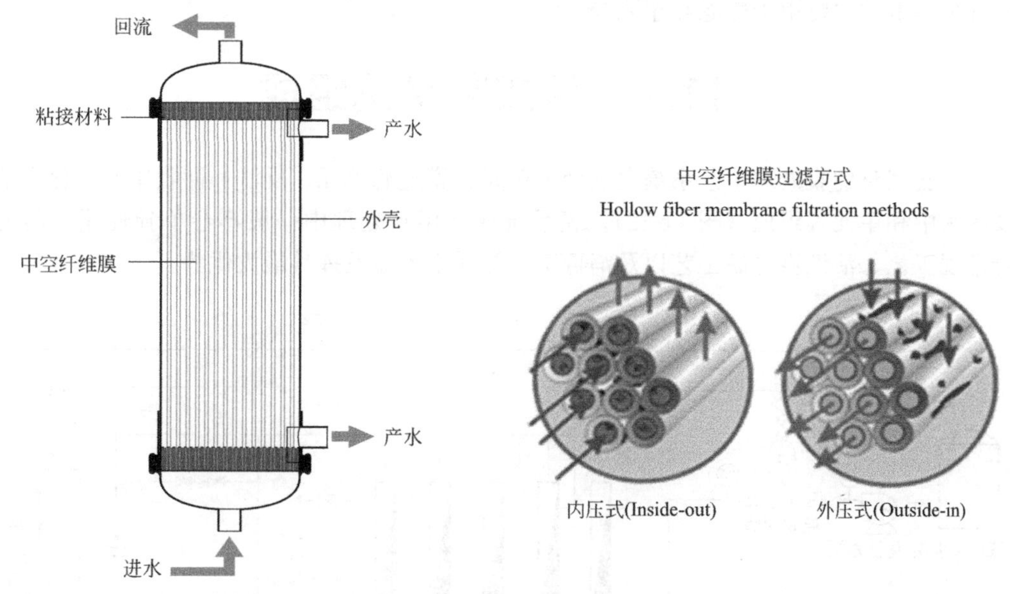

图 11-9　压力式中空纤维膜组件　　　　图 11-10　内（外）压式膜进出水示意图

中空纤维膜的另外一种组件形式是帘式组件，即为常说的浸没式膜组件。组件没有压力外壳，直接裸露至于水中，与压力式膜相反，浸没式膜是在较低的负压状态下运行使

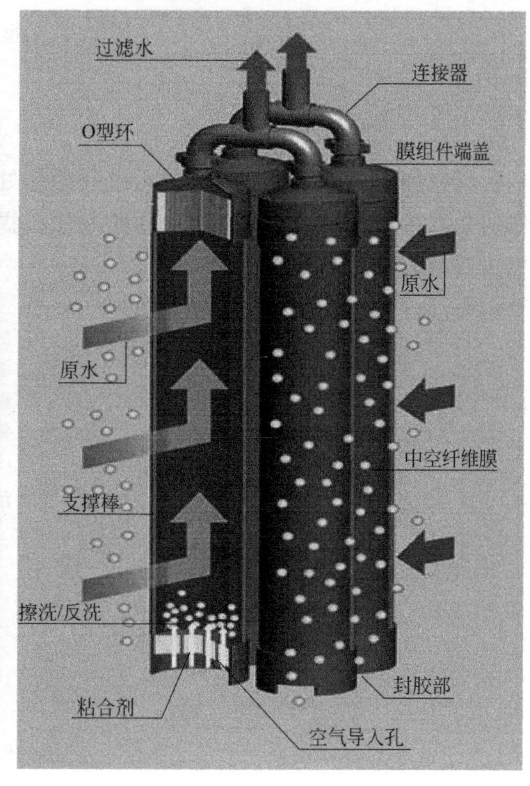

图 11-11　浸没式膜

用，利用虹吸或泵抽吸方式将水由外向内进行负压抽滤，实现低膜压差（图 11-11）。中空纤维膜组件主要用于微滤和超滤等。

11.4 膜工艺系统组成

一套完整的膜处理工艺系统由预处理单元、膜过滤单元、反洗和回收单元、化学清洗及废水中和单元等组成（图 11-12）。膜系统在饮用水处理中一般不会单独使用，需要结合常规工艺、活性炭过滤工艺以及消毒工艺等联用才能发挥其最大优势。

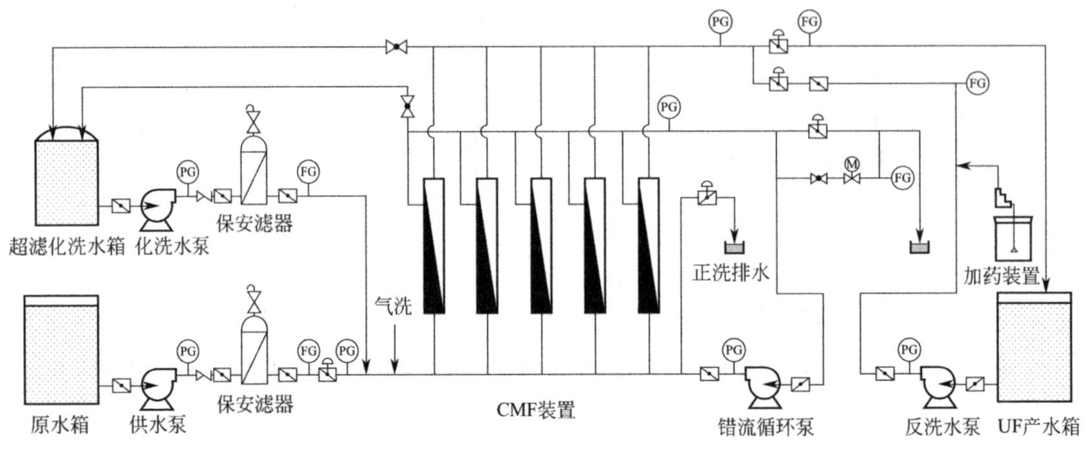

图 11-12 膜工艺示意图

11.4.1 预处理单元

预处理单元可以理解为是膜系统的前端处理工艺及其保安过滤器设备。预处理的主要作用是去除原水中影响膜性能的污染物质，提高膜组件的使用寿命。图 11-13 为易导致膜损害或膜堵塞的主要物质。

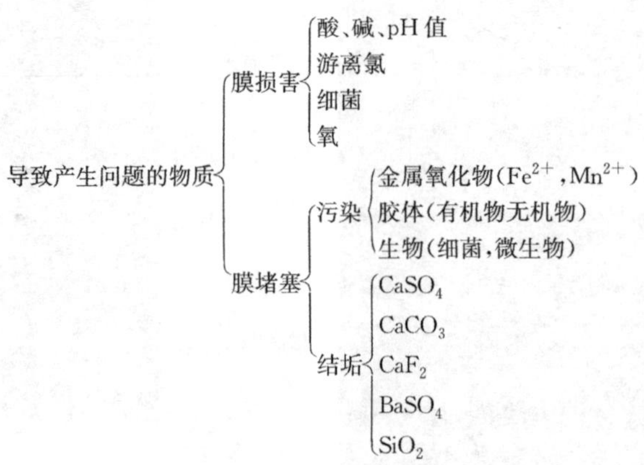

图 11-13 影响膜性能的部分物质

常用的预处理工艺主要有混凝沉淀、多介质过滤、活性炭过滤、加药阻垢、pH 值调节、保安过滤等。对于中空纤维和管式组件，可以采用各种保安过滤器用于滤除水中的细小物质，如微小活性炭颗粒等，以确保水质过滤精度及保护膜过滤元件不受大颗粒物质的损坏。卷式组件因为不能反冲洗，而化学清洗效果也差，所以需在前端加砂滤池预处理。为减少天然有机物在膜上结垢，可以用混凝和粉末活性炭吸附的预处理方法。

如进水中含有溶解或络合的铁离子、锰离子，为了避免在膜上沉淀甚至穿透膜，需用曝气、调整 pH 值或者投加氯、二氧化氯、臭氧等预氧化方法提前处理。但应注意膜材料对氧化剂的耐受力，严格控制进入膜组件的剩余氧化剂浓度。

11.4.2 膜过滤单元

膜过滤单元也可称为膜设备或膜分离装置，主要由膜组件、水泵、仪表及管路等构成。膜过滤单元是整个膜工艺系统的核心，由于膜组件类型的各自特点及各分离系统具体应用情况和要求不同，应结合实际情况合理选择有针对性的组件。主要考虑的因素包括：

(1) 膜分离技术应用工程最主要的出发点是经济性问题，所以膜组件本身的成本反映了产品的价格。除了要考虑组件本身、整个膜分离系统的建设成本外，还要考虑运行中膜污染清洗、附属设备运行维护、膜组件更换等问题。

(2) 需充分考虑进水对膜组件污染的影响，选择水力学条件好、不易污染的膜组件很重要。

(3) 考虑是否对材料和操作条件有特殊要求。

另外，膜组件的辅助系统也很重要。水泵提供能够满足膜组件需要的流量和压力；检测仪表显示膜组件运行压力、温度、流量、浊度等指标；控制装置通过监测调节泵及阀门，进行系统参数的调节，满足组件工作要求；管道将各装置连接起来形成料液的闭路循环。

正确掌握和执行膜装置运行参数对膜工艺系统长期稳定运行极为重要。这些参数主要包括水通量、操作温度、运行压力及跨膜压差等。

1. 水通量

水通量指单位时间内单位膜面积的产水量，单位多用 $L/(m^2 \cdot h)$ 表示。为保证超滤膜的稳定运行，对于不同的水质，应选择合理的水通量及膜冲洗方式，以减少膜污染及堵塞的情况发生。

2. 温度

温度是影响膜水通量的主要因素。膜的透水能力随着温度的下降而减少。因为水溶液的黏度会随温度的降低而升高，从而增加了流动的阻力，降低了膜的透水速率。一般温度每下降 1℃，超滤膜的透水速率相应降低约 2%。设计时，应依据供应商提供的产品膜通量温度变化曲线进行校正优化。在正常水温条件下，膜处理系统的设计产水量应达到工程设计规模；在最低水温条件下，膜处理系统的产水量可低于设计规模，但应满足实际供水量要求。

3. 运行压力及跨膜压差

运行压力是保证膜正常工作需要的进水压力。以压力差为推动力的几种膜技术，因其处理物质及材料自身特性不同，运行压力差异较大。反渗透用于海水除盐时需 5.5～8.3MPa 的压力，纳滤运行压力约为 0.5～2.5MPa，微滤膜和超滤膜都是微孔结构，运行压力低，一般在100～500kPa之间。跨膜压差（TMP）指膜产水侧和原水进水口与浓水出水口压力平均值的差异。其表达公式为：

$$\Delta P=\frac{P_{进}+P_{出}}{2}-P_{产水} \tag{11-1}$$

式中 ΔP——跨膜压差（MPa）；

$P_{进}$——进水口压力（MPa）；

$P_{出}$——浓水口压力（MPa）；

$P_{产水}$——产水口压力（MPa）。

当采用死端过滤形式时（见本章11.5.2），$P_{进}$等于$P_{出}$，此时，$\Delta P=P_{进}-P_{产水}$。跨膜压差是判断膜污堵情况的重要指标。例如，一般情况下超滤系统运行的跨膜压差在0.01～0.2MPa之间，在生产过程中如发现膜组件跨膜压差长期超过0.2MPa，则应考虑对膜进行化学清洗。

11.4.3 反洗和回收单元

膜过滤在长期运行中，必然会出现膜污染问题。采取适当的水力清洗措施，可以去除膜面或孔内的污染物，从而达到过滤通量恢复和延长膜寿命的目的。因此，膜系统一般会配备反洗水泵、消毒加药装置等组成的反洗单元。膜的冲洗周期则视膜的种类和实际工况而定，如超滤膜一般运行30～60min后水力清洗10～30s。

水力清洗包括高流速的膜过滤面正冲洗和膜出水面逆冲洗。正冲洗主要用于破坏浓差极化和带走逆冲所冲出的污染物；反冲洗主要去除膜内和膜面的污染物。通常这两种冲洗交替进行，以达到最好的水力清洗效果。对于外压式中空纤维膜组件，可增加气洗和气水同洗过程，通过压力空气增加膜丝抖动和水冲气泡，有助于除去膜壁上比较顽固的污染物。

对于微滤、超滤等膜装置，为抑制膜组件内生物滋生，还可在冲洗过程中加入次氯酸钠消毒剂，杀灭膜丝内部细菌和藻类物质。加药有两种方式：一种是在进水中连续加入1～5mg/L NaClO或冲击性加入10～15mg/L NaClO，每次持续30～60min，每天一次。另一种是在反洗水中加入10～15mg/L NaClO。

正常的膜反冲废水应通过回收池及回收泵收集至原水进水端重复使用。

11.4.4 化学清洗单元

当常规的水力清洗不能改善膜污染情况时，就需要对膜系统进行化学清洗。化学清洗单元包含了药剂配制水箱、循环清洗泵以及相应阀门仪表设备等。化学清洗是根据膜污染的情况，通过配制一定浓度的、特定的清洗药剂，并使清洗药剂进入膜组件中与膜表面污染物发生水解、溶解和分散等化学反应的过程。为防止清洗液混入生产线，化学清洗装置和系统必须是专用的。化学清洗周期一般3～12个月1次，主要依据膜系统产水率、跨膜压差、出水水质等指标变化而定。如果需要频繁的化学清洗才能维持膜系统的正常生产或化学冲洗后只能恢复系统正常值的60%～80%时，说明单靠清洗已不能恢复膜元件性能，应考虑更换膜元件。

化学清洗药品主要有酸、碱、氧化剂和酶。酸洗主要去除无机污染物，常用的酸有盐酸、草酸、柠檬酸等；碱洗主要去除有机污染物和油脂，常用的碱主要有氢氧化钠、氢氧化钾和碳酸钠等；氧化清洗剂主要起到除垢和杀菌的作用，常用的氧化性清洗剂有甲醛，次氯酸钠、过氧化氢等；加酶洗涤剂主要是采用 0.5%～1.5%的胰蛋白酶清洗液，以去除蛋白质、多糖、油脂类污染物质。

不同类型的膜因其处理水质、截留性能不同，因此，其受到污染的物质也有差异。正常情况下，设备厂家均会提供其膜产品的化学清洗方法和清洗药剂配方。化学清洗应注意：

(1) 化学反洗开始前应对 HCl、NaOH 和 NaClO 等药剂罐体、计量泵、管线、阀门进行确认，检查是否有跑冒滴漏现象，相关设备运行状态是否正常。

(2) 在进行化学反洗前，应先进行常规反洗去除膜组件的绝大部分污染物。这样，化学反洗过程中的药剂才能直接作用到那些难以除去的污染物上。

(3) 膜组件的化学反洗需要离线进行，所耗时间较长，因此，需要提前做好生产计划，保证在线的膜组件的制水量同时满足生产供水和反洗用水需要。

(4) 酸洗、碱洗过程需注意系统不能憋压。酸洗和碱洗过程中可用 pH 试纸测试出水酸碱性以确认达到化学清洗浓度。

(5) 要保证整个膜组件中充满合适浓度的化学药剂和合理的浸泡时间。通常浸泡可持续 5～10min，若为使化学药剂与污染物充分接触，也可延长浸泡时间。浸泡后，要保证将所有的化学药剂冲洗出整个系统，至 pH 值为中性以及出水清澈无悬浮物即可结束化学反洗。

(6) 清洗液温度一般可控制在 30～35℃，最高不得超过 40℃，提高清洗液温度能够提高清洗的效果。

(7) 必要时可采用多种清洗剂清洗，但清洗剂和杀菌剂不能对膜和组件材料造成损伤。每次清洗后，应排尽清洗剂，将系统冲洗干净后才可再用另一种清洗剂清洗。

11.5 膜工艺系统运行管理

11.5.1 运行前的准备

(1) 检查进膜前水质是否符合要求。为确保膜在适宜工况下运行，减少堵塞情况，各类膜技术均有进水水质要求。例如，超滤膜进水浊度宜控制在 5NTU 以下，pH 值控制在 6.5～8.5；不允许有大于 5μm 的颗粒物质进入高压泵及反渗透器，以免损坏设备；反渗透膜进水的污泥密度指数（SDI）一般要求小于 5，浊度应小于 0.2NTU（最大允许浊度为 1NTU）。

(2) 检查供电是否正常，检查各用电单位运行状态。检查各管路阀门，应完好无渗漏，各阀门开关状态良好，能满足系统水路通断、流量调节以及水路流向切换操作需要。

(3) 检查监控仪表和 PLC 控制屏显示正确。核对联锁、报警、控制参数和接点已经正确的设置和整定。

(4) 对停机较长时间的膜组件，恢复运行前还应先进行一次水力冲洗，把管道和膜组件冲洗干净并排掉废水。

11.5.2 膜系统运行

膜系统运行有全流过滤（死端过滤）和错流过滤两种模式。全流过滤时，进水全部透过膜表面成为产水；而错流过滤时，部分进水透过膜表面成为产水，另一部分则夹带杂质排出成为浓水。全流过滤能耗低，操作压力低，因而运行成本更低；而错流过滤则能处理悬浮物含量更高的流体（图 11-14）。

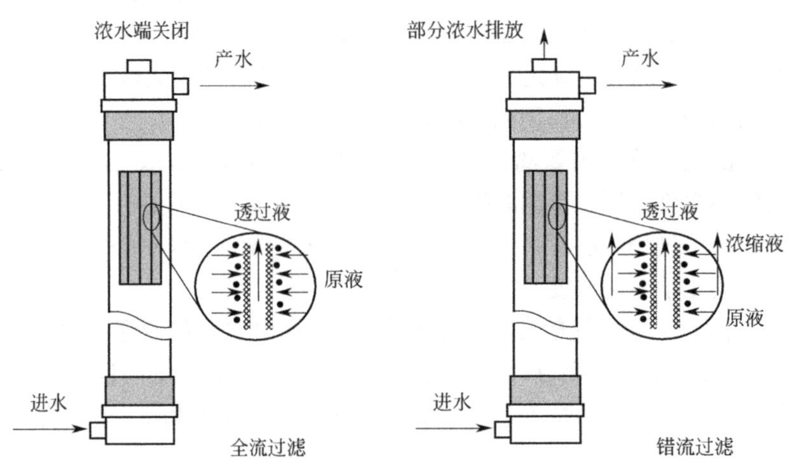

图 11-14　膜过滤方式

膜系统日常运行应注意以下问题：

(1) 结合实际产水量要求渐次投入或关闭水泵机组和膜组块，尽量降低压力变化对管路及设备阀门的冲击。

(2) 严格控制进水水质，保证装置在符合进水指标要求的水质条件下运行。

(3) 控制操作压力，在满足产水量与水质的前提下，尽量取低的压力值。

(4) 由于水温、操作压力等因素的变化，使装置的产水量也发生相应变化，此时应对反冲频率和浓水排放量进行调整。

(5) 定时记录各压力表、流量计、浊度计、pH 计、液位计等在线监测仪表运行数据，测定膜出水相关水质指标。

(6) 当发现膜产水水质异常时，应考虑可能出现了膜破损情况，需对膜组件进行完整性测试。例如，中空纤维膜膜丝出现断裂的情况较为常见，可通过气泡观察法和压力衰减法对膜组件破损部位进行判断并封堵修复断裂的膜丝。但当膜组件断丝率超过 3‰时，宜更换膜组件。

11.5.3 系统停运保护

1. 短期停运

指膜系统停运时间少于 15d 的情况。停机前，先用清水冲洗系统，同时注意将气体从设备中全部排空，将压力容器及相关管路充满水后，关闭相关阀门，防止气体进入系统。每隔 1～2d 按上述方法冲洗一次。

2. 中长期停运

指膜系统停机时间超过 15d 的情况。系统停运前首先进行化学清洗，通过清洗最大限度去除运行中积累在膜组件内的各种污染物，因为运行中积累的污染物，在长期停运后会更难清除。具体做法是用清水配置一定浓度的杀菌剂，具体配方一般由厂家提供。用杀菌剂循环冲洗膜过滤装置，当杀菌剂充满系统后，迅速关闭装置的全部阀门使杀菌剂保留于系统中，此时应确认系统全部充满。每周在产水侧取样检查膜内保护液水质，必要时更换保护液。

3. 恢复使用

在系统重新投入使用前，用低压冲洗 1h，然后用高压冲洗 5～10min。无论低压冲洗还是高压冲洗时，系统产水排放阀应全部打开。在恢复系统正常运行前检查并确认产品水中不含有任何杀菌剂。

11.5.4　常见故障分析及处理

膜工艺系统设备种类繁多、自动化程度高，水质、机械、电气等问题均可能导致膜工艺系统出现故障。在工作中，应认真观察关键数据指标变化情况，注意积累经验，及时找准问题症结所在，采取有效措施解决，表 11-2 为常见的膜工艺系统故障分析和处理办法。

常见的膜工艺系统故障分析和处理办法　　**表 11-2**

现象	原因	处理办法
跨膜压差过高	1. 膜组件污染	查出污染原因，采取针对的化学清洗方法；调整运行参数
	2. 产水流量过高	根据操作指导调整进水流量
	3. 进水温度过低	提高进水温度；调整产水流量
产水流量低	1. 膜组件污染	查出污染原因，采取针对的化学清洗方法；调整运行参数
	2. 流量计故障	检查流量计，校正或者更换流量计
	3. 阀门开度不正确	检查并保证所有应该打开的阀门处于开启状态，并调整开度
	4. 进水压力过低	检查确认并调整进水压力
	5. 进水温度过低	提高进水温度；提高进水压力
产水水质差	1. 进水水质超标	检查进水水质，改善预处理
	2. 膜组件泄漏	查出泄漏原因，更换配件
	3. 膜丝断裂	查出膜丝断裂的膜组件，修补或者更换膜组件
系统不能自动运行	1. 进水泵不工作	排除接线错误可能；置于手动状态下重新启动，正常后转入自动控制
	2. 进水泵显示故障，造成对应的泵组停产	转换成备用超滤进水泵恢复生产，检查故障进水泵，记录故障代码，复归进水泵数据，上报故障
	3. 进水压力超高	检查进水泵；检查进水压力开关设置是否合理
	4. 产水压力高	检查产水阀门是否未开启或者开度不正确；后续系统未及时启动；检查产水压力开关设置是否合理
	5. PLC 程序故障	检查程序

续表

现象	原因	处理办法
膜系统停止工作	1. 停电或电压不稳定	检查高低压配电设备是否完好，与供电部门保持沟通，确保正常供电；供电正常后，系统复位重启
	2. 设备驱动气压不足	检查空压机，切换备用空压机
	3. 反洗水泵故障	检查反洗泵，记录故障代码、复归数据，重启反洗水泵
	4. 清洗融药箱温度过高	一般膜化学清洗时才用清洗融药箱，膜组件正常运行时不使用。化学清洗时需注意其手动加热，否则温度超过设定值时会造成膜设备全停。解决方法：停止加热，待温度降低再恢复生产
	5. 产水池液位过高	检查产水池出水阀门是否开到位，出水管路是否通畅；适当调整产水量，使产水池进出水达到平衡
	6. 水池液位低于设定值	调节膜进水泵频率或减少运行台数，降低膜产水量，使原水池进出水保持平衡

复习题

1. 水处理中常用的膜技术有哪些？以什么为推动力？

2. 微滤膜、超滤膜过滤原理是什么？在饮用水处理中，微滤膜、超滤膜通常可应用于哪些工艺环节？

3. 什么是渗透？什么是反渗透？

4. 膜按来源分，有哪几种？请列举三种以上有机膜材料。

5. 膜组件主要有哪几种形式？

6. 板框式膜组件有哪些形式？常用于哪些饮用水处理工艺过程？

7. 根据渗透方向，压力式中空纤维膜组件有哪些形式？除了压力式膜组件外，中空纤维膜组件还有哪种形式？

8. 简述膜处理工艺系统的组成。

9. 易产生膜堵塞的物质有哪些？

10. 什么是化学清洗？去除膜的有机污染物需要什么药剂？

11. 出现跨膜压差过高的原因主要有哪些？怎样解决？

第12章 自来水厂排泥水处理

12.1 自来水厂排泥水的来源和特性

12.1.1 排泥水来源

自来水厂的排泥水大部分产生于常规处理工艺中的沉淀（澄清）和过滤环节，原水中的杂质加入了混凝剂后形成了絮凝颗粒，这些絮凝颗粒在沉淀（澄清）池中沉淀、在滤池中被截留，组成了排泥水的主要成分。此外，预处理、深度处理过程中也会有排泥水产生。

自来水厂排泥水水量的大小，与水源水质、净水工艺流程、排泥方法和水厂操作管理水平等因素有关，一般排泥水占水厂生产水量的3%～7%。

12.1.2 排泥水特性

自来水厂排泥水中的杂质主要包括原水中的悬浮物、有机杂质、藻类以及处理过程中形成的化学沉析物，各阶段排泥水的特性与净水工艺处理的特点有关。

沉淀排泥水主要由混凝剂形成的金属氢氧化合物和泥沙、淤泥以及无机物、有机物等组成，含水率一般为98%～99.5%。其特点是随原水水质变化而有较大的变化。原水水质的季节变化可能对污泥的量和浓缩、脱水性能产生很大的影响。高浊度原水产生的污泥具有较好的浓缩和脱水性能；低浊度原水产生的污泥，其浓缩和脱水较困难。一般铁盐混凝形成的污泥较铝盐更容易浓缩，投加聚合物或石灰可提高浓缩性能。沉淀污泥的生物活性不强，pH值接近中性。铝盐或铁盐形成的污泥，当含固率为0～5%时呈流态；当含固率为8%～12%时呈海绵状；当含固率为18%～25%时呈软泥状；当含固率为40%～50%时呈密实状。

滤池反冲洗水的特点是含泥浓度低，含固率小，悬浮固体SS平均含量一般为300mg/L～400mg/L。由于进入滤池的浊度相对稳定，因此，其废水排放量的变化较小。滤池反冲洗水形成污泥的特性基本上与沉淀污泥类同。

生物预处理（生物接触氧化池或生物滤池）也需定期排放一定量排泥水，其性质与沉淀池排泥水相近，但其中含有大量的生物絮体、藻类和原生动物，一般可与沉淀池排泥水一起处理。

活性炭吸附池反冲洗水与滤池反冲洗水特点类似，其含固率更低，可忽略不计，但可能包含部分从活性炭颗粒上脱落的生物絮体。根据其水质情况，一般可考虑回用，而不进入排泥水处理系统。

12.2 排泥水处理系统组成、工艺选择和干泥量的计算

12.2.1 排泥水处理系统组成

水厂排泥水处理系统一般由调节、浓缩、平衡、脱水及泥饼处置工序或其中部分工序组成。

1. 调节

为了保证排泥水处理构筑物均衡运行以及水质的相对稳定，一般需在浓缩前设置排泥水调节设施；当水厂排泥水送往厂外处理时，水厂内也应设调节设施，将排泥水匀质、匀量送出。由于水厂沉淀池排泥和滤池冲洗废水都是间歇性排放的，水质和水量都不稳定，设置调节池可以获得较为稳定的排泥水含固率，有利于后续设施的正常运行。通常把接纳滤池冲洗废水的调节池称为排水池，接纳沉淀池排泥水的调节池称为排泥池，既接纳沉淀池排泥水，又接纳滤池反冲洗废水的调节池称为综合排泥池。

2. 浓缩

自来水厂排泥水的含固率一般很低，仅在0.05%～0.5%左右，因此，需进行浓缩处理。浓缩的目的是提高污泥浓度，减小排泥水体积，以减少后续处理设备的能力，如缩小脱水机的处理规模等。当采用机械脱水时，对供给的污泥浓度有一定要求，也需要对排泥水进行浓缩处理。含水率高的排泥水浓缩较为困难，为了提高泥水的浓缩性，可投加絮凝剂、酸或设置二级浓缩，当沉淀池排泥水平均含固率大于3%时，经调节后可直接进入脱水而不设浓缩工序。

3. 平衡

当原水浊度及处理水量变化时，自来水厂排泥量和含固率也会有相应变化。为保证浓缩池排泥与脱水设备运行间的有序衔接以及保持污泥脱水设备间的正常运行，需在浓缩池后设置一定容量的平衡池。设置平衡池还可以在原水浊度大于设计值时起到缓冲和储存浓缩污泥的作用。

4. 脱水

浓缩后的浓缩污泥需经脱水处理，以进一步降低含水率，减小容积，便于运输和最后处置。当采用机械方法进行污泥脱水处理时，还可投加石灰或高分子絮凝剂（如聚丙烯酰胺）等。

5. 泥饼处置

脱水后的泥饼可以外运作为低洼地的填埋土、垃圾场的覆盖土或作为建筑材料的原料或掺合料等。泥饼的成分应满足相应的环境质量标准以及污染物控制标准。

6. 上清液及分离液处置

排泥水在浓缩过程中将产生上清液，在脱水过程中将产生分离液。一般来说，浓缩池上清液水质较好。当上清液符合排放水域的排放标准时，可直接排放；如不影响自来水厂

出水水质，也可考虑回用或部分回用，回用需满足《室外给水设计标准》GB 50013—2018。脱水机产生的分离液中悬浮物浓度较高，一般不能符合排放标准，故不宜直接排放，应回流至排水池或排泥池。

12.2.2　工艺流程选择

排泥水处理工艺的选择主要取决于水厂净水工艺和运行方式，以及水资源利用和泥饼的最终处置方式。工艺选择的主要内容是确定浓缩方式和脱水方式。选择时应综合考虑原有净水构筑物情况，泥线应根据水线工艺、上清液及分离液回用情况、脱水方式、污泥处理程度以及经济效益等多方面因素。图 12-1～图 12-3 为目前国内采用机械脱水的排泥水处理系统的常见工艺流程。

1. 滤池反冲洗废水直接回用，沉淀池排泥水处理后回用

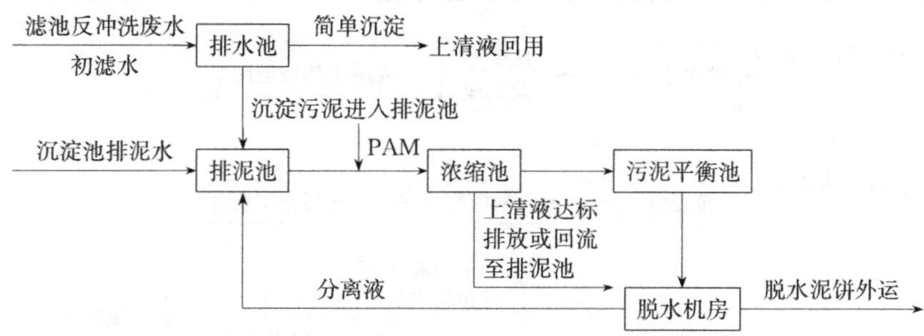

图 12-1　滤池反冲洗水回用、沉淀池排泥水处理工艺流程

此种方法适用于调节池分建、滤池反冲洗废水能直接回用的情况，但是该方法应当充分考虑上清液回用导致的铁、锰、藻类、“两虫”等指标的富集对净水出水水质的影响，以及由于天气或者季节性等不可对抗因素的变化对原水尤其是地表原水的影响。应实时监测水质情况，一旦发现上清液水质恶化，应立即停止或者减少回收水的回用，并应严格控制回流比（最大回流量不宜超过水厂进水流量的 5%，回流量较高时可考虑投加混凝剂）。

排泥水中含有大量的经过混凝沉淀后的铝盐絮体残留，这些絮体的密实度要比原水直接混凝形成的絮体的密实度大，当排泥水经过初步沉淀处理后与原水混合回用时，可以增加原水当中的颗粒浓度，有效提高颗粒之间的碰撞效率，同时可以有效吸附混凝剂水解后产生的金属氢氧化物，从而能够形成更大的矾花颗粒，强化原水混凝效果，尤其是处理低温低浊水效果更佳。另一方面，将滤池反冲洗废水回用可以减少水厂自用水率，实现自来水厂排泥水的资源化利用。大部分设有排泥水回用工艺的水厂均采取此种方式。

2. 滤池反冲洗废水和沉淀池排泥水混合处理

此种方法适用于调节池合建、滤池反冲洗废水无法满足直接回用但单独浓缩又无法满足机械脱水的进水要求。将沉淀池排泥水及滤池反冲洗水收集到综合排泥池中，经反应沉淀池进行混凝反应沉淀处理后，将上清液抽至水厂前段配水井中，与原水充分混合。此种回流方式会对水厂主体流程产生较大的冲击负荷，同时，由于反应沉淀池上清液中仍有较多的有机物、微生物及重金属，可能会存在水质生物安全风险。此外，该方式虽然可以省却排水池，在一定程度上减少投资，并增加回收水量，提高经济效益，但是由于滤池反冲洗水对沉淀池排泥水起到了一个稀释作用，降低了进入浓缩池的排泥水初始浓度，反而不

利于后面的污泥浓缩，导致后期处理费用增加，同时导致排泥水处理系统运行不稳定。

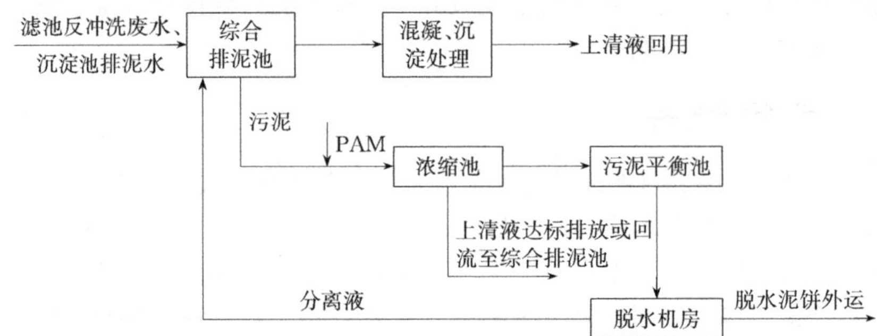

图 12-2　滤池反冲洗废水和沉淀池排泥水混合处理工艺流程

3. 滤池反冲洗废水和沉淀池排泥水的单独处理

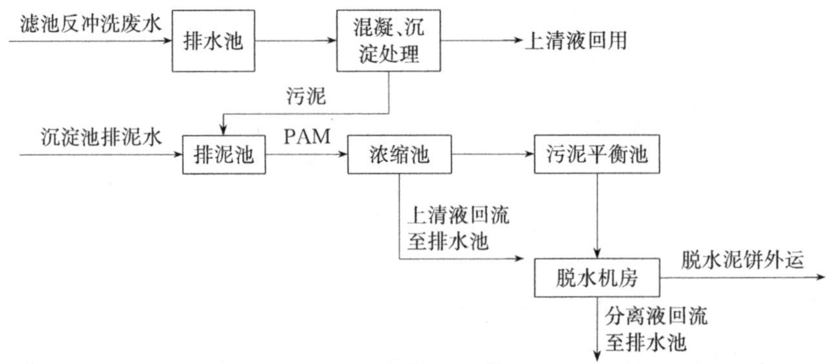

图 12-3　滤池反冲洗废水和沉淀池排泥水的单独处理工艺流程

此种方法适用于调节池分建、滤池反冲洗废水不满足回用条件，但是经过常规处理后，上清液能够满足条件的情况，或沉淀池污泥和反冲洗废水在含固率等参数上差异过大，水厂对回用水质要求较高。沉淀池排泥水和滤池反冲洗废水的分别处置能在一定程度上避免相互影响，重金属、微生物等参数不至于对出水水质造成过大影响，尽量避免对主流程工艺冲击影响。适合经济比较发达或者资金比较充沛地区的水厂。

此外，当沉淀池排泥浓度含固率达到 3%以上时，可不设浓缩池，沉淀池排泥经调节后，可直接进入脱水工序。如北京市第三水厂沉淀池采用高密度沉淀池，高密度沉淀池排泥水经调节后进入离心脱水机前的平衡池。当净水工艺采用气浮工艺时，由于气浮池排泥水中污泥颗粒密度相对较低，不易重力沉降浓缩，此时应采用与净水工艺相匹配的气浮浓缩池。

当滤池反冲洗废水需经处理后回用时，根据处理后的水质可回流至混凝沉淀（澄清池）、滤池、颗粒活性炭吸附池或经消毒后直接进入清水池。针对原水有机物和氨氮含量低且藻类较少的滤池反冲洗废水可经膜处理后回用，膜处理工艺前应采取混凝或混凝沉淀等预处理措施。根据国内已有的工程案例经验，预处理后的出水浊度宜小于等于 15NTU。例如，北京市第九水厂滤池反冲洗废水和浓缩池上清液经膜处理后，送入颗粒活性炭吸附池。当滤池反冲洗废水、浓缩池上清液中有机物、铁、锰及藻类、隐孢子虫、贾第鞭毛虫等有害生物指标较高时，可采用气浮池处理后回用，气浮工艺前应有混凝沉淀预处理措施，沉淀设备可采用同向流斜板、上向流斜管等高效处理设备，气浮池出水应均匀回流到净水工艺混合设备前，与原水及药剂充分混合（图 12-4）。

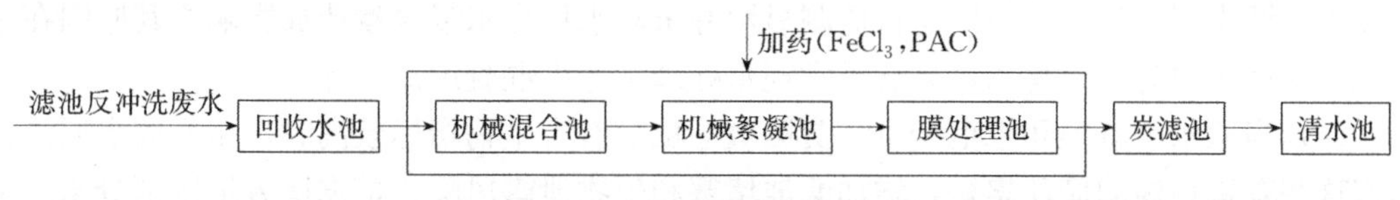

图 12-4　北京第九水厂浸没式超滤膜处理滤池反冲洗水工艺流程

当浓缩池上清液回用至净水系统且脱水分离液进入排泥水处理系统进行循环处理时，浓缩和脱水工序使用的各类药剂必须满足涉水卫生要求。

12.2.3　回用水质影响分析

自来水厂排泥水的回用具有节约水资源和保护环境的双重意义。目前，行业内对自来水厂排泥水回用及回用安全性等方面的研究较多，大量的试验论证了总体上排泥水的回用对自来水厂出水水质影响较小，主要注意将回流比、回流量等关键参数加以严格控制，对出水水质的影响与不回用相比，基本可以达到相同的效果。

1. 回用水水质影响因素

排泥水中富集了原水中大量的污染物、微生物以及投加的药剂等，即使经过沉淀处理，回用仍会对主流程工艺的稳定性和出水水质产生影响，产生一定的饮用水安全风险。按照水质和水处理工艺特点，排泥水回用可能造成安全风险的指标主要包括浊度、氨氮、铁、锰、铝、有机物和微生物等。

（1）排泥水中富集了原水中的大部分污染物，存在大量的固体颗粒。其中，滤池反冲洗废水污染物浓度相对沉淀池排泥水要低，排泥水直接回用时，回用水浊度一般较原水浊度高。研究发现，回流工艺会在一定程度上增加进水浊度值，但会降低主流程工艺中沉后水和滤后水浊度，主要由于反冲洗废水里的大量微小絮体颗粒能作为原水混凝的凝聚核心，使絮体更加密实，水中杂质更容易被吸附，并且排泥水中含有之前投加的絮凝剂活性成分，从而促进了水中固体颗粒的有效去除。当回用水浊度很高，为降低对净水工艺的运行影响，可通过投加一定的药剂措施进行调质处理。

（2）大部分试验结果表明回用水中氨氮含量与原水氨氮差异不大，主要由于常规水处理中对氨氮的去除主要依靠加氯单元，而部分研究发现回用水中氨氮含量较原水高，结合该水厂实际生产运行情况分析认为，污泥在排泥水系统中易长时间沉积，当污泥沉积一段时间后，会在厌氧或缺氧状态下释放出氨氮，造成回用水氨氮异常升高，影响水厂加氯量。通过加氯量的调整，氨氮可满足出水水质要求。

（3）在常规水处理工艺中去除的有机物，将在排泥水处理系统中富集，直接回用会导致原水中有机物含量的升高，从而带来消毒副产物风险，生产中应注意随之优化调整消毒剂的投加位置。但根据水厂运行监测数据，对沉后水、滤后水水质影响较小，其原因在于直接回用可强化混凝，去除浊度的同时提高了有机物的去除效果。

（4）当混凝剂使用铝盐时，由于混凝剂中的铝有部分转移到排泥水中，直接回用会导致原水中的铝含量明显增加，但经常规工艺处理后，沉后水及滤后水中铝含量能保持稳定水平。主要原因在于排泥水中的铝主要以颗粒形式存在，而溶解在水中的游离态铝含量较低，其回用至原水后，经混凝形成了絮体沉淀得以去除。

(5) 根据南方地区部分水厂运行经验，排泥水中总锰含量远高于原水，直接回用会导致原水总锰出现波动，但长期运行监测显示并未对水厂出水锰含量造成影响，其原因在于排泥水中锰主要为非溶解态，易通过常规水处理工艺中混凝沉淀去除。

(6) 当原水中藻类和隐孢子虫、贾第鞭毛虫等有害生物指标较高时，生产废水回流会引起这些有害指标的循环累积，增加滤池堵塞和生物泄露风险。根据南方地区部分水厂运行经验，排泥水中藻类及细菌总数、剑水蚤等较原水有大幅上升。因“两虫”等生物指标与浊度呈正相关，降低回收水浊度是使生物指标合格的一个重要方法。此外，设置回收水消毒剂投加设施进行灭活。根据南方某水厂运行经验，投加一定量的氯消毒剂可使反冲洗水中的细菌总数和藻类水平与原水水质数量相当，但对剑水蚤的灭活效果一般，仅20%～40%。常规水处理消毒工艺是灭活微生物的主要措施，根据南方某水厂长期运行数据表明，直接回用不会对出水水质微生物指标造成负面影响。

2. 排泥水回用注意事项

排泥水回用时应注意尽量降低回收水对制水工艺的水质、水量冲击，以保障水厂正常稳定运行。

(1) 水质符合回用要求，且不影响水厂出水水质，回流水量均匀，应回流到水厂混合设备前，与原水及药剂充分混合。

(2) 回流水量应在时空上均匀分布，不应对净水构筑物产生冲击负荷。最大回流量不宜超过水厂设计流量的5%。时空上均匀分布是指在时间上尽可能24h连续均匀回流，在空间上要求回流水量不能集中回流到某一期或某一点，要求全部回流水量与全部原水水量均匀混合，以免对水厂稳定运行带来不利影响。

(3) 滤池反冲洗水直接回用时，应注意静沉时间。根据国内水厂生产废水回用情况，滤池反冲洗废水经静沉1h后，上清液水质明显改善，降低了对制水工艺水质冲击。

(4) 排泥水回用后应密切关注待滤水、滤后水、出厂水的水质，一旦发现异常，应先立即停止回用，待水质问题找到原因并得到解决后，再启用回用。

(5) 若排泥水水质不符合回用要求，经技术经济比较，可经处理后回用。

12.2.4 干泥量的确定

在水厂排泥水处理工程中，干泥量是确定工程规模、设备配置和工程造价的重要依据。水厂排泥水中所产生的干泥量受多种因素的影响，如原水浊度、色度、投加的混凝剂品种和加药量等，原水水质的变化、加药量及其品种的变化将产生不同的干泥量。

原水的浊度（NTU）常被用来表示水中悬浮物质的含量（SS），但由于检测方法不同，两者数值并不完全相同。自来水厂一般将浊度列为经常性的检测项目，而对悬浮物的含量则不经常检测。对于同一原水，其浊度和悬浮物含量基本上有一定的比例关系。因此，可通过测定浊度值来推求原水中悬浮物含量。悬浮物含量和原水浊度之间的比值，应通过现场测定分析确定。根据国内外相关资料，NTU与SS比值的取值范围在0.7～2.2之间。

1. 我国《室外给水设计标准》GB 50013—2018中，自来水厂处理干泥量的计算公式为：

$$S=(k_1C_0+k_2D)\times Q\times 10^{-6} \tag{12-1}$$

式中　S——污泥干固体含量（t/d）；

C_0——原水浊度（NTU）；

k_1——原水浊度单位 NTU 与悬浮固体单位 mg/L 的换算系数，应经过实测确定，一般在 0.7～2.2 之间；

D——药剂投加量（mg/L），当投加几种药剂时，应分别计算后叠加，包括各种添加剂，如粉末活性炭和黏土；

k_2——药剂转化成干泥量的系数，当投加几种药剂时，应分别取不同的转化系数计算后迭加，采用 Al_2O_3 时为 1.53；粉末活性炭、石灰、黏土转化系数为 1。若粉末活性炭等添加剂只是临时应急投加且投加时间很短，可酌情考虑不计；若需要季节性投加时，则应计入；

Q——水厂处理水量（m^3/d）。

该公式与日本水道协会《水道设施计算指针》（2000）中的计算公式基本相同。

2. 英国《供水》手册（2000）采用下式计算干泥量：

$$S=Q(X+S+H+C+\mathrm{Fe}+\mathrm{Mn}+P+L+Y)\times10^{-6} \tag{12-2}$$

式中　X——混凝剂形成的悬浮固体，$X=f\times$混凝剂加注量（以 Al 或 Femg/L 计），对于 Al，$f=2.9$；对于 Fe，$f=1.9$；

S——悬浮固体（mg/L），当缺乏悬浮固体数据时，可近似取 2 倍浊度（NTU）值；

H——0.2×色度；

C——0.2×叶绿素 a（μg/L）；

Fe——1.9×水中含铁量（mg/L）；

Mn——1.6×水中含锰量（mg/L）；

P——粉末活性炭投加量（mg/L）；

L——石灰加注量（mg/L）；

Y——聚合电解质加注量（mg/L）。

12.3　排泥水调节

排泥水处理系统中，调节设施主要有排水池、排泥池和平衡池。通常把接纳滤池冲洗废水的调节池称为排水池，接纳沉淀池排泥水的调节池称为排泥池，既接纳沉淀池排泥水，又接纳滤池反冲洗废水的调节池称为综合排泥池。

调节池按组合形式分为分建式与合建式。调研发现，合建式调节池（即综合排泥池）所占比例几乎为分建式调节池的 2 倍多。综合排泥池的突出优势是构筑物数量少，但由于沉淀池排泥水含固率比反冲洗废水高很多，混掺后沉淀池排泥水被反冲洗废水稀释，大幅度降低了进入浓缩池的排泥水浓度，影响浓缩效果。目前，国内一些排泥水处理采用了综合排泥池，后续浓缩池效果不理想，或浓缩池上清液十分浑浊，其原因之一就是忽略了此种不利因素，导致浓缩池液面负荷增大，出水效果差。而排泥水回收利用主要是回收滤池反冲洗废水，反冲洗废水含固率低，水质比沉淀池排泥水好，原水所携带的有害物质主要浓缩在沉淀池排泥水里，分建式有利于反冲洗废水回收利用，因此，一般采用分建式。

12.3.1 排水池

排水池又称回收水池，主要收集滤池反冲洗废水，浓缩池上清液也可能回流至排水池。当滤池反冲洗水水质满足直接回用要求时，滤池初滤水也可纳入排水池。排水池设计容积需满足上述进水种类调节需求，并与滤池冲洗方式相适应。排水池一般设置潜水泵、排泥机及液位计。排水池的即时流量变化较大，潜水泵一般采用水位控制，间歇式运行。

12.3.2 排泥池

排泥池间断地接收沉淀池的排泥或排水池的底泥，同时还包括来自脱水机的分离液和设备冲洗水量。排泥池的容量不能小于沉淀池最大一次排泥量或不小于全天的排泥总量，同时还应包括来自脱水分离液和设备冲洗水量。排泥池一般设置排泥泵、液下搅拌机及液位计。排泥泵设置应具有高浊度期超量排泥的能力，应设置备用泵。排泥池内设液下搅拌装置以防止污泥沉积。

12.3.3 平衡池

污泥平衡池为平衡浓缩池连续运行和脱水机间断运行而设置，并可储存高浊度时的污泥。平衡池容积根据脱水机房工作情况和高浊度时增加的污泥储存量而定。平衡池内一般设置液下搅拌机及污泥浓度计，设置液下搅拌机以防止污泥沉积和平衡污泥浓度。

12.3.4 排泥水调节运行注意事项

调节池在运行中需注意如下事项：

（1）当排水池废水回流至水厂生产系统时，排水泵的流量应连续、均匀，最大回流量不宜超过水厂流量的5%，应设置备用泵。

（2）排水池运行时需注意反冲洗水在排水池内停留时间不能过长，否则池内易导致藻类繁殖，特别是春秋两季，水质可能变绿。此外，还需定期将排水池底泥排入排泥池。

（3）每年进行一次彻底清洗，铲除池底积泥，清洗池壁、出水渠道等。

12.4 污泥预处理

在污泥浓缩或脱水处理前进行必要的调质处理能够改变污泥的性质和结构，有利于污泥更好的浓缩和脱水。污泥预处理包括物理方法和化学方法。物理预处理方式中有加热法和冻结溶解法等，其温度限制较大，在南方的给水厂污泥处理中很少使用。化学预处理方法中有酸处理、碱处理、投加无机药剂、投加高分子絮凝剂等。常见的投加药剂有硫酸、氢氧化钠、石灰、碱式氯化铝、聚丙烯酰胺等。目前，自来水厂普遍采用的是高分子絮凝剂和高分子絮凝剂与石灰联用方式进行污泥调质。

12.4.1 酸处理

一般在原水浊度低，净水剂投量较大，有机物、藻类含量高，悬浮物粒径、比重较小时进行酸处理来改善污泥的脱水性能。多在冬季时使用。

1. 作用

（1）可帮助再生混凝剂。

（2）在低温低浊条件下可显著改善污泥脱水性能。

（3）促进污泥中铁、铝的析出，减少待处理污泥量。

常用药剂有硫酸、盐酸等。当制水生产中用硫酸铝作为混凝剂时一般常选用硫酸对污泥进行处理；当以三氯化铁为混凝剂时一般选用盐酸对污泥进行处理。污泥的浓缩和脱水性能与污泥中铝的溶解量密切相关。而 pH 值对铝盐的溶解度有较大影响。当 pH 值在 2～3 时铝盐的析出量较大。相关实验表明：在适宜的 pH 值下，对污泥进行 10min 左右的搅拌几乎可将污泥中的铝盐全部析出。实际生产中应通过实验确定酸剂的投量，投量控制依据一般以污泥的 pH 值为参考。

2. 使用时应注意如下问题

（1）因酸液的腐蚀性，应考虑生产设备及构筑物的防腐。硫酸和盐酸均属于易制毒化学品，水厂需提前向有关部门进行备案方可采购。

（2）酸性条件有利于污泥处理，但会引起上清液的浊度和色度升高，故实际操作时应以中性或弱酸性为宜。

（3）再生混凝剂使用过程中可能存在铁、锰等重金属随铝盐一并析出的问题，甚至会随着混凝剂的不断回用与再生而形成对重金属的富集积累。应注意原水中重金属的含量。

12.4.2　石灰处理和碱处理

1. 石灰调质

单独投加石灰可以供给污泥多孔网格骨架，改变污泥颗粒结构，增强絮体强度以提高污泥脱水性能，但是用石灰调质方法会带来污泥量的增加，分离液和泥饼的 pH 值增加，对脱水设备和管道有较高的腐蚀性。

在投加石灰的方式上采用干粉式投加效果优于投加石灰溶液。但是投加石灰干粉的投加设备价格较高且投加环境卫生较差。在实际选用石灰的投加方式时应从有效利用本厂现有投加系统和满足改善污泥压滤脱水性能两方面综合考虑，确定最终的投加方式。

石灰在污泥调质过程中使污泥形态发生变化的原因尚未完全弄清，借鉴相关文献资料，分析石灰能改善污泥压滤脱水性质的原因如下：

（1）石灰液呈碱性，可促进 PAM 的水解，可使 PAM 卷曲的高分子链充分伸展开，大大增加了它和细小矾花颗粒碰撞和吸附的机会，使 PAM 的吸附架桥网捕作用得到充分发挥，从而提高凝聚效果。

（2）石灰溶液中的钙离子可以将污泥中的铝离子置换出来，使 Al-黏土转变为 Ca-黏土，污泥中的 Ca-黏土易于相互聚合成团粒，生成聚合状土粒（$3CaO \cdot Al_2O_3 \cdot 3CaSO_4 \cdot 32H_2O$），该类土粒呈坚固的针状，在过滤脱水时易脱水干化。

（3）石灰在干化过程中的板结作用有利于促进滤饼的形成和增加滤饼的机械强度。

2. NaOH 碱剂

使用 NaOH 作为碱剂时的污泥调质效果较石灰差。生产泥饼的力学性质也较差。一般只在离心脱水处理工艺中使用。

12.4.3 无机药剂和有机高分子絮凝剂

无机药剂一般采用高浓度的硫酸铝和无机高分子絮凝剂碱式氯化铝。但两者在实际应用时对污泥的凝聚效果作用较差。根据碱式氯化铝处理经验，使用碱式氯化铝处理污泥耗量较大，经济性差且处理后污泥脱水性能改善不明显，实际生产中较少使用。

1. 有机高分子絮凝剂作用

有机高分子絮凝剂处理污泥效果良好，近年来已有广泛应用，是目前水厂污泥调理中最常用的药剂。国内外的实践与研究表明，使用有机高分子絮凝剂进行污泥调质效果如下：

（1）可以改变污泥泥质，提高污泥浓缩效果，降低污泥处理系统运行费用。

（2）可以降低污泥的比阻（在一定压力下，在单位过滤面积上，单位重量的干污泥所受到的阻力），使污泥与滤布的粘结力变小，明显提高污泥过滤脱水性质。

2. PAM 使用时应注意如下问题

应用最广的有机高分子絮凝剂为聚丙烯酰胺，按照其所带电荷，可分为阳离子型、阴离子型和非离子型。阳离子型多用于有机物含量高的污泥调理，对自来水厂的无机污泥，阳离子型、阴离子型都能适用，一般而言，阳离子型聚丙烯酰胺适用范围广，处理效果优于另外两类聚丙烯酰胺，但阳离子型单耗高、价格昂贵，且调质后污泥脱水分离液中丙烯酰胺单体残留量远大于阴离子型，而非离子型 PAM 溶解速度慢，一般不用于污泥调理，所以目前自来水厂污泥调理多采用阴离子型。

根据聚丙烯酰胺处理经验，有机高分子絮凝剂聚丙烯酰胺在污泥调质中改善污泥性质效果显著，近年来广泛应用。但使用聚丙烯酰胺应注意以下问题：

（1）严格控制所使用聚丙烯酰胺的产品质量，应定期取样监测其产品质量。具体要求为：其产品中未聚合单体丙烯酰胺对人和生物的危害作用较高，其应用于饮用水处理时含量必须控制在 0.025%以下，应用于工业及废水、污水处理时含量必须控制在 0.05%以下。

（2）污泥脱水过程中的滤液，其中含有一定含量的剩余聚丙烯酰胺。在滤液排放时应考虑到对剩余聚丙烯酰胺的利用和滤液中的单体丙烯酰胺的含量是否超标，在实际生产中将滤液送回浓缩池有利于充分利用滤液中的剩余聚丙烯酰胺，并可以稀释滤液中的单体丙烯酰胺的浓度。

（3）聚丙烯酰胺溶液配制需要较长时间的搅拌，有时甚至需要加热（不高于 60℃）促进其溶解。对于配制好的溶液应尽快使用，因为其凝聚效果会随着放置时间的增长而逐渐下降。按照标准溶液浓度为 0.1%时，非离子、阴离子聚丙烯酰胺溶液放置时间不超过一周；阳离子聚丙烯酰胺溶液放置时间不超过一天。失效的聚丙烯酰胺溶液因为其黏性大容易堵塞管道和具有一定的毒性而很难处理。国家有关法规规定，失效的聚丙烯酰胺不准直接排入城市管网。

（4）聚丙烯酰胺的最优投加量应根据实验室烧杯试验以及生产实验中改善污泥泥质的实际效果（一般以比阻）来确定。

12.4.4　其他处理方法

热预处理一般适用于以有机物为主的污泥（城市污水污泥），加热温度为 150～200℃，保持时间为 30～60min。该方法的缺点是耗能大，处理成本高，脱水滤液质量较差，因此，在给水厂污泥处理中很少使用。

冻结溶化是将污泥冻结适当时间，污泥絮凝体中结合水和孔隙水随结冰过程而析出，污泥固体则相互粘合、紧缩，这种集聚作用导致污泥在冰溶化后形成相对稳定的污泥层，污泥的可滤性获得改善，而且排水也较容易。

在北方寒冷地区，有足够面积可利用时，可考虑此法。其中冻结的温度速度、溶解的温度速率等运行条件需进行试验，以确定最佳组合。

12.5　污泥浓缩

自来水厂污泥的含水率高，一般在 99.5%～99.95%，污泥体积很大，输送、处理和处置都不方便。污泥需要通过浓缩设备的浓缩，将污泥颗粒间的空隙水分离出来，降低排泥水含水率，减小污泥的体积，方便后续处理和处置，节省运行成本。

排泥水污泥浓缩主要采用重力浓缩法、气浮浓缩法和机械浓缩法。重力浓缩法采用污泥浓缩池，有连续式和间歇式两种，目前是自来水厂污泥处理中最常用的方法。重力浓缩法主要是利用排泥水中污泥固体颗粒与水之间的相对密度差来实现泥水分离，代表有辐流式浓缩池、斜板/斜管浓缩池和高密度污泥浓缩池。气浮浓缩法主要采用大量的微小气泡附着在污泥颗粒的表面，从而使污泥颗粒的相对密度降低而上浮，实现泥水分离的目的。但气浮浓缩法运行维护费用较高，且对污泥量变化失去了调节作用，不能适应短时高浊度冲击负荷，一般用于高有机质活性污泥或者低密度无机亲水性污泥，且能耗大，浓缩后泥渣浓度对脱水机械的要求高。机械浓缩法基本包括离心机浓缩、带式浓缩和转鼓机械浓缩，该方法优点是设备紧凑、用地省，但能耗大，并需投加一定的高分子聚合物，在国内自来水厂中很少采用。

12.5.1　辐流式浓缩池

1. 结构组成

辐流式浓缩池一般为圆形，主要由刮泥机、浮动槽、污泥斗等组成（图 12-5）。

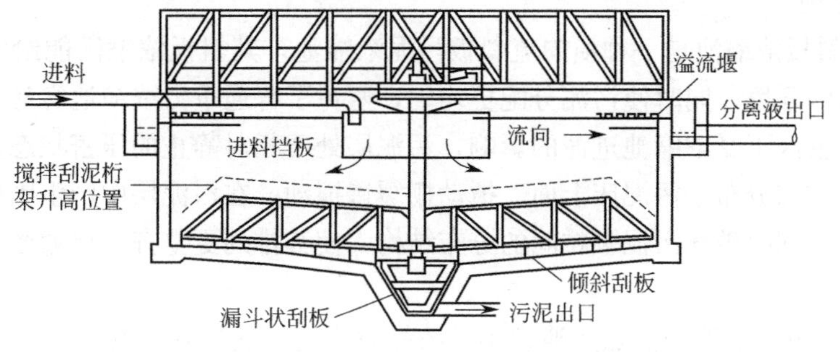

图 12-5　辐流式浓缩池结构示意图

2. 工作原理

排泥水从浓缩池中央进入，经导流筒沿径向以逐渐变慢的速度流向周边，完成固液分离；池底设置刮泥机和集泥装置，分离后的上清液通过周边溢流堰出流；刮泥机装置若干竖向“栅条”，随刮泥机旋臂一起旋转，以破坏污泥间架桥现象，帮助排出夹在污泥中的间隙水和气体，促进浓缩。

3. 优缺点

辐流式浓缩池的优点是采用机械排泥，运行较好，设备较简单，排泥设备已有定型产品，沉淀性效果好，日处理量大，对水体搅动小，有利于悬浮物的去除。其主要的缺点是池水水流速度不稳定，受进水影响较大；底部刮泥、排泥设备复杂，对施工单位的要求高，占地面积较其他沉淀池大。

12.5.2 兰美拉（Lamella）斜板浓缩池

1. 结构组成

Lamella 斜板浓缩池主要由上部的斜板浓缩区和下部的污泥压密区组成，在斜板区内安装许多插入式不锈钢斜板，压密区一般都设有搅动栅以提高污泥压密效率（图 12-6）。

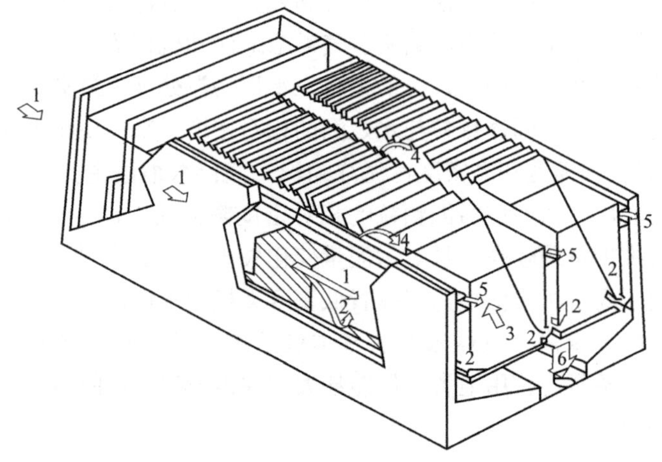

图 12-6 兰美拉（Lamella）斜板浓缩池结构示意图
1—水厂排泥水进水；2—排泥水进水布水；3—斜板浓缩；
4—浓缩池上清液；5—上清液收集槽；6—浓缩污泥

2. 工作原理

Lamella 斜板浓缩池是一种横向流斜板污泥浓缩池，其斜板浓缩区能给污泥浓缩提供相对静止的浓缩环境，同时使污泥分配更均匀，避免了普通重力浓缩池容易出现的异重流现象。污泥压密区不受浓缩池进泥的影响，污泥层处于相对静止的压密状态。从斜板浓缩区沉下的污泥均匀分布于污泥床上面。搅动栅缓慢搅动，在污泥层中产生因压实而需排除的水分的通道，同时破坏污泥颗粒间的分布结构，使其排列更整齐，更紧密。

3. 优缺点

Lamella 斜板浓缩池的优点是池型小、浓缩效率高、效果好。其主要的缺点是抗冲击负荷能力较弱，浓缩时间短，且进、出水配水不均，遇到大水量的处理池往往还是会出现排泥不顺畅、排泥口堵塞的问题。

12.5.3　Densadeg 高密度污泥浓缩池

1. 结构组成

Densadeg 高密度污泥浓缩池主要由反应区、预沉—浓缩区和斜管分离区组成（图 12-7）。

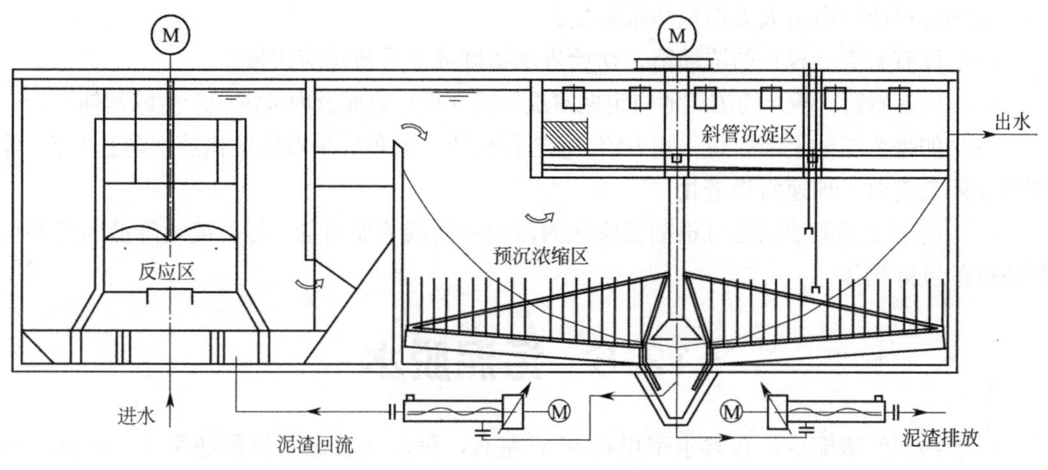

图 12-7　Densadeg 高密度污泥浓缩池结构示意图

2. 工作原理

高密度污泥浓缩池综合了斜管沉淀和泥渣循环回流的优点，泥水混合物流入浓缩池的斜管下部，泥渣在斜管下的沉淀区内完成泥水分离，此时的沉淀为阻碍沉淀；剩余絮片被斜管截留，在同一构筑物内整个沉淀过程就分为两个阶段进行：深层阻碍沉淀、浅层斜管沉淀。其中，阻碍沉淀区的分离过程是澄清池几何尺寸计算的基础，池中的上升流速取决于斜管区所覆盖的面积。

斜管液面负荷可达 $10m^3/(m^2 \cdot h)$ 以上。主要特点是将沉泥回流与来水接触，增加絮凝效果，并增稠底泥浓度。其排泥浓度可达 3%～12%，可以作为给水厂污泥沉淀、污泥浓缩一体化池型使用。

3. 优缺点

Densadeg 高密度澄清池的优点是占地面积小、土建投资省、抗冲击负荷能力强、适用性广、处理效率高。其主要的缺点是斜管易积泥，且内部布置较为分散，存在配水不均匀的现象，尤其在大型水厂中，会直接影响出水水质；另外高密度沉淀池因是专利产品，设备、材料价格较贵，投资高。

12.5.4　运行管理注意事项

浓缩池在运行管理中需注意：

（1）浓缩池的刮泥机和排泥泵或排泥阀必须保持完好状态，排泥管道畅通。排泥频率或持续时间应按浓缩池排泥浓度来控制，一般控制在 2%～10%。预浓缩池则按 1%左右浓度控制。

（2）浓缩池上清液中的悬浮固体含量不应大于预定的目标值。当达不到预定目标值时，应适当增加投药量或增加排泥频率。

(3) 浓缩池正常停运重新启动前，应保证池底积泥浓度不能过高，一般不应超过10%。

(4) 当水温较高或生物处理系统发生污泥膨胀时，浓缩池污泥会上浮和膨胀，此时投加次氯酸钠、$KMnO_4$ 等氧化剂抑制微生物的活动可以使污泥上浮现象减轻。

(5) 浓缩池长时间没有排泥时，如果想开启污泥浓缩机，必须先将池子排空并清理沉泥，否则有可能因阻力太大而损坏浓缩机。

(6) 设有斜管（板）的浓缩池，初始进水速度或上升流速应缓慢。

(7) 设有斜管（板）的浓缩池应定期清洗斜管（板）表面及内部沉积产生的絮体泥渣。

(8) 如果浓缩池上部斜板采用PVC等塑料材质，池顶应采取防晒措施，防止PVC等塑料受阳光直射，加速斜板老化。

(9) 高密度污泥浓缩池可根据反应区的污泥浓度调节加药量，尽可能地降低药耗并获得较好的沉降絮体。

12.6 污泥脱水

一般污泥经浓缩后，其含水率仍在97%左右，呈流动状态，体积还很大。因此，污泥经浓缩后必须通过污泥脱水，进一步提高污泥的含固率使之成为固态的泥饼，以减少污泥体积，降低污泥运输成本，节约污泥最终处置费用及场地。

污泥脱水的方式一般有自然干化和机械脱水两种。自然干化包括干化床和干化塘，机械脱水主要有板框压滤机、离心脱水机、叠螺脱水机和带式压滤脱水机四种。由于自然干化占地面积大、脱水时间长、卫生环境差且维护管理工作量大，目前，国内自来水厂污泥脱水一般采用机械脱水的方式。而机械脱水主要以离心脱水和板框压滤脱水为主，带式脱水在自来水厂比较少见。

伴随行业对污泥“稳定化、减量化、资源化”的处理处置要求，为了满足未来更高的脱水要求和资源化利用的前置条件，目前，自来水厂一般会预留污泥干化处理用地。污泥干化方式常用的有热干化和低温干化，污泥的热干化是指通过污泥与热媒之间的传热作用，脱除污泥中水分的工艺过程，污泥低温干化是指通过低温干化系统产生的干热空气在系统内循环流动对污泥进行干化的处理技术，脱水后污泥含水率低于40%。

12.6.1 板框压滤机

1. 结构组成

板框压滤机由框架、滤板、滤布组成，具体结构及实物如图12-8、图12-9所示。板框压滤机常配套辅助系统，辅助系统主要包括投料、压缩空气、高压冲洗水系统。

2. 工作原理

在密闭的状态下，经过高压泵打入的污泥经过板框的挤压，使污泥内的水通过滤布排水，达到脱水目的，脱水后污泥含水率一般在50%～70%。由于泥水在密闭状态下受压脱水，固态颗粒不易漏出，因此，板框压滤机适合应用于具有亲水性强、固液分离困难等特点的给水污泥处理中，即使进泥含水率相对较高，也能达到出泥含水率较低的效果。

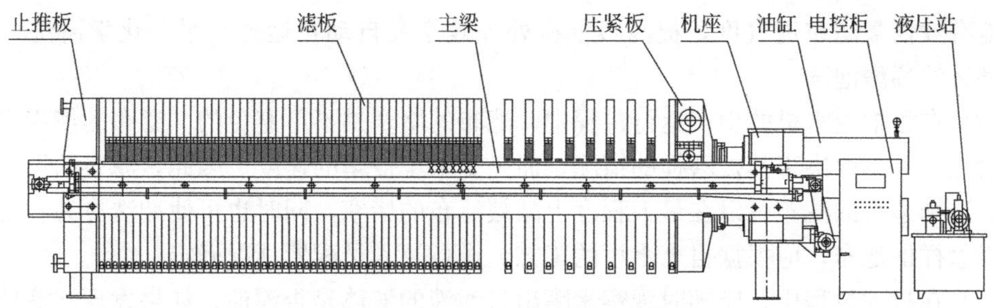

图 12-8　板框压滤机结构示意图

图 12-9　板框压滤机实物图

3. 工作过程

常用的隔膜挤压板框压滤机的脱水过程如下：

(1) 压紧滤板：由电力启动油压系统闭合滤板。

(2) 加压脱水：投料泵启动，输送泥浆进入脱水机内，滤框空气管路上的排气阀打开排出气体，滤液经滤布排出。滤室充满后，投料泵停，排气阀关闭，通入压缩空气或压力泵进行挤压，使泥饼进一步脱水。

(3) 开板卸料：吹气结束，利用拉开装置依次分板卸泥饼，有些板框压滤机配有空气吹洗和滤布抖动设备，协助泥饼的脱落。

(4) 滤布清洗：压滤机运行多个周期后，需启动高压冲洗水泵对滤板、滤布逐一冲洗，使压滤机的泥水分离能力得到恢复。

目前，水厂使用的板框压滤机由于各自控制参数和脱水要求的差异，一个工作周期可在 2～4h 之间变化。

4. 优缺点

板框压滤机的优点是结构简单，操作容易、运行稳定，故障少，保养方便，机器使用寿命长；过滤推动力大，所得滤饼的含水率低；过滤面积的选择范围较宽，且单位过滤面积占地较少；对物料的适应性强，适用于各种污泥；滤液澄清，固相回收率高。其主要的缺点是间歇操作，处理量小、产率低，滤布消耗大，适合于中小型污泥处理场合。

5. 运行管理注意事项

(1) 建议配备在线滤布化学及高压清洗装置（清洗压力为 4～10MPa），确保滤布堵塞后能有效恢复滤布透气度，提高板框机处理效率及自动化运行水平，化学清洗一般用3%～5%的稀酸泡洗。

(2) 在板框脱水机的生产运行过程中，滤布的堵塞是不可避免的，滤布的使用周期或其寿命往往并不取决于其被磨损的情况，而是受限于被堵的速度。因此，滤布的选型尤为重要，选择适宜的滤布可以在最大程度上减缓滤布的堵塞，同时也可使冲洗更为容易。具体选择怎样的滤布，应根据自来水厂的工艺、设备及人员配置情况确定。

(3) 在过滤过程中，应随时观察水嘴出口滤液的液体是否浑浊，如果发现滤液持续浑浊不清，则说明出浑浊滤液的水嘴附近的滤布有破损现象，应在当前工作循环完成后切断电源更换已损滤布。

(4) 合理控制污泥入料流量，避免由于污泥入料量突然增加造成污泥压滤机过载运行，导致污泥脱水效果不好，或由于污泥入料量过低，降低污泥处理效率。

(5) 如板框出现挤压不成型，需对挤压泵进行排气操作或调整药剂投加量，排气不可在挤压泵运行状态下进行。

(6) 虽然现在大多数污泥压滤机都属于全自动污泥处理设备，但工作期间仍需人员定期现场或远程监控，以便及时发现问题，及时纠正。包括经常检查压滤机的各连接部件有无松动，及时紧固调整；注意板框脱水机的油位，出现漏油应及时处理，严禁无油开机；每5～7个批次需要观察板框出泥情况，如泥饼从视觉上看出明显变湿或者泥饼较薄时，即刻测定其含水率，在该板框进行新一批次运行时，观察进泥时压力变化，根据实际情况对进泥时间，挤压时间做相应的调整。

12.6.2 离心脱水机

1. 结构组成

离心脱水机主要由高速旋转的水平轴向固定柱—圆锥形转筒和设置在转筒内部、转速与筒体有差异的螺旋输送器组成，具体结构及实物如图12-10、图12-11所示。

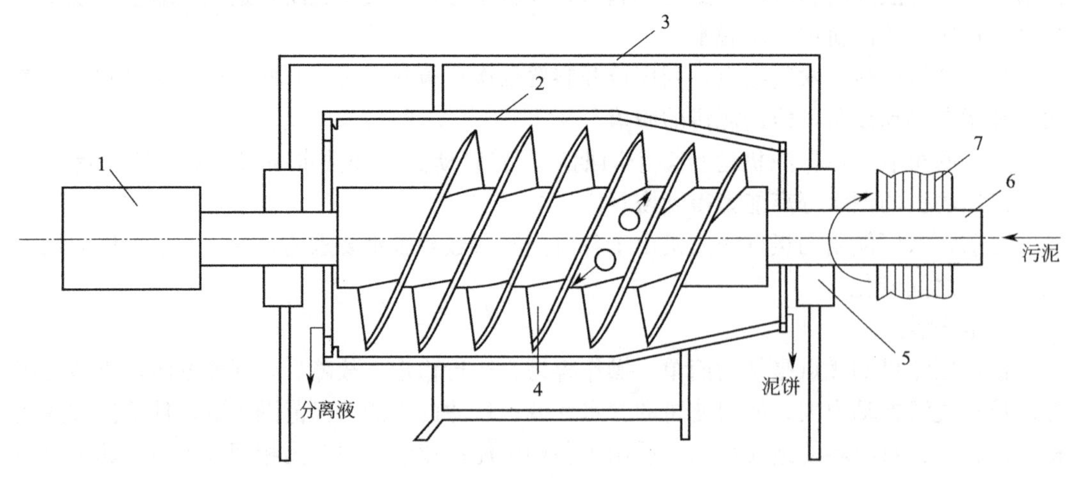

图12-10 离心脱水机构造示意图

1—变速箱；2—转筒；3—罩盖；4—螺旋输送器；5—轴承；6—空心轴；7—驱动轮

图 12-11　离心脱水机实物图

2. 工作原理

污泥从空心转轴的分配孔加入，在转筒高速旋转下，污泥中相对密度大的固体颗粒在离心力作用下迅速沉降并聚集在筒体内壁。由于螺旋输送器与筒体两者之间存在转速差，聚集在筒体内壁的泥被螺旋输送器推到转筒椎体部分压密并排出筒体外。分离出来的液体在筒内形成环状水环，连续排出筒体外，脱水后污泥含水率一般在 60%～80%。离心脱水机工作是连续的，连续进泥，连续排出泥饼和分离液。同向流离心机适用于亲水胶体污泥的脱水，逆向流适用于稠密的污泥。

3. 工作过程

（1）混合与加速均布阶段：污泥与絮凝剂在进料室内混合并得到加速，确保污泥以均匀的最佳状态进入分离区。

（2）澄清阶段：在离心力的作用下，污泥颗粒在转鼓的直线段快速分离并沉降，分离的上清液通过设在转鼓尾端的堰口排出。

（3）压缩阶段：螺旋输送器将沉降污泥推送至卸料端，污泥在离心力的作用下得到进一步压缩，并释放出孔隙水。

（4）双向挤压段：在转鼓的圆锥段，螺旋输送器经过适当的设计，沿轴方向产生双向挤压力。配合离心机的压缩作用，进一步将污泥的毛细水挤出，污泥从卸料口排出。

4. 优缺点

离心脱水机的优点是持续运转，基建投资少，占地少，设备结构紧凑，自动化程度高，操作简便、卫生。其主要的缺点是电力消耗大，污泥中含有砂砾易磨损设备，有一定噪声。

5. 运行管理注意事项

（1）进泥量的控制及综合调控。每一台离心机都有一个最大进泥量，实际进泥量超过该值时，离心机将失去平衡，并受到损坏，因而运行中应严格控制离心机的进泥量。在允许的范围内，当泥质及调质效果一定时，进泥量越大，固体回收率和泥饼含固量越低；反之，进泥量降低，则固体回收率和泥饼含固量将提高。另外，每台离心机都有一个极限最大入流固体量。如果因进泥含固量升高导致入流固体量超过极限值时，会使离心机扭矩过大，从而停车。同时需注意在离心脱水机达到全速运转前，不能进料或者进水。

（2）合理控制转速差。泥饼是靠转筒与螺旋输送器的转速差来缓慢输送的，转速差的大小对生产能力和污泥含固率有较大影响。增大转速差将提高机组生产能力，但会降低泥饼的含固率；减小转速差将降低机组生产能力，但可以提高泥饼的含固率。

(3) 运行中经常检查和观测项目油箱的油位、油压、油温、轴承的油流量、冷却水及油的设备的震动情况、电流读数等，如有异常，立即停车检查。正常油压一般大于0.01MPa，油温一般不低于10℃，不高于75℃。

(4) 离心机正常停车时，先停止进泥，继而注入热水或一些溶剂，继续运行10min后再停车，并在转轴停转后再停止热水的注入，并关闭润滑油系统和冷却系统。当离心机再次启动时，应确保机内彻底冲刷干净。

(5) 离心机一般不允许大于0.5cm的浮渣进入，也不允许65目以上的砂粒进入，因此，应加强前级预处理系统对渣砂的去除。

(6) 脱水机出泥过稀，一般情况下只需增加投药量；若该问题仍不能解决，需要调整脱水机运行参数，如改变转速和频率等参数。

(7) 应定期检查离心机的磨损情况，及时更换磨损件。

(8) 离心脱水效果受温度影响很大。北方地区冬季泥饼含固量一般可比夏季低2%～3%，因此，冬季应注意增加污泥投药量。

12.6.3 带式压滤机

1. 结构组成

带式压榨过滤是借助于两条环绕在按顺序排列的一系列辊筒上的滤带实现挤压脱水的设备。设备系统主要包括：给料混凝系统、重力排水区、过滤压榨脱水系统、卸料装置、冲洗装置、接水装置、张紧装置、纠偏装置等，具体结构及实物如图12-12及图12-13所示。

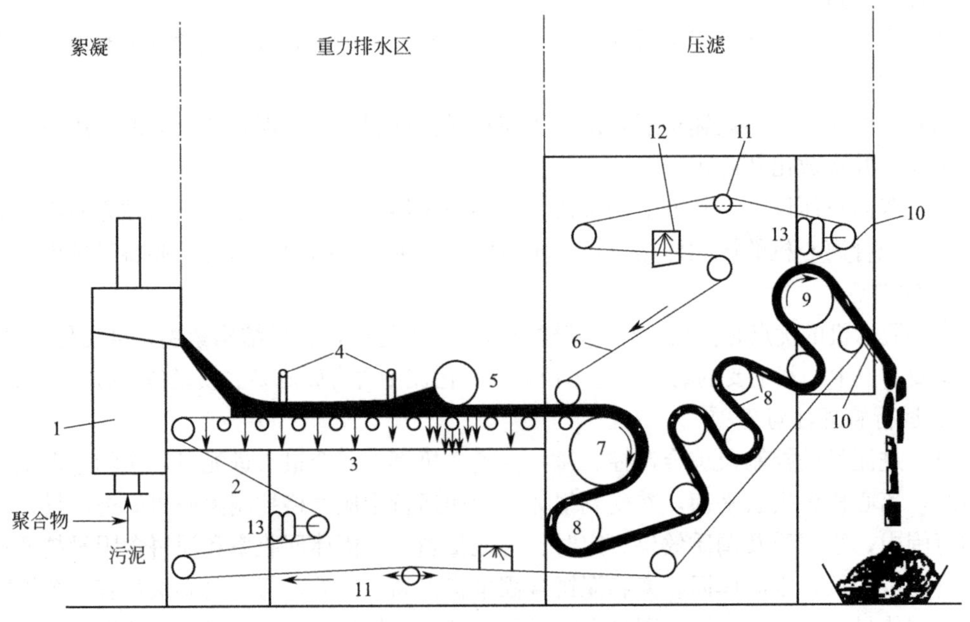

图12-12 带式压滤机的构造示意图

1—混合器；2—下层带；3—排水区；4—梳泥栅；5—排水辊；6—上层带；7—有孔的滚筒；8—转向辊；9—传动辊；10—刮板；11—导向辊；12—冲洗段；13—气动千斤顶

图 12-13　带式压滤机实物图

2. 工作原理

待脱水的污泥首先由泵送入混凝反应器中，与化学絮凝剂进行充分絮凝反应，形成絮团后流入重力排水段，在重力作用下脱去大部分自由水；而后污泥进入楔形预压段，污泥受到轻度挤压，逐渐受压脱水；最后污泥进入压榨脱水段，在此段污泥被夹在上下两层滤网中间，经过若干由大到小辊筒的反复压榨和剪切脱水，使污泥形成滤饼状，通过卸料装置将滤饼卸料。卸完滤饼的滤带经过自动清洗装置清洗后，再参加新的工作循环，即完成了污泥脱水工作，脱水后污泥含水率一般在 70%～80%。

3. 工作过程

（1）化学预处理脱水段：经过浓缩的污泥与一定浓度的絮凝剂在混合器中充分混合以后，污泥中的微小固体颗粒聚凝成体积较大的絮状团块，同时分离出自由水。

（2）重力浓缩脱水段：絮凝后的污泥经布料斗均匀送入网带，污泥随滤带向前运行，游离态水在自重作用下通过滤带流入接水槽。

（3）楔形区预压脱水段：重力脱水后的污泥随着带式压滤机滤带的向前运行，上下滤带间距逐渐减少，物料开始受到轻微压力，并随着滤带运行，压力逐渐增大。

（4）挤压辊高压脱水段：物料脱离楔形区就进入此区内受挤压，沿滤带运行方向压力随挤压辊直径的减少而增加，物料受到挤压体积收缩，物料内的间隙游离水被挤出。

（5）物料排出段：物料经过以上各阶段的脱水处理后形成滤饼排出，通过刮泥板刮下，上下滤带分开，经过高压冲洗水清除滤网孔间的微量物料，继续进入下一步脱水循环。

4. 优缺点

带式压滤机的优点是操作简便，可持续稳定的运转，处理量较大，允许负荷有较大范围的变化；无噪声和振动，易于实现密闭操作，一般用于大型的自来水厂。其主要的缺点是污泥脱水后含水率高，能耗大，维护保养较难。

5. 运行管理注意事项

（1）注意时常观测滤带的情况，发现损坏应及时更换，并分析损坏原因。

（2）应及时冲洗滤带并保证足够的滤布冲洗时间，还应定期对脱水机周身及内部进行彻底清洗，以保证清洁，降低臭味；适当加入一些阴离子或非离子 PAM，可使泥饼从滤带上易于剥离。

（3）应合理控制带速，带速过高，会造成高压区跑料，带速最高不宜超过 5m/min；带速过低，会影响产量。

（4）应合理控制滤带张力，滤带张力对泥饼含固率影响较大，一般张力控制范围为 0.3～0.7MPa。下滤带的张力略低于上滤带，会提高污泥的成饼率。

（5）按照脱水机的要求，定期进行机械检修维护，例如按时加润滑油、及时更换易损件等。

12.7 泥饼处置与利用

12.7.1 填埋处置

目前，国内自来水厂排泥水处理的脱水泥饼，主要的处置方式为送往城市垃圾卫生填埋场与垃圾混合填埋，除此之外还包括资源化利用等方式。

污泥填埋是一种消极的处理方法，长期采用这种方式将占用大面积土地。但在我国现有情况下，污泥卫生填埋是唯一大规模应用的处置手段。国家对城镇自来水厂污泥混合填埋用泥质暂无相关标准，城市垃圾卫生填埋场接收污泥都依据《城镇污水处理厂污泥处置混合填埋用泥质》GB/T 23485—2009 标准，其中污泥含水率需小于 60%。这样不但可以减少其占用的土地面积，还能减少运输量和提高泥饼力学性能，提高填埋后土地的承载能力。填埋厚度考虑泥饼填埋后的压密沉降作用，一般填埋厚度为 3m 左右。

12.7.2 污泥的资源化利用

污泥的资源化利用相对于填埋等处置方式无疑是一种积极的处置办法，包括制作砖瓦、陶粒、农业用土、水泥窑协同处置和掺烧发电等。从长远来看，污泥的资源化利用是污泥处置的大趋势。

1. 制砖或烧制陶粒

自来水厂污泥中含有大量的泥砂、杂质及水厂投加的混凝剂，其主要成分为 SiO_2、Al_2O_3 和 Fe_2O_3 等，类似黏土成分，烧矢量也较低，可以作为一种主要原料来烧制陶粒或制砖等，套用《城镇污水处理厂污泥处置 制砖用泥质》CJ/T 289—2008 中的规定，污泥用于制砖时，污泥含水率应小于等于 40%。

2. 农业用土

自来水污泥干固体以无机物为主，特别是含有较多的硅酸盐、铝盐、铁盐、钙盐等，与土壤的基本组成类似。但是当前国内自来水厂存在为了避免出水中感染性微生物的影响，过量投加铝盐，确保出水浊度小于 0.1NTU 的情况，造成脱水后污泥铝离子含量较高，可与土壤中的磷酸反应生成磷酸铝，阻碍作物对磷的吸收，这种情况下不适于用作农业用土，可用作园林绿化用土或绿化土壤改良剂。

3. 水泥窑协同处置

污泥的水泥窑协同处置是利用水泥窑高温处置污泥的一种方式，水泥窑中的高温能将污泥焚烧，并通过一系列物理—化学反应使焚烧产物固化在水泥熟料的晶格中，成为水泥熟料的一部分，从而达到污泥安全处置的目的，水泥窑协同处置要求污泥含水率低于60%。自来水厂脱水污泥需注意控制氯离子的含量，避免腐蚀水泥窑余热装置和钢筋。

4. 掺烧发电

污泥焚烧是利用污泥中的热量和外加辅助燃料，通过燃烧实现污泥彻底无害化处置的过程。一般与生活垃圾混烧，既可以利用垃圾焚烧厂的余热作为干化热源，又可以利用垃圾焚烧厂已有的焚烧和尾气处理设备，节省投资和运行成本。

有些地区自来水厂污泥脱水后出现重金属及毒性有机物超标的现象，无法实现资源化利用，故需对污泥进行热干化后通过 1000℃高温烧结处理，将铝、锰、砷等有害物质无害化、稳定化，并对烧结后污泥进行安全填埋处置。

复习题

1. 沉淀池排泥水和滤池排泥水的特点有何不同？

2. 影响干泥量的因素有哪些？

3. 排泥水回用过程中应考虑哪些因素？注意哪些问题？

4. 常用污泥预处理的方法有哪些？如何选择？

5. 辐流式浓缩池、兰美拉斜板浓缩池和高密度污泥浓缩池的工作原理及运行特点是什么？

6. 板块压滤机、离心脱水机的工作原理及运行注意事项有哪些？

第13章 自来水厂的综合运行管理

13.1 自来水厂的变配电系统

13.1.1 负荷分级

在各个发电厂、变配电所和用电单位之间，用不同电压的电力线路，按一定规律将它们连接起来，这些不同电压的电力线路和变电所的组合，称为电力网。电力网按不同电压等级区分，如35kV电力网、10kV电力网。由发电厂的电气设备、不同电压的电力网和电力网用户的用电设备组成的一个发电、变电、配电和用电的整体，称为电力系统。

衡量供电质量的主要指标有：电压、频率和可靠性。电压是电能的主要指标之一，数值上，一般电力用户电压波动不得超过额定电压的±5%～±7%；波形应是正弦波，畸变不大，三相不对称度不超过5%。我国电力系统的额定频率为50Hz，容许偏差不超过±0.5Hz。可靠性指一年内每一用户实际供电时间与应供电时间的比率。

电力系统中工业企业的负荷，按其重要程度一般可分为以下三级：

一级负荷：这种负荷停电后，将引起人身伤亡或重大设备损坏事故以及国民经济的关键企业的大量减产。

二级负荷：这种负荷停电后，将引起主要设备损坏，产品的大量报废或大量减产。

三级负荷：指不属于一、二级负荷的其他负荷。

按照电气设计规范的要求，对一级负荷应用两个独立的电源供电，只有在备用电源自动投入的时间内，才可短时停电。对二级负荷应尽量由不同变压器或两段母线供电。水厂属于二级负荷。

13.1.2 水厂变配电

变电是指水厂接受高压电网送来的电能，利用变压器进行降压以方便使用。配电是指对降压后的电能进行分配与控制。水厂一般设有变配电室来完成上述两个功能。变配电室的电源的引入方式有架空线引入和电缆引入两种。

变配电室内有许多功能和性能不同、型号和规格各异的电气设备。但总的来说可划分为一次设备和二次设备两大类。凡担负电力传输（包括变电与配电）任务或承担传输电压的电气设备统称为一次设备或主设备，如电力变压器、断路器、隔离开关、电压互感器与电流互感器、电抗器、电容器及避雷器等。为保障主设备的正常可靠和安全运行，凡是对一次设备进行操作、控制、保护、测量的设备以及各种信号装置，统称为二次设备。运行时，一次设备大都承受着高电压与大电流。由各种一次设备的图形符号和连接线所组成的、表示接受与分配电能关系的电路图，称为一次回路或一次系统图，习惯上叫电气主接线图，利用一次接线图可以清楚表明电源分配至用户及用电设备的线路。

图 13-1 为某水厂一次接线实例，针对水厂比较重要的特点，高压部分、低压部分均采用单母线分段式主接线方式，高压进线电压为 10kV。高压部分、低压部分均采用双电源进线，该接线供电可靠，运行方式灵活，母线可以双电源分段运行，也可以单电源母线不分段运行。高压侧负载主要有 10kV 定速机组（M1、M2）、调速机组（M3、M4）、低压变压器（B1、B2），另外高压侧还有电压互感器（YH1、YH2）、避雷器（FZ1、FZ2）、补偿电容（C1、C2）。低压侧主要分配至配水井、沉淀池、滤池、加药间、泵房等。高低压均采用可摇出式断路器，以方便线路及断路器本身的检修。

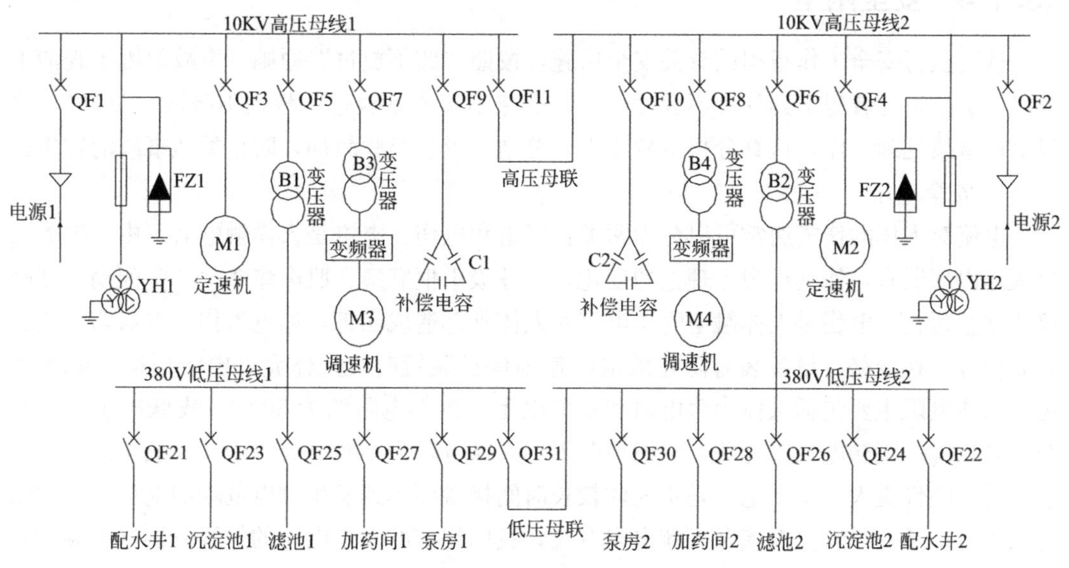

图 13-1　某水厂一次接线图

供电系统中，二次设备及其相关的线路称为二次回路，与一次回路相比，它具有低压、小电流的特点。常用的二次设备包括各种继电器、熔断器、切换开关、接线端子、蜂鸣器及警铃等。二次回路按其性质可分为电流回路、电压回路、操作回路及信号回路等。它反映与监视一次系统的工作状态，控制与操作主设备尤其是开关设备的闭合与断开，并在其发生异常情况时及时发出相应信号，或直接操作使故障部分立即从系统中退出（切除），防止故障或事故扩大。变电所内的二次设备，主要有电气测量仪表、继电保护装置、信号装置（包括位置信号、事故信号、警告信号、保护或自动装置动作信号）以及各种自动装置（如自动重合闸、备用电源投入、故障录波器等）。

13.1.3　变配电室的运行管理

变配电人员的岗位职责是：进行设备巡视、倒闸操作、事故处理、监视各种仪表和保护装置，认真填写运行记录，记录送水机组及高、低配间的运行参数及电量参数。

保证安全的组织措施包括：工作票制度、工作许可制度、工作监护制度、工作间断

(转移）和终结（恢复送电）制度、停电作业安全制度、高低压安全作业制度、电气安全检查制度、电气安全用具（仪器仪表）及防护用品使用保管制度。

在全部停电或部分停电的电气设备上工作时，必须完成以下安全技术措施：停电（断开电源)、验电、挂接地线、装设防护栏和悬挂安全警示标志。

对蓄电池须定期进行观察、测量，注意其充放电情况，及时添加电解液，并经常清洁蓄电池接线柱上的锈蚀。

对变压器、变频器室的风机须定期检查、维护，及时更换变压器呼吸器内变色的硅胶。

对有触电危险及维护检修、故障的电气设备及线路应悬挂安全警示标志。变配电室要配备安全应急照明。

13.1.4 安全用电

认真执行安全工作规程的有关安全措施，按照“四不放过”原则（事故原因不查清不放过；事故责任者得不到处理不放过；整改措施不落实不放过；教训不吸取不放过)，严肃对待事故处理工作，认真分析事故原因，总结、吸收经验教训，防止类似事故的发生。

1. 安全电压

电流对人体的伤害通常可以分为两类：电击和电伤。电击是人体触电后，由于电流通过人体内部器官，使其出现生理上的变化，如呼吸中枢麻痹、肌肉痉挛、心室颤动、呼吸停止甚至死亡。电伤是人体触电时，电流对人体外部造成伤害，如电灼伤、电烙印、皮肤金属化等。在线路及设备装有防止触电的速断保护装置时，人体允许电流可按 30mA 考虑。人体电阻主要包括人体内部电阻和皮肤电阻，内部电阻约为 500Ω，皮肤电阻的大小与外界环境、接触电压等有关，一般情况下，人体电阻为 1000～2000Ω。一般来讲，病人触电的危险性更大。安全电压是指人体较长时间接触而不致发生触电危险的电压，其数值与人体可以承受的安全电流及人体电阻有关，我国规定的安全电压的等级分别（工频有效值）为：42V、36V、24V、12V、6V。

2. 电气接地与接零

凡是电气设备或设施的任何部位（不论带电与不带电），人为地或自然地与具有零地位的大地相接通的方式，便称为电气接地，简称接地。若将电气设备在正常情况下不带电的金属部分（如外壳等）用导线与低压配电系统的零线相连接称为保护接零，简称为接零。

3. 防雷保护

避雷针、避雷线、避雷网、避雷带及避雷器是经常采用的防雷装置，一套完整的防雷装置包括接闪器、引下线和接地装置。上述避雷针、避雷线、避雷网、避雷带及避雷器实际上都只是接闪器。避雷针主要用来保护露天变配电设备及保护建（构）筑物，避雷线主要用来保护输电线路，避雷网和避雷带主要用来保护建（构）筑物，避雷器则主要用来保护电力设备，它是一种专用的防雷设备。除避雷器外，它们都是利用其高出被保护物的突出地位，把雷电引向自身，然后通过引下线和接地装置把雷电流泄入大地，使被保护物免受雷击。水厂内的各种在线仪表特别要做好防雷保护。

4. 电气防火

电气火灾与一般性火灾相比，有两个突出特点：

一是着火后电气装置可能仍然带电，且因电气绝缘损坏或带电导线断落等接地短路事故发生时，在一定范围内存在着危险的接触电压和跨步电压，灭火时若未注意或未预先采取适当安全措施，便会引起触电伤亡事故。

二是充油电气设备（如变压器、油开关、电容器等）受热后有可能发生喷油，甚至爆炸，造成火灾蔓延并危及救火人员的安全。所以扑灭电气火灾，应根据起火场所和电气装置的具体情况，有针对性地（符合其特殊要求）进行有效扑救。

因此，发生电气火灾时，应尽可能先切断电源，而后再采用相应的灭火器材进行灭火，以加强灭火效果和防止救火人员在灭火时发生触电。切断电源的方法及注意事项有：

(1) 切断电源（停电）时切不可慌张，不能盲目乱拉开关；应按规定程序进行操作，严防带负荷拉刀闸，引起闪弧造成事故扩大；火场内的开关和刀闸，由于烟熏火烤其绝缘会降低或破坏，故操作时应戴绝缘手套、穿绝缘靴并使用相应电压等级的绝缘用具。

(2) 切断带电线路导线时，切断点应选择在电源侧的支持物附近，以防导线断落地上造成接地短路或触电事故。切断低压多股绞合线时，应分相一根一根剪断、不同相电线要在不同部位剪断，且应使用有绝缘手柄的电工钳或带上干燥完好的手套进行。

(3) 切断电源（停电）的范围要选择适当，以防断电后影响灭火工作；若夜间发生电气火灾，切断电源时应考虑临时照明问题，以利扑救。

(4) 需要电力部门切断电源时，应迅速用电话联系并说清楚地点与情况。对切断电源后的电气火灾，多数情况下可以按一般性火灾进行扑救。

(5) 如果处于无法切断或不允许切断电源、时间紧迫来不及断电或不能肯定确已断电的情况下，应实行带电灭火。

13.2 常用在线仪表

13.2.1 余氯分析仪

1. 工作原理

下面以 Capital 公司的 1870E 余氯分析仪（图 13-2）为例，介绍余氯仪工作过程及原理。

取样水以一定的速度进入取样池，由于溢流堰的调节作用，进入分析室内的水量稳定，约 140cc/min。此外，在电机带动下，旋转进液阀将 pH 缓冲液缓慢的带进反应室，这样可以确保反应室内的 pH 值保持在 4.0～4.5 之间，给游离氯提供一个稳定的测量环境。

在测量总氯时，溶液中含有 KI。

$$2KI+Cl_2 \rightleftharpoons 2KCl+I_2$$

其他的氯氨化合物因为是强酸弱碱盐，KI 是强碱弱酸盐，他们之间也会产生一个平衡，氧化出部分 I_2。

这部分溶液流经反应室内两个探头（金电极和铜电极）时，在它们之间会产生一个与游离性碘含量成正比的电流。游离性碘 KI 与总氯反应的产物，其数量与总氯成比例，也就是说产生的电流与反应室氯的含量成比例，这样通过检测电流的大小，就可间接得知水中氯的含量。

在反应室内有 PVC 小球，通过它的滚动会保证测量电极表面清洁。进入反应室的水经过两测量电极后，经内部的溢流堰排出室外，完成一个测量周期。

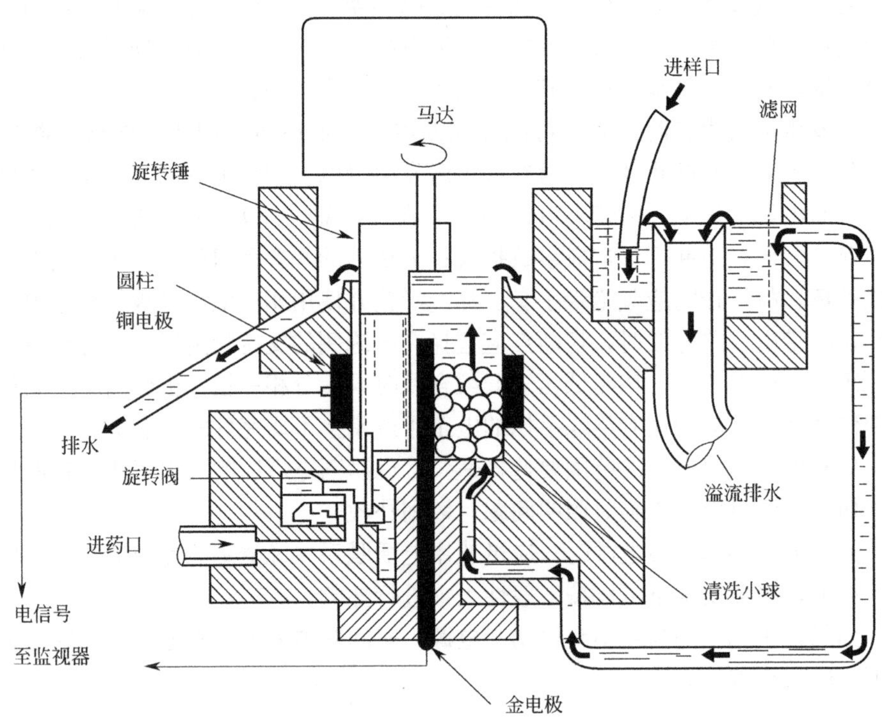

图 13-2　Capital 1870E 余氯分析仪的结构

2. 日常维护注意事项

(1) 在启动之前要确保安装及电气连接正确，装好缓冲液。

(2) 定期用标准余氯仪来校核在线余氯仪的准确性。

(3) 保证取样水及时进入测量室。

(4) 缓冲液用完应及时添加。

(5) 旋转电机易卡住或损坏，要维护或及时更换。

13.2.2　浊度计

1. 工作原理

水中含有各种大小不等的不溶解物质，如泥土、细砂、有机物和微生物等，这些都会产生浑浊现象，而其浑浊程度可用浑浊度的大小来表示，所谓浑浊度是指水中的不溶解物质对光线透过时产生的阻碍程度，也就是说，由于水中不溶解物质的存在，使通过水样的部分光线被吸收或散射，而不是直线穿透。散射光强度与悬浮颗粒的大小和总数成正比，即与浑浊度成比例，散射光的强度越大，表示浑浊度越高。因此，可根据这种原理测量水样的浑浊度。这种测量方法称为散射法，其测得的浑浊度称为散射浊度单位（NTU）。

下面以 HACH 公司 1720E 浊度计（图 13-3）为例，介绍浊度计的工作原理。

该 1720E 浊度计通过把来自传感器头部总成的平行光的一束强光引导向下进入浊度计本体中的试样。光线被试样中的悬浮颗粒散射，与入射光线中心线成 90°散射的光线被漫没在水中的光电池检测出来（图 13-4）。

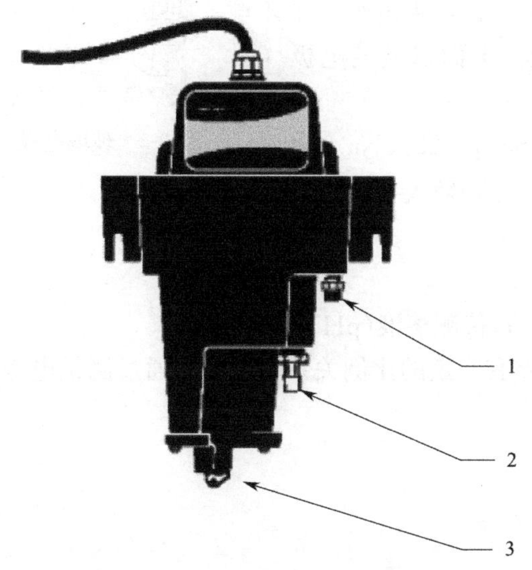

图 13-3　HACH1720E 浊度计的结构

1—试样进口，1/4-28NPT×1/4 英寸承压管件；2—排水口，1/2 英寸 NPT 管件；3—维修排水口

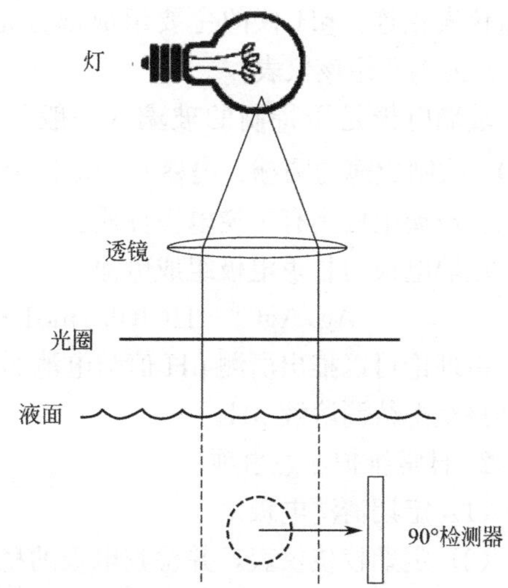

图 13-4　HACH1720E 浊度计的工作原理

散射光的量与试样的浊度成正比。如果试样的浊度可忽略不计，几乎没有多少光线被散射，光电池也检测不出多少散射光线，这样浊度读数将很低。反之，高浊度会造成很高程度的散射光线并产生一个高读数值。

试样进入该浊度计本体并流过气泡捕集器的折流网。试样流使气泡或者紧贴折流系统的各个表面或者上升到表面并放散到大气中去。在通过气泡捕集器后，试样进入该浊度计本体的中心柱内，上升进入测量室从一个溢水器上溢出进入排放口。每秒钟取一次读数。

2. 日常维护注意事项

（1）定期清洗光电管玻璃罩、浊度计本体。

（2）定期检查和校核。

（3）灯泡有一定寿命，烧坏后应及时更换。

（4）电源检测故障时进行复位处理。

（5）有异常波动时应检查取样水，保证取样水流稳定。

13.2.3　pH 仪

1. 工作原理

水中存在一定浓度的 H^+ 和 OH^-，它们之间有一定关系，我们定义 $pH=-\lg[H^+]$，是溶液酸碱度的一种标度，pH 仪就是用来测量这一参数的仪表。

一般 pH 仪都采用电位分析法，电位分析法所用的电极被称为原电池。原电池是一个系统，它的作用是使化学反应能量转化为电能。此电池的电压被称为电动势。此电动势由两个半电池构成。其中一个半电池称作测量电极，它的电位与特定的离子活度有关；另一个半电池为参比半电池，通常称作参比电极，它一般与测量溶液相通，并且与测量仪表相连。pH 仪的主要组成部分是电极，下面以玻璃电极（图 13-5）为例介绍该仪表。

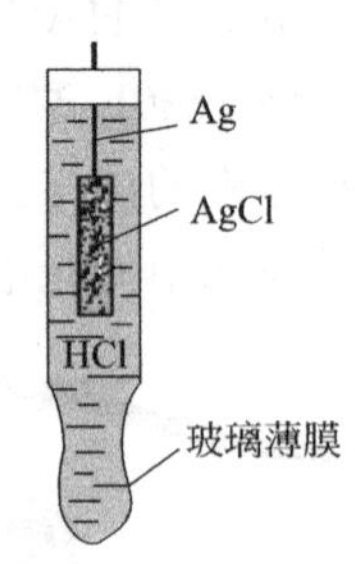

图 13-5　玻璃电极

玻璃电极是用特制的玻璃（一般是 72% SiO_2，22% Na_2O 和 6% CaO）吹制成薄的圆球，内盛 $0.1mol \cdot dm^{-3}$ HCl 和插入一根 Ag-AgCl 电极。玻璃电极具有可逆电极性质。

玻璃电极与甘汞电极组成电池

$$Ag,AgCl \mid HCl(0.1mol \cdot dm^{-3}) \mid 待测溶液(pH) \mid 甘汞电极$$

由理论可以推出所测 pH 值与电池的电势差有一定的比例关系，故可以通过测量电势差间接获得待测溶液 pH。

2. 日常维护注意事项

（1）定期清洗电极。

（2）定期校核仪表，并检查电极的稳定性。

（3）电极电位漂移较大时应更换电极。

（4）玻璃电极球体损坏后应及时更换。

（5）读数异常时应检查取样水是否流动正常。

13.2.4　氨氮仪

1. 工作原理

以 HACH 公司 Amtax NA8000 氨氮仪为例介绍其工作原理。

分析仪使用水杨酸化学分析法。水中的氨与氯组合，形成单氯胺。一氯胺与水杨酸反应形成 5-氨基水杨酸，后者在硝普钠催化剂的作用下会发生氧化反应形成蓝色化合物。蓝色测得的波长为 660nm，测得的吸光度与样品中的氨浓度成比例。比色池也在 880nm 下测量吸光度，以针对浊度干扰进行校正。结构如图 13-6。

2. 日常维护注意事项

（1）应定期清洁仪器，一般为 3 个月。

（2）应定期更换标准溶液，一般为 2 个月。

（3）应定期向前移动样品泵管子，一般为 3 个月。

（4）应定期更换易损管件，半年到 1 年。

（5）应按需清洁样品杯、搅拌器、稀释器等。

13.2.5　流量计

在自来水厂的生产过程中，经常需要测量生产过程中的某些物质的流量，有些是液体，如水量、碱铝流量等，有些是气体，如氯气流量、反冲气流量等。

流量的测量方法很多，不同的物质有不同的测量方法，根据这些测量方法制作了相应的流量计，如浮子流量计、孔板流量计、电磁流量计、插入涡轮流量计等等，其在水厂中均有应用。如浮子流量计用于测氯气和氨气流量，电磁流量计用于测各种水量和混凝剂流量，插入涡轮流量计用于测反冲风量等。下面以电磁流量计（EMF）为例介绍流量计的基本情况。

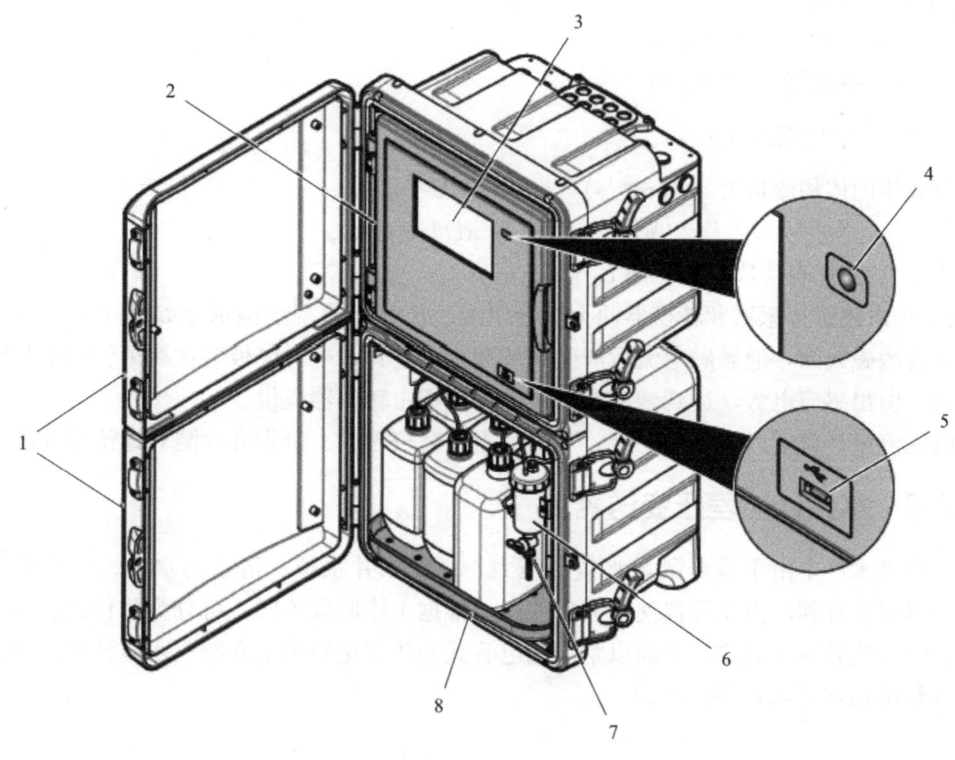

图 13-6　氨氮仪结构图

1— 橱门；2—内部检修门；3—仪器显示屏；4—状态指示灯；5—USB 端口；6—样品杯和溢流管；7—抓样阀；8—瓶托盘

EMF 的基本原理是法拉第电磁感应定律，即导体在磁场中切割磁力线运动时在其两端产生感应电动势。导电性液体在垂直于磁场的非磁性测量管内流动，与流动方向垂直的方向上产生与流量成比例的感应电势，电动势的方向按“佛来明右手规则”（图 13-7）。其值如下式，通过测量电动势就可间接得到流量。

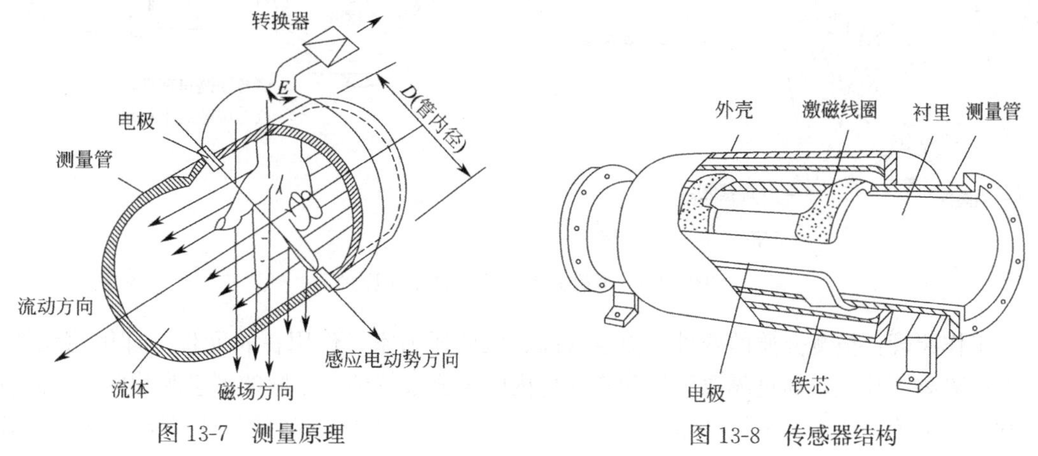

图 13-7　测量原理　　　图 13-8　传感器结构

$$E=KBD\bar{V} \tag{13-1}$$

式中 E——感应电动势，即流量信号（V）；

K——系数；

B——磁感应强度（T）；

D——测量管内径（m）；

$\bar{V}$——平均流速（m/s）。

设液体的体积流量为 q_v（m^3/s），$q_v=\pi D^2\bar{V}/4$，

$$则 E=(4KB/\pi D)\ q_v=Kq_v \tag{13-2}$$

式中 K 为仪表常数，$K=4KB/\pi D$。

EMF 由流量传感器和转换器两大部分组成。传感器典型结构示意如图 13-8，测量管上下装有激磁线圈，通激磁电流后产生磁场穿过测量管，一对电极装在测量管内壁与液体相接触，引出感应电势，送到转换器。激磁电流则由转换器提供。

电磁流量计精度高，性能稳定，平时只需定时校零点、量程和检测对地绝缘性能。

13.2.6 水位计（差压变送器）

在自来水厂中由于需要测量水位和压力，如配水井水位、清水池水位、出厂水压力等，所以水位计和压力变送器使用非常广泛，根据工作原理不同，可分为位移式、压敏电阻式、电容式差压变送器，下面以常用的电容式差压变送器为例介绍（水位计和压力表测量原理和结构均相同）（图 13-9）。

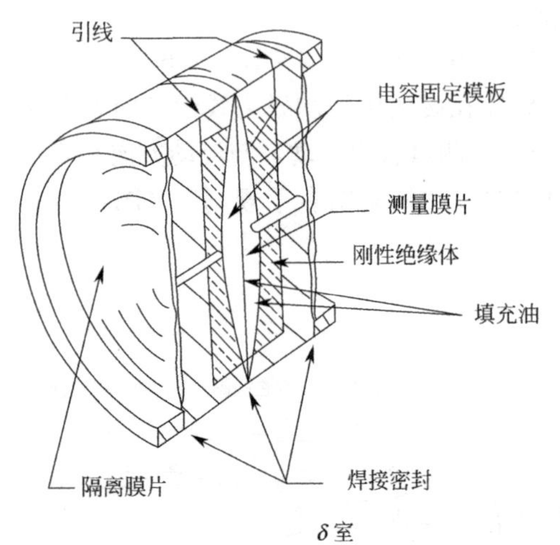

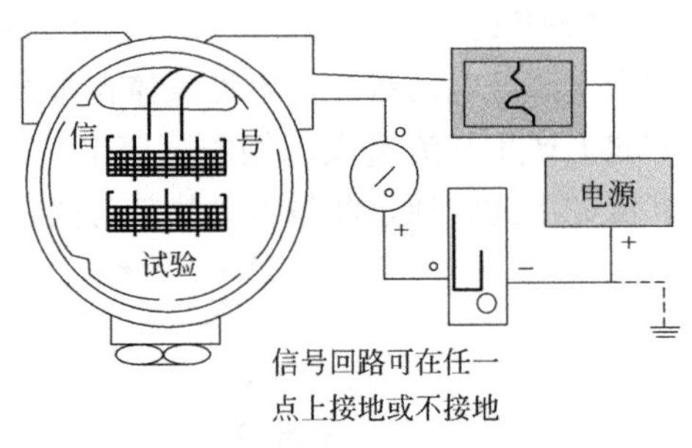

图 13-9 电容式差压变送器工作原理

工作原理：被测介质的两种压力通入高、低两压力室，作用在 δ 元件（即敏感元件）的两侧隔离膜片上，通过隔离膜片和 δ 元件内的填充液传到一张紧的测量膜片两侧。测量膜片与两侧绝缘体上的电极各组成一个电容器，在无压力通入或两压力均等时测量膜片处于中间位置，两侧两电容器的电容量相等；当两侧压力不一致时，致使测量膜片产生位移，其位移量和压力差成正比，故两侧电容就不等。通过检测，放大转换成 4～20mA 的

二线制电流信号，压力变送器和绝对压力变送器的工作原理和差压变送器相同，所不同的是低压室压力是大气压或真空。

日常维护保养只需定期校核零点和量程。

13.3 水厂中央控制系统与安防系统

13.3.1 中央控制系统

越来越多的水厂取消了各车间的值班点，实现了在中央控制室的集中监控，下面简要介绍水厂中央控制系统的构成。

以下是一个通用的控制系统结构图（总线网络）（图 13-10）。

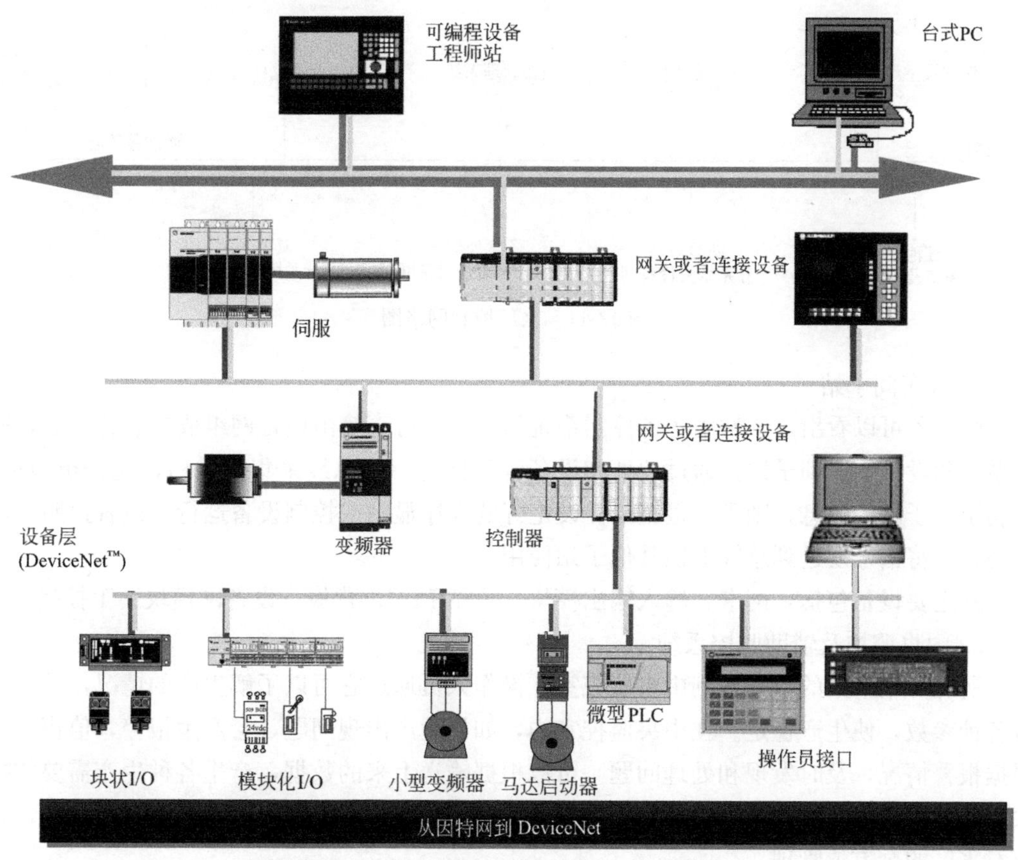

图 13-10 水厂控制系统结构图（总线网络）

结合水厂的实际，可以将水厂的网络构造简化如图 13-11(以使用最广泛的总线网络为例)：

从图 13-11 可以看出控制系统包括以下几个部分：网络、车间子站 PLC 子站下的网络设备、辅助系统以及按照用户需求而编制的软件等。

其工作原理为：在总线网络中，所有站点共享一条公用的传输媒体即总线，任何一个站点发送的信号都沿着总线传播，而且能被其他站点接收。一次只能由一个设备传输信号。信号经过各站时，各站会识别信号中的目的地址，如与本站地址相符，信号则被拷贝下来，然后按照程序设定好的方式，用于显示或参与相应的设备控制。该网络系统如果任何一站点出现故障都不会引起整个网络瘫痪，所以安全性比较好。

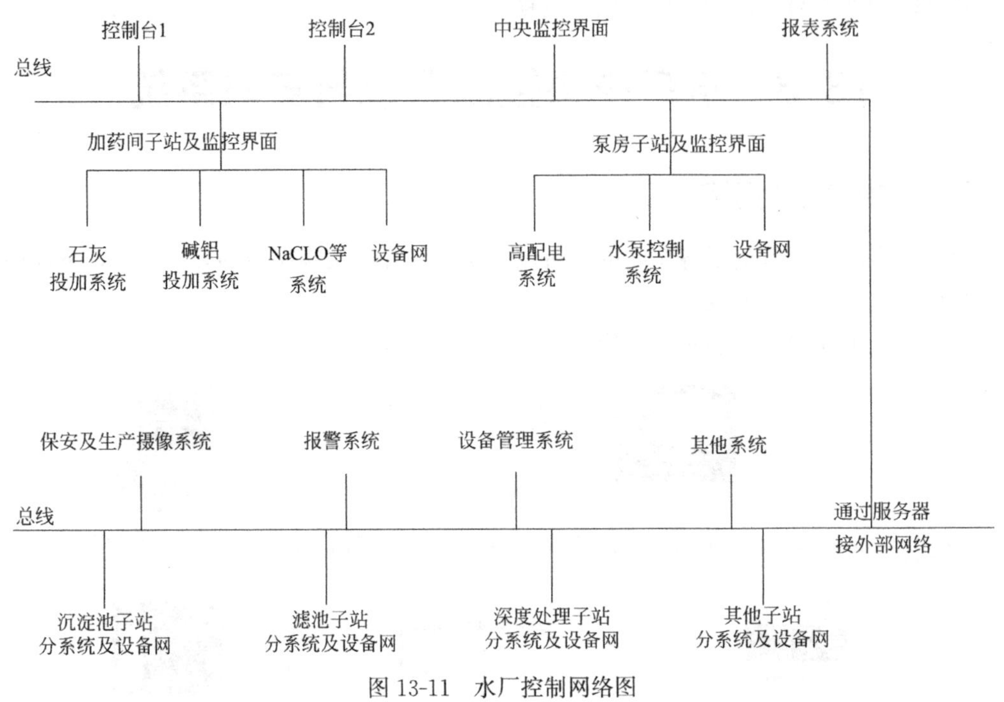

图 13-11　水厂控制网络图

1. 各车间子站

由上图可以看出，子站由各子控制系统组成，也可直接由设备网组成或混合组成，所有系统和设备均连到子站，通过地址和设备种类区分。从总线采集信号后，先分析地址，如属于本子站的信息，则子站根据原先设定好的程序显示或控制设备运行，或者按照一定的协议，将信号发送到总线上供其他子站使用。

其主要设备包括：网卡、输入输出模块、子站 PLC、背板、设备网模块、工控机等。

2. 中央监控及辅助监控系统

所有子站采集的数据送到中央监控室，操作人员通过它可以了解生产的情况，及时调节各种参数，使生产稳定。在中央监控室内，如果生产出现问题，会产生报警，值班人员根据报警情况，及时发现和处理问题。可以根据输送上来的数据，产生各种生产需要的报表。此外中央监控还可以与设备管理系统、办公管理系统、摄像监控系统结合在一起，完成对水厂的全方位管理。

其主要设备包括：各软件工作平台、各软件开发平台、服务器、监控电脑以及各种根据需要开发的软件。

13.3.2　安防系统

水厂安防系统分为视频监控系统和电子围栏系统，视频监控系统分为生产视频监控系统和安防视频监控系统。生产视频监控系统负责监控水厂每个车间以及重要生产工艺环节的现场情况，安防视频监控系统负责监控水厂四周厂区围墙，防止非法侵入。

生产视频监控系统和安防视频监控系统原理基本相同（图 13-12）。按车间或者区域划分，系统由前端摄像设备（枪机或球机）、视频传输设备（网线、光纤收发器、网络交换机、光纤等）、存储设备（硬盘录像机或磁盘阵列）和显示设备（解码器和显示器或拼接屏）等部分组成。视频信号从前端通过传输设备传送至监控室（中控室或保卫室），通过存储设备可储存监控视频历史数据（安防视频监控要求视频数据应保留 3 个月以上），通过解码器可以将画面投放到显示屏或者拼接屏上，通过客户端可以控制整个系统。

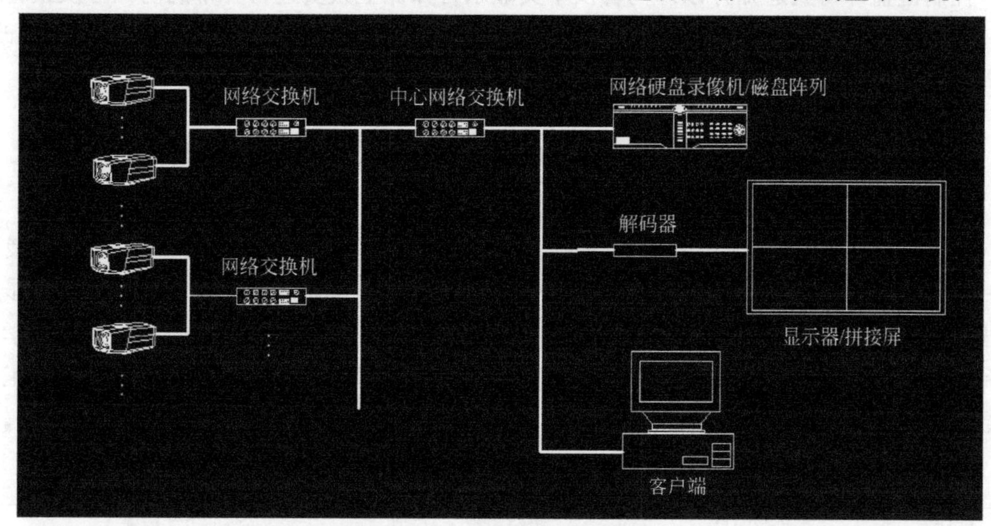

图 13-12　视频监控系统原理

电子围栏系统主要由前端围栏、围栏主机、通信系统、控制等四个部分组成。

围栏前端由支撑杆及其配件支撑合金线组成，合金线为脉冲高压的载体，它们形成了脉冲电子围栏系统的主体，在需要防范区域的周围形成一道可见的物理防护层；围栏主机是构成整个脉冲电子围栏系统的核心，其作用包括高压脉冲的发生、对前端高电压值和运行状态的监测、执行布/撤防、高低压切换等控制命令，以及反馈报警防区、警情类型等信号到控制端等。通信系统为直接通信系统，通过 RS-485 总线进行围栏系统间设备通信；控制系统可分为键盘控制和计算机软件控制（图 13-13）。

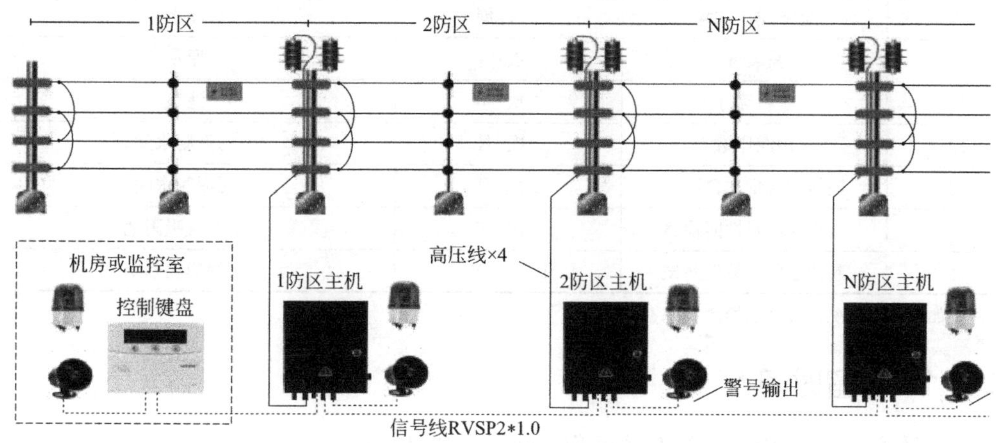

图 13-13　电子围栏系统图

当入侵者意图入侵时，系统将发出警告音震慑入侵者，输出峰值为5kV～10kV，打击电量小于等于2.5mC，脉冲高压间隔为1s的高压电压，对人体表皮造成打击疼痛感，但不会对人体任何器官造成伤害，同时系统会及时针对探测到的“剪断”“短路”“通信失败”等破坏情况反馈报警信息到监控室。安装于水厂保卫室的控制键盘可以对系统内所有防区主机进行集中控制，实时搜集各防区围栏主机反馈的运行状态信息，当某防区发生异常，控制键盘即得到通知并以蜂鸣音及中文显示告知保卫人员运行异常的防区号及报警类型，还可对各防区分别进行布/撤防、高低压转换等，另外还具有密码登录、防区修改、报警复位等功能。

13.4 工艺参数测定与构筑物维护

目前，水厂净水处理以絮凝、沉淀、过滤和消毒的常规工艺为主，并大力发展臭氧—活性炭深度处理工艺和膜工艺。在当前原水受污染、水质降低的情况下，要进一步提高出厂水水质，是制水工作者面临的问题。充分发挥各工艺各个环节的效能，加强科学管理和运行，掌握运行构筑物的实际运行参数，是分析改善工艺提高效能的重要方法。工艺参数的测定项目及频率如下（表13-1）：

工艺参数的测定项目及频率　　表13-1

序号	检测项目	检测频率	所处工艺位置
1	停留时间	1次/季	混合池、絮凝池、沉淀池
2	水头损失	1次/季	絮凝池、滤池
3	速度梯度G值	1次/季	混合池、絮凝池
4	GT值	1次/季	混合池、絮凝池
5	滤速	1次/季	滤池
6	膨胀率	1次/季	滤池
7	含泥率	1次/季	滤池
8	冲洗强度	1次/季	滤池
9	烧杯搅拌试验	1次/周	原水
10	需氧量	1次/月	原水
11	滤料筛分	1次/年	滤池
12	污泥比阻	1次/月	污泥脱水间
13	固体物含量和含固率	1次/月	污泥脱水间
14	活性炭滤料性能检测	1次/年	活性炭吸附池
15	超滤膜膜完整性测试	1次/半年	超滤膜膜系统

注：如遇特殊情况，应增加检测频率。

13.4.1 停留时间t

1. 容积法：计算构筑物的有效容积，通过下式计算而得：

$$t=V/Q \tag{13-3}$$

式中　t——停留时间（s）；

V——构筑物的有效容积（m^3）；

Q——水流量（m^3/s）。

2. 示踪剂法：以 NaCl 作为示踪剂，通过检测出水端的电导率峰值出现时刻来确定，具体实验方法为：首先确定所测净水构筑物投加示踪剂 NaCl 的入水口及检测电导率的出水口，在选点时要求避开死水区。接着将配制好的 NaCl 溶液加入投加点，同时在出水口处间隔取样测定其电导率，时间间隔与实际停留时间有关，并做好记录。最后以时间间隔为横坐标，电导率为纵坐标，做出时间—电导率曲线，所绘曲线呈正态分布，一般以电导率峰值出现点所对应的时间来确定停留时间 t。

13.4.2　水头损失

此定义一般用于混凝阶段，测定其的方法比较简单，通常采用水准仪测定法。具体方法为：先在所测构筑物处选定放置水准仪的位置。接着对所要求检测的作标记。最后通过水准检测各标记点水位的相对标高，以此数值绘制水力坡度折线，从而可以得出各点之间的水位差，也即水头损失。

13.4.3　速度梯度 G 值和 GT 值

反映混合的指标主要为速度梯度 G 值。GT 值为速度梯度 G 值和混合时间 T 的乘积值。

1. 对于采用搅拌机械的水厂，G 值用以下公式计算：

$$G=(P/\mu V)^{1/2}\quad=(P/\mu Qt)^{1/2} \tag{13-4}$$

式中　G——速度梯度（s^{-1}）；

P——在混合设备中水流消耗的功率（kg·m/s）；

μ——水的动力粘滞系数（kg·s/m^2），数据可查表 13-2；

V——混合设施体积（m^3）；

Q——通过构筑物的流量（m^3/s）；

t——停留时间（s）。

2. 对于水力混合的水厂，G 值用以下公式计算：

$$G=(\gamma h/\mu T)^{1/2} \tag{13-5}$$

式中　γ——水的比重（kg/m^3）；

h——水体在构筑物中的水头损失（m）；

μ、T——同前。

水的动力黏度　　**表 13-2**

水温(℃)	μ(kg·s/m^2)	水温(℃)	μ(kg·s/m^2)	水温(℃)	μ(kg·s/m^2)
0	1.814×10^{-4}	10	1.335×10^{-4}	20	1.029×10^{-4}
5	1.549×10^{-4}	15	1.162×10^{-4}	30	0.825×10^{-4}

13.4.4　滤速

滤速是指水流通过滤池的速度，它反映滤池的产水能力，而不是指滤层孔隙中的流速。通常以单位面积滤池在单位时间通过的水量来计算，单位是 $m^3/m^2 \cdot h$ 或 m/h。

测定滤速应在滤池水位较高时进行。测定时可关闭进水阀，停止进水，让滤池内的水向下过滤。这时水位慢慢下降，可以从插在砂面上的标尺，观测一定时间内的水位下降高度，并用秒表记录水位下降的时间。用下降距离除以下降时间就得到滤速。用滤速乘以滤池面积，就可以算出每一格滤池滤过的水量。每次冲洗后测定滤速与前次比较，可检验冲洗效果。如某次冲洗后滤速降低，说明没有冲洗干净。

随着过滤的进行，滤料含泥量逐渐增大，滤速逐渐降低。为了使出水均匀，可在过滤过程中逐渐开大出水阀。滤速过高，滤后水浊度可能超标，并有可能造成裸砂，出现气阻。可通过调节出水阀的开度控制滤速。

13.4.5 膨胀率

1. 仪器

特制的测棒（长 2m，宽 10cm，厚 2cm），沿长度方向钉有许多间隔只有 2cm 的敞口小瓶。

2. 测定步骤

（1）测定时将测棒垂直竖在滤池边，棒底刚好碰到砂面，小瓶敞口向上。

（2）反冲洗结束后存在砂粒的最高一个小瓶离测棒底的高度就是滤料膨胀的高度 H_1。

3. 计算公式

$$e=(H_1-H)/H \tag{13-6}$$

式中 e——滤池膨胀率（%）；

H_1——滤料膨胀到的高度（m）；

H——滤料膨胀前的高度（滤料厚度）（m）。

13.4.6 含泥量

1. 步骤

（1）滤池反冲洗后在滤池四角及中央部分的滤料表层下 10cm 和 20cm 处各取滤料样品约 200g。

（2）将两处深度的砂样分别在温度 105℃的烘箱中烘干至恒重，称重。

（3）用 10%盐酸冲洗，再用清水漂洗，冲洗时务必防止滤料本身冲走。

（4）将洗净的滤料重新在 105℃温度下烘干至恒重，称重。

（5）滤料样品前后的重量差即为含泥的重量。

2. 计算公式

$$含泥量=(W_1-W)/W_1 \tag{13-7}$$

式中 W_1——酸洗前砂样的重量（g）；

W——酸洗后砂样的重量（g）。

13.4.7 反冲洗强度

包括水冲洗强度与气冲洗强度，两种冲洗强度测定方法相同。

冲洗强度是指滤池在反冲洗时，单位面积滤池通过的冲洗水量，单位是 $L/s \cdot m^2$，即：

$$\begin{aligned}冲洗强度 &= 冲洗水量/(冲洗时间 \times 滤池面积)\\ &= 冲洗流量/滤池面积\\ &= (冲洗流速 \times 滤池面积)/滤池面积\end{aligned} \tag{13-8}$$

用水泵冲洗时，可以测定冲洗时的冲洗流速再换算成冲洗强度。冲洗时，水流从配水系统到排水槽排出，因此，只能测定砂面到排水槽底面这段高度内所上升的水位和经过的时间。用下式计算冲洗强度：

$$q = 1000 \times H/t \tag{13-9}$$

式中 q——冲洗强度（$L/s \cdot m^2$）；

H——水位上升距离（m）；

t——水位上升时间（s）。

冲洗强度过大，会造成跑砂；冲洗强度过小，滤料就冲洗不干净，使过滤周期缩短。

对滤池性能的测定，除上述四项外，在日常运行中，还要经常进行滤料层高度测定，观察砂面的平整程度。如滤料层厚度降低10%时，应采取补砂措施至规定厚度，并同时采取措施（如降低反冲洗强度）减少跑砂。还要定期对有代表性的某一滤池进行期初、期中和期末滤后水浊度测定及浊度去除率测定。

13.4.8 烧杯搅拌试验

在加药混凝沉淀系统中，实验室的烧杯搅拌试验是确定凝聚剂加注量的重要手段。当对某类水质无生产运行经验时，一般都通过烧杯试验确定加注量后用于生产再加以调整。当生产上出现混凝效果不佳，原因比较复杂时也将通过搅拌试验进行分析改进。实验室搅拌试验一般在六联搅拌机上进行。该设备在六块桨板下放置六个水样。通过调速装置可以任意选定搅拌机的转速，最高转速为500r/min，用时间继电器控制搅拌时间，在搅拌机一侧有一组小试管，固定在同一轴上，以备加注药剂（图13-14）。

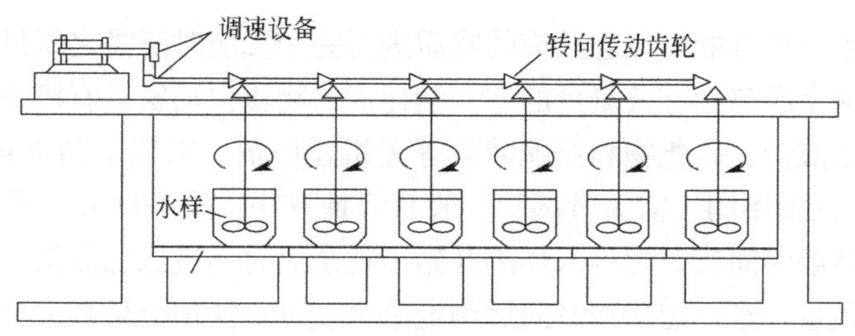

图13-14 混凝搅拌试验设备

为确定现有水厂设备所需的凝聚剂加注量，应取水厂原水，生产上所用的或拟用的凝聚剂或助凝剂进行试验。因实验室用的原水量较少，加注凝聚剂绝对量也少，凝聚剂浓度应配制成每毫升含量为1～5mg。使每升水中凝聚剂加注量最大不超过10mL，但应不少于0.5mL。若需加氯时，所用的氯水应在使用前标定浓度，再用不吸氯的蒸馏水稀释。

测定方法：

(1) 分析原水水质。主要是原水浊度，pH 值，温度，水中氨氮含量、耗氧量、溶解氧、碱度。

(2) 将搅拌机桨板放下，校正桨板高度，使每块桨板处于同一高度。

(3) 将蒸馏水倒入加药试管，转动固定试管轴，倾倒管中蒸馏水，观察蒸馏水是否倒出杯外或倒至搅拌轴上，若有上述现象调整加药试管在管夹中的位置。

(4) 取水样杯装满 1L 水，置于搅拌机底板上，使每个水样杯中与搅拌桨轴心重合。

(5) 不同加药管中吸入不同量的凝聚剂，加注量范围可适当大些，视生产池子加注情况而定。

(6) 启动搅拌机，转动调速器，将搅拌机转速调至 500r/min。待稳定后转动固定加药试管轴，将凝聚剂倒入杯内。

(7) 搅拌机转速和时间控制。一般混合控制 1～2min，即 500r/min 控制 1～2min。反应转速和时间控制可以根据生产实际的 G、T 值确定，也可采用 70r/min，搅拌 20～30min 进行试验。搅拌终了将搅拌轴轻轻提起。

(8) 沉淀 10min 后用吸管吸出水面下 5cm 处水样，进行浊度分析。

(9) 通过浊度分析画出不同凝聚剂加注量与静置浊度关系，从而找出生产上所需浊度加注量（图 13-15）。当原水碱度不够或需调整 pH 值，或需加注助凝剂时均需通过搅拌试验确定加注量。如需计算石灰的加注量，试验时先在水中加石灰，每个杯子中石灰加注量有所不同，然后再加等量凝聚剂。通过反复试验确定各种药剂加注量后再用于生产，效果更有保证。

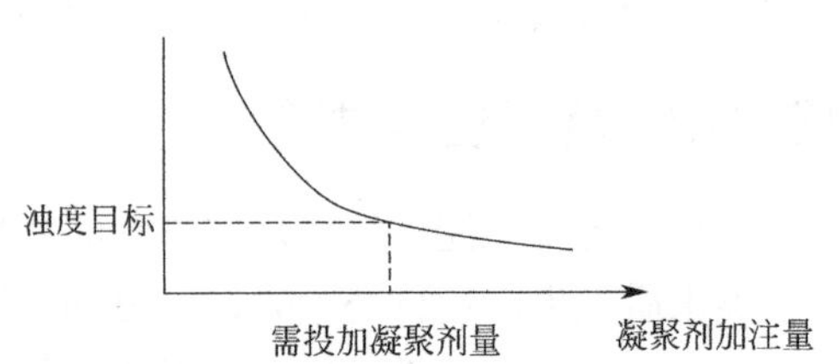

图 13-15　凝聚剂加注量和静置浊度关系

13.4.9 需氯量试验

需氯量是指水中所有能与氯起反应的物质进行完全反应时所需之氯量，等于投加的氯量和接触期终时剩余游离性有效氯量的差。消耗氯的物质包括氨、有机物、氰化物以及亚铁、二价锰、亚硝酸盐、硫化物和亚硫酸盐等无机还原剂。需氯量随加氯量，接触时间，pH 值和温度的不同而不同。需氯量试验一般有两种方法，第一种方法是水样中加入不同的氯量，经一定接触时间后，测得水样刚开始出现余氯时的最低加氯量；第二种方法是水样中加入较多的氯量，经一定接触时间后测定总余氯量，从加氯量减去余氯量即得耗氯量（需氯量）。同时可获得水加氯后的峰点、折点的氯氨比，指导生产中的加氯量控制。

13.4.10 滤料筛分

为了鉴别某种滤料的均匀程度，或者某组滤池经一段时间运行后其滤料级配变化如何。一般都采用实验室筛分方法。其方法介绍如下：

取滤料 300g 左右，洗净后置于 105℃恒温箱中烘焙至重量不变，待冷却后称取 100 克，用一组标准筛子过筛，最后称出留在各个筛子上的滤料重量，并计算通过筛子的滤料重量，填入表中(表 13-3)，并据表绘出滤料筛分曲线(图 13-16)。

筛分试验记录　　表 13-3

筛孔(mm)	留在筛上的砂量(g)		通过该号筛的砂量(g)	
	质量(g)	%	质量(g)	%
2.362	0.1	0.1	99.9	99.9
1.651	9.3	9.3	90.6	90.6
0.991	21.7	21.7	68.9	68.9
0.589	46.6	46.6	22.3	22.3
0.246	20.6	20.6	1.7	1.7
0.208	1.5	1.5	0.2	0.2
筛底盘	0.2	0.2	—	—
合计	100	100%	—	—

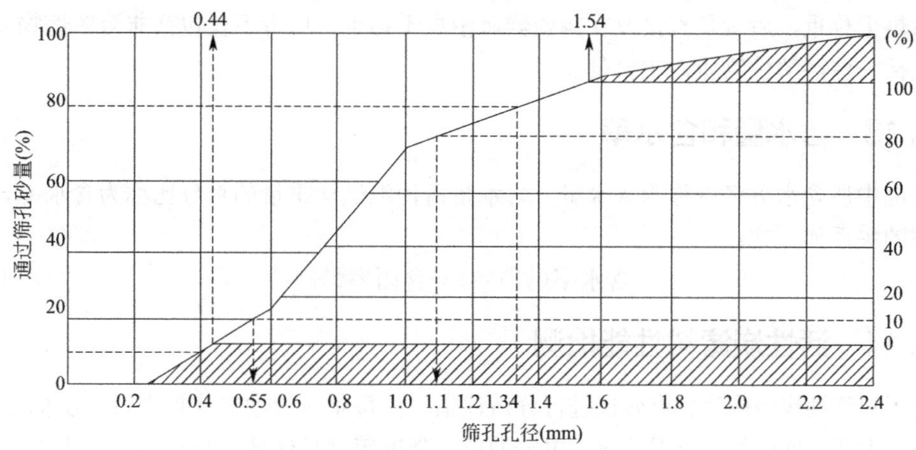

图 13-16　滤料筛分曲线

从纵坐标 10%和 80%各点画出横坐标的平行线，它和筛分曲线相交，再从交点向横坐标画垂线，可知这部分滤料的颗粒级配是 $d_{10}=0.53$mm，$d_{80}=1.06$mm，因此 $K_{80}=d_{80}/d_{10}=2.0$。

不均匀系数 $K_{80}=d_{80}/d_{10}$ 是滤料中通过 80%颗粒的筛孔直径与通过 10%颗粒的筛孔直径之比。滤料要尽可能用不均匀系数不超过 2 的均匀材料，凡过小或过大粒径的颗粒应弃之不用。

13.4.11　污泥比阻

污泥的脱水性能通常用比阻来表示，比阻越小，污泥的脱水性能越好。比阻的定义为单位过滤面积上，单位滤饼干固体重量所受到的阻力。比阻的计算公式如下：

$$r=2PA^2b/\mu C \tag{13-10}$$

式中　r——污泥比阻（m/kg）；

b——t/V 与 V 关系曲线的斜率（s/m^6）；

A——过滤面积（m^2）；

P——压强（Pa）；

μ——黏滞系数（Pa·s）；

C——单位体积滤液所产生的泥饼干重量（kg/m^3）。

$$C=W_b/V_f \tag{13-11}$$

式中 W_b——干污泥重量（kg）；

V_f——滤液体积（m^3）。

13.4.12 固体物含量和含固率

固体物含量是指污泥中干物质含量的多少，描述污泥中固体物含量的指标在国外文献中经常看到固体物含量、干物质含量以及干物质浓度等。它是将污泥试样经滤纸过滤后并在105℃恒温箱烘干后所测定的残留物重量与污泥试样体积的比值，单位为mg/L。干污泥重量占污泥试样重量的百分数称为含固率。干物质重量和干污泥重量的区别在于前者是过滤后烘干称重，后者是直接放在陶瓷器皿中烘干称重；后者不仅包括非溶解性物质，而且还包括一些溶解性物质，主要是盐。

13.4.13 含水量和含水率

污泥中所含水分多少称为含水量。含水量占污泥试样重量的百分比称为含水率，其与含固率的关系如下式：

$$含水率(\%)=1-含固率(\%) \tag{13-12}$$

13.4.14 活性炭滤料性能检测

为了对活性炭吸附池的有效性进行分析评估，应每年对活性炭滤料进行一次抽样送检，检测项目主要包括碘值、亚甲蓝值、单宁酸值、强度等（具体技术指标可参照表13-4），并对检测数据进行长期跟踪分析，防止粒度、强度不断减小导致的跑炭和堵塞滤池现象。

抽样方式：在活性炭吸附池四周及池中分别取活性炭样各500g，可取自三个深度炭层，混合均匀后分成5份，取其中的一份送检。

煤质活性炭技术指标 **表13-4**

类别	序号	项目	目标值
限制项	1	碘值(mg/g)	≥950
	2	亚甲蓝值(mg/g)	≥180
	3	单宁酸值(mg/L)	≤1500
	4	灰分(%)	≤12
	5	水分(%)	≤3
	6	强度(%)	≥95
	7	pH值	6～10
	8	装填密度(g/l)	≥460
	9	比表面积(m^2/g)	≥950
	10	总孔容积(cc/g)	≥0.65

续表

类别	序号	项目	目标值
参考项	11	孔径分布(cc/g)	10～30nm 下孔 容积≥0.014
	12	腐殖酸值(UV)[%]	≥10

注：粒度请参照《给水排水设计手册》第 3 册。

13.4.15　超滤膜膜完整性测试

1. 超滤膜膜完整性测试

(1) 气泡观察法

将膜组件中充满测试所用的液体，使膜完全浸润，膜丝所有孔都充满液体。

在膜组件的进水侧缓慢通入无油压缩空气，且逐渐提高进气压力，同时通过观察产水侧是否有气泡连续溢出（产水阀门处于打开状态）。当产水侧观察有气泡溢出时，记下进水侧通入空气的压力值，此即为该膜组件的泡点压力。

通常通入空气的压力从 0MPa 开始，逐渐增大到 0.15MPa。如果测得的泡点压力小于 0.15MPa，表明膜丝或者组件存在泄漏点（图 13-17）。

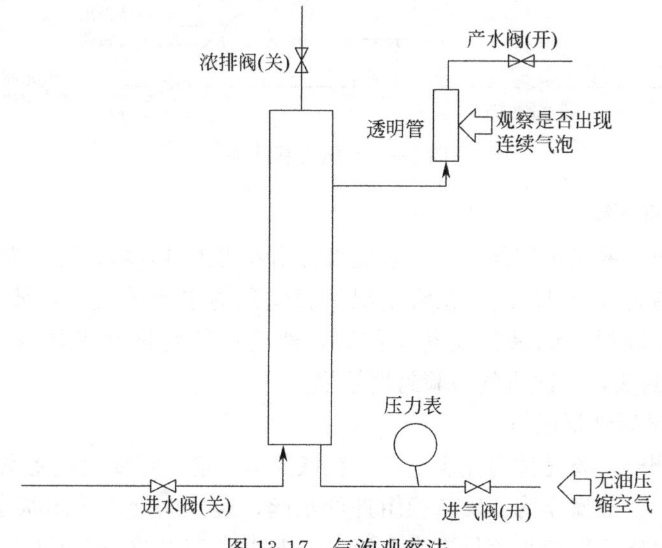

图 13-17　气泡观察法

(2) 压力衰减法

将膜组件中充满测试所用的液体，使膜完全浸润，膜丝所有的孔中都充满了液体。在膜组件的进水侧缓慢通入无油压缩空气（产水阀门处于打开状态），逐渐提高进气压力至设定值。

最初时，进气侧的水会受压穿过膜壁进入产水侧，会有一定量的液体排出（约持续 2min）。等待压力稳定在设定值时，将进气关闭（产水侧阀门处于打开状态），并密封进气侧保持测试压力，静止保压 10min。

此时组件的进水侧充满带压的空气，并与外界隔绝；产水侧充满水，且与大气相通。若保持压力测试 10min 后进气侧压力下降不大于 0.03MPa，则表明膜组件完整，没有缺陷。如压力下降大于 0.03MPa，这表明膜组件有断裂、O 型圈漏水或断丝等情况（13-18）。

压力保持测试既可针对单个组件进行，也可针对整套装置或者分组进行，是一种在现场简便易行的方法。

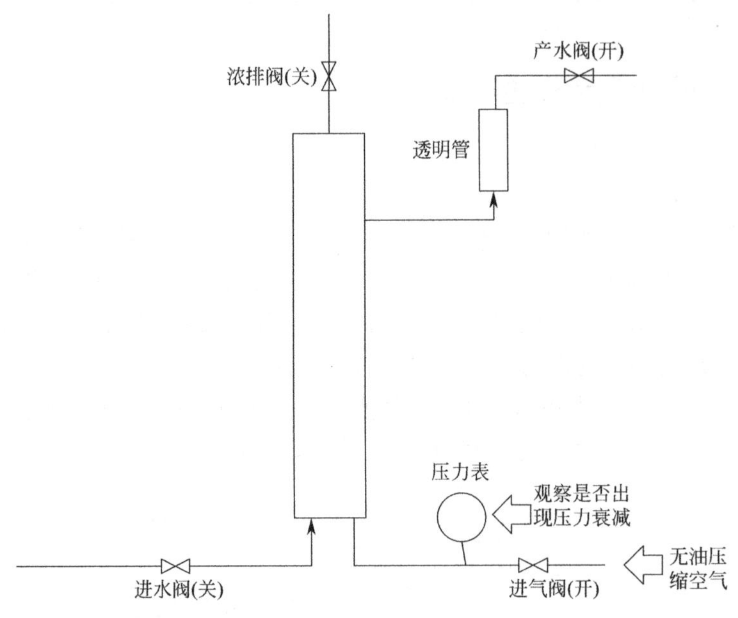

图 13-18　压力衰减法

2. 膜丝断裂的修复

将超滤膜抽出，浸在水容器中，一端进水管用专用工具封堵，另一端用专用进气工具进气，压力控制在低于 0.1MPa。正常情况下膜丝只透水不透气，若某膜丝出现透气现象，则证明此膜丝破损。记录膜丝断丝位置，然后用膜针配合专用胶进行封堵。凝固 5min 后去掉膜针封头，再次进气检验封堵效果。

3. 完整性测试后恢复运行

做完整性检测时，膜元件内充满空气，在恢复运行前一定要对超滤系统进行排气，否则会破坏超滤膜，一般操作为：确认膜组件产水阀、进气阀处于关闭状态。打开浓排阀，然后缓慢打开进水阀，保持小流量进水，流量一般由小变大 20～50t/h，此时要注意进水压力，防止憋压，持续进水 10～15min 后，停止排气，将程序控制系统恢复至自动状态下，重新启动系统恢复运行。

13.5　投产与停产

13.5.1　投产操作

以常规工艺后加臭氧—活性炭深度处理工艺为例进行说明（图 13-19）。

1. 水厂在经过基建调试以后，要求进入试生产阶段。试生产阶段应当作好以下几方面的工作，才能保证水厂的出厂水达到设计水量和水质标准。

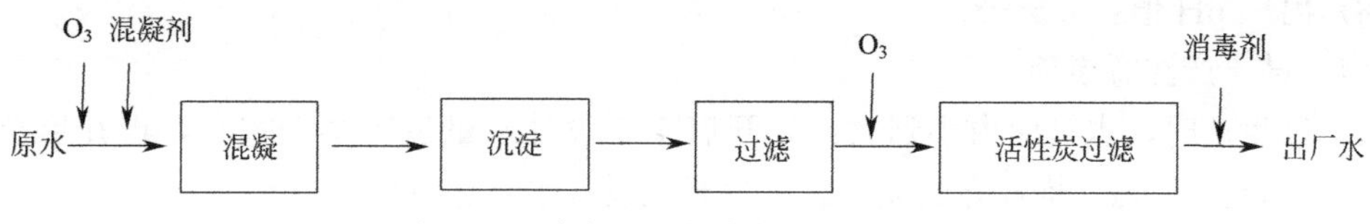

图 13-19 常规工艺加臭氧活性工艺流程

(1) 试生产准备工作

1) 各岗位人员经过培训考核后，到位准备试生产。

2) 水处理工艺中所需各种药剂备齐。

3) 生产设备全面检查，具备试生产条件。

4) 检查所有通水管路是否畅通。

5) 检查工艺管道，工艺构筑物是否已消毒。

(2) 试生产步骤

1) 打开预臭氧接触池进水阀、出水阀。

2) 打开格栅井、混合池、反应池、沉淀池的进水阀、出水阀，关闭放空阀、反应池和沉淀池的排泥阀，将排泥设备设置成关闭状态。

3) 取水泵房开机或打开原水进水阀门输送原水，接着投加相应的药剂（如石灰、混凝剂等）。石灰投加通常先以清水运行，确认管道及泵系统运转正常后再开启干投机下料。如开始的原水较浑浊，可以加大混凝剂投加量，待进水水质稳定后，恢复正常投药量（包括预臭氧的投加）。

4) 关闭滤池放空阀、排水阀，打开进水阀，出水阀根据水位自动开启。(若无深度处理工艺，则待滤后水总管水位较高时，开始投加消毒剂，如次氯酸钠、氯（氨）等。)

5) 打开主臭氧接触池进水阀、出水阀，开提升泵，待进水水质稳定后，投加主臭氧。

6) 关闭活性炭吸附池放空阀、排水阀，打开进水阀，出水阀根据水位自动开启，待滤后水总管水位较高时，开始投加消毒剂，如次氯酸钠、氯（氨）等。

7) 关闭清水池放空阀，打开进水阀、出水阀。

8) 送水泵房水泵出水阀关闭，水泵根据水位和水量开停并开关相应阀门。

9) 反冲水泵、鼓风机、空压机、回收水泵等根据运行情况开停。

10) 各工艺环节的水质、流量、液位在线仪表如浊度、pH 仪、余氯仪、流量计、液位计等同步运行，监测生产过程水质、水量、液位变化，指导生产药剂投加和设备设施运行。

(3) 试生产水质控制指标

1) 预臭氧接触池：要求出水余臭氧浓度应不高于 0.1mg/L。

2) 反应池：要求末端矾花形成状况良好，分布均匀，粒径 0.5～1.0mm。

3) 沉淀池：要求出水浊度小于 5NTU。

4) 滤池：要求出水浊度小于 1NTU。

5) 主臭氧接触池：要求出水余臭氧浓度一般宜为 0.1～0.2mg/L。

6) 活性炭吸附池：要求出水浊度小于 1NTU。

7) 余氯：出厂水游离性余氯大于 0.3mg/L，管网末梢余氯大于 0.05mg/L。

8）出厂 pH 值：6.5～8.5。

（4）试生产注意事项

1）试生产时，水量应由小到大：先开启 1/3 设计水量运行半天左右，再开启至 2/3 设计水量运行 3～4d，待各方面无问题，再开至设计水量运行。

2）试生产期间，运行人员应加强巡检工作，密切关注格栅井、混合池、反应池、沉淀池、滤池、活性炭吸附池等工艺构筑物运行状况，对反应池矾花形成状态，沉淀池出水浊度，滤后水浊度实施在线监测，及时掌握生产运行情况。

3）反应池注意事项：根据矾花形成情况及时调节混凝剂投加量，定期清洗池壁，防止藻类滋生。

4）沉淀池注意事项：观察矾花沉淀情况，及时排泥，检测沉淀池出水浊度。

5）滤池（活性炭吸附池）注意事项：观察滤池过滤及反冲状况，检测滤后水浊度。

6）检测臭氧接触池出水余臭氧含量，及时调整臭氧投加量。

7）检测出厂水余氯，及时调整加氯量。

8）观察各种设备、在线仪表的运行情况。

9）注意监测出厂水管压力，防止爆管。

2. 常规工艺滤池在投入运行前后还应做好以下工作：

（1）新铺好的滤料必须至少连续冲洗两次，将滤料冲洗干净。

（2）冲洗干净后，还需对滤池消毒，消毒时可用 100mg/L（有效氯）的漂白粉浸泡 12～24h，然后再次冲洗干净，方可投入运行。

（3）制定与之相对应的水质监测表，如进、出水的 pH 值，余氯及浊度，通过水质曲线分析滤池最佳运行周期及冲洗强度、历时。

（4）调整进水量至设计水量，使之在设定的过滤周期及水头损失下自动运行，观察滤后水的水质。

（5）待滤池运行 2～3 个月后，应有针对性地对滤池进行各技术参数的检测，包括滤砂厚度、含泥量、滤料粒径、膨胀率、气水反冲洗强度以及滤速等。

（6）若发现滤池出现气阻、含泥量高等故障，应及时采取相应的处理措施。

3. 新活性炭滤料表面含有较多的碱性化合物，且由于制作工艺的原因铝指标也异常偏高，导致滤池出水铝偏高和 pH 偏高，在投入运行前后应做好以下工作：

（1）新铺好的活性炭滤料必须反复反冲洗加浸泡，直至出水铝和 pH 值在《生活饮用水卫生标准》GB 5749—2006 控制限值内。

反冲洗加浸泡方式为新铺好活性炭滤料后，每天上午下午分别对活性炭吸附池进行一次手动反冲洗，每次反冲洗结束后，打开进水，使其没过活性炭滤料对活性炭吸附池进行持续浸泡。反冲洗频率为 2 次/日，铝值约 7d 可达到控制限值，pH 值则需 10d 左右才能达到控制限值。

（2）进行恒水位过滤测试、反冲洗膨胀率测试、滤池阀门开度以及风机和水泵的运行参数测试；单池测试后进行整套滤池的调试。调试的同时应满足出水浊度小于 1NTU。

（3）活性炭吸附池启动挂膜成功至少需要 3 个月的适应期，挂膜期间应考虑适宜生物挂膜的原水条件，如水温和水质情况。为保证启动挂膜快速完成，需要根据现场实际情况进行水温、水质、滤池反洗及臭氧投加量的调整。挂膜期间应以活性炭吸附池进水中的剩余臭氧量为参数控制臭氧投加量，避免过量的剩余臭氧破坏生物膜形成的环境条件，影响挂膜效果。活性炭吸附池进水剩余臭氧量宜控制在0.05～0.1mg/L范围内。

关注高锰酸盐指数和氨氮的变化情况，经一段时间运行后，活性炭吸附池对有机物COD_{Mn}的去除率下降，氨氮去除率有明显上升，或炭层表面以下10～30cm活性炭生物总量大于100nmol/g，可判断活性炭吸附池去除有机物以生物作用为主，表明挂膜成功。

（4）活性炭挂膜成功后，应设定合适的冲洗强度和冲洗时间等控制参数进行正常冲洗。首次冲洗时，气冲以低于设计反冲洗强度为宜，以不跑炭为基本原则，冲洗时间可以根据反洗水排水的浑浊度确定。

（5）在活性炭吸附池运行初期（半年内），应加密水质、活性炭指标的监测，活性炭吸附池进水剩余臭氧量稳定控制在0.1～0.2mg/L。每天应检测活性炭吸附池进、出水pH值，氨氮、高锰酸盐指数以及亚硝酸盐氮等指标1～3次；根据需要选测TOC、UV_{254}等指标。

13.5.2 停产操作

某水厂在原水水量减小后，要求将净水工艺系统停止一半运行，此时应当做好以下工作，保证净水工艺系统的正常运行。

1. 停产前的准备工作

（1）查看图纸，同时到现场查看是否可以真正将两套系统完全分开运行，包括管线、加药、设备运行等方面。

（2）检查是否影响水厂反冲洗水的配水供给。

2. 停产步骤

（1）根据净水工艺流程的水流方向，关闭原水进水阀门，在停止供给原水后，停止相应设备及加药，如搅拌机、前加氯、石灰以及混凝剂、臭氧等。

（2）待沉淀池无出水量后，将絮凝沉淀池的排泥设备转为“停止”状态。

（3）滤池应当反冲洗干净后转为“停止”状态。

（4）待滤池无出水量后，将相应滤后加氯、加氨设备停止，若有专用反冲洗水泵及空压机系统等也应当停止运行。

（5）活性炭吸附池应当反冲洗干净后转为“停止”状态，待滤池无出水量后，将相应滤后加氯、加氨设备停止，若有专用反冲洗水泵及空压机系统等也应当停止运行。

（6）若清水池为一用一备时，可将进水前端的联通阀门打开，充分利用清水池的调蓄作用。

3. 停产注意事项

（1）水量的波动会影响正在运行的净水工艺系统的稳定性，会导致短时间各种构筑物出水水质的波动；应多加巡查，发现问题及时调整、解决。

（2）各工艺构筑物由于停产运行的时间有长有短，若停产时间相对较长时，应当将构筑物放空，待恢复正常运行时，可避免影响出水水质。

（3）相关设备及自动化仪表应当适时停止运行，如机械混合池的机械搅拌机、在线水质仪表及相关的取样泵等。

13.6　制水成本控制

制水成本控制就是企业加强经济核算，降低自来水成本。它是提高经济效益的重要手段，是供水管理的一项重要内容。水厂成本，简单而言，就是从购入生产用原水到成品水出厂进入市政管网为止中间各环节所发生的耗费支出。

13.6.1　制水成本构成

制水成本由水资源费、电费、药剂费用、工资福利费、检修维护费和其他费用（包括税款、行政管理费、辅助材料和流动资金利息等）构成。水资源费各地差异较大，所占制水成本比例变化也较大，从而影响了其他组成部分的比重。除了水资源费外，电费是占制水成本比重较大的部分，是节能降耗的主要控制途径。此外，通过加强管理、改进工艺、优选药剂品种也能有效降低药剂开支。

13.6.2　制水成本控制

制水成本控制的主要途径有：

1. 降低电耗

在大多数水厂的制水成本中电费是占比重较大的项目，一般占30%～40%，因此，降低电耗是贯彻节能方针、提高企业经济效益的重要环节。水厂用电量的70%～90%用于电动机拖动水泵以提升水位，因此，以综合单位电耗作为自来水厂的能耗考核指标。

降低电耗首先要提高机泵运行效率，降低综合单位电耗；同时在保证服务压力的前提条件下，通过经济调度，合理运行水泵等设备，使电耗降到最低。

2. 降低自用水率

水厂自用水是水厂生产所需的必要损耗，其合理损耗率一般不超过5%。降低自用水率就相当于节约了水资源费。可通过对滤池反冲废水和沉淀池排泥水进行回收，合理控制反冲洗周期及历时、排泥周期及历时的办法降低水厂自用水率，从而减少水厂取水量与供水量之间的差率，节约原水。

3. 降低药耗

水厂需用各种药剂，如消毒剂、混凝剂、助凝剂等药剂。降低药耗是在保证水质的前提下，通过技术改进和加强管理，达到降低药耗的目的。一般地表水厂药剂费用占总成本的10%或略低，是成本的可变因素中仅次于能耗的较大一项，应作为成本控制的重点之一。根据原水水质特点合理选用混凝剂和助凝剂，选择水力条件好的投药点，及合理控制各净水构筑物的运行工艺参数，采用自动控制投药技术等，均可有效降低药耗。针对供水管网长度及形状，合理确定出厂水余氯目标值，在净水过程中尽量将加氯点后移，对于过长的管网采用中途补加氯的方式，都可以有效减少液氯用量。

4. 合理使用检修维护费

检修维护费是保证供水安全、提高水质、降低成本、增加效益的经济保证，要有计划地合理使用。制定科学周密的设备保养、检修计划，并认真执行落实，可以最大限度地延长设备使用寿命并降低检修维护费用。

复习题

1. 在均质滤料中，我们对滤砂的有效粒砂控制相当严格，一般用 K_{80} 和 K_{60} 来控制，如何测定 K_{80} 和 K_{60}？

2. 滤池在运行一定的时间后需要进行反冲洗，怎么控制气、水反冲洗强度？

3. 若V型滤池某一格的一侧在气、水反冲洗过程中，会出现约 $1m^2$ 范围的冒大泡现象，请问在不进行大检修的情况下，如何检查滤池配水系统故障并简述如何维修？

4. 已知机械混合池的设计水量为 $300000m^3/h$，搅拌机电机功率为10HP（马力），假设输入水体功率为电机功率的75%，混合池的有效容积为 $50m^3$，求混合池混合时间 t、G 值是否能满足工艺的要求。（水力粘滞系数为 1.078×10^{-4} Pa·S，$T=20℃$，水的比重为 $1000N/m^3$）

5. 某水厂滤池面积为 $30m^2$，现准备用水泵进行反冲洗，该水泵铭牌上标准水量为 $1800m^3/h$，这台水泵是否适合作冲洗水泵？请通过计算并说明。

6. 水厂属于____级电力负荷。当正在使用的母线突然断电时，值班电工应________另一条母线。

7. 水厂常用的在线水质仪表有哪些？分别应做好哪些日常巡检维护工作？

8. 采用中央监控系统的自动化水厂，值班员应根据报警情况及时发现和处理问题。当中控系统故障时，应如何保障生产运行？

第14章 智慧水厂的运营管理

14.1 背景介绍

14.1.1 行业背景

当前供水行业中，自来水厂数量和处理能力都保持了高速增长态势，但是多为传统水厂，存在工艺调整不够精细、生产单耗高、设备管理较粗放、维修保养成本高、人员配置多、人力资源成本高等问题。如何加强安全生产保障、提高生产效率、保证出水指标优质、降低经营成本成为水务公司急需解决的问题。另外，近年来物联网、云计算、大数据等新技术发展迅猛，正引领各行业变革，传统水厂也迫切需要利用信息化、智慧化工具提升水厂供水保障能力及管理水平。

14.1.2 政策背景

近年来，国家出台一系列相关政策、标准大力推动智慧城市建设。智慧水厂是智慧城市在水务领域深化的一个分支，是建设生态社会、实现环境可持续发展的重要组成部分。智慧水厂建设服务于城市民生保障，以先进信息技术为手段、创新管理模式为目标，提升供水服务的绩效表现和决策水平，为城市建设发展提供支撑。

14.1.3 智慧水务的定义

在《工业互联网术语和定义》中，智慧水务的定义为：以业务与数据双驱动为核心，充分利用新一代信息与工业互联网技术，深入挖掘和广泛运用水务信息资源，通过水信息采集、传输、存储、处理和服务，全面提升水管理的效率和效能，实现更全面的感知、更主动的服务、更整合的资源、更科学的决策、更自动的控制和更及时的应对。

14.1.4 智慧水厂建设目标

结合水厂的实际情况进行优化改造，降低未来潜在事故发生风险，并对突发事件提供有效的应急处理预案机制，保障控制系统可靠的运行，对原粗放式工艺控制过程实现精细化、智能化运行，保障水质稳定，降低企业能耗，药耗成本，建立全数字化运营管理体系，将生产运行监控与管理有机地结合起来，实现生产运行数据实时采集、存储和优化处理，对生产运行情况进行实时分析并指导生产运行调度、及时准确生成统计分析报表，全面提升生产管理效率和运营管理水平，为上层管理决策提供有价值的信息。最终实现智慧水厂生产运营安全、优质、高效、节约的目标。

14.2　智慧水厂运营

14.2.1　定义

在对传统水厂进行智慧化升级改造后，单个智慧水厂系统正式投入运行后的阶段称为智慧运营阶段。

14.2.2　目标

运用智慧水厂系统，实现生产全流程自动化，设备运维数字化，资产设备全生命周期化，安全管控一体化，做到水厂运营更加安全、优质、高效、节约。

(1) 安全：通过建立全厂覆盖的安防系统、“逻辑‘软冗余’＋设备‘硬冗余’”的自控系统以及资产全生命周期管理的资产管理系统，做到厂界安全、生产安全以及设备安全。

(2) 优质：通过建立基于神经元网络算法或矾花识别系统建立碱铝投加智能控制数学模型，实现碱铝投加智能化控制，实时精准控制药剂投加，使得生产更平稳、水质更优。通过对送水泵压力调节实施自控改造，使出厂水压力控制更平稳，管网调度更有利。

(3) 高效：由系统的提前感知和预警，实现智慧推送、远程监控以及远程操作，系统代替人工操作、巡检，降低人员的工作强度，避免人员误操作，降低极端天气人员的安全风险，提高工作效率。

(4) 节约：由系统的智慧化决策代替人工决策，降低生产药耗、电耗成本，提高生产效益，降低废水排放，使其更加环保、节能。

14.2.3　实现路径

1. 建立组织架构

为保证水厂运营顺利过渡到智慧运营阶段，设立运营小组，其架构如下：

组长：水厂厂长

组员：设备部负责人（负责运营过渡期的设备维护保养计划的编写、组织应急维修等工作）、生产部负责人（负责运营过渡期间生产过程的管控、人员调配、应急事件的处置等）、工艺工程师（负责运营过渡期间生产工艺的调整与管控）、自控工程师（与建设方驻厂人员对运营期间出现的程序问题进行及时处理并总结与完善）、建设方驻厂自控人员（负责运营过渡阶段各系统的监控与维护）。

2. 编制过渡计划

制定详尽的过渡计划，计划中需明确过渡阶段相关功能上线运行的先后顺序、运行时间、应急保障方案，确保在过渡阶段生产全流程平稳运行，计划表如表 14-1 所示。

某智慧水厂运营过渡阶段工作计划表　　表 14-1

序号	工作内容	时间	实施计划
1	相关功能上线调试及优化运行	2019.11～2020.1	有序推进自控系统闭环控制调试及优化运行（原水自动进水、排泥阀及行车自动运行、智能投药、滤池反冲洗、加氯、送水泵恒压供水及搭配）
2	双线运行	2020.2～2020.6	(1)与实际生产深度结合，系统自动运行（少人干预）期间，人员核对数据准确性、记录存在的问题并予以解决，统计自动运行期间相关评价指标； (2)推进运营软件平台试运行，促进平台使用和落地，使用期间组织各小组负责人核实数据准确性，结合人员使用情况，收集变更内容及需求，优化软件平台功能； (3)项目验收； (4)优化人员搭配，通过视频巡检和中控核对数据，减少人工巡检频次，增加计划性维护保养工作； (5)优化应急保障措施（原水水质突变及突发断电）

3. 优化系统运行

在智慧水厂各系统运行的过程中，当出现系统运行与实际不符的情况，需对系统进行优化，具体优化内容如表 14-2 所示。

某智慧水厂工艺段优化运行内容　　表 14-2

工艺段	优化内容
原水自动配水	根据清水池液位、出厂水流量与原水流量的关系，优化提升泵组的频率（原水阀门开度），使得原水进水流量自动调节并且平稳
沉淀池排泥及行车启停	(1)针对平流沉淀池，优化程序中行车启停的时间以及行走距离，并根据行车行走的位置设定沿途排泥阀开启； (2)针对斜管沉淀池，优化程序中排泥时间、周期及间隔，做到短时高频排泥，节约排泥水量
滤池自动反冲洗	根据滤池反冲洗周期、清水阀开度（水头损失值），进行自动反冲洗，并对每个滤池反冲洗时间间隔、反冲洗强制排水时间、反冲洗过程的故障退出机制进行进一步优化
送水泵智能搭配	根据水泵实时配水单耗与效率以及出水流量及压力，提出最佳水泵搭配建议，程序根据搭配建议，自动启停相关水泵
管控平台	根据平台运行情况，优化数据采集、菜单设置、监控延时等问题

4. 强化保障能力

(1) 设备保障

1) 提高设备巡检频次，降低一级巡检现场运行人员巡检频次，为精简运行人员提供基础。设备巡检频次由每周一次提高到每周三次，现场一级巡检频次由每 2h 一次降低至每 8h 一次，减少的一级巡检由视频巡检代替。

2) 聘请专业设备维护机构对厂内重要设备如变频柜、高低压配电、送水泵、压力容器等进行定期维护保养，降低重要设备的故障率。

3) 加强培训，提高员工对智慧水厂系统的操作熟练程度。针对各个智慧水厂系统开展专项培训，确保每个员工，特别是操作层的员工都能熟练操作各个系统的功能。

(2) 人员保障

加强人员值守，确保在过渡阶段发生突发情况时，能够及时处置。在过渡阶段，需要求厂家调试人员有足够的人员驻厂，同时，要求维修、运行人员在发生突发情况时能够在10min 内到达现场。

(3) 应急保障

制定应急预案，预备应急物资，组建应急队伍，保证水厂在运营过渡期以及以后的运营过程的平稳，为下一步集中运营打下基础。

14.2.4　运营成效

1. 人员的转变

(1) 传统多人值守转变为少人/无人

传统水厂由于设备老旧，自动化程度相对较低，很多操作需要运行人员到现场手动操作完成，因此，水厂生产运行需要的人员较多，传统水厂运行人员一般需要 15 人或者更多。

“少人/无人值守”(又称为少人运行，无人值守)并不等于完全无人管理，而是指厂内无需人员 24h 值班，只需配备少量的运行人员和维修人员，利用先进的自动化、电气、无线通信、软件技术以及云计算技术，建立远程管控云平台，高速高效的采集处理大数据，实时掌握自来水厂运行状况，生产过程实现全流程自动化，设备启停、工艺参数设定、运行监视、诊断调度等均由远程计算机或者移动终端管控，大幅减少现场的运维和管理人员，减少人工干预，基本或完全实现少人/无人值守，智慧水厂运行人员一般 8 人可以满足生产要求。

(2) 人员素质的转变

传统水厂的运营团队普遍年龄较高，学历低，且综合素质较低，运行、维修人员大多凭自己多年的经验进行生产运行。生产运营模式粗放。

智慧水厂运营团队的素质逐步提升，大专及以上学历人员占比由传统水厂的 50%提高到现在的 100%。同时，人员的综合能力也逐步提升，在智慧水厂建设过程中，水厂不定期组织运行与维修人员的交叉培训，使得他们深入了解除本部门外的其他业务。水厂正向打造一支多元化的运营团队迈进。

2. 操作模式的转变

人工操作转变为系统替代

(1) 原水调节由传统凭经验人工调节转变为根据模型系统自动调节

传统水厂调节原水量是运行人员根据经验、清水池水位进行人工调节，水量调整会直接导致混凝剂、主加氯调整，如果调整不及时，将对生产冲击较大，生产难以保持平稳。智慧水厂根据用水预测模型自动调节原水量，生产加药随即自动调整，既能确保生产平稳，又能保证清水池在高水位运行(图 14-1)。

(2) 加药方式从手动加药转变成系统智能加药

传统水厂混凝剂投加大多通过人工参考混凝搅拌实验结果设定加药量，凭经验对投药系统进行参数设定或按照原水流量进行比例投加，且运行人员需到工艺池现场检查药剂投加效果，核对药量投加是否合适。智慧水厂则通过建立神经元网络模型，模型通过输入端的参数计算输出加药量并以此控制加药系统，实现药剂智能精准投加，在确保水质的同时达到降低药耗成本的目的(图 14-2)。

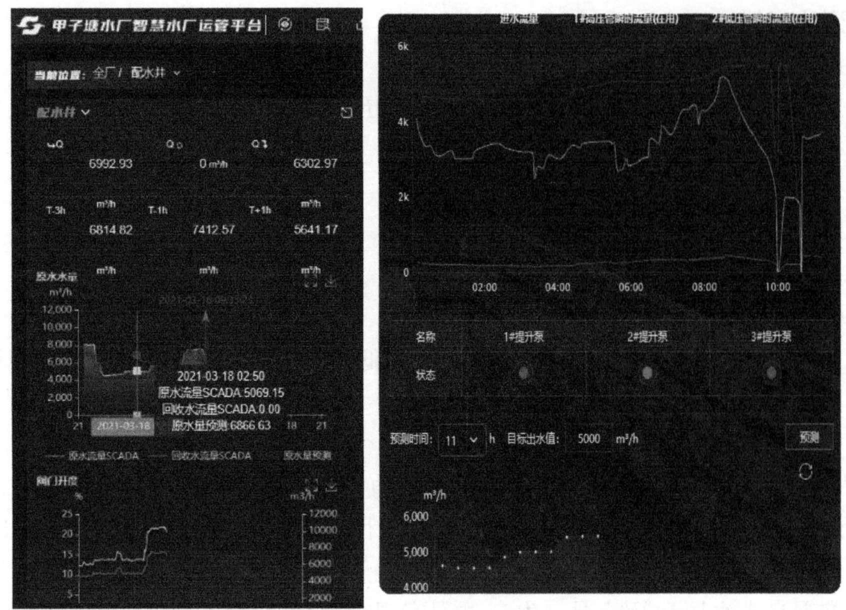

图 14-1 自动配水系统界面图

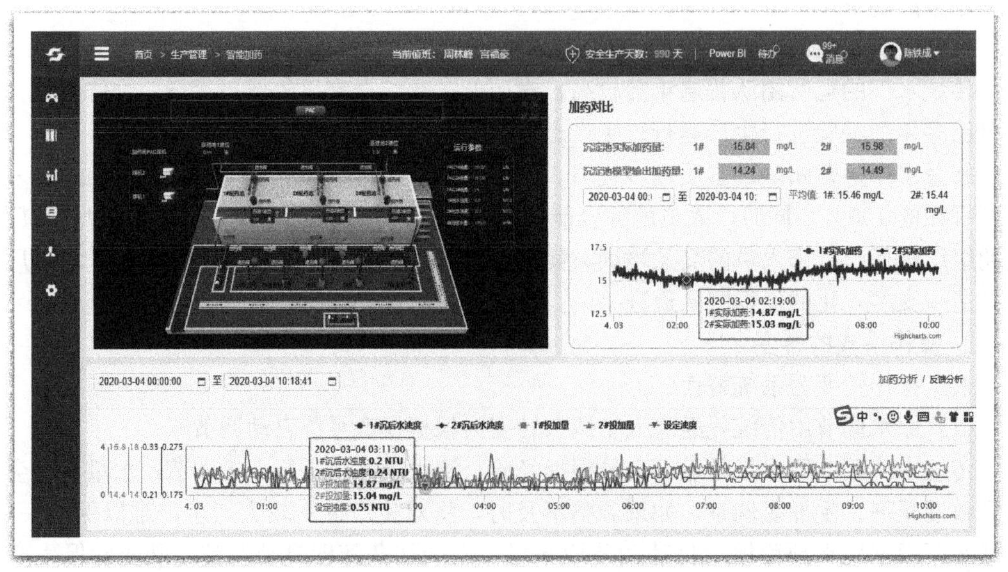

图 14-2 智能加药系统界面图

(3) 排泥方式从人工经验手动排泥转变为系统自动排泥

传统水厂排泥方式粗放，靠经验，大多根据部门长、工艺工程师下达的指令排泥，这种方式容易造成排泥过度导致废水产生较多自用水率高，不节能环保，另外如果排泥不彻底容易对生产造成影响。智慧水厂则通过自动排泥，达到排泥目的又减少废水排放（图 14-3）。

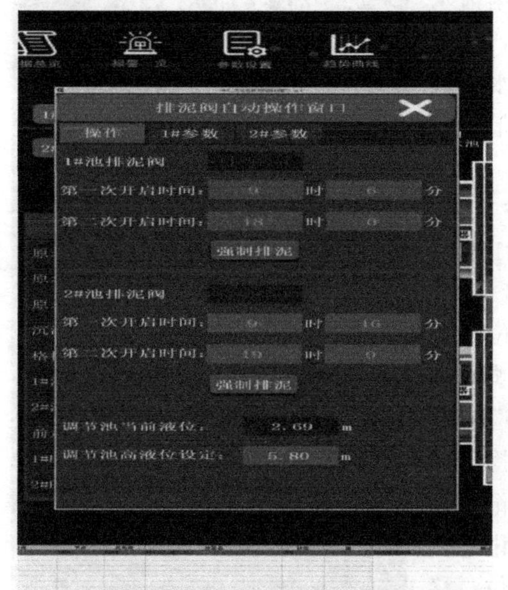

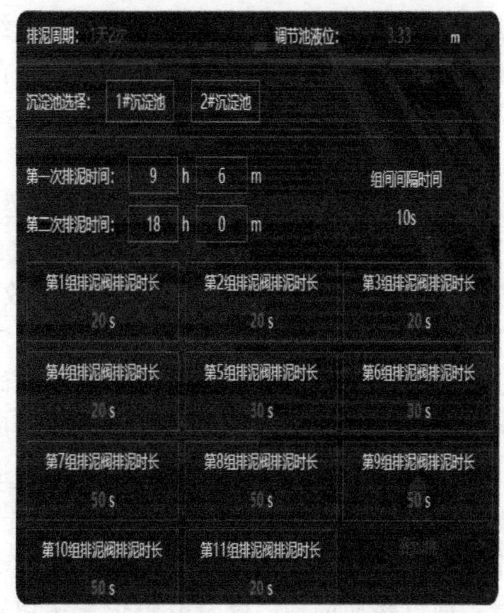

图 14-3　自动排泥系统界面图

（4）滤池反冲洗从人工手动反冲洗转变成系统自动反冲洗

滤池是水厂生产工艺的“心脏”，对水质起到至关重要的作用，传统水厂滤池反冲洗大多采用人工记录滤池运行周期进行滤池反冲洗，单纯依靠人工记录可能造成滤池反冲洗提前或者滞后，对滤池运行维护造成一定影响。智慧水厂滤池反冲洗则通过系统设定滤池运行反冲洗启动条件、滤池运行周期上下限，并形成滤池冲洗队列，当系统触发反冲洗启动条件时，程序自行判定、自动启动滤池反冲洗（图 14-4）。

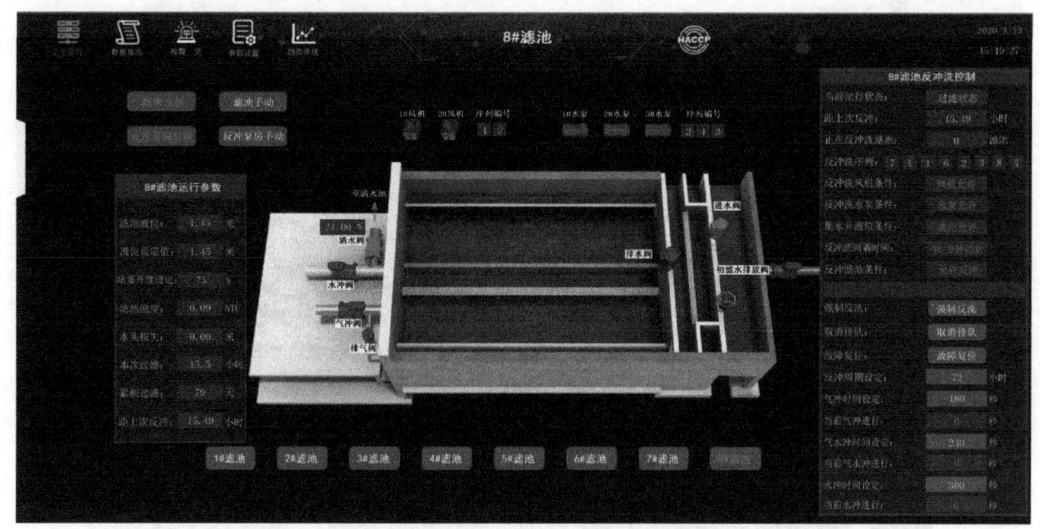

图 14-4　滤池自动反冲洗界面图

（5）送水泵机组搭配由传统的靠经验加减泵转变成系统智能优化配泵

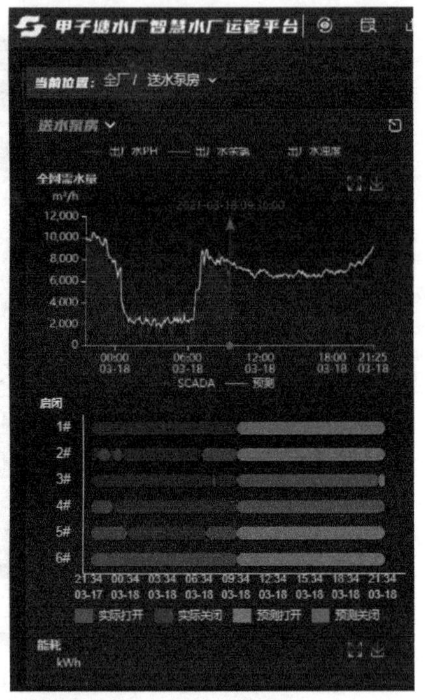

图 14-5　自动配送水泵机组界面图

传统水厂送水泵机组搭配由运行人员根据清水池水位、管网压力、依靠经验加减水泵机组，达不到节能效果。智慧水厂则根据用水需求，在水泵机组高效率区间搭配水泵机组，达到水泵效率最大化(图 14-5)。

(6) 巡检方式由人工巡检转变成系统巡检

传统水厂巡检方式为人工现场巡检（2h1 次），运行人员现场发现故障点后，需要上报故障信息，由于上报流程对人员依赖性强，且故障点定位不准确、故障描述不清晰等，将会导致后续维修响应不及时，维修及时率和准确率降低。智慧水厂巡检采用“移动巡检＋视频巡检”的方式。移动巡检借助手机等智能移动终端，采用“扫码—巡检—记录—上报—统计”的电子化作业方式并形成电子化巡检记录，通过移动巡检、设备故障报警快速定位、移动控制等方式简化传统工作模式，实现故障点快速定位，报警实时通知（图 14-6、图 14-7）。

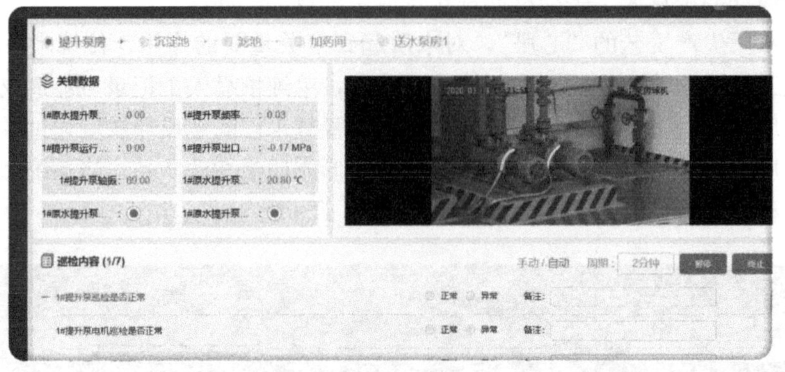

图 14-6　视频巡检界面图

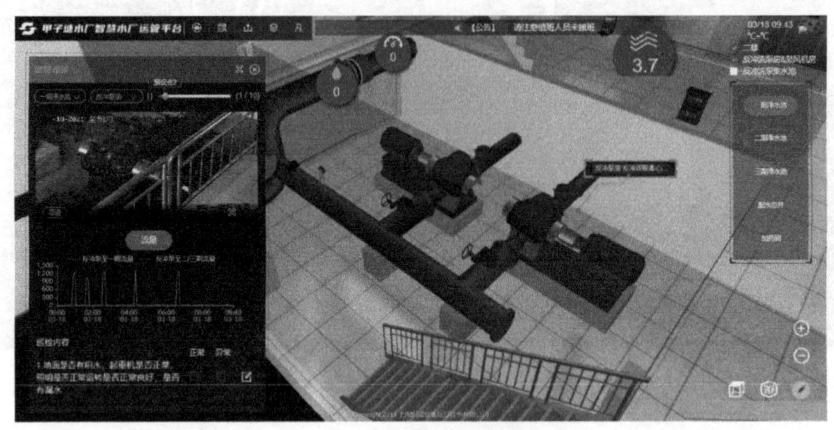

图 14-7　视频巡检界面图

（7）生产监控方式由中控室实时监控转变成“口袋中的中控室”远程监控

传统水厂生产监控时值班人员需时刻紧盯 SCADA 系统，监控生产情况，值班人员每小时将生产数据发送至微信工作群，水厂工程师、管理人员可查看核对。智慧水厂运行时，值班人员、工程师、管理人员可利用手机 APP 端实现对生产过程全流程监控，手机 APP 端变成了“口袋的中控室”（图 14-8）。

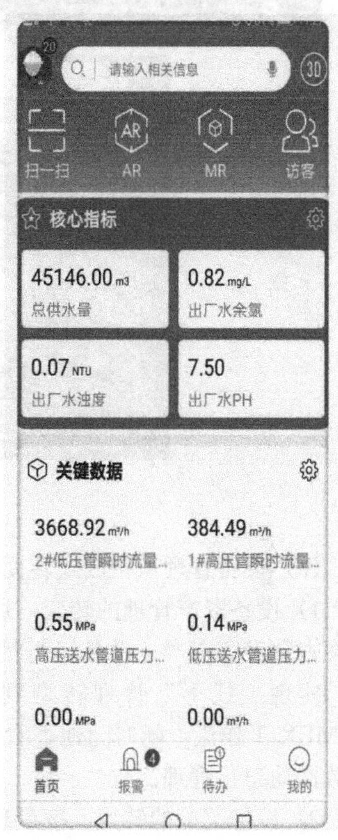

图 14-8　手机 APP 生产监控界面

（8）生产数据记录方式由人工记录转变成系统自动生成

传统水厂生产数据大多通过人工抄录的方式，并采用纸张存档记录。智慧水厂则通过运营管理平台自动生成数据报表，实现数据记录无纸化（图 14-9）。

3. 管理模式的转变

（1）垂直化管理转变成基于系统平台的业务管理

传统水厂管理模式为逐级从上至下垂直化的人员管理。智慧水厂运营后，基于大数据分析及科学化决策平台，通过共享在线数据，对业务流程进行精细化管理。

（2）生产数据分析从简单的数据分析转变成精细化分析并支持决策

传统水厂生产分析通过工艺人员收集相关的水量、药量、电量数据，再通过 EXCEL、制作 PPT 等方式分析、汇报药耗、电耗等业务数据，对于工艺人员来说工作量较大，数据出错概率较高。智慧水厂则通过运营管理平台自动录入数据，通过对水厂业务管理数据进行统计计算与评估分析，以多维度统计图表的方式展现分析结果，识别水厂运行管理薄弱环节（图 14-10）。

选择日期：2020-03-03　查询

项目 / 时段	取水量				沉淀池				滤后水			供水量（低压管）			
	F1流量计读数 (m3)	F2流量计读数 (m3)	瞬时流量 (m3/h)	取水量 (m3)	1#进水瞬时流量	1#进水累计流量	2#进水瞬时流量	2#进水累计流量	流量计读数 (m3)	瞬时流量 (m3/h)	供水量 (m3)	出厂水流量计读数 (m3)	瞬时流量 (m3/h)	供水量 (m3)	出厂水压力 (Mpa)
00	91302240.00	--	3598.40		2115.60	5575321.00	1535.90	4370945.00	100827560.00	3598.50	3592.00	94660736.00	2701.51	1656.00	0.13
01	91302240.00	--	3598.40		1713.68	5577520.00	1683.75	4372526.00	100831152.00	3472.28	3424.00	94662392.00	1827.85	4048.00	0.09
02	91302240.00	--	3598.40		2084.68	5579667.00	1588.69	4374118.00	100834576.00	3451.86	3416.00	94666440.00	1870.29	1688.00	0.09
03	91302240.00	--	3598.40		2363.41	5581962.00	1887.76	4375780.00	100837992.00	3440.64	3320.00	94668128.00	1954.30	1720.00	0.09
04	91302240.00	--	3598.40		2293.12	5584255.00	1655.78	4377462.00	100841312.00	3482.10	3616.00	94669848.00	2750.64	3488.00	0.09

图 14-9　生产数据自动生成界面图

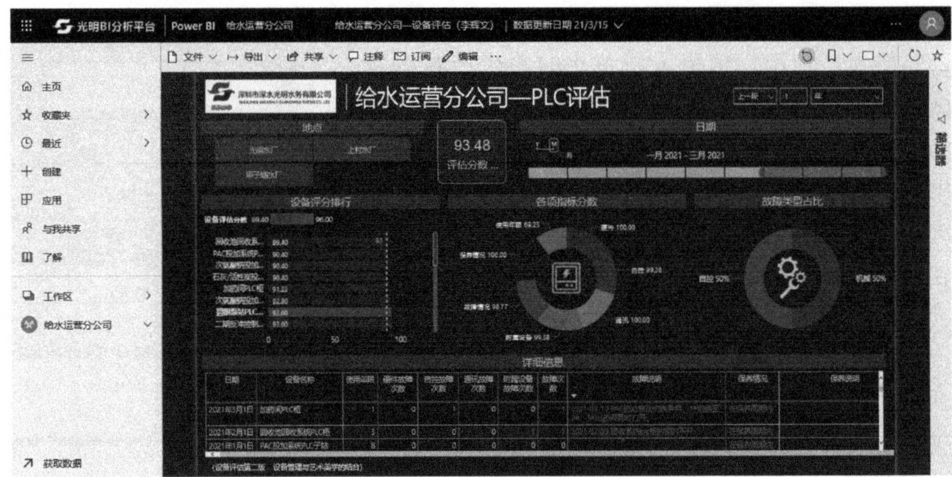

图 14-10　BI 分析示例

(3) 设备管理从粗放式转变为精细化管理

1) 设备资产管理的转变：通过智慧水厂运管平台端嵌入了 SAMEX 和 PowerBI 系统方便查看设备资产、设备运行情况，故障信息，设备分析数据和工单分析出数据自动生成，实现“线下”管理转型到“线上”全生命周期管理。通过智慧水厂 APP 完成 SAMEX 工作流，随时随地查看设备分析数据和工单分析数据，手机现场扫描设备实现资产数据动态化管理。

2) 设备巡检的转变：凌晨班实行单人值班，取消夜间巡检，白天巡检由 2h/次改为 4h/次以后，设备巡检每周一、周四巡检设备（每周 2 次）转变为强化巡检每周一、周三、周五巡检设备（每周 3 次），提高维修人员对设备的巡检，确保设备运行安全，减轻运行人员巡检工作量。

3) 设备维修的转变：传统水厂的设备维修人员到现场检查后再确定维修方案，转变为维修人员现场通过 AR 扫描查看设备，查询历史维修记录并判断现有问题，也可通过远程协助完成维修，可缩短某些疑难杂症故障处理时间。

4) 设备保养的转变：传统水厂按设备保养规范和计划进行保养，转变为设备日常保养计划不变，大修计划周期缩短 20%（如电机水泵换轴承期限由 5 年改为 4 年），缩短设备维护周期，提高设备保障性，为生产全自动运行打好基础。

4. 决策的转变

由传统的管理者决策转变为系统大数据分析科学化决策。

传统水厂决策常常从下向上逐级汇报并由厂内领导层决策。智慧水厂采用专业的数据分析和报表集成工具（PowerBI），通过对整个生产过程数据的统计，使各级管理人员和运行人员能够及时、准确、全面的了解和掌握生产的实时数据和历史数据。

建立水厂运行关键指标评估机制，如工艺评估、设备评估、安全评估，从运行工艺参数、能耗分析、设备运行状况、工单分析等多个方面对水厂的运行管理状况进行综合性评估，以多维度统计图表的方式展现评估结果，识别水厂运行管理薄弱环节，为水厂运行管理优化提供丰富的数据展示和决策支持，使得管理者的决策更加综合、合理、可行，形成智能化、科学化决策，为全厂可视化、精细化、智慧化运营提供数据依据和强有力的支撑。

14.2.5　风险管理

1. 应急处理

传统水厂生产中遇到突发情况，都是通过电话层层汇报后采取处理措施，存在处理滞后性。智慧水厂则具有系统的风险库，通过水厂运营管理平台设定各级别的参数报警值，当异常情况触发报警时，实时向水厂各层级人员推送报警消息，人员可以第一时间知晓并在线自动启动相关应急预案流程，实时处理。

及时合理的处理低级别风险，能够避免高级别安全生产事件的发生（图 14-11）

图 14-11　报警企业微信推送示例图

2. 视频安防门禁管理

传统水厂视频监控仅覆盖部分区域，存在大面积死角，同时各个构筑物未设门禁，外来人员进入无管控措施，对生产设备存在一定影响。智慧水厂大幅增加视频覆盖率，同时各个构筑物安装门禁，可以查看人员进出记录、轨迹，加强对人员管理，为生产保驾护航（图 14-12）。

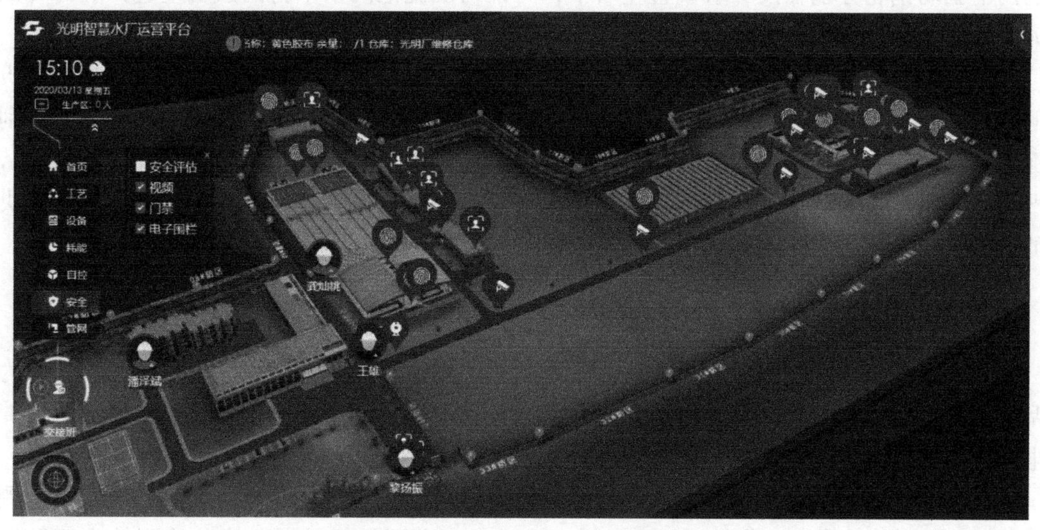

图 14-12　安防监控、门禁界面图

14.3 亮点案例应用

14.3.1 案例一：行车式刮泥机精确定位及其应用

1. 问题描述

给水厂常规处理工艺包括混凝、沉淀、过滤、消毒等环节；沉淀池是沉淀环节的净水构筑物，常见的沉淀池型平流沉淀池刮泥机铁轨安装于矩形的沉淀池上部两侧，刮泥机在铁轨上往复行走，池底随刮泥机架安装的吸泥泵将池底污泥吸出池外（图 14-13）。

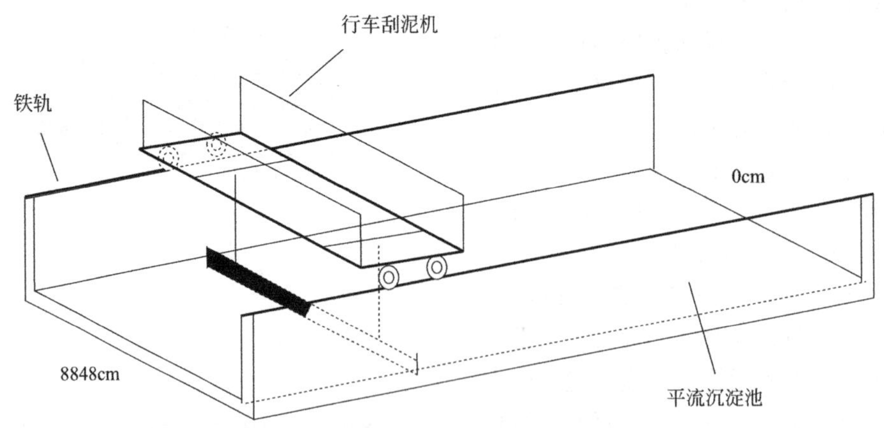

图 14-13　平流沉淀池与行车刮泥机示意图

沉淀池与刮泥机的理想状态是：池边的两条铁轨平行且在一个平面，刮泥机左右两侧的两个驱动钢轮分别在同一直线且左右平行，并与沉淀池两条平行的铁轨垂直；运行时刮泥机左右两侧速度相同。

但实际上，由于设备安装的细微误差、刮泥机桁架的硬度问题、刮泥机两侧驱动电机的转速差异、沉淀池底积泥分布不均造成刮泥时阻力不一致等原因，导致刮泥机在行走刮泥时左右两侧出现了不同步现象，这种不同步日积月累，会造成刮泥机跑偏，甚至脱轨，严重影响生产。水厂平流沉淀池刮泥机跑偏、脱轨是业内普遍存在的问题，也是不易解决的难题。

2. 具体方法

（1）刮泥机精确位置的检测

采用数控机床和伺服控制系统常用的绝对式光电旋转编码器（以下简称编码器）作为刮泥机位置的测量器件。旋转编码器可以将角位移的脉冲转换为电信号，绝对式编码器掉电时测量的位置值不受影响，且编码器任一码值表示的位置都是唯一的。

在刮泥机的左右两侧分别安装一个编码器，编码器轴安装周长为 25cm 的橡胶检测轮，并与沉淀池两侧的铁轨紧密接触(图 14-14)。当刮泥机运动时，橡胶检测轮也跟随运动，带动编码器同步旋转产生电脉冲（编码器设置为 25 脉冲/转，1 脉冲=1cm)，计算刮泥机左右两侧编码器的脉冲数就能实现刮泥机左右两侧相对于沉淀池左右原点（0cm）的精确定位（分辨率 1cm)。

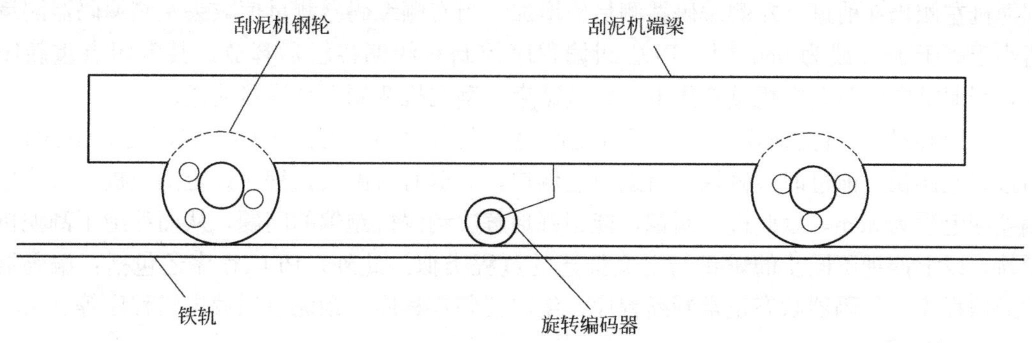

图 14-14　刮泥机精确定位旋转编码器安装示意图

（2）刮泥机的纠偏

刮泥机的跑偏一般为左右两侧相对于原点（0cm）距离不相等（刮泥机某一侧超前或滞后），安装于刮泥机电控柜内的 PLC（可编程控制器）与编码器轮询通信，读取刮泥机左右两侧的精确位置，通过 PLC 程序计算刮泥机左右两侧的偏差，然后由 PLC 输出矫正信号，控制左或右纠偏接触器动作，完成纠偏(图 14-15)。

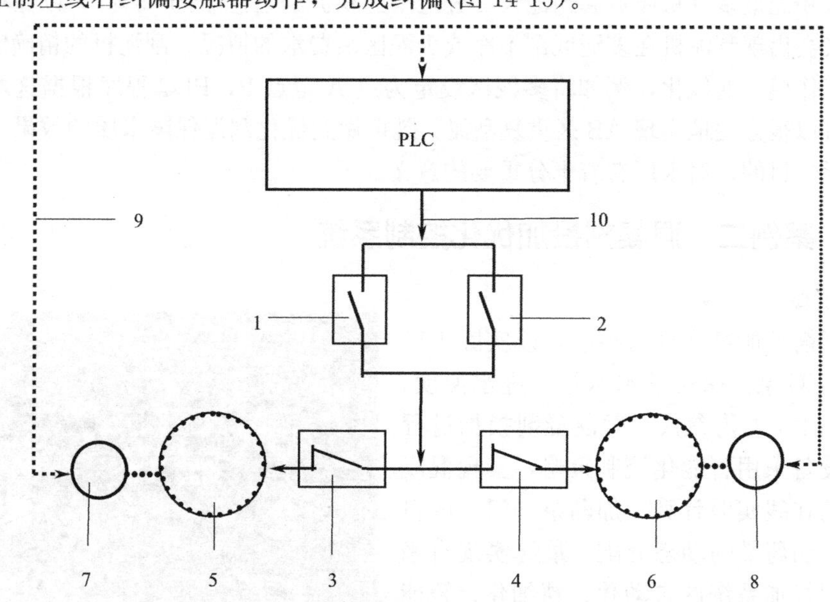

图 14-15　刮泥机精确定位与纠偏动作关系图

1—前进接触器；2—后退接触器；3—左纠偏接触器；4—右纠偏接触器；5—左侧驱动电机；6—右侧驱动电机；7—左侧编码器；8—右侧编码器；9—通信线路；10—控制线路

纠偏原理：

1）假设：PLC 控制前进接触器吸合，刮泥机左右两侧驱动电机得电旋转，拖动刮泥机前进，安装于刮泥机左右两侧的编码器也同步旋转，PLC 与两个编码器通信，读取两个编码器的测量值（刮泥机左右位置）并进行计算：当右侧编码器测量值减去左侧编码器测量值大于等于 3cm 时，即刮泥机右侧比左侧多走了 3cm 或以上，意味着刮泥机跑偏；根据偏差的结果，PLC 纠偏程序控制右侧纠偏接触器吸合、接触器常闭触点分离，断开刮泥机右侧驱动电机的电源，刮泥机右侧停止前进，右侧编码器不动、测量值不变，这时刮泥机左侧仍在前进、左侧编码器测量值增加，当右侧编码器测量值减去左侧编码器测量值小于等于 1cm 或为 0cm 时，PLC 纠偏程序控制右纠偏接触器释放，其常闭点重新闭合，刮泥机右侧驱动电机重新得电，纠偏结束，刮泥机两侧继续同步前进。

2）刮泥机在沉淀池铁轨上往复行走刮泥，左右两侧出现的不同步状况有以下四种：前进时左侧快，前进时右侧快，后退时左侧快，后退时右侧快；程序设定刮泥机左右快慢偏差的上限为 3cm，以此进行纠偏，能很好地解决刮泥机跑偏的问题，从而杜绝了刮泥机脱轨。以上四种不同步的矫正与上文描述的过程类似。此外，PLC 程序还包括：编码器的通信程序，编码器状态正常判断程序，编码器归零程序，刮泥机纠偏出错程序等。

3. 借鉴意义

（1）目前，业内在平流沉淀池刮泥机定位常用的方法有：激光测距、GPS、PLC 软件估算（时间乘以刮泥机速度）等，但都无法达到编码器厘米级的分辨率。编码器用于行车式刮泥机的精确定位，是水务行业传统机电设备向精密化伺服化的创新尝试与探索，将刮泥机精确定位和纠偏达到了良好的预期效果。

（2）装置中平流沉淀池长为 88.48m，从原点（0cm）分为进水区、沉淀区、出水区，其中沉淀区积泥最多（从原点起约池长二分之一的积泥约占总量的 75%），以往单一的全程刮泥模式会出现刮泥机在多泥区刮不净或少泥区浪费水的情况。刮泥机的精确定位有利于刮泥机工作模式的优化，例如将多泥区设定为点 A 至点 B，PLC 程序根据这两个点的位置值，可以很方便地实现 AB 区重复刮泥。既可做到优化刮泥保障水质的效果，又能达到节能降耗的目的，对水厂有着十分重要的意义。

14.3.2 案例二：混凝剂投加优化控制系统

1. 系统概述

以混凝剂投加量计算为核心，以实际生产数据为研究对象，探讨进水水量、进水浊度、温度、pH 值等工艺参数，对混凝剂投加过程中的相关设备采用智能化控制策略，实现混凝剂投加量的在线实时计算、加药泵（组）的自动化控制、加药量的动态分配，最终实现自来水厂混凝剂投加系统的自动化、精细化、智能化运行（图 14-16）。基于水厂的历史数据进行分析挖掘，基于模型驱动与数据驱动的双引擎计算方法，混凝剂投加量在线实时计算方法，解决混凝剂投加量依靠实验获取、工作量大、手动运行等难题。某水厂自 2020 年 2 月上线混凝剂自动投加系统以来，沉淀池出水水质平稳，未出现较大水质波动，混凝剂投加综合成本同比下降约 8%～10%，取得了良好的效果，药剂单耗对比详见图 14-17。

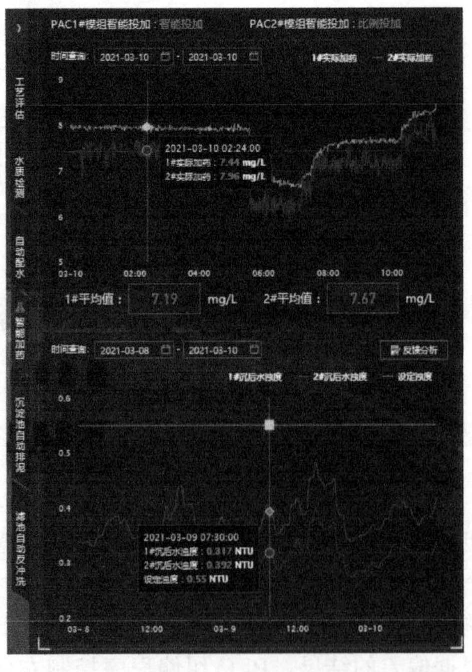

图 14-16 智能投药系统界面图

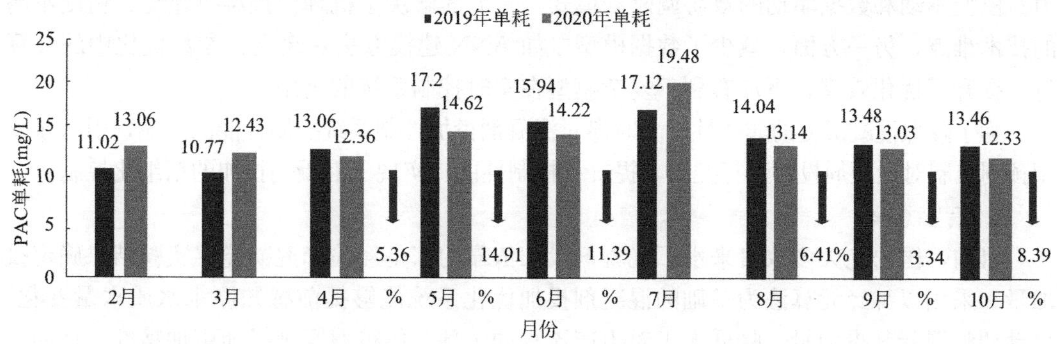

图 14-17　2019～2020 年药剂单耗对比

2. 具体方法

混凝剂投加优化控制系统采用“前馈＋模型＋反馈”的多参数控制模式，控制原理如图 14-18 所示。

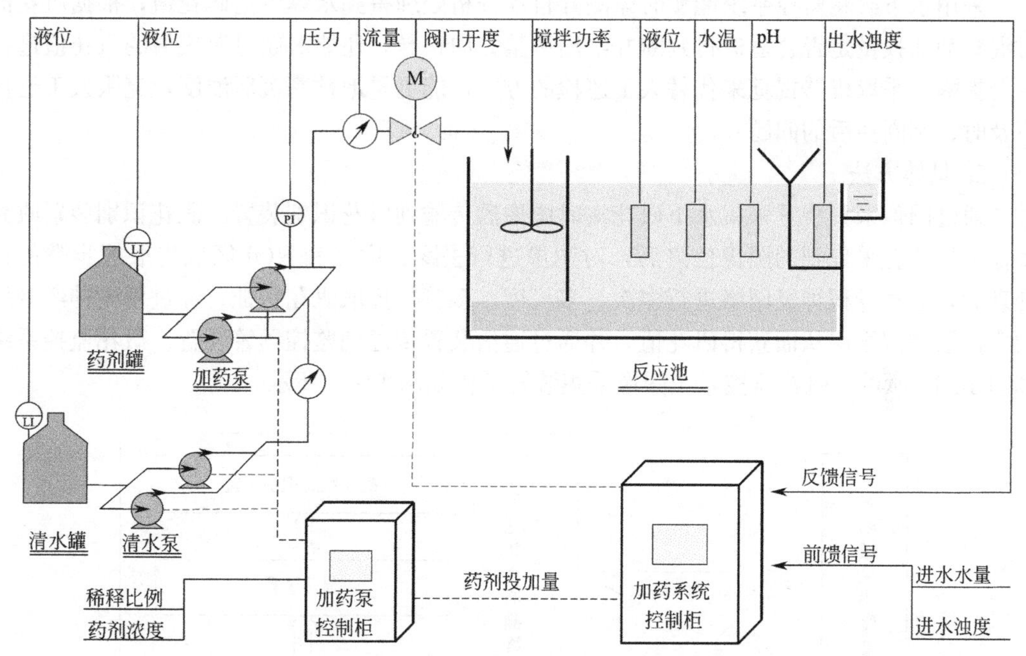

图 14-18　神经元网络算法控制混凝剂投加原理图

混凝剂投加控制系统综合考虑进出水水量、浊度、混凝剂投加种类及浓度、混凝剂投加点搅拌强度、温度、pH 值等影响因素，采用“前馈＋模型＋反馈”的多参数控制模式，通过建立精准的药剂投加量数学模型，根据药剂浓度以及稀释比例，实时计算出某一特性浓度的混凝剂投加量，并将需药量信号发送至加药泵主控柜 MCP，调控药剂投加泵（组）的运行负荷，调节总加药量，实现按需供药。

与以往的“白盒”“灰盒”和“黑盒”模型相比，该系统对混凝剂投加量计算模块是基于模型驱动（Model-Driven）和数据驱动（Data-Driven）的协调驱动的模型建立方法，通过建立“灰盒”模型并利用其降低数据模型优化过程中的计算量，提升数据模型优化能力。模型驱动和数据驱动的双协调驱动模式，一方面解决了机理模型难以建立、精度不高的技术难点；另一方面，减少了数据模型（如ANN建模方法）建立、参数优化中的计算量，提升了优化效率，更加有利于复杂模型在实时控制系统的运用。

为了降低混凝沉淀的非线性、大时滞对混凝剂投加控制系统控制性能的影响，引入了模型预测控制对混凝剂投加进行控制，提升了控制性能，实现了混凝剂投加的精细化控制。

3. 借鉴意义

目前，国内绝大多数自来水厂混凝剂投加依靠的都是经验和混凝搅拌实验结果确定投加量。采用以神经元算法为基础的混凝剂投加优化系统能够提前感知原水水质水量变化，自动调整混凝剂投加量，降低人工对生产流程的干预，使得混凝剂投加更加精准，从而降低药剂消耗量，提高生产效率。

14.3.3 案例三：水下矾花监测系统

1. 系统概述

采用水下矾花监控系统能实时监测并自动分析处理得到水体中的矾花值，根据矾花值对混凝剂加投量是否合适进行判断并给出调整方向指导，还能对超过警戒值的矾花值进行预警提醒。采取机器视觉来代替人工巡检的方式，能更早地预判沉后浊度，克服人工巡检不及时、判断滞后的问题。

2. 具体方法

通过图像采集装置采集水下矾花实时图像后传输到矾花识别装置。矾花识别装置收到图像采集装置采集到的图像信息后，对图像进行去躁、增强和ROI区域提取等步骤的预处理后，通过卷积神经网络进行多次、多尺度、多特征提取矾花特征，经过模糊神经网络的模糊层和规则层从而获得矾花值，并通过通信装置传送到监控预警装置。矾花监控系统如图14-19所示，矾花监控系统图像采集装置结构如图14-20所示。

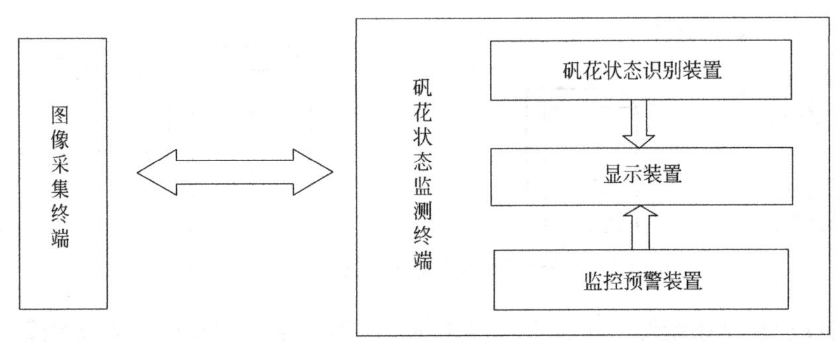

图14-19　矾花监控系统示意图

监控预警装置为一台连接有显示器的计算机，在显示器右上角将该矾花值以仪表盘的数据显示方式显示出来，并根据实时监测连续获得的矾花值在显示器界面下部显示出连续的水质数据曲线，在显示器的左上角实时显示图像采集装置拍摄的矾花图像或者图像采集装置实时录制的矾花影像（图14-21）。

将得到的矾花值与设定的警戒值数据作比较，当矾花值超过警戒值时，可以通过亮灯警报或声音警报等方式引起工作人员的注意，提醒其对混凝剂加投量进行调整。

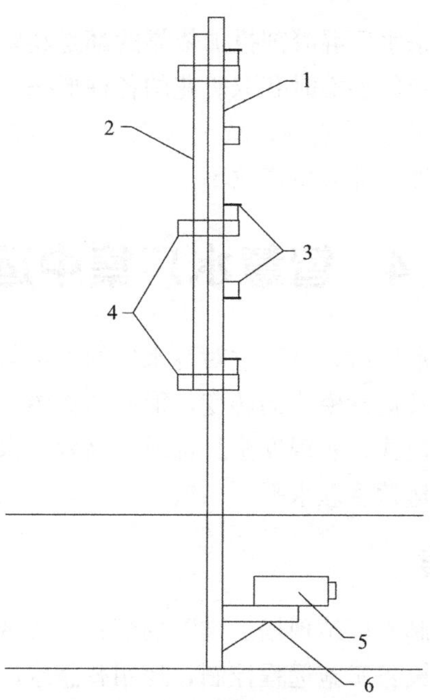

图 14-20　矾花监控系统图像采集装置结构图

1—相机杆；2—护栏栏杆；3—焊点卡口；4—U 形锁扣；5—水下相机；6—相机支架

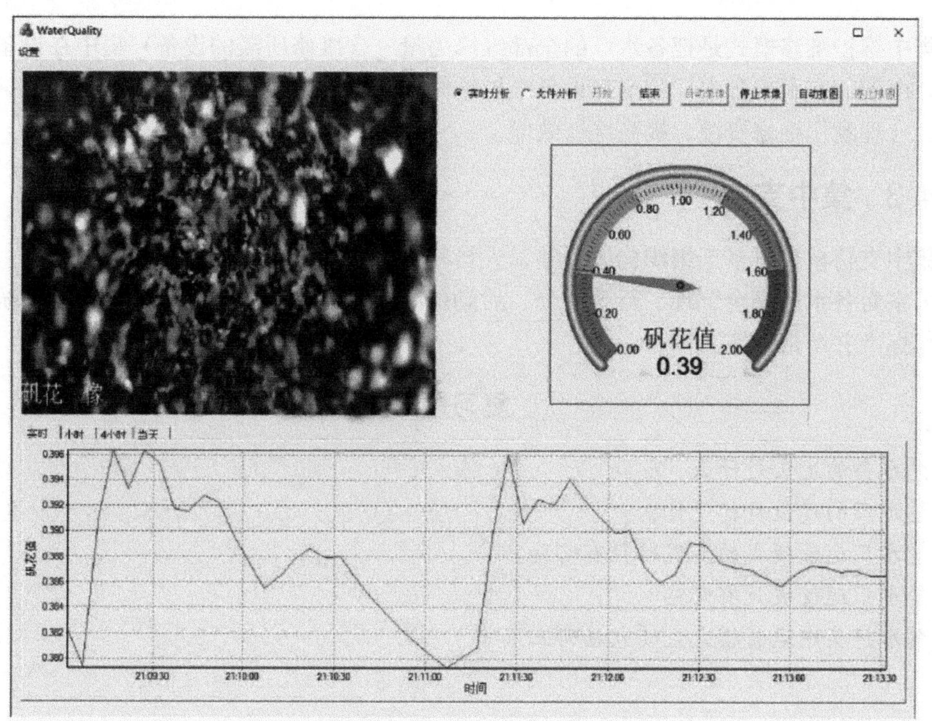

图 14-21　矾花监控系统监控终端显示界面

3. 借鉴意义

目前，国内绝大多数自来水厂混凝剂投加依靠的都是经验和混凝搅拌实验结果确定投加量。采用水下矾花监控系统能够实时获取矾花的各种形态，通过对矾花形态的分析，实时掌控矾花的变化，提前感知水质波动，减少人工巡检频次，降低人工对生产流程的干预，提高混凝剂投加的准确性，提升生产效率。

14.4 智慧水厂集中运营

水务公司建成多座智慧水厂后，可通过对各水厂的人员与资源整合与再分配、组织架构调整、岗位职责的梳理以及运营模式的转变，形成“集中生产调度、集中维修维护和集中支持”的“三集中”运营模式，实现安全、优质、高效供水，提升设备保障水平，实现人力、物力资源共享，提升运营管理水平。

14.4.1 集中生产调度

采用“调度中心集中控制＋厂站现场运维”的模式，实现集中生产调度。调度中心集中管控辖区内各水厂的生产设备实施远程控制，运用智慧水厂管控平台，通过数据采集与分析、报警管理分析与推送，实时监视各厂站水质、水量、水压以及管网最不利点压力，合理调整区域供水压力，实现水厂、泵站远程调度，保障区域供水压力平稳、水质优良。

14.4.2 集中维护维修

集中维护维修模式是把各水厂的全部维修力量（含维修所需的设备）集中在设备维修中心，由他们来承担各水厂的全部设备维护维修工作，这种模式有利于集中使用维护维修力量，合理利用维修资源，提高维修效能。

14.4.3 集中支持

集中支持模式是基于组织构架调整、人员精简、资源整合后，成立综合办公室。由综合办公室对各水厂安全管理、行政办公、后勤保障等方面工作实施统筹集中支持，统一各项工作标准并严格落实。

复习题

1. 智慧水务的定义是什么？
2. 智慧水厂的建设目标是什么？
3. 智慧水厂运营模式的实现路径有哪些？
4. 智慧水厂运营成效有哪些？
5. 智慧水厂集中运营模式主要包括哪三集中？

第15章

突发事件的应急处理

15.1 水质污染事件的应急处理

引发水质突发事件的因素众多，而且错综复杂，有系统内部的和外部的，也有自然的和人为的。在本章节中，我们主要针对原水水质污染事故讲解自来水厂采取的应急处理措施。

原水水质污染：指原水感官性状、无机污染物、有机污染物、微生物、放射性等五大类指标异常，导致制水生产过程控制和出厂水水质控制受到不同程度的影响，对供水水质和人体健康造成危害的原水水质状况。

15.1.1 原水水质污染的应急处理技术

饮用水标准涉及的污染物指标有100余种，目前，城市净水工艺缺乏全面系统的应对突发性水源污染的应急净化处理技术。现有的水厂常规处理工艺在设计中对水源突发性污染造成的超标污染物一般未留有充足的处理能力余量，不能应对超过水源水质标准的原水，深度处理工艺也仅能应对部分超标有机污染物。

当水源受到不同类型突发性污染时，自来水厂可根据污染物特性，采用以下应急处理技术。

（1）应对可吸附污染物的活性炭吸附技术，通过采用具有巨大比表面积的粉末活性炭、颗粒活性炭等吸附剂，将水中的污染物转移到吸附剂表面从水中去除，可用于处理大部分有机污染物。

（2）应对金属和非金属污染物的化学沉淀技术，通过投加药剂（包括酸碱调整pH值、硫化物等），在适合的条件下使污染物形成化学沉淀，并借助混凝剂形成的矾花加速沉淀，可用于处理大部分金属和部分非金属等无机污染物。

（3）应对还原性污染物的化学氧化技术，通过投加氯、高锰酸盐、臭氧等氧化剂，将水中的还原性污染物氧化去除，可用于处理硫化物、氰化物和部分有机污染物。

（4）应对微生物污染的强化消毒技术，通过增加前置预消毒延长消毒接触时间，加大主消毒的消毒剂量，强化对颗粒物、有机物、氨氮的处理效果，提高出厂水和管网剩余消毒剂等措施，在发生微生物污染和传染病暴发的情况下确保城市供水安全。

（5）应对藻类暴发引起水质恶化的综合应急处理技术，通过针对不同的藻类代谢产物和腐败产物采取相应的应急处理技术，并强化除藻处理措施，保障以湖泊、水库为水源的水厂在高藻期的供水安全。

需要注意的是放射性污染物的处理需要由辐射防护和处理的专业人员进行。

15.1.2 原水水质污染程度的判断和确认

根据原水水质污染程度不同，分为一般性原水水质污染、严重性原水水质污染和特别严重性原水水质污染三种。

1. 原水水质污染程度的判断和确认程序

（1）当值班人员（或其他人员）发现原水感官指标异常变化时，应及时通知水厂化验人员采集水样检测判断。

（2）当值班人员或化验人员判断为严重性原水水质污染时，应及时通知公司水质检测中心，由水质检测中心工作人员现场采样检测确认。

2. 原水水质污染程度判断、确认的主要指标

（1）当出现下列任何一种情况，且对生产工艺有一定影响时，判断为一般性原水水质污染：

1）原水感官指标（包括色度、浊度、嗅和味等）异常。

2）耗氯量达到一般污染规定值。

3）原水、滤后水氨氮含量达到一般污染规定值。

4）原水浊度达到一般污染规定值。

（2）当出现下列任何一种情况时，判定为严重性原水水质污染：

1）原水、沉后水或滤后水生物预警系统预警鱼突然大量死亡并确认是由于原水污染所造成。

2）原水感官指标严重恶化，对生产运行或出厂水水质造成较大影响。

3）耗氯量达到严重污染限值，并且滤后水或出厂水余氯量低于规定值或出厂水总氯浓度大于规定值。

4）原水氨氮含量达到严重污染规定指标。

5）水中任何一项毒理学、放射性指标或挥发酚类等污染物质含量异常，检测数据超过国标规定值。

6）由于原水水质变化导致出厂水出现异常现象（如异味、异色和肉眼可见物等）。

7）原水浊度达到严重污染规定值。

（3）当出现下列任何一种情况时，判定为特别严重性原水水质污染：

1）原水感官指标严重恶化，现有净水工艺无法解决，对出厂水水质造成严重影响。

2）出厂水毒理学指标超过国家生活饮用水卫生标准。

3）原水浊度达到严重污染规定值。

原水水质污染程度等级划分的相关量化指标值，各水厂可视水源水质、净水工艺状况及地方特点自行拟定。

15.1.3 水质污染的应急处理措施

1. 应对微生物污染的措施

按照技术要求，采用强化消毒，去除水中微生物。

2. 应对有机物污染的措施

在原水水质出现突发有机物污染情况时，按照技术要求，如采用在前端投加粉末活性炭吸附去除水中有机物。

3. 应对化学污染的措施

按照技术要求，如采用化学氧化处理、化学沉淀处理等方法。化学氧化处理即投加高锰酸钾方法；化学沉淀处理主要为氢氧化物沉淀法和碳酸盐沉淀法。碱性化学沉淀法需要与混凝沉淀、过滤工艺相结合，通过预先调整 pH 值，降低所要去除的污染物的溶解度，形成沉淀析出物，再投加铁盐或铝盐混凝剂，形成矾花进行沉淀。调整 pH 值的碱性药剂可以采用氢氧化钠、石灰或碳酸钠。调整 pH 值的酸性试剂可以采用硫酸或盐酸。

4. 应对藻类暴发的措施

按照技术要求，如采用二氧化氯氧化技术或高锰酸钾与粉末活性炭联用技术，强化除藻。

5. 应对高浊度水的措施

按照技术要求，如采用加大絮凝剂投加量，投加助凝剂聚丙烯酰胺，提高混凝效果；采取工艺措施，如增加反应沉淀池的排泥次数及排泥时间；增加滤池反冲洗强度、冲洗时间及缩短滤池过滤周期等（表 15-1）。

常见水质突变的处置技术手段　　　　**表 15-1**

	水质突变情况	处理措施
1	有机物、嗅阈值高	加强预氧化或投加粉末活性炭吸附
2	农药、芳香族化合物以及某些人工合成有机物（邻苯二甲酸二丁酯、邻苯二甲酸二(2-乙基己基)酯、阴离子合成洗涤剂、石油类等）	粉末活性炭吸附
3	重金属（如镉、铅、镍、铜、铍等）污染	碱性化学沉淀法强化去除（密切关注出水铝指标变化，必要情况下，经向集团申请并批准同意，可适当放宽内控限值）
4	还原性物质（如氰化物、硫化物、亚硝酸盐、有机物等）污染	向水体投加氧化剂
5	病原微生物（原虫、细菌、病毒）污染	强化消毒技术
6	消毒副产物浓度高	通过强化混凝、强化过滤等措施提高对消毒副产物前体物的去除；或通过优选消毒剂种类、优化消毒剂投加点、投加量以及实行多种消毒剂联合消毒等措施，降低消毒副产物的生成量
7	藻类引起的致嗅物质浓度高	慎重使用氧化剂，而改用大剂量投加粉末炭和混凝剂、助凝剂等措施，强化藻类去除
8	氨氮超标	(1)沿程合理加氯，使其转化为氯胺（要注意避免过量投加，宜开展烧杯试验合理确定，确保在折点曲线第一阶段内，避免过量投加）； (2)必要时可在原水取水口或水厂原水进水口投加沸石粉或粉末活性炭吸附去除部分氨氮
9	铁、锰超标	(1)水中的铁和非溶解态的锰可通过混凝、沉淀、过滤工艺去除。当水中溶解性硅酸含量较高时，应强化常规处理工艺的除浊能力，以利于非溶解态的铁、锰与浊度一起去除。 (2)原水中的溶解锰可采用化学氧化或接触氧化等方法去除。超标倍数在 2 以下时，可直接采用二氧化氯或高锰酸钾预氧化工艺；超标倍数在 2 以上时，可采用高锰酸钾预氧化或氯与锰砂接触过滤相结合的去除工艺。 (3)适当提高水的 pH 值，有利于水中溶解性锰的去除。 (4)为进一步降低出厂水的色度及减少锰在管网内的沉积，出厂水的锰含量宜控制在 0.05mg/L 以下（水厂出厂水取样龙头长流水建议配置纯白纱布或海绵，以便当班人员可随时观察颜色变化）

续表

	水质突变情况	处理措施
10	其他特定污染物质	根据污染物特性采取针对性的强化处理措施(非紧急情况的非常见污染物超标,须提请集团组织专家会诊,慎重采取处置措施)

15.2 突发断电事件的应急处理

15.2.1 水厂供电系统简介

水厂的供电系统分为高压配电系统和低压配电系统两种。高压配电系统包括高压进线电缆、高压计量、进线柜、高压互感器及避雷器柜、高压补偿电容柜、变压器柜及送水机组配电柜等，低压配电系统包括低压配电线路、低压配电柜、低压补偿柜、母联柜等。水厂的供电系统一般属于一类用户（二级负荷），至少有二路以上电源进线，实现一用一备供电系统或二用一备供电系统。因此，水厂突发断电事件，是一种常见的应急处理事件，通过快速恢复或倒闸操作恢复，实现供水保障的目的。

15.2.2 水厂突发断电

水厂突发断电包括：(1) 高压系统某段突然掉电，导致部分设备停电；(2) 低压系统某段突然掉电，导致部分设备停止运行。

水厂高压系统某段突然掉电包括：(1) 高压进线某段闪停，导致联络柜跳闸断电，但进线柜（计量柜）仍有电；(2) 高压进线某段掉电后，导致联络柜跳闸断电，但进线柜（计量柜）无电。低压配电系统也类似。

15.2.3 水厂突发断电预警

水厂突发断电预警包括：

(1) 值班人员根据生产数据监测情况了解到系统停电，此时出水压力或流量会发生较大变化，其次是加药泵会出现突然停机状况，并出现报警信息。

(2) 照明灯具出现突然熄灭或送水机组突然停机状况或 UPS 电源出现异常报警。

(3) 检查某些机组时发现所有在运行的机组均为同一段进线电源下负荷。应立即检查其他大型设备的运行状况，若两段进线电源下均有设备运行，说明两段供电正常。因为水厂的大型主要设备在负荷分配时，一般将负荷平均分配在Ⅰ段、Ⅱ段两段进线电源下运行，所以，通过检测大型设备（送水泵、提升泵或回水泵）的运行状况，可以快速确定配电系统运行状况。当出现上述的某些状况时，运行人员应首先意识到是否发生突然掉电事件。

15.2.4 突发断电应急处置

当确认发生突发掉电事故后，运行人员（持电工操作证人员）应立即前往高压或低压配电室，进行恢复或倒闸操作，操作时应遵循一人操作，一人监护的原则。例如，送水泵开机 2 台，一般会开启一单号和一双号机组运行，当发现只有一单号机组运行时，应首先确定是否Ⅱ段跳闸，此时可以通过其他的运行机组进行快速判断，如提升泵机组或回收泵机组是否也只有单号机组运行，如也是单号机组运行，则立即确定Ⅱ段跳闸。高压跳闸，将直接影响低压变压器跳闸，因此，低压二段接的负载也会突然断电而停止运行（但UPS 电源供电的设备除外）。当发现高压掉电后，运行人员必须立即前往高压配电室进行查看，首先检查Ⅱ段高压进线柜是否有指示灯闪亮，检查Ⅱ段进线联络柜是否已经处于分闸状态，如果发现进线柜指示灯闪亮，进线联络柜已经分闸，则证明Ⅱ段曾出现闪停（这种情况常出现在雷雨季节或台风季节），此时，应按照突然掉单应急处理操作指引进行操作，立即将联络柜合闸，恢复正常的供水生产。作业时需 2 人以上进行操作，实现一人监护一人操作的工作要求。若现场检查发现进线柜无电指示，联络柜开关也已经跳闸，此时，运行人员必须立即报告相关领导，并进行如下操作：

（1）有三路电源进线的用户，可考虑进行倒闸操作处理，即利用第三路电源替代Ⅰ段或Ⅱ段供电，操作步骤如下：①确定Ⅰ段或Ⅱ段进线联络柜断路器处于断开状况；②确定母联柜处于合闸状况；③将第三路电源断路器进行合闸。完成倒闸操作，实现第三路电源替代Ⅰ段或Ⅱ段供电目的。

（2）如果只有两路电源进线的用户，此时应按照突然掉电应急操作指引进行合母联开关操作，迅速恢复Ⅱ段供电保障。操作步骤如下：①确定Ⅱ段进线柜无电压指示；②确定Ⅱ段进线联络柜断路器已经分闸，处于断开状况；③将母联开关摇到正常工作状态，然后合闸使用。此时供电方式为一段供电。

（3）若发现某段出现闪停时，进线柜（计量柜）来电指示灯亮，但联络柜已分闸，此时，应立即将联络柜合闸即可恢复供电。

15.2.5　恢复生产

供电电源恢复正常后，运行人员应按照轻重缓急进行恢复生产，操作顺序如下：

（1）保证送水泵机组开机正常，当调速机组运行异常时，应快速开启定速机组运行，因定速机组是直接启动运行。而调速机组还需要恢复低压系统后才能正常开机，因此，需要一定的时间。

（2）恢复系统低压变压器供电，合低压进线柜电源，恢复送水泵房低压供电，保障调速机组运行。

（3）恢复加药系统计量泵运行，确保药剂投加正常。

（4）恢复砂滤池供电，包括空压机运行，保障滤池供气系统正常。

（5）恢复深度处理系统供电，包括炭吸附池及提升泵运行。

（6）恢复办公楼等场所的供电。

15.3　应急处置典型案例

15.3.1　案例一：季节性高 pH 值原水的应急处理

1. 背景描述

每年季节变化时，某水厂进厂原水易出现 pH 值异常偏高（8.5 以上）的情况。高

pH 值原水对水厂混凝沉淀、过滤工艺造成严重影响，导致浊度、pH 值、铝指标明显升高，滤池过滤周期缩短等一系列问题，出厂水水质存在超标风险。

2. 原因分析及对生产的影响

原水 pH 值的异常升高常常伴有藻类的异常升高，藻类的光合作用消耗水中的 CO_2 并产生大量气体，致使水中氢离子减少，pH 值升高。在高 pH 值条件下，水中胶体无法有效脱稳，导致混凝效果差、浊度不达标等风险；高藻原水普遍呈现绿色，造成色度问题；此外，pH 值是影响水中残余铝浓度的重要因素，除铝的 pH 值最佳控制范围在 7.0 左右，一旦 pH 值过高，沉后水的铝浓度快速升高，从而造成铝超标风险。

3. 采取措施

针对以上问题，该水厂经过一段时间的摸索，在工艺上采取了高锰酸钾、粉末活性炭联合除藻，投加酸性 pH 调节剂，以及加强沉淀池排泥和滤池反冲洗等组合措施，能够有效控制沉后水及滤后水浊度、pH 值以及出水铝指标，确保水质达到国标要求。

（1）适当投加高锰酸钾，有效灭活藻细胞。

根据原水水质 pH 值升高原因分析，为控制 pH 值升高带来的一系列水质问题，首先需有效除藻。因此，应对措施第一步，在预处理阶段提高高锰酸钾投加量。水厂在应急事件的处理中，高锰酸钾投加量控制在 0.3～0.5mg/L，并辅以粉末活性炭去除藻类代谢物质。

（2）投加酸性 pH 调节剂

控制 pH 值和铝的关键在于控制反应阶段的 pH 值。该地区原水大多数情况下呈弱酸性，水厂日常配备的 pH 调节剂为石灰。而在原水高 pH 值的情况下，水厂停止石灰投加，并尝试性投加二氧化碳调节 pH 值，将反应阶段的 pH 值控制在 7.5 左右。通过采取上述措施，沉后水浊度基本可以控制在 2NTU 以下，滤后水浊度控制在 0.2NTU 左右，色度、铝等指标也稳定控制在国标范围内。

4. 总结提高

（1）在发生原水 pH 值异常时，应详细分析事件发生的原因，根据原因采取相应的处置措施。

（2）水厂在投加高锰酸钾、粉末活性炭以及酸性 pH 调节剂之前，都应开展相应的烧杯试验确定具体的投加参数以指导生产，避免因药剂投加不精确带来的水质问题。

（3）在水厂生产运行中，应加强巡视，密切关注原水及过程水的色度、嗅味、浊度、pH 值等感官指标变化，并加强过程水铝指标的检测。

15.3.2 案例二：原水硅藻爆发的应急处置

1. 事件描述

某水厂原水为水库水。每年季节交替之时，滤池堵塞严重，过滤周期骤减，从原来 35h 以上缩短至 20h 以下，水厂近 40 个滤池，全天候轮流进行反冲洗，冲洗设备 24h 运转，滤池产水量减少，水厂被迫减产。

2. 原因分析

经检测，原水藻类数量与平时相比变化不大，但硅藻占比大幅增加，且滤池反冲洗末段冲洗水镜检，几乎全为硅藻。表层滤砂淋洗后镜检淋洗液也发现大量硅藻。由于硅藻有坚硬的外壳，不能被一般的氧化剂灭活和破坏，在滤池表面不断积累后，形成一层厚厚的毯状物覆盖在滤池表面，造成滤池堵塞，降低水厂的产能。

3. 采取措施

在水厂发现滤池堵塞后，采取的措施包括以下几方面：

（1）对滤池进行紧急反冲洗。

（2）强化冲洗条件，如延长冲洗时间、适当增大水冲强度。

（3）对原水投加 0.2～0.5mg/L 高锰酸钾进行预处理。

（4）滤池堵塞严重的情况下，停池刮除池表面 1～2cm 滤砂。

（5）通过区域调度手段，减少受影响水厂的供水量。

采取以上措施后，滤池堵塞的情况得到了明显的改善，生产逐步恢复正常。

4. 总结提高

（1）硅藻的爆发与水库季节性水质变化密切相关，水厂应在日常生产中积累相关经验和数据，对硅藻的爆发提前预判。

（2）经过多次应对硅藻爆发事件，发现因硅藻的特殊结构，水厂常规工艺难以将其在混凝沉淀过程中去除。而采用高锰酸钾与次氯酸钠协同预氧化的方法，对于硅藻的去除率能够达到 90%以上。

（3）水厂应加强对运行人员应急处理能力的培训。在发生突发事件时，能够第一时间发现，并采取有效措施，及时反馈信息，最大限度减轻突发事件的影响。

15.3.3　案例三：原水浊度急剧上升的应急处理

1. 事件描述

某水厂水源区域因连日暴雨，进厂原水浊度由 20NTU 左右突然升高至 100NTU 以上，严重冲击水厂的正常运行。

2. 采取措施

根据原水水质情况，水厂及时采取了以下应对措施：

（1）检测原水没有异嗅异味。

（2）及时开展烧杯实验，确定药剂合理投加范围。

（3）根据搅拌实验结果调整混凝剂的投加量，并实时观察反应池矾花形成状况，保证沉淀池沉淀效果良好。

（4）加强巡检，及时掌握原水及各工艺段出水浊度变化情况，根据水质变化情况及时调整工艺参数。

（5）加强对沉淀池后水质浊度的监控，当发现其浊度有上升趋势，并突破 3.0NTU 时，立即启动沉后水混凝剂投加系统。

（6）增加反应沉淀池的排泥次数，由原来一天 1 次调整为一天 2 次。

（7）根据实际需要，调整滤池反冲洗强度、冲洗时间及过滤周期。

由于采取了积极有效的应对措施，水厂沉淀池出水始终控制在 1NTU 以下，出水水质良好。

3. 原因分析

每年进入汛期，水厂水源地多强降雨，瞬时雨势较大，使得原水水质变化大，原水浊度激增。

4. 总结提高

（1）应对原水浊度突变的关键是及时预警原水浊度变化，应安装监测原水浊度的高量程在线浊度计，当原水浊度激增至规定限值，运行人员能实时收到预警信息，及时采取有效的应对措施。

（2）定期开展培训和应急演练，加强员工应对原水水质突变的能力。

15.3.4 案例四：原水锰含量升高的应急处理

1. 事件描述

某年10月，水厂运行人员巡视发现进水格栅井处原水颜色发黑，沉淀池排泥水颜色也比平常黑。上报水厂化验室，经检测，原水总锰为0.2mg/L。该水厂原水总锰平常检测数据均小于0.05mg/L，水厂立即启动水质突变应急预案。

2. 采取措施

根据原水水质情况，水厂及时采取了以下应对措施：

（1）及时开展烧杯实验，确定高锰酸钾合理投加率：投加率0.2mg/L。

（2）加强原水、沉后水、滤后水、出厂水各环节锰指标的检测。

（3）在滤后水、出厂水取样处放置白色过滤棉，观察水样颜色变化。

（4）延长滤池反冲洗时间，强化滤池反冲洗。

（5）停止回收滤池反冲洗排出水，防止锰在水处理构筑物中富集。

通过采取以上措施，水厂出厂水锰指标得到有效控制，均小于0.05mg/L，色度小于5。

3. 总结提高

（1）加强运行和工艺巡检时对感官性状，特别是浊度、色度、气味等指标的关注，在滤后水、出厂水取样处放置白色过滤棉，发现异色及时上报。

（2）编制原水锰污染应急预案，并加强对运行人员的培训和演练。

15.3.5 案例五：突然断电的应急处理

1. 背景描述

某市拥有4个500kV的中心枢纽变电站。某日20：30分左右，其中一个变电站由于发生故障，造成该市近半数行政区域大面积停电，该市水务集团下属近20家供排水生产单位受到影响。

D水厂是该市大型供水厂，供水规模35万m^3/d，原水为水库水，重力自流进入水厂格栅井，进水管管径DN2000，设置一台DN2000蝶阀。虽然D水厂配备了双回路电源，但此次停电事件中双路电源同时中断，中断时间长达80多分钟，且正值供水高峰时段，水厂生产受到严重影响。

2. 采取措施

D水厂立即启动一级突然断电应急预案，事故发生后10来分钟，20多名员工紧急回到水厂，在厂领导的统一指挥下，迅速采取多项措施，全力抵御突如其来的重大突发事件。

（1）运行人员第一时间赶到原水发电机室，启动应急发电机，关闭原水阀门，切断原水进入后续生产环节。

（2）进行停电后生产设备、构筑物、工艺的停产操作：

1）确认格栅井已停止进水。

2）确认反应池、沉淀池、滤池停止运行。

3）确认各种药剂投加设备停止投加。

4）巡查送水泵房是否存在异常。

5）巡查清水池、厂区低洼处是否有跑冒水。

（3）21:45，1 路进线电路恢复正常，运行人员第一时间进行倒闸操作，恢复厂区用电，并向集团调度中心报告水厂准备开机。

（4）21:50：水厂开启第一台机组，后陆续开至 6 台机，出水量达到 15000m^3/h。同时，水厂进行恢复生产操作。

（5）提前开启格栅机并连续运转，避免水流冲刷导致进水管道吸附的贝壳大量脱落堵塞格栅。

（6）提前开启各种药剂（石灰、矾、氯）投加设备。为避免水量大幅波动，缓慢开启进水阀，至 5000m^3/h 之后，每隔 5～10min 增加 1000m^3 进水量，同时，调节石灰、矾、氯等药剂的投加量，直至进水量调至 14000m^3/h。

（7）由于停产后，部分在线仪表出现波动，维修人员、化验人员及时进行仪表调试以指导生产。

（8）运行人员巡查各构筑物恢复生产后的运行情况，保障各工艺段出水水质达标。

（9）22:30，水厂各在线水质监测仪表正常，各工艺段出水水质正常，送水泵房运转正常，至此，水厂完全恢复生产。

3. 总结提高

（1）供水厂应配备双回路电源。

（2）水厂应编制《突然断电应急预案》，并加强员工培训和演练，提高员工处理突发事件的能力。

（3）研究和论证配备移动式备用电源的可行性，在双路电源同时中断的情况下，提高供电保障水平。

15.3.6　案例六：混凝剂投加中断导致浊度异常的应急处理

1. 背景描述

某水厂运行人员发现水质在线仪表显示沉后水浊度超过 2NTU，并有升高趋势；砂滤后水浊度超过 0.3NTU。现场发现格栅井处混凝剂断流。

2. 解决方案实施要点

运行人员发现药剂断流后，立即采取下列措施：

（1）即刻逐级上报，启动水厂断药应急预案。

（2）在格栅井处进行人工投加混凝剂。

（3）对沉淀池和砂滤池分别进行排放和反冲洗。

（4）厂内抢修人员到现场排查混凝剂投加系统问题，判断为混凝剂投加管断裂，导致混凝剂断流，并立即展开应急抢修。

3. 原因分析

（1）混凝剂投加管断裂、现场加药点无流量监测和报警是导致事件发生的客观原因。

(2) 员工培训及应急演练的力度不够，在发现生产异常时，对各类事件的分析判断及应急处置能力不足。

4. 总结提高

(1) 完善应急投加设施，当出现类似情况时，可以及时采用人工投加的方法，保证水质稳定。

(2) 增加备用投加管线，并定期转换使用，保证在投加管道出现断裂时及时切换到备用管线。

(3) 对药剂投加口进行流量监控，增加断流报警系统。

(4) 完善员工培训和应急演练，提高员工处理应急事件的能力。

15.3.7 案例七：次氯酸钠投加管堵塞导致加药中断的应急处理

1. 背景描述

某水厂使用的消毒剂为次氯酸钠，采用原液与加压水在管道中混合的投加方式，有前加氯、滤后加氯、出厂水补加氯三个加氯点。运行人员在一次巡检时发现，滤后水余氯在线仪表显示值为0mg/L，经化验检测确定滤后水无余氯，表明滤后加氯已断药。

2. 解决方案及实施要点

运行人员发现次氯酸钠断药后，立即采取下列措施：

(1) 抢修人员立即赶往次氯酸钠车间进行排查，发现投加泵运行、出液流量计显示流量、加压水压力皆正常，经现场分析，可能是加药管路堵塞。

(2) 抢修人员对投加点至计量泵之间的加药管逐段切开排查，发现位于加药间门口的一段PVC加药管内淤积了大量沉积物，管道已被完全堵塞。维修人员紧急更换了该段PVC管道，系统恢复加药。

3. 原因分析

水厂的后加氯加药管道过长且投加量偏小，为缩短药剂到加氯点的时间，采用了次氯酸钠原液与加压水在管道中混合投加的方式，而次氯酸钠原液由于偏碱性，易和加压水中的铁离子、钙离子、镁离子等反应生成沉积物，造成管道堵塞。

4. 总结提高

(1) 次氯酸钠投加的主加氯点，宜采用双管路投加，一用一备，应急时切换使用。

(2) 次氯酸钠投加系统由投加泵及相关设备、管件构成，元件较多，在处理系统故障时，要逐一进行排查。

(3) 在条件允许的情况下尽量使用原液投加。如果必须使用加压水混合投加，加压水与药剂的混合位置应适当后移，并定期进行管道清洗或更换。

复习题

1. 原水水质污染的应急处理技术有哪些?

2. 策划水质突变应急演练方案：假定原水水质受到污染（嗅味异常、藻类异常升高、原水锰含量升高、原水pH值异常升高等），水厂应采取哪些措施?

3. 策划突然断电应急演练方案。

附录　水厂生产报表（示例）

水厂泵房日报表　　　　年　月　日　星期

班次	时间	1号机			2号机			3号机			4号机			吸水井水位			出厂水水压(MPa)			供水量	值班员
		开停	电流	水压	开停	电流	水压	开停	电流	水压	开停	电流	水压	正点	半点	正点	正点	半点	正点	(m^3)	签名
早班	1																				
	2																				
	…																				
	…																				
	6																				
	7																				
	8																				
班结																					
中班	9																				
	10																				
	…																				
	…																				
	15																				
	16																				
班结																					
晚班	17																				
	18																				
	…																				
	…																				
	…																				
	23																				
	24																				
班结																					
合计																					

水厂泵房月报表

年　月

日期	主机机时(h)				日机时(h)	日供水量(m^3)	机时流量(MPa)	平均水位(m)	耗电量(kWh)	千方水耗电量(kWh/km^3)	供水电耗(kWh/km^3MPa)
	1号机	2号机	3号机	4号机							
1											
2											
3											
4											
5											
6											
7											
8											
9											
…											
…											
…											
…											
21											
22											
23											
24											
25											
26											
27											
28											
29											
30											
31											
合计											

水厂配电工作日报表

年　月　日　星期

班次	时间	1号电源				2号电源				直流电源电压(V)	负载	昨日表底	今日表底	用电量	值班员签名
		电压(kV)	电流A	有功表行度	用电量(kWh)	电压(kV)	电流A	有功表行度	用电量(kWh)						
昨日表底											1号				
早班	1										2号				
	2										3号				
	…										4号				
	…										5号				
中班	…										6号				
	14										…				
	15										…				
	16										合计				
晚班	17										无功表				
	18										1号电源				
	19										2号电源				
	20										8.1峰用电				
	21										1号电源				
	22										2号电源				
	23										8.2谷用电				
	24										1号电源				
日结											2号电源				

水厂投药量日报表

年 月 日 星期

班次	时间	流量计行度	进水量(m^3)	投氯量(kg)			总投氯量(kg)	氯耗(kg/km^3)	矾液流量计行度(L)	投矾量(L)	投矾量(kg)	投石灰量(kg)	值班员签名
				原水处	滤池前	滤池后							
早班	1												
	2												
	3												
	…												
	…												
	7												
	8												
班结													
中班	9												
	10												
	11												
	…												
	…												
	15												
	16												
班结													
晚班	17												
	18												
	19												
	…												
	…												
	23												
	24												
班结													
日结													

水厂投药量月报表

年　月

日期	投氯量(kg)			总投氯量(kg)	氯耗(kg/km^3)	投矾量(kg)	矾耗(kg/km^3)	投石灰量(kg)	石灰单耗(kg/km^3)
	原水处	滤池前	滤池后						
1									
2									
3									
4									
5									
6									
7									
8									
9									
10									
11									
…									
…									
…									
…									
22									
23									
24									
25									
26									
27									
28									
29									
30									
31									
合计									

水厂制水系统水质日报表

年　月　日　星期

班次	时间	原水			流量计行度	进水量（m^3）	待滤水		滤后水		出厂水				值班员签名
		C	NTU	pH			NTU	pH	NTU	pH	NTU	余氯	游离氯	pH	
早班	1														
	2														
	3														
	…														
	…														
	7														
	8														
班结															
中班	9														
	10														
	11														
	…														
	…														
	15														
	16														
班结															
晚班	17														
	18														
	19														
	…														
	…														
	23														
	24														
班结															
合计															

参考文献

[1] 聂梅生，等．水资源及给水处理［M］．北京：中国建筑工业出版社，2001.
[2] 张金松．饮用水二氧化氯净化技术［M］．北京：化学工业出版社，2003.
[3] 祁鲁梁，李永存，李本高．水处理工艺与运行管理实用手册［M］．北京：中国石化出版社，2002.
[4] 储金宇，吴春笃，陈万金，等．臭氧技术及应用［M］．北京：化学工业出版社，2002.
[5] （英）P. 希利斯．膜技术在水和废水处理中的应用［M］．刘广立，赵广英，译．北京：化学工业出版社，2003.
[6] 范洁．臭氧—生物活性炭深度处理饮用水安全技术研究［Z］．深圳：深圳市水务集团，2003.
[7] 童祯恭，吴哲帅．净水厂排泥水处置现状的若干分析［J］．华东交通大学学报，2018，35（6）：88-95.
[8] 鲁彬，唐业梅．深圳某水厂排泥水处理工况优化与安全回用［J］净水技术，2019，38（8）：85-88，93.
[9] 解岳，马二永，等．曲江水厂生产废水回用对出厂水水质影响分析［J］给水排水，2015，41（6）：13-17.
[10] 陆在宏．给水厂排泥水处理及污泥处置利用技术［M］．北京：中国建筑工业出版社，2015.
[11] 许嘉炯，郑毓佩，沈裘昌，等．新型中置式高密度沉淀池的开发与应用［J］．给水排水，2007，33（2）：19-24.
[12] 孟付明．大庆市中引水厂排泥水污泥浓缩性能试验研究［D］．哈尔滨：哈尔滨工业大学，2007.
[13] 黄会静．自来水厂污泥脱水机设备选型报告［J］．甘肃科技，2020（1）：39-434.
[14] 郭文娟，郄燕秋．净水厂排泥水处理工艺现状及发展方向［J］．给水排水，2013，39（8）：35-40.
[15] 李一璇．石灰在深圳梅林水厂污泥调质中的应用［J］．给水排水，2010，46（11）：21-24.
[16] 上海市政工程设计研究总院（集团）有限公司，等．给水排水设计手册［M］．北京：中国建筑工业出版社，2017.
[17] 于海琴，刘政修，孙慧德．膜技术及其在水处理中的应用［M］．北京：中国水利水电出版社，2011.
[18] 徐俊．浸没式超滤膜技术在水厂升级改造中的应用及设计［J］．中国给水排水，2016，32（2）.

[19] 黄胜前．活性炭—超滤联用工艺在沙头角水厂的应用实践［J］．给水排水 2016（7）．
[20] 石绍渊，张晓琴，王汝南，等．填充床电渗析技术的研究与进展［J］．膜科学与技术 2013，33（5）．
[21] 王鑫，闫淑梅，荣令玉，等．膜技术及其在水处理中的应用［J］．吉林电力，2012，40（3）．
[22] 周秀凤．浸没式膜系统的特点及应用［J］．环保科技，2013，19（4）．